CONGRÈS

DE LA

SOCIÉTÉ DES AGRICULTEURS DE FRANCE

TENU A CHATEAUROUX

Lés 6, 8 et 9 Mai 1874

SOUS

LA PRÉSIDENCE DE M. DROUYN DE LHUYS

Président de la Société des Agriculteurs de France,
Membre Honoraire de la Société Royale d'Agriculture d'Angleterre,
Membre de la Société Centrale d'Agriculture de France,
Membre de l'Institut, etc.....

—∘∘⟶⚬∘∘—

COMPTE - RENDU DES TRAVAUX

PUBLIÉ AU NOM DU BUREAU

PAR M. ÉMILE DAMOURETTE

Secrétaire-Général du Congrès.

CHATEAUROUX

TYPOGRAPHIE ET LITHOGRAPHIE E. MIGNE.

—

1876.

SOCIÉTÉ DES AGRICULTEURS DE FRANCE.

———

CONGRÈS DE CHATEAUROUX

6, 8 ET 9 MAI 1874.

CONGRÈS

DE LA

SOCIÉTÉ DES AGRICULTEURS DE FRANCE

TENU A CHATEAUROUX

Les 6, 8 et 9 Mai 1874

SOUS

LA PRÉSIDENCE DE M. DROUYN DE LHUYS

Président de la Société des Agriculteurs de France,
Membre Honoraire de la Société Royale d'Agriculture d'Angleterre,
Membre de la Société Centrale d'Agriculture de France,
Membre de l'Institut, etc.....

———o○✦○o———

COMPTE-RENDU DES TRAVAUX

PUBLIÉ AU NOM DU BUREAU

Par M. ÉMILE DAMOURETTE

Secrétaire-Général du Congrès.

CHATEAUROUX

TYPOGRAPHIE ET LITHOGRAPHIE E. MIGNÉ.

—

1876.

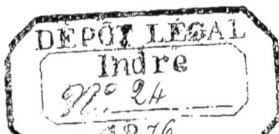

A M. DROUYN DE LHUYS

Président du Congrès de Châteauroux.

———

Monsieur le Président,

Pendant que vous occupiez les plus hautes fonctions de l'État, vous ne cessiez de donner à l'Agriculture des témoignages de votre sollicitude.

Lorsque plus tard, refusant de vous associer à des mesures désastreuses pour notre pays, vous êtes rentré dans la vie privée, vous n'avez pas hésité à accepter la Présidence de la Société des Agriculteurs de France, et vous consacrez le plus entier dévouement à la défense des intérêts qu'elle représente.

Promoteur du progrès agricole, vous êtes venu planter son drapeau au milieu de notre Berry renommé par sa misère et ses pratiques arriérées. Votre court passage parmi nous a *donné un nouvel élan à nos améliorations rurales. Votre nom demeurera inséparable de l'histoire de notre Agriculture.*

Nous vous prions d'agréer ce compte-rendu du Congrès de Châteauroux comme un gage de reconnaissance du Berry tout entier.

Veuillez recevoir, Monsieur le Président, l'assurance de notre respect et de notre dévouement,

Le Comité d'organisation :

Ém. DAMOURETTE, Vice-Président de la Société d'Agriculture de l'Indre, *Président;*

Paul BAUCHERON DE LÉCHEROLLE, Vice-Président de la Société d'Agriculture de l'Indre, *Vice-Président;*

Paul BLANCHEMAIN, Secrétaire du Conseil d'Administration de la Société des Agriculteurs de France, *Secrétaire;*

Ém. THIMEL, Bibliothécaire de la Société d'Agriculture de l'Indre, *Secrétaire;*

AUMERLE, Président de la Société Vigneronne d'Issoudun;

Philippe BAUCHERON DE LÉCHEROLLE, Membre du Conseil Général de l'Indre ;

DEUZY, Avocat, Conseiller Général, Maire d'Arras (Pas-de-Calais), Propriétaire-Agriculteur au Château de la Pacaudière, Commune de Luçay-le-Mâle (Indre), Membre du Conseil d'administration de la Société des Agriculteurs de France;

Léonce MARCHAIN, Propriétaire au Château de la Lienne ;

MARIN-DARBEL, Propriétaire au Château du Plessis (Velles) ;

MARTIN, Président du Comice d'Issoudun, à Reuilly ;

Paul PETIT, Secrétaire de la Société d'Agriculture de l'Indre.

Châteauroux, mars 1876.

INTRODUCTION.

La Société des Agriculteurs de France a été fondée, le 12 mai 1868, pour développer les idées de décentralisation et d'initiative. Fidèle à sa mission, elle a donné son appui le plus énergique à l'organisation des Congrès libres qui ont eu lieu en 1869 à Aix, à Beaune, à Beauvais, à Chartres, à Lyon et à Nancy ; en 1870 à Agen, à Bourges, à Clermont-Ferrand, à Laval, à Montdidier et à Valence ; en 1872, à Lyon. La grande Association devait trouver dans le succès qui a couronné tous ces efforts un encouragement à continuer dans la voie où elle avait débuté d'une si heureuse façon.

Dans le cours de l'année 1873, elle a fait appel au zèle de tous ses Membres et les a invités à organiser les Réunions départementales. Celle de l'Indre a été créée le 25 octobre 1873. Dès sa première séance, il fut question d'organiser un Congrès, qui se tiendrait à Châteauroux pendant le Concours régional. Reconnaissants des services que leur illustre et dévoué Président rend chaque jour à l'Agriculture nationale, les Membres de la Réunion départementale ont tenu à lui témoigner la profonde gratitude des Cultivateurs en lui offrant un banquet. Mais, accueillis avec empressement, ces deux projets n'étaient pas sans inspirer de vives préoccupations même à leurs promoteurs les plus décidés.

L'article IV de ses Statuts et le décret, qui la reconnaît comme établissement d'utilité publique, donnent à la Société des Agriculteurs de France le droit incontestable de tenir des Congrès régionaux. Néanmoins, nous nous sommes fait un devoir de solliciter de l'autorité administrative toutes les autorisations nécessaires. Voici la lettre écrite à cette occasion par M. le Ministre de l'intérieur à M. le Préfet de l'Indre :

MINISTÈRE
de l'intérieur.

—

DIRECTION
DE LA
SURETÉ GÉNÉRALE.

1er BUREAU.
——·+·—

Versailles, le 31 janvier 1874.

MONSIEUR LE PRÉFET,

En réponse à votre lettre du 28 janvier courant, j'ai l'honneur de vous informer que je ne vois, en ce qui me concerne, aucun inconvénient à la Réunion à Châteauroux d'un Congrès de la Société des Agriculteurs de France, pendant le prochain Concours régional.

Recevez, Monsieur le Préfet, l'assurance de ma considération très-distinguée.

Le Ministre de l'Intérieur,
Pour le Ministre :
Le Sous-Secrétaire d'État,
BARAGNON.

En même temps que ces autorisations nous parvenaient, nous recevions de M. Drouyn de Lhuys, Président de la Société des Agriculteurs de France, et de M. Lecouteux, Secrétaire-Général, les encouragements les plus flatteurs. Ces Messieurs n'hésitaient pas à nous donner l'espérance qu'ils viendraient prendre une part active à nos travaux. Il ne nous était plus permis de reculer. Le Congrès fut définitivement arrêté.

En conséquence, une circulaire (1) fut, à partir du 1er mars 1874,

---

(1) Cette circulaire a été adressée à tous les Membres :
1° Du Conseil général de l'Indre ;
2° De la Société vigneronne d'Issoudun ;
3° Du Comice d'Issoudun ;
4° De la Société d'Agriculture de l'Indre ;
5° De la Société des Agriculteurs de France appartenant à la région.

En outre, il a été écrit à MM. les Députés de l'Indre ainsi qu'à tous les Membres du Bureau et du Conseil d'administration de la Société des Agriculteurs de France.

Enfin, le Comité priait les personnes qui ne font pas partie de l'une de ces Compagnies de croire que leur concours lui serait très-précieux. Il protestait, à l'avance, contre toute pensée d'EXCLUSION.

répandue à profusion. Grâce à l'obligeant concours que nous ont prêté les Présidents et Secrétaires des Comices et Sociétés d'Agriculture, les journaux de la région, et les journaux qui, à Paris, se consacrent spécialement aux questions agricoles, cette circulaire a pu recevoir efficacement une grande publicité. Elle était suivie d'un projet de programme (1) et accompagnée d'un double bulletin de souscription. Elle était conçue dans les termes suivants :

DÉPARTEMENT
DE L'INDRE.
——
Réunion Départementale
DES
AGRICULTEURS
DE FRANCE.

CONGRÈS

DE LA

SOCIÉTÉ DES AGRICULTEURS DE FRANCE

Pendant le Concours régional de Châteauroux, au mois de Mai 1874.

——

Châteauroux, le 1ᵉʳ mars 1874.

MONSIEUR,

La réunion des Membres de la Société des Agriculteurs de France, appartenant au département de l'Indre, a pris l'initiative d'organiser un Congrès de la Société des Agriculteurs de France pendant le Concours régional qui se tiendra à Châteauroux, au mois de mai prochain.

M. le Président et M. le Secrétaire-Général de la Société des Agriculteurs de France ont bien voulu donner, au nom de la grande Association, la plus chaleureuse adhésion à ce projet.

Nous venons vous demander, avec les plus vives instances, de vouloir bien vous inscrire sur la liste des souscripteurs. Le montant de la souscription a été fixé à :

1° Dix francs pour les frais matériels du Congrès et le compte-rendu des travaux ;

2° Vingt francs pour le banquet.

---

(1) Ce projet de programme se terminait par la note ci-après :

Le Comité ne saurait trop insister auprès des amis de l'agriculture, pour qu'ils veuillent bien l'aider à donner à ce programme toute l'importance que comporte une semblable solennité.

Le Comité n'entend pas borner les études du Congrès aux seules questions intéressant le département de l'Indre. Il verra toujours, avec plaisir, traiter toutes les questions D'INTÉRÊT GÉNÉRAL.

Nous vous serons très-obligés de vouloir bien nous retourner le plus tôt possible, les bulletins ci-joints, revêtus de votre adhésion.

Veuillez agréer, Monsieur, l'assurance de nos sentiments les plus dévoués.

LE COMITÉ D'ORGANISATION,

Le Président :   Ém. DAMOURETTE, vice-président de la Société d'Agriculture de l'Indre ;

Le Vice-Président : Paul BAUCHERON DE LÉCHEROLLE, vice-prés. de la Société d'Agriculture de l'Indre ;

Les Secrétaires :   Paul BLANCHEMAIN, secrétaire du Conseil d'adm. de la Soc. des Agr. de France ;

Em. THIMEL, bibliothécaire de la Société d'Agriculture de l'Indre ;

AUMERLE, prés. de la Soc. vigner. d'Issoudun ;

Philippe BAUCHERON DE LÉCHEROLLE, membre du Conseil général de l'Indre ;

DEUSY, avocat, conseiller général, maire d'Arras (Pas-de-Calais), propr.-agr. au château de la Pacaudière, commune de Luçay-le-Mâle (Indre), membre du Conseil d'adm. de la Soc. des Agricult. de France ;

MARCHAIN, Léonce, propr. au chât. de la Lienne ;

MARIN-DARBEL, pr. au ch. du Plessis (Velles) ;

MARTIN, prés. du Com. d'Issoudun, à Reuilly ;

Paul PETIT, secr. de la Soc. d'Agr. de l'Indre.

N. B. — Nous vous serons très-reconnaissants de vouloir bien vous faire inscrire, soit pour lire un travail, soit pour prendre la parole sur une question mise ou à mettre à l'ordre du jour.

Prière d'adresser toutes les communications : 1° à M. Ém. Damourette, président de la Réunion départementale des Membres de la Société des Agriculteurs de France à Châteauroux (Indre) ;

2° M. Ém. Thimel, secrétaire de ladite Réunion ;

3° M. Paul Blanchemain, secrétaire de ladite Réunion et du Conseil d'administration de la Société des Agriculteurs de France, à Castel-Biray, par Saint-Gaultier (Indre).

Le 12 mars suivant, le *Moniteur de l'Indre*, qui a toujours prêté un concours empressé à notre entreprise, publiait une première liste d'adhérents. Elle comprenait :

Souscripteurs au Congrès............. 16 ⎫
    id.   au Banquet............. 3 ⎬ 72.
    id.   au Congrès et au Banquet. 53 ⎭

A la fin du mois de mars, toutes nos espérances étaient dépassées. Les plus osés d'entre nous regardaient le chiffre de cent souscripteurs comme le but extrême de nos efforts. Plus de cent cinquante avaient répondu à notre appel. Le succès était définitivement assuré.

Dès lors, le moment était venu d'adresser à M. le Président de la Société des Agriculteurs de France l'invitation officielle du Comité d'organisation. Le Comité s'empressa de s'acquitter de ce soin, heureux et fier d'avoir à annoncer un succès inespéré.

La réponse ne se fit pas attendre. Quelques jours après, nous recevions la lettre suivante :

SOCIÉTÉ
DES
AGRICULTEURS
DE FRANCE.
——
Présidence.
——
                       Paris, le 9 avril 1874.

MONSIEUR LE PRÉSIDENT ET CHER COLLÈGUE,

J'ai reçu la lettre par laquelle vous voulez bien m'inviter au Congrès qui doit avoir lieu à Châteauroux, et au Banquet qui m'est offert par les Agriculteurs de l'Indre. J'accepte avec empressement cette double invitation.

Je suis profondément touché des termes dans lesquels vous me l'adressez.

Je vous serai obligé d'être mon interprète auprès de MM. les Membres du Comité d'organisation, et vous prie, Monsieur le Président et cher Collègue, de recevoir l'assurance de mes sentiments distingués et dévoués.

DROUYN DE LHUYS.

Une lettre analogue fut, en même temps, adressée à M. Lecouteux, secrétaire général. Une réponse également favorable ne
tarda pas à nous parvenir. De toutes parts, des adhésions précieuses nous arrivaient. Dans son rapport au Conseil général,
lors de la session d'avril, M. le Préfet de l'Indre parlait de nos
projets de Congrès dans des termes sympathiques. M. le Maire
de Châteauroux montrait un gracieux empressement à mettre
à notre disposition pour la tenue des séances la belle et vaste
salle de la bibliothèque de la ville. M. Boitel, inspecteur-général
de l'Agriculture, nous écrivait que, Vice-Président de la dixième
section de la Société des Agriculteurs de France et Commissaire-
général du Concours régional, il ne pouvait que voir, avec plaisir,
adjoindre à l'Exposition principale un Congrès et un Banquet.

La Société centrale d'Agriculture de France nous annonçait par
une lettre du 29 avril qu'elle avait désigné trois de ses Membres,
MM. Drouyn de Lhuys, Gayot et Lecouteux, pour la représenter à
nos solennités agricoles.

Un certain nombre de nos collègues ont exprimé le regret de ne
pouvoir répondre à notre appel; entre autres :

MM. Barral, secrétaire perpétuel de la Société centrale d'Agriculture de France, directeur du *Journal de l'Agriculture,*
membre du Conseil d'adm. de la Soc. des Agr. de France ;

le comte A. des Cars, membre de la Société centrale
d'Agriculture de France ;

le marquis d'Havrincourt, membre du Conseil d'administration de la Société des Agriculteurs de France ;

Moll, professeur au Conservatoire des Arts et Métiers,
membre du Conseil d'adm. de la Soc. des Agr. de
France et membre de la Société centrale d'Agr. de
France ;

Richard (du Cantal), vice-président de la onzième section
de la Société des Agriculteurs de France ;

Tisserand, Eugène, directeur-adjoint au Ministère de
l'Agriculture, Président de la dixième section de la
Soc. des Agr. de France.

Deux membres du Comité d'organisation n'ont pas suivi les
travaux du Congrès. M. Deusy, maire d'Arras, n'a pas pu quitter
son poste. Au moment de se mettre en route pour venir en Berry,
il a été retenu par un incident fâcheux, qui fort heureusement n'a

pas eu les suites qu'on pouvait redouter. Les Membres du Congrès se consoleront de son absence, en lisant les notes si intéressantes que notre zélé et dévoué Collègue nous a permis d'insérer dans ce compte-rendu. M. Paul Blanchemain a été empêché par l'état de sa santé qu'un deuil cruel de famille avait ébranlée. Que ces Messieurs reçoivent l'expression de nos regrets pour leur absence et de notre gratitude pour leur concours si actif, si efficace et si précieux.

Nous ne saurions reproduire ici toutes les lettres que nous avons reçues. Nous croyons, cependant, que nous devons faire exception pour celle que nous a adressée M. Grandeau, l'éminent directeur-fondateur de la Station agronomique de l'Est, le Secrétaire-Général du célèbre Congrès tenu à Nancy, en 1869.

STATION AGRONOMIQUE
DE L'EST
24, faubourg St-Jean,
NANCY.

Nancy, le 11 mars 1874.

—

MONSIEUR ET CHER COLLÈGUE,

Mes fonctions et mon double enseignement à la Faculté des sciences et à l'École forestière m'imposent, à mon grand regret, l'obligation de renoncer à me rendre à votre aimable invitation.

Désireux de m'associer cependant à l'œuvre d'initiative des Agriculteurs de l'Indre, je vous envoie ci-joint mon adhésion au Congrès.

Agréez, Monsieur et cher Collègue, l'expression de mes sentiments les plus distingués.

L. GRANDEAU.

Enfin, le *Journal de l'Agriculture* s'était fait représenter par M. Henri Sagnier, et le *Journal d'Agriculture pratique* par M. Henri Johanet. M. J. Laverrière, directeur de l'*Écho Agricole*, n'a pas pu venir à Châteauroux. Dans le numéro du 5 mai, il a publié sur les travaux du Comité d'organisation un article dont nous lui avons été bien reconnaissants. Retenu à Paris par un surcroît de travail que les gelées des premiers jours de mai lui imposaient, M. Maurial, directeur du *Journal Vinicole*, nous a exprimé ses regrets de ne pouvoir répondre à notre invitation. En outre, la Presse agricole était représentée par M. de La Valette, directeur de la *Revue d'économie rurale*, et par M. Joigneaux, rédacteur du *National*.

Ces préliminaires terminés, restait au Comité d'organisation le soin de préparer à ses hôtes une réception digne d'eux. Nous n'avons rien négligé pour atteindre ce résultat si ardemment désiré par nous tous. Nous ajouterons que nous avons été aidés de la manière la plus gracieuse et la plus efficace par les hôtes dont le souvenir restera présent à tous ceux de nos compatriotes qui ont eu l'honneur et le plaisir de les approcher. M. Duréault, directeur de la Manufacture des tabacs ; M. Hidien, constructeur de machines agricoles à Châteauroux ; M. Crombez, propriétaire au château de Lancosme; son gendre, M. le baron de Lestrange, membre du Conseil général, ainsi que M. Mesrouze, son collaborateur et l'habile directeur de ses magnifiques travaux; M. Masquelier, propriétaire au château de Saint-Maur; MM. Balsan, propriétaires de la Manufacture du château du Parc, ont singulièrement contribué par leur accueil si cordial au succès des excursions inscrites au programme du Congrès. Que tous reçoivent donc ici l'expression de notre profonde reconnaissance.

Le Congrès libre de Châteauroux a-t-il amené tous les résultats sur lesquels ses organisateurs avaient compté ?

Il a établi, créé ou resserré entre ses divers membres des relations amicales.

Il a réhabilité un pays qui n'a conservé son ancien vernis de mauvaise réputation qu'aux yeux des gens, qui en parlent, sans l'avoir jamais visité.

Il a donné l'occasion d'échanger des idées sur des questions très-diverses. Tôt ou tard, cet échange d'idées portera ses fruits. La sympathique attention avec laquelle nos travaux ont été suivis; les controverses, quelquefois animées, auxquelles les opinions émises ont donné lieu, prouvent, d'une manière éclatante, que tant de peines, de dévouement et de bonne grâce n'ont pas été stériles.

Le mardi, 5 mai 1874, M. Drouyn de Lhuys est arrivé à

Châteauroux. Président du Conseil d'administration de la Colonie de Mettray, il venait d'assister aux fêtes qui ont eu lieu dans ce magnifique établissement à l'occasion de l'inauguration du buste de M. de Metz, cet autre homme de bien et de dévouement. Ce n'est pas sans éprouver une bien vive émotion que nous avons salué l'homme d'État éminent qui, après avoir rempli les plus hautes fonctions, n'hésitait pas à nous apporter le concours de son talent et l'appui de son expérience. Il était accompagné de MM. Lecouteux, Secrétaire-Général ; de Sainte-Anne, Secrétaire ; Johanet, Administrateur de la Société des Agriculteurs de France.

L'illustre Président de notre grande Association fut reçu à la gare par M. Auguste Balsan, député à l'Assemblée nationale, qui avait bien voulu lui offrir une cordiale hospitalité. Partout où il y a un rôle utile à jouer, du bien à faire, on est sûr de rencontrer l'honorable M. Balsan. Son concours nous était indispensable, il nous l'a donné complet, empressé. Nous sommes heureux de trouver cette occasion de lui offrir la nouvelle expression de tous nos remercîments.

Le lendemain, à dix heures du matin, le Comité d'organisation fut reçu par M. Drouyn de Lhuys, qui voulut bien lui faire un accueil aussi empressé que bienveillant. Dans cette entrevue, le programme du Congrès fut définitivement arrêté.

Voici ce programme :

Le Mercredi, 6 mai 1874.

A deux heures de l'après-midi. — Visite de la Manufacture des Tabacs.

A trois heures. — Visite des ateliers de M. Hidien, constructeur de machines et instruments aratoires.

Conservation des vins au moyen du procédé Pasteur. — Expériences pratiques par M. le vicomte A. de Lapparent, ancien directeur des constructions navales.

Ces expériences auront lieu dans le cours de la visite des ateliers de M. Hidien.

Congrès. — Ouverture de la Session à huit heures et demie du soir.

Le Jeudi, 7 Mai 1874.

Excursion en Brenne.

Visite de la terre de Lancosme, commune de Vendœuvres-en-Brenne.

Le Vendredi, 8 Mai 1874.

Dans l'après-midi, excursion à Saint-Maur et à Treuillaut, chez M. Masquelier.

Congrès. — A huit heures et demie du soir.

Le Samedi, 9 Mai 1874.

Visite de la Manufacture de MM. Balsan.

Visite du Concours régional.

Congrès. — A une heure de l'après-midi.

A sept heures.— Banquet par souscription offert à M. le Président de la Société des Agriculteurs de France.

CONGRÈS AGRICOLE LIBRE

DE CHATEAUROUX.

VISITE DE LA MANUFACTURE DES TABACS.

Le mercredi, 6 mai, à deux heures de l'après-midi, M. le Président de la Société des Agriculteurs de France et les Membres du Congrès de Châteauroux se trouvaient réunis à la Manufacture des Tabacs où ils étaient reçus par MM. Duréault, directeur ; Vuillet, ingénieur ; Villemer, sous-ingénieur.

Sous la direction de ces Messieurs la visite de ce magnifique établissement a commencé sur-le-champ.

En 1855, M. le comte Eugène de Bryas, député au Corps législatif, était le rapporteur de la loi qui accorde à l'État le monopole de la fabrication du tabac. Un mûr examen lui fit reconnaître que la consommation augmentait, tous les jours, et que les manufactures ne pouvaient plus suffire à la production. Sur ses observations, il fut décidé que deux manufactures nouvelles seraient construites. L'une a été bâtie à Nantes ; l'autre à Châteauroux. C'est, nous le verrons bientôt, un immense bienfait qui fut rendu à notre ville dont la population ouvrière était alors pauvre et endettée.

Vers la fin de l'année 1856, l'administration des tabacs installa des ateliers provisoires à Châteauroux, dans une ancienne usine, sise rue des Ponts. Ces ateliers ont servi à la fabrication des cigares jusqu'au 25 juin 1861. Dans l'intervalle, les plans de la Manufacture définitive avaient été préparés par M. Dauvergne, architecte du département de l'Indre et de la ville de Châteauroux.

Nota. — L'espace et, surtout, les connaissances spéciales nous ont manqué pour entrer dans les détails techniques. Nous ne saurions trop recommander aux personnes qu'intéressent les merveilles des sciences modernes la lecture de l'article que M. Maxime du Camp a consacré aux tabacs dans son livre intitulé : *Paris dans la seconde moitié du XIXᵉ Siècle*, tome II. Ils y trouveront une foule de documents que notre cadre forcément restreint ne comportait pas.

Commencée à la fin de 1858 la construction fut, sous son habile direction, terminée à peu près en 1861 et tout à fait seulement à la fin de 1862. L'ensemble des dépenses a été de deux millions, dont 500,000 francs ont été attribués aux machines. La superficie de l'établissement est de 29,297 mètres carrés.

Tous les perfectionnements modernes ont été réunis dans la Manufacture des tabacs de Châteauroux. On y trouve, entre autres, les machines si curieuses qu'a inventées M. Eugène Rolland, aujourd'hui directeur-général des Manufactures de l'État. Précisément, c'est par l'atelier des machines que commence la visite du Congrès.

Les spectateurs sont émerveillés en voyant ces puissants appareils se mouvoir sans bruit, et remplacer, avec autant d'économie que d'avantages pour leur santé, des centaines d'ouvriers. Ils ne sont pas moins étonnés lorsqu'ils apprennent qu'il faut près de deux ans pour préparer une prise de tabac. Ils parcourent ensuite : 1° les magasins où sont entassées les feuilles à leur arrivée et à leur sortie, les tabacs prêts à être livrés à la consommation ; 2° les ateliers où se font les longues manipulations qui doivent assurer la qualité des différents cigares ; 3° les ateliers où plus de quinze cents femmes préparent les tabacs : enfin, ils jettent un coup d'œil sur le laboratoire. C'est la pièce importante de l'établissement. Autrefois, la fabrication était livrée à l'empirisme et aux traditions transmises par les vieux contre-maîtres. Aujourd'hui, depuis le semis des graines jusqu'à l'emballage de la poudre ou du *scaferlati* arrivés à l'état parfait, tout ce qui concerne la production du tabac est conduit scientifiquement.

La Manufacture de Châteauroux ne fabrique pas de tabac à fumer ou *scaferlati*. Elle fabrique seulement :

De la poudre à priser ou *râpé* ;

Du tabac à mâcher, *ou rôles menus filés* ;

Des cigares de cinq, de sept et demi et de dix centimes.

En 1874, elle produira :

1,880,000 kil. de râpé ;

20,000 kil. de rôles ;

200,000 kil., soit 50 millions de cigares de 0f05c.

100,000 kil., soit 25 millions de cigares de 0f7c5.

60,000 kil., soit 15 millions de cigares de 0f10c.

Le tout représentant une valeur d'environ trente millions comme prix de vente aux consommateurs. De plus, la Manufacture livre, à quiconque en fait la demande, des poussières de tabac, au prix de 1 franc le kilográmme, pour les jardiniers, et du jus de tabac à des prix variables depuis 4 centimes le litre, suivant le degré de concentration, pour le traitement des maladies des animaux.

Elle occupe 1,750 personnes, dont plus de 1,600 femmes. Elle répand annuellement dans la ville et la banlieue près de 1,100,000 francs, savoir : Salaires......... 960,000ᶠ
Fournitures ... 130,000.

Les hommes gagnent de 3 fr. 75 c. à 4 fr. par jour. Le salaire des femmes varie, suivant leur habileté, entre 1 fr. 50 c. et 2 fr. 50 c. La moyenne est de 1 fr. 85 c.

Durant cette longue et intéressante visite, M. le Directeur de la Manufacture, MM. les Ingénieurs n'ont pas cessé de se montrer empressés à répondre aux nombreuses questions qui leur étaient adressées et à fournir tous les renseignements possibles sur leurs travaux. Avant de se séparer de ces Messieurs, M. le Président de la Société des Agriculteurs de France s'est fait l'interprète des nombreux visiteurs qui l'accompagnaient. Il a, dans les termes les plus chaleureux, remercié ces Messieurs de leur accueil si cordial (1).

Cette visite a vivement intéressé. C'était un début qui donnait les meilleures espérances pour l'avenir du Congrès.

VISITE DES ATELIERS DE M. HIDIEN,

CONSTRUCTEUR DE MACHINES AGRICOLES.

En quittant la Manufacture des Tabacs, l'assistance s'est transportée dans les ateliers de M. Hidien. M. le Préfet avait bien voulu s'y rendre de son côté. M. Hidien reçoit ses nombreux visiteurs dans ses bureaux où sont étalées toutes les récompenses obtenues par la maison depuis sa fondation. La grande médaille d'or de la Société des Agriculteurs de France, que M. Hidien a reçue pour ses batteuses à vapeur et ses locomobiles, attire particulièrement l'attention de M. Drouyn de Lhuys.

(1) Dans la soirée, les Membres du Congrès ont pu, grâce à l'intervention empressée de MM. les Ingénieurs de la Manufacture, offrir à leur illustre Président une boîte de cigares de dix centimes, choisis parmi les meilleurs de leur fabrication.

Après quelques instants de repos, l'assemblée parcourt les différents ateliers de construction, en commençant par la fonderie.
A ce moment, les mouleurs tirent la fonte dans les creusets pour
la transporter dans les moules. La fonderie possède un matériel
très-complet qui a été construit dans la maison. Elle produit chaque
année 3 à 400 tonnes de pièces moulées, toutes employées dans
l'établissement.

L'outillage perfectionné qui garnit l'atelier d'ajustage, est à
juste titre fort remarqué. Il se compose de raboteuses, de mor-
taiseuses, d'étaux-limeurs, de tours parallèles, de fraiseuses, de
perceuses, etc. Toutes ces machines sont à mouvement automa-
tique. Les pièces à travailler une fois fixées sur les plates-formes,
l'ouvrier n'a plus qu'à surveiller la marche de l'outil. Sur chacune
de ces machines se trouve fixée une pièce de fer ou de fonte,
vilebrequin, cylindre ou bâti de locomobile que l'outil attaque
avec une activité et une précision que ne pourrait pas obtenir
l'ouvrier le plus habile.

Un ventilateur marchant à 4,000 tours, un pilon à vapeur et une
cisailleuse à fer composent l'outillage des forges. Les forgerons sont
occupés à souder un vilebrequin de machine sous le pilon à vapeur
qu'un enfant fait fonctionner — la cisailleuse découpe des tôles de
deux centimètres d'épaisseur employées dans les foyers de locomobiles.

La menuiserie comprend une série de machines à travailler le
bois composée de : deux scies à ruban ; deux scies circulaires ; deux
machines à mortaiser ; une toupie à moulurer et dégauchir ; une
machine à faire les rais, etc.

Le travail de ces machines marchant de 500 à 4.000 tours par
minute est prodigieux. — Les tenons, les mortaises, les feuillures,
les moyeux, les jantes, les rais, tout cela se fait mécaniquement,
sans aucune fatigue pour les ouvriers.

Le travail du bois a acquis chez M. Hidien un degré de perfection remarquable. Les bois pris en grume sont sciés, trempés et
passés à l'étuve où l'on obtient une dessiccation rapide et complète.
Cette opération devient indispensable, depuis que les bois secs
deviennent de plus en plus difficiles à trouver, par suite de l'emploi considérable qui en est fait. Trois moteurs à vapeur mettent
tout l'outillage de l'établissement en mouvement.

La fabrication se restreint aux batteuses rendant le grain

nettoyé, aux machines à vapeur fixes ou locomobiles, et à quelques instruments agricoles spéciaux, tels que : coupe-racines, pompes à purin, tonnes à purin, herses articulées, rouleaux, etc.

Les magasins avaient fourni, quelques jours auparavant, une collection de machines aux Concours régionaux d'Albi et de Châteauroux. Dans l'enceinte de cette dernière exposition, M. Hidien avait exposé, entre autres, douze locomobiles à vapeur et douze batteuses sortant de ses ateliers. Quinze autres appareils de battage à vapeur étaient en voie de construction dans les divers ateliers de l'établissement.

Tous les ouvriers travaillent aux pièces. Les contre-maîtres et les employés des bureaux sont payés à l'heure. Les ouvriers à façon gagnent de quatre à huit francs par jour.

La force effective des machines à vapeur que M. Hidien a déjà fournies, soit à l'agriculture, soit à l'industrie (moulins à blé), dépasse douze cents chevaux-vapeur. Plus de cinquante machines à vapeur construites par lui et représentant une force effective de cinq cents chevaux-vapeur fonctionnent dans le seul département de l'Indre. Au dehors, son centre d'affaires le plus important est le Midi et le Centre-Ouest, c'est-à-dire les régions dont il a, depuis dix ans, plus spécialement suivi les Concours. M. Hidien est en mesure de construire une batteuse et une locomobile par semaine. Bien entendu, il peut, en outre, fournir tous les instruments qui font l'objet de sa fabrication habituelle, tels que : coupe-racines, herses articulées, pompes et tonnes à purin, etc.... Enfin, il a organisé pour les réparations un atelier dont l'importance s'accroît tous les jours.

Il y a loin de ce bel établissement aux modestes ateliers que M. Jean-Baptiste Hidien père avait installés à Déols, en 1834. M. Hidien père fabriquait des instruments aratoires et spécialement des charrues que les cultivateurs de la contrée ont fini par adopter de toutes parts. Les parties principales de ces charrues étaient en fer. Elles ont remplacé très-avantageusement le vieil *ariau* du pays.

En 1860, M. Hidien vint s'installer à Châteauroux dans le local que son fils occupe actuellement, et fit construire des ateliers où il occupait quelques ouvriers.

C'est en 1866 que M. Hidien fils est devenu propriétaire de l'établissement et en a pris la direction. Cette même année, il exposait au Concours régional de Châteauroux la première machine à vapeur construite dans cette ville et il obtenait le deuxième prix et une médaille d'argent. A cette même exposition, il recevait seize autres prix pour les divers instruments agricoles de sa fabrication. Encouragé par ces débuts, M. Hidien fils a suivi les concours régionaux et l'Exposition universelle de Paris. Partout, il a obtenu les distinctions les plus honorables, comme le prouve son médailler si complètement garni.

Ces succès le décidèrent à augmenter ses moyens de fabrication. Peu à peu, il est arrivé à faire l'établissement si complet qui provoque au plus haut degré l'intérêt des membres du Congrès. La vue de toutes ces machines marchant en même temps et successivement dirigées par le chef de la maison pour en montrer le mécanisme, cause à tous les visiteurs une satisfaction qu'ils expriment à différentes reprises. Aussi, ils quittent ces beaux et vastes ateliers vivement impressionnés de ce qu'ils viennent de voir. En son nom et au leur, l'illustre Président de la Société des Agriculteurs de France dit à M. Hidien que tous emportent le meilleur souvenir de l'activité et de l'ordre qui règnent partout dans son bel établissement.

Après cette intéressante excursion, les membres du Congrès vont assister aux expériences pratiques organisées par M. le vicomte de Lapparent dans une des cours de M. Hidien. Ces expériences portent sur le chauffage des vins par le système de M. Pasteur. Un des assistants a bien voulu nous remettre, sur sa conférence, la note suivante :

EXPÉRIENCES PRATIQUES SUR LA PASTEURISATION

OU CONSERVATION DES VINS PAR LA CHALEUR.

Le mercredi, 6 mai, dans la cour des ateliers de M. Hidien, à quatre heures de l'après-midi, en présence de M. Drouyn de Lhuys, président de la Société des Agriculteurs de France et des Membres du Congrès de Châteauroux, auxquels s'étaient joints M. le Préfet de l'Indre ainsi qu'un public nombreux, M. le vicomte de Lapparent a fait fonctionner le petit appareil auquel il a donné le nom de *chauffe-vin du propriétaire* et qui est cité, dans le grand ouvrage de M. Pasteur, comme le plus simple et le plus économique qu'on puisse employer. Cet appareil, comme l'indique son nom, ne convient qu'aux personnes qui ne produisent pas de grandes quantités de vins, ou aux consommateurs qui ont

ainsi le moyen de préserver, à peu de frais, les vins qu'ils achètent pour leur usage. Il se compose essentiellement :

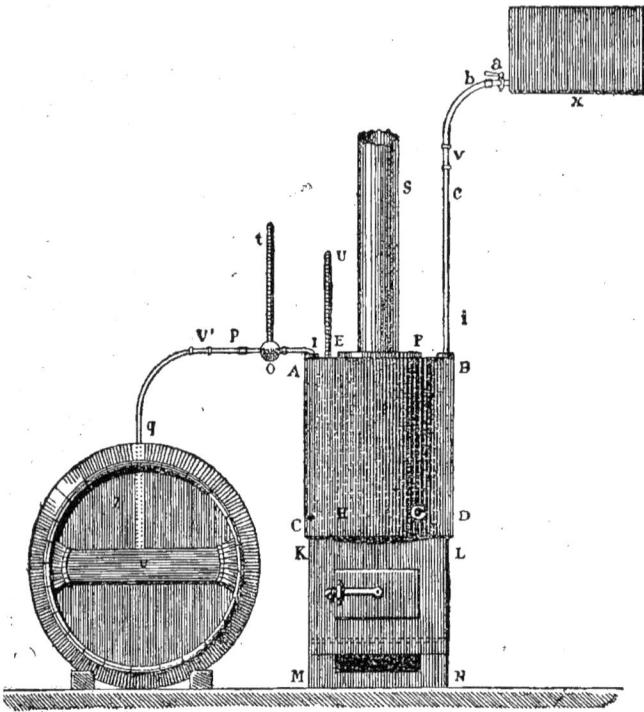

1° D'une chauf-
ferie cylindrique,
en tôle noire
K L N M, garnie,
dans le bas, d'une
grille en fonte ;

2° D'un cylindre
à eau, en tôle
zinguée A B C D,
renfermant un
autre cylindre ou
boîte à feu, E F G H,
que la flamme du
foyer traverse,
avant de s'échap-
per par la che-
minée s, qui la
surmonte ;

3° D'un serpen-
tin, embrassant
la boîte à feu, dont
l'entrée droite est
en *i* et la sortie, recourbée horizontalement et portant une tubulure verticale o, est en I.

Pour faire fonctionner l'appareil, on commence par établir sur
un échafaud volant, à 0ᵐ80ᶜ environ, au-dessus de l'entrée du serpentin, un réservoir ou petit baquet x, garni d'un robinet *a*, dans
lequel le vin froid doit être successivement versé ; puis on
réunit le robinet avec l'entrée du serpentin, à l'aide d'un tuyau
de caoutchouc *b c i*. Un second tuyau semblable *p q*, adapté en *p*,
à la sortie du serpentin, conduit le vin chauffé dans la barrique
où il doit être reçu et conservé. Ces deux tuyaux s'emmanchent
en v et v' sur des tubes en verre qui permettent de voir couler
les vins d'arrivée et de sortie ; si, par une cause quelconque,
l'écoulement se trouvait interrompu, on verrait de suite de quel
côté viendrait l'interruption. On place, dans la tubulure, le thermomètre *t* qui accusera la température du vin chaud, puis, ayant
rempli d'eau le cylindre zingué, on ouvre le robinet *a* et on laisse
couler le vin, jusqu'à ce que tout le serpentin en soit rempli, ce

qui arrive lorsqu'on aperçoit le vin apparaître dans le tube en verre v'; à ce moment, on ferme le robinet *a* et on allume le feu. Un thermomètre à flotteur u e est plongé dans l'eau, dont il donne la température. Dès que celle-ci a atteint 60 degrés, on entrouvre le robinet *a* et l'opération commence. Tout consistera, dorénavant, dans la manœuvre de ce robinet, dont l'ouverture doit être telle que la température du vin, indiquée par le thermomètre *t,* reste toujours comprise entre 50 et 60 degrés. Quand le feu est actif et soigneusement entretenu, cette température ne varie pas sensiblement. On peut chauffer avec du bois ou de la houille; ce dernier combustible est cependant préférable, parce qu'il donne une chaleur plus soutenue. Le mélange des deux est également recommandé.

Avec l'appareil du plus petit modèle, 0ᵐ 40ᶜ de diamètre, on peut chauffer 12 hectolitres dans une journée de dix heures; on en chauffera 20 avec l'appareil de 0ᵐ 50ᶜ; la dépense totale ne dépasse pas 0 fr. 25 c. à 0 fr. 30 c. par hectolitre.

Toutes les personnes qui étaient présentes ont suivi avec intérêt cette expérience, et ont pu constater que la manœuvre de ce chauffe-vin est tellement simple, qu'il peut être placé dans les mains du premier venu.

Mais il y a un détail qui a attiré l'attention de l'Assemblée, c'est celui qui concerne la matière du serpentin. Celui-ci, on le comprend, devait être en métal, pour transmettre au vin la chaleur de l'eau, et, pratiquement, ce métal ne pouvait être que *plomb, cuivre* ou *étain.* Il fallait exclure le plomb qui, en se combinant avec les acides libres du vin, aurait pu engendrer des sels vénéneux; le cuivre est assez cher et, d'ailleurs, il n'aurait pu être employé sans un étamage *intérieur,* dont la vérification est à peu près impossible. Restait l'étain, dont l'innocuité est absolue, mais dont le prix est fort élevé. M. de Lapparent a eu l'idée de composer son serpentin en se servant d'un tuyau en plomb, non point étamé, mais *doublé d'étain* à l'intérieur, c'est-à-dire formé d'un tuyau en étain, très-mince, qui garnit intérieurement celui en plomb. C'est une fabrication du plus haut intérêt, qui a pris naissance à Nantes, il y a une douzaine d'années, a été transportée depuis à Paris, et est appelée à rendre les plus éminents services à la santé publique, attendu que ces tuyaux ne coûtant pas plus cher que ceux en plomb seul, pourront leur être substitués à l'avenir dans la conduite des eaux, et on sera à l'abri de ces accidents terribles et presque foudroyants qui, de temps à autre, viennent jeter l'effroi dans les populations.

CONGRÈS AGRICOLE LIBRE

DE CHATEAUROUX.

SÉANCE D'INAUGURATION. [1]

6 Mai 1874.

SOMMAIRE. — Constitution du Bureau provisoire. — Allocution de M. le Président. — Élection de M. Drouyn de Lhuys à la Présidence. — Constitution du Congrès. — Discours d'ouverture de M. Drouyn de Lhuys. — De la Pasteurisation ou conservation des vins par la chaleur, par M. le vicomte de Lapparent. — De la nécessité de développer l'industrie étalonnière en France, par M. Gayot. — Ordre du jour pour le jeudi 7 mai et le vendredi 8 mai 1874.

La séance est ouverte à huit heures un quart du soir.

Une nombreuse réunion se presse dans la salle de la Bibliothèque de la ville. Des dames et des ecclésiastiques se mêlent aux membres du Congrès.

M. le Préfet de l'Indre, M. le Maire de Châteauroux, M. Boitel, inspecteur général de l'Agriculture ; MM. Balsan, comte de Bondy, Clément, députés de l'Indre, prennent place dans des fauteuils qui leur ont été réservés.

MM. Em. DAMOURETTE, *président* ;
     Paul BAUCHERON DE LÉCHEROLLE, *vice-président* ;
     Em. THIMEL, *secrétaire.*

---

(1) Le Bureau du Congrès est parvenu à obtenir de la plupart des personnes qui ont coopéré aux travaux de la Session le texte de leurs discours. Il s'est efforcé de reproduire aussi fidèlement que possible les autres communications, les diverses discussions et les résolutions adoptées.

MM. Aumerle, président de la Société vigneronne d'Issoudun ;

Philippe Baucheron de Lécherolle, membre du Conseil général de l'Indre ;

Marchain, Léonce, propriétaire au château de la Lienne ;

Marin-Darbel, propriétaire au château du Plessis (Velles);

Martin, président du Comice d'Issoudun, à Reuilly ;

Paul Petit, secrétaire de la Société d'Agriculture de l'Indre,

membres de la Réunion départementale de la Société des Agriculteurs de France et du Comité d'organisation, forment le Bureau provisoire.

M. le Président déclare la Session ouverte et prononce l'allocution suivante :

Messieurs,

A vous qui, étrangers à notre pays, n'avez pas voulu rester étrangers à notre œuvre, salut chaleureux et bienvenue cordiale. A vous, nos compatriotes, qui nous entourez en ce jour solennel, merci du concours que vous nous avez prêté. A vous tous, permettez-moi de vous exprimer mon sincère et profond étonnement de me voir occuper cette place. En vérité, si j'avais pu soupçonner qu'un honneur à la fois si grand et si périlleux m'attendait, je me demande si j'aurais accepté la haute marque de confiance que m'ont donnée mes trop indulgents collègues, le jour où ils m'on appelé à l'honneur insigne de présider à leurs travaux.

Notre Réunion départementale a été organisée au mois de décembre dernier, grâce à l'initiative d'un jeune et vaillant soldat du progrès agricole. Dès nos premières séances furent émises l'idée d'organiser un Congrès à tenir pendant le Concours régional de Châteauroux, et la pensée d'offrir, à la suite du Congrès, un Banquet à l'illustre Président de la Société des Agriculteurs de France. A peine exposés, ces projets ont reçu l'assentiment unanime. Nous avons dû fixer à dix francs la souscription au Congrès et à vingt francs celle du Banquet.

La Société d'Agriculture de l'Indre a entrepris de créer, à Châteauroux, une station agronomique. Quoique ces installations dussent l'entraîner dans des dépenses élevées, elle n'a pas hésité à prendre une part plus ou moins considérable dans l'organisation d'un Concours hippique ; — de l'Exposition des Fleurs ; — d'un Concours de Vins, — et d'un Concours international de Moissonneuses.

Dans ces conditions, il ne nous était pas permis de lui demander de subvenir aux dépenses du Congrès. D'autre part, comme Réunion départementale de la Société des Agriculteurs de France, nous ne disposons pas du moindre budget. Dès lors, force nous était d'avoir recours à une souscription.

Quant au Banquet, nous nous sommes demandé jusqu'au dernier moment si nous pourrions nous renfermer dans les limites de ce prix tant critiqué par beaucoup et si regretté par nous tous. Obligé de répondre à des observations qui, parfois ont été présentées en termes assez vifs, j'ai dû entrer dans tous ces détails. J'espère que vous voudrez bien me les pardonner. Après les hésitations et les délais inhérents à toute entreprise dont on mesure les difficultés sans illusions, nous avons porté ce projet à la connaissance des intéressés. M. le Président de la Société des Agriculteurs de France, M. le Secrétaire général nous ont prêté l'appui le plus énergique. Grâce à leur concours ; grâce aux publications insérées dans les journaux agricoles et ceux de la région, le résultat a dépassé toutes nos espérances. Deux cents adhérents ont répondu à notre appel. Ah! Messieurs, nous sommes heureux et fiers de ce succès. Il nous prouve qu'il nous suffit de déployer le drapeau de notre grande association pour qu'une nombreuse phalange s'enrégimente à sa suite. Nous avons inscrit sur ce drapeau les grands mots d'*initiative individuelle et de décentralisation*. Nous savons par le sacrifice que nous avons dû vous demander qu'il s'agit bien aujourd'hui d'initiative purement individuelle. C'est aussi, à n'en pas douter, de la décentralisation. Est-ce que la Société des Agriculteurs de France ne vient pas résolûment, hardiment, planter son drapeau au milieu d'un pays naguère encore réputé l'un des plus arriérés et des plus pauvres de cette belle France, d'autant plus chère à tous les hommes de cœur qu'elle est plus malheureuse?

Nous devons aussi l'expression de notre gratitude à M. le Préfet de l'Indre qui, sans hésiter, nous a donné l'investiture administrative ; à M. le Commissaire général du Concours régional, qui a si bien compris que nous n'avions qu'une pensée : augmenter le lustre de l'exposition et accroître son utilité ; à M. le Maire de

Châteauroux, qui nous a donné une si gracieuse hospitalité. Mais je m'oublie dans cette causerie. Pardonnez-moi, Messieurs, et donnez-moi la preuve que vous m'excusez, en appelant, par acclamation, à cette place qui n'est pas la mienne, et que j'ai hâte de quitter, M. Drouyn de Lhuys, l'éminent et dévoué président de la Société des Agriculteurs de France.

Aux applaudissements unanimes de l'Assemblée, **M. Drouyn de Lhuys** vient occuper le fauteuil de la Présidence. Il ne laisse pas les membres du Comité d'organisation quitter le Bureau provisoire sans leur adresser les plus chaleureux remerciments. Il propose ensuite de compléter immédiatement le Bureau définitif.

M. Damourette demande la parole. Au nom du Comité d'organisation et d'un certain nombre de membres du Congrès, il propose aux suffrages de la Réunion des candidats dont voici la liste :

Vice-Présidents :

M. le comte DE BOUILLÉ, député à l'Assemblée nationale, lauréat de la prime d'honneur de la Nièvre, membre de la Société centrale d'Agriculture de France, président de la 2ᵐᵉ section de la Société des Agriculteurs de France ;

M. le comte DE BONDY, député à l'Assemblée nationale, président de la Société d'Agriculture de l'Indre ;

M. GAYOT, Eugène, membre de la Société centrale d'Agriculture de France, président de la 9ᵐᵉ section des Agriculteurs de France ;

M. CROMBEZ, propriétaire au château de Lancosme, près de Vendœuvres-en-Brenne ;

M. le marquis DE MONTLAUR, député à l'Assemblée nationale, propriétaire au château de Lyonne (Allier), membre du Conseil d'administration de la Société des Agriculteurs de France ;

M. MARTIN, président du Comice agricole d'Issoudun, à Reuilly.

Secrétaires :

M. DE MONICAULT, membre du Conseil d'administration de la Société des Agriculteurs de France ;

M. DE SAINT-ANNE, Secré- taire du Conseil d'administra- tion de la Société des Agricul- teurs de France ;

M. JOHANET, Henri, admi- nistrateur de la Société des Agriculteurs de France.

M. BLANCHEMAIN, secré- taire du Conseil d'administra- tion de la Société des Agricul- teurs de France ;

M. Paul PETIT, secrétaire de la Société d'Agriculture de l'Indre ;

M. THIMEL, Émile, biblio- thécaire de la Société d'Agri- culture de l'Indre.

Trésorier :

M. Marcel GAUDET, banquier à Châteauroux.

Commissaires :

MM. Paul BAUCHERON DE LÉCHEROLLE, vice-président de la Société d'Agriculture de l'Indre ;

AUMERLE, président de la Société vigneronne d'Issoudun ;

Philippe BAUCHERON DE LÉCHEROLLE, membre du Conseil général de l'Indre ;

DEUSY, avocat, conseiller général, maire d'Arras (Pas-de- Calais), propr.-agric. au château de la Pacaudière, com- mune de Luçay-le-Mâle (Indre), membre du Conseil d'administration de la Société des Agriculteurs de France ;

MARCHAIN, Léonce, propriétaire au château de la Lienne ;

MARIN-DARBEL, propriétaire au château du Plessis (Velles).

La Réunion ratifie, par les applaudissements avec lesquels elle accueille successivement la lecture de chacun des noms qui précè- dent, les choix qui lui sont proposés.

Un membre ayant proposé de nommer Secrétaire général du Congrès le Secrétaire-Général de la Société des Agriculteurs de France, M. Lecouteux a déclaré qu'il était venu prendre part, à titre de simple membre, aux travaux du Congrès. Il a rappelé le zèle apporté par M. Damourette pour son organisation et la large part qui lui revient dans le succès. Il a terminé en proposant de le nommer Secrétaire général du Congrès de Châteauroux. Cette proposition est unanimement adoptée.

Les membres du Bureau définitif, ainsi élus par acclamation, prennent place au bureau.

M. le Président se lève et s'exprime en ces termes:

MESSIEURS,

En acceptant votre cordiale invitation à ce Congrès, préparé par l'initiative dévouée des membres de la Réunion départementale de l'Indre, le but du Président de la Société des Agriculteurs de France est d'affirmer de plus en plus l'esprit de libérale expansion de cette Société, et de mettre en relief une fois encore son vrai rôle, qui est de rayonner dans les provinces. Paris n'est pour elle qu'un domicile d'emprunt. Il est bon que tout le monde sache que, comme un vrai rural, elle n'y possède qu'un pied-à-terre, et que son domaine c'est toute la France.

Aux mémorables étapes qu'elle a faites à Arras, à Lyon, à Clermont-Ferrand, à Beaune, à Nancy, à Beauvais, elle est heureuse d'ajouter celle de Châteauroux. Votre pays lui inspire, en effet, une légitime prédilection. Il est de ceux dont l'agriculture livre à l'inclémence du sol, dans des conditions pénibles et avec de modiques ressources, une lutte acharnée, marquée chaque jour par d'incontestables progrès.

La variété seule des aspects de ce département révèle à l'observateur sous combien de formes votre activité doit se diversifier.

Ici, le sol argileux de la Champagne, pays des gros fermages, réclame l'action puissante et rapide des attelages de chevaux. C'est la partie la plus monotone, mais aussi la plus riche de votre contrée, où la beauté des troupeaux de bêtes à laine, si appréciés par les consommateurs parisiens, récompense le cultivateur de la création des prairies artificielles.

Là, une terre de composition plus variée gagne en pittoresque ce qu'elle perd en fertilité. Au pied de vieux castels qui émaillent çà et là le Boischaut, les bœufs traînent lourdement une charrue, peut-être un peu trop primitive. C'est le pays du métayage, association, sur un sol pauvre, du travail lent et du capital timide.

Plus loin, il semble que l'on fasse un retour vers la Sologne. C'est le plateau de la Brenne, insalubre et rebelle aux cultures, le pays des étangs, aujourd'hui malheureusement dépouillé de ses forêts assainissantes, où l'histoire nous apprend que le bon roi Dagobert venait chasser.

Tel est, Messieurs, le triple champ que la Providence confiait à vos labeurs, dont nous avons sous les yeux les excellents résultats. Je ne saurais les énumérer tous; je voudrais seulement rappeler quelques-uns de ceux qui méritent une place particulière dans les annales des victoires pacifiques de l'agriculture.

Au début de l'an IX, une Société des arts et de l'agriculture se fonde à Châteauroux. Elle devient le foyer de lumineux enseignements. Le Comice agricole d'Issoudun et la florissante Société vigneronne de la même ville prirent plus tard leur essor. Le progrès rencontra parmi leurs membres d'énergiques et intelligents promoteurs. D'abord, ils parlèrent un peu dans le désert; mais le désert finit par écouter, et il se transforma. C'étaient les de Barbançois, qui, depuis 1663, travaillaient, de père en fils, à l'acclimatation du mérinos, c'était Bonneau, qui créait la ferme expérimentale de la Brosse, et, plus tard, sauvait votre Société de la destruction par un appel au dévouement privé de ses membres ; c'étaient les Duris-Dufresne, les Charlemagne, les De La Tramblais, les Muret de Bort, les Marchain et les de Bryas, à qui l'on doit la célèbre loi du drainage ; enfin, plus près de vous, Masquelier, qui introduisait à Saint-Maur et à Treuillaut la distillerie du Nord et la culture intensive de la betterave ; Thayer, qui consacrait aux intérêts du sol les dernières forces d'une vie de dévouement. Le pays porte les traces indélébiles de l'œuvre de ces hommes généreux et de leurs vaillants successeurs, trop nombreux pour qu'il soit possible, sans injustice, d'en citer ici quelques-uns. L'infertilité de vos terres n'est plus l'insoluble problème du passé ; c'est une question de temps et d'argent que résoudra l'avenir.

Dans la Brenne, les étangs desséchés et livrés à la charrue, les reboisements, les marnages et les chaulages, les assainissements et les drainages, la régularisation et le curage de plusieurs cours d'eau, attestent de persévérants efforts. Aussi des domaines qui, autrefois, ne pouvaient fournir assez de blé pour nourrir leurs maladifs colons, produisent-ils aujourd'hui une quantité suffisante pour alimenter la métairie et laisser un excédant au propriétaire. A la vitalité de la culture correspond une plus grande vitalité des populations.

Le développement des voies de communication n'a pas peu contribué à cette résurrection de la Brenne et de toute la région. La facilité des transports, en multipliant les débouchés, active la concurrence, qui assure elle-même une distribution mieux équilibrée des produits. Les représentants du département de l'Indre, en obtenant autrefois que la grande ligne du chemin de fer du centre le traversât, ont bien mérité du pays. Une égale reconnaissance est due aux personnes éminentes qui travaillent à doter les vallées de l'Indre et de la Creuse de deux nouvelles voies ferrées.

Si, aux yeux des amis de l'ancienne coutume, les bœufs limousins sont d'admirables charroyeurs, on ne peut nier, néanmoins, que la vapeur n'ait sur eux quelque avantage. Un de vos plus habiles novateurs le comprenait bien, lorsqu'il s'efforçait de l'appliquer au profit de sa culture ; et je me demande si le sifflet de la locomobile qui transportait cette poussière de chaux, fécondité des sols arides, n'a pas éveillé le sentiment du progrès dans l'âme un peu défiante du Brennou. Lafontaine a dit :

> Rien ne sert de courir, il faut partir à point.

Mais on ne doit pas abuser de ce précepte, et je crains qu'on en ait faussé le sens lorsque vous avez délaissé le labourage à vapeur, inauguré d'une manière si solennelle dans ce département, à la suite du grand concours du Petit-Bourg. Pourtant ne trouvait-il pas son application naturelle dans les plaines de votre Champagne, et surtout dans les brandes immenses de la Brenne, ainsi que dans certaines parties du Boischaut? Un particulier peut s'effrayer à juste raison du sacrifice qu'impose l'achat du matériel ; mais une association de cultivateurs, une compagnie d'entreprises de labour, supporterait plus facilement cette dépense. Quoi qu'il en soit, votre Société d'agriculture a popularisé l'idée. On y reviendra lorsque vos concours de moissonneuses et de faucheuses, déjà si remarquables, auront dit leur dernier mot. Quand vous aurez bien constaté la puissante efficacité des auxiliaires mécaniques pour faire la récolte, l'intelligence des constructeurs et l'attention du monde rural se reporteront vers cette autre nécessité de la culture : les labours profonds exécutés en temps opportun et aux moindres frais, résultat si important qui continue à se réaliser dans la grande exploitation de Petit-Bourg.

Alors votre principale production, le blé, pourra s'élever au maximum du rendement. Votre moyenne de 12 à 13 hectolitres est faible, et encore n'est-elle pas toujours atteinte dans les métairies et les petites exploitations. Aussi la Société des Agriculteurs de France est-elle heureuse de servir d'intermédiaire à un généreux anonyme, en mettant cette année au concours, dans votre département, un prix de 1,000 francs devant être décerné à celui qui aura obtenu la plus belle moisson, et dont la culture ne dépassera pas une étendue de quinze hectares.

Le pain, c'est la vie. Le vin n'est pas d'une absolue nécessité, mais c'est pour tous un précieux accessoire. Félicitez-vous donc de voir la vigne envahir vos coteaux et leurs pentes naguère si arides, les couvrir de ses pampres verdoyants, et rendre parfois le centuple à l'élite des planteurs. Félicitez-vous surtout de voir vos vignobles échapper encore à la désastreuse invasion du phylloxera. Armez-vous de toutes pièces pour opposer une muraille de précautions à cet infiniment petit dont les ravages sont immenses. Sauvez vos bons vins d'Issoudun, de La Châtre, d'Argenton, du Blanc, dont on pourrait bien quelque jour faire un grand cas, si la source du Midi venait momentanément à se ralentir.

A ces deux branches de production, vous ajoutez l'élevage de la race bovine et de la race ovine. Si le bœuf limousin ne peut atteindre qu'exceptionnellement, sur vos prairies sèches et arides, la stature et l'embonpoint de son frère repu dans les fraîches embouches du Nivernais, c'est du moins l'animal de trait par excellence, que des soins modérés permettent de livrer avec profit à l'étal du boucher.

Le mouton est également une de vos richesses, soit qu'il se présente avec la vigueur et l'ampleur du Crevant, soit qu'il offre ce type berrichon plus modeste, dans lequel on a si heureusement infusé du sang southdown. La laine, qui constituait autrefois l'un des principaux produits de la contrée, fournit encore, quoique avec moins de bénéfice, la matière première à ses fabriques de draps, avantageusement transformées par l'intelligence du génie industriel. Mes aimables hôtes me permettront de leur dire que je ne m'étonne pas de la réputation de leur belle manufacture, lorsqu'à la fin du quinzième siècle, dans le contrat de mariage d'Anne de Bretagne avec Charles VIII, je vois stipuler que, dans son trousseau, il y aura tant d'aunes de draps de Châteauroux. Ces draps étaient déjà alors les plus estimés de France et figuraient à côté des soieries de Lyon.

Mais je reviens à l'élevage, que vous voulez compléter en invitant vos cultivateurs à ne point négliger le cheval, nécessaire pour tant de services divers, et indispensable à la reconstitution de l'armée. La Société des Agriculteurs de France salue dans votre concours hippique une œuvre de courageuse initiative. Elle s'est donné la mission de réveiller dans le pays le sentiment de ses propres forces, et l'idée toute naturelle, mais trop oubliée peut-être, de faire par soi-même ses affaires. Je puis, ici encore, invoquer un souvenir local. Vous possédiez autrefois une race petite, vigoureuse, rustique, dont la disparition a excité des regrets et des remords qui vont être une cause de retour vers le passé. Oui, Messieurs, noblesse et richesse obligent. Or vous étiez riches en ressources hippiques. Henri IV, nous dit Hussard, envoyait à Élisabeth de bons chevaux provenant des haras du Berry, qui étaient supérieurs à tout ce que l'Angleterre possédait alors. Les temps et les situations ont changé, mais il vous appartient de reconstituer cette race brennouse, si remarquable par ses qualités essentielles.

Messieurs, en passant en revue vos diverses productions, j'ai signalé les progrès accomplis, les résultats, les effets: je n'ai peut-être pas assez insisté sur les causes, ou, pour mieux dire, sur les forces à mettre en œuvre. Vous me permettrez, en terminant, de vous rappeler les deux plus importantes: l'une qui réside dans les entrailles de la terre, l'autre dans les facultés de l'homme. Je veux parler des éléments physiques et chimiques du sol, de ce qu'on peut appeler les forces passives de l'agriculture ; je veux parler aussi des sciences qui président à tous les travaux, à toutes les transformations, et qui constituent les forces actives de l'agriculture.

On a compris qu'il ne suffit plus de connaître, sur des données incertaines, plus traditionnelles que raisonnées, la nature du sol qui convient à chaque végétal ; qu'il ne suffit pas surtout de modifier physiquement les molécules du champ pour le rendre indéfiniment productif. La science a indiqué et prévu une situation et un temps où telle ou telle plante doit périr sur un sol épuisé ou privé de certaines substances dont elle a besoin pour un développement normal. La loi de la nutrition des plantes est une des découvertes les plus fécondes de la chimie moderne. Aussi les agriculteurs éclairés en ont-ils profité pour diriger leurs travaux. De divers côtés se fondent des stations agronomiques, où, dans des laboratoires d'essais, l'homme de science interroge tour à tour la plante pour savoir ce qu'elle réclame, la terre pour savoir ce qu'elle peut donner à la plante, l'engrais pour constater ce qu'il ajoute comme nourriture complémentaire. En créant un établissement de ce genre, vous avez doté votre contrée d'un précieux critérium et d'un foyer de renseignements pratiques. Vous ne répandez la semence et l'engrais qu'à coup sûr, dans une terre étudiée à l'avance et bien préparée. La Société des Agriculteurs de France encourage, dans la mesure des ressources dont elle dispose, cette importante création ; mais elle compte principalement sur les efforts toujours croissants de l'initiative locale, et elle espère que votre Conseil général voudra vous aider par un subside annuel. Notre but est surtout d'apporter à des œuvres si éminemment utiles un appui moral, afin de propager l'indispensable étude de ce que j'appelais tout à l'heure les forces passives de l'agriculture.

Quant à ses forces vives, c'est dans les centres d'instruction agricole qu'elles peuvent se développer. Sans doute, chaque ferme est un vivant enseignement du métier ; mais la science solitaire est fatalement bornée, et le cultivateur qui se restreint aux coutumes et aux méthodes du vallon où il vit, risque de reproduire aussi fidèlement l'erreur que la vérité. Plusieurs départements cherchent, dans les fermes-écoles, à relever le niveau des connaissances professionnelles, et vont même jusqu'à installer, dans l'école normale, une chaire d'agriculture. Le département de l'Indre a-t-il fait ce qui lui était possible pour populariser, par tous les moyens, les saines notions de la science agronomique ? C'est une question délicate qu'il ne m'appartient pas de résoudre. Mais si le but n'est pas encore atteint, vous l'atteindrez, je n'en doute pas. J'en ai pour garant

les progrès de toute nature dont le concours actuel offre à nos
yeux le remarquable spectacle. Oui, Messieurs, vos prédéces-
seurs ont, en quelque sorte, formé les bras de l'agriculture : à
vous appartiendra l'honneur d'en éclairer l'esprit et d'en réveiller l'âme par l'enseignement.

Après ce discours fréquemment interrompu par les chaleureux
applaudissements de l'Assemblée, M. le Président donne la parole à
M. le vicomte DE LAPPARENT, ancien directeur des constructions navales, sur la Pasteurisation ou conservation des vins par la chaleur.

M. de Lapparent s'exprime ainsi :

MESSIEURS ,

C'est avec un crêpe au bras que je devrais commencer un
entretien où il sera exclusivement question du vin, puisque,
pour la troisième fois, une gelée déplorable vient d'anéantir
les magnifiques espérances que nous avait fait concevoir l'aspect de nos vignobles. Toutefois, vous jugerez, comme moi,
que ce désastre rend encore plus opportune la vulgarisation des moyens qui nous permettront de conserver, soit les
petites quantités que nous récolterons, soit celles que nous
possédons dans nos caves.

La production du vin est une des principales sources de
la richesse de notre France. Une statistique dressée par
M. Teissonnière, président de la Chambre syndicale des vins,
de Paris, la porte à plus de 50 millions d'hectolitres, représentant une valeur supérieure à *un milliard*. En outre,
comme vins d'entremets et de dessert, les vins de France
jouissent d'une célébrité universelle et ne connaissent pas de
rivaux. Ils sont malheureusement sujets à bien des maladies,
qui en altèrent le goût et finissent même par les rendre

imbuvables. Ces maladies, suivant les cas, ont reçu les noms d'*ascescence, amertume, graisse*, etc.

Quelles en sont les causes?

L'illustre chimiste, M. Pasteur, que ses précédents travaux avaient merveilleusement préparé pour l'étude de cette question si délicate, les a analysées avec un soin et une perspicacité admirables; et il faut lire le détail de ses expériences dans le bel ouvrage qu'il a publié, sous le titre modeste d'*Études sur le Vin*. Il y est démontré jusqu'à l'évidence que toute maladie du vin est due à la présence, dans le corps du liquide, de parasites microscopiques, de nature végétale, de formes variables avec la maladie, et qui se développent aux dépens des principes du vin, dont ils modifient, plus ou moins profondément, toutes les propriétés.

C'est cette découverte qui constitue le véritable titre de gloire de M. Pasteur et lui assure la reconnaissance du pays (1); car, dès ce moment, le remède était trouvé. En effet, il y a longtemps qu'un autre chimiste, également célèbre, le docteur Liebig, avait écrit, dans ses *Nouvelles Lettres sur la Chimie*, les lignes suivantes :

« La viande est cuite, quoique saignante, quand elle a été
» portée à une température de 56°, *température de la coagu-*
» *lation de l'albumine*. »

_____

(1) Si, aux beaux travaux de M. Pasteur pour la conservation des vins, on joint ceux qu'il a publiés sur la fabrication des Vinaigres et des Bières, et, avant tout, sur les moyens à employer pour combattre les maladies qui ravagent les magnaneries, on restera convaincu que M. le Ministre de l'Instruction publique n'a accompli qu'un acte de stricte justice, mais qui lui fait beaucoup d'honneur, en proposant à nos députés de décerner une récompense nationale à l'éminent chimiste. M. Dumas, à une des séances de l'Académie des sciences, déclarait que les procédés, indiqués par M. Pasteur pour prévenir la maladie des vers à soie, avaient déjà fait gagner plus de *vingt millions* à la France, et que l'on replantait des mûriers dans beaucoup d'endroits où, de désespoir, on les avait arrachés !

Or, les parasites ou *mycodermes* du vin étant de nature albumineuse, si on élève la température du liquide à un minimum de 56°, on devra les coaguler et les détruire. Si, ensuite, on ferme hermétiquement la barrique qui a reçu le vin chauffé, de telle sorte que l'air extérieur ne puisse y introduire d'autres germes, le vin s'y conservera indéfiniment sans altération.

Restait un point à éclaircir, surtout en ce qui concerne les vins fins ; le chauffage n'en altèrerait-il pas le *bouquet?* M. Pasteur a démontré, par des expériences multipliées et prolongées que, quand l'opération est conduite avec les précautions convenables, on n'avait rien à craindre à cet égard. J'ai assisté le 11 août 1869, en compagnie de M. Dumas, secrétaire-perpétuel de l'Académie des sciences, à une dégustation comparative de vins chauffés et de vins non chauffés, faite par des délégués de la Chambre syndicale des vins de Paris. Le chauffage remontait à trois et quatre années, et, parmi les échantillons, figuraient des vins fins de *Pomard*, de *Volnay*, de *Beaune* et de *Vougeot*. Voici les conclusions du rapport, qui a été soumis à l'Académie des sciences.

« Il est impossible de nier, en raison de l'exposé qui précède, l'immense résultat obtenu par le chauffage sur les vins en bouteille, au point de vue de leur conservation.

» Le temps écoulé depuis le chauffage ne permet plus aucun doute sur son efficacité. Son effet est surtout incontestablement préventif : il détruit les germes des maladies auxquelles les vins sont généralement sujets, sans pour cela nuire au développement de leurs qualités.

» Tous les vins chauffés sont bons ; il n'y a d'altération, ni dans leur goût, ni dans la couleur ; ils sont, en conséquence, dans toutes les conditions désirables pour donner satisfaction aux consommateurs. Il n'y a rien à dire de plus, croyons-nous, pour témoigner toute notre confiance dans la valeur du procédé de M. Pasteur. »

Ainsi qu'on vient de le voir, tous ces vins avaient été chauffés en bouteille et peut-être est-ce le mode à adopter, lorsqu'il s'agit de vins fins. Mais en ce qui concerne les vins communs d'*alimentation,* qui, en définitive, forment l'immense majorité de ceux qui sont consommés, il est inutile de prendre d'aussi grandes précautions ; et une expérience déjà longue a démontré que ces vins pouvaient, sans le moindre inconvénient, être chauffés industriellement. Aussi procède-t-on aujourd'hui en grand à cette opération, sur beaucoup de points de la France et de l'étranger.

Cela me conduit à parler des divers appareils dont on fait usage. On peut les diviser en quatre classes :

1° Appareil à Bain-Marie ;

2°   —   à Thermosyphon ;

3°   —   à Serpentin à vapeur ;

4°   —   à chauffage direct.

1° Dans les appareils de la première classe, le vin est astreint à parcourir les spires d'un serpentin plongé au milieu d'une masse d'eau, qui reçoit directement la chaleur du foyer. Un thermomètre, placé à la sortie du vin chauffé, indique la température, que l'on maintient au degré voulu (56 à 60 degrés centigrades) en ouvrant plus ou moins le robinet qui donne accès au vin froid dans le serpentin. C'est sur ce principe qu'a été construit le puissant appareil de M. Terrel des Chênes, un des plus zélés propagateurs du chauffage, et aussi le petit appareil que j'ai fait fonctionner devant vous et auquel j'ai donné le nom de *Chauffe-Vin du Propriétaire.* (1)

_____

(1) En adressant, il y a quelques années, à notre illustre Président, M. Drouyn de Lhuys, des renseignements qu'il m'avait demandés, sur le chauffage des vins, je lui décrivais ce petit appareil et les services qu'il m'avait déjà rendus. Ma lettre fût communiquée à M. Lecouteux, qui la fit insérer, accompagnée d'un très-joli dessin, dans le journal d'*Agriculture*

2° Les appareils à Thermosyphon consistent en un vaste serpentin, établi dans le fond d'une cuve et dont les deux extrémités, qui font saillie en dehors des parois de la cuve, sont mises en communication, l'une, avec la partie supérieure, l'autre, avec la partie inférieure d'une chaudière pleine d'eau, portée à un degré voisin de l'ébullition. L'eau chaude pénètre par le haut du serpentin, se refroidit au contact du vin et revient, par le bas, dans la chaudière; c'est une circulation continue. Quand le thermomètre de la cuve annonce le degré de chaleur exigé, on intercepte la circulation d'eau et on procède à l'entonnage du vin préparé. On peut, par ce moyen, chauffer de 25,000 à 30,000 litres en une journée. J'ai vu fonctionner à Narbonne, cet appareil, aussi simple que puissant, chez un habile négociant de cette ville, qui, depuis sept à huit ans, chauffe avec le plus grand succès tous les vins qu'il livre à la consommation.

3° Serpentin à vapeur. — Lorsqu'on a de grandes masses de vins à chauffer en peu de temps, ce qui est le cas où se trouve, fréquemment, la marine militaire, il faut, de toute nécessité, employer des appareils d'un rendement supérieur à celui des appareils déjà décrits. L'appareil dont j'ai fait usage, au port de Toulon, et avec lequel on pouvait préparer jusqu'à 500 hectolitres par jour, se composait d'un serpentin dans lequel on dirigeait la vapeur d'une chaudière de locomobile, de la force de 12 chevaux. Le vin, amené par le bas, sous une charge convenable, enveloppait le serpentin et s'échappait par le haut.

---

pratique, très-répandu à l'étranger. Peu de temps après, je reçus, de presque toutes les parties du monde, des lettres dans lesquelles mes honorables correspondants me suppliaient de leur indiquer les moyens de se procurer cet appareil, pour combattre les maladies qui ravageaient leurs vins. Il en a été expédié en Algérie, en Corse, en Italie, en Allemagne, en Russie et, tout récemment, à Melbourne, en Australie!

4° Enfin, on peut encore chauffer le vin, directement, en le mettant dans une chaudière en cuivre, étamée, que l'on place sur le foyer. C'est le procédé qui a été suivi au port de Brest ; et les vins, préparés de cette manière, se sont admirablement comportés, en cours de campagne, sur le vaisseau-école, le *Jean Bart*.

Le seul reproche qu'on puisse faire à cet appareil, c'est de n'être pas continu. J'en ai composé un, dernièrement, où ce défaut est corrigé ; et il réalise le plus simple des appareils qu'il soit possible d'employer.

J'arrive, maintenant, aux faits que j'ai constatés pendant les cinq années durant lesquelles j'ai présidé la Commission spéciale, instituée par le Ministre de la marine. Et, d'abord, un mot sur l'origine de cette Commission :

C'était au mois de mars 1868 ; je venais de terminer la lecture de l'ouvrage de M. Pasteur ; et sous le coup de l'impression qu'elle m'avait causée, j'allai trouver mon vieil et illustre ami, l'amiral Rigault de Genouilly, alors ministre de la marine, et, après lui avoir exposé sommairement le motif de ma visite, je lui demandai s'il ne pensait pas qu'il y aurait opportunité à appliquer les procédés de M. Pasteur aux vins de la marine. « Je le crois bien, s'écria-t-il ; en Cochinchine » (où il avait longtemps commandé), *nous ne buvions que du* » *vinaigre !* » Puis, saisissant une feuille de papier : « Je » vous nomme président d'une Commission qui s'occupera » sans délai, de cette importante question. »

Mon premier soin fût, naturellement, de m'aboucher avec M. Pasteur. J'allai le trouver à son laboratoire. Après quelques instants de conversation, il me demanda s'il me plairait de goûter des vins chauffés et non chauffés, qui étaient en expérience dans sa cave. J'acceptai avec empressement ; nous descendîmes et je pris, au hasard, une bouteille de Pomard sur chaque tas.

Ces bouteilles ayant été débouchées, je trouvai le vin chauffé délicieux, tandis que l'autre avait contracté un goût prononcé d'amertume, maladie fréquente des vins de Bourgogne. M. Pasteur, ayant placé une goutte de ce vin devant l'objectif du microscope, me dit de regarder et, immédiatement, je reconnus le mycoderme spécial aux vins amers.

Au nombre des membres de la Commission se trouvait un capitaine de frégate qui devait, prochainement, prendre le commandement de la frégate *la Sybille*, appelée à faire un voyage de circumnavigation. Il fut convenu qu'on y embarquerait 30 pièces d'une contenance de 250 litres de vin chauffé. Je n'ai pas revu ces vins, mais j'ai lu dans le rapport de la Commission du bord, qu'on en avait été très-satisfait. Plus tard, la frégate *la Néréïde*, qui avait, également, fait un voyage de long cours, débarqua, au port de Toulon, trois barriques du vin chauffé, qui lui avait été délivré, et qui me furent soumises. Une d'elles, par suite d'avarie, se trouvait vide aux trois quarts ; cependant, le vin qui restait annonçait, à peine, un commencement d'altération et était encore très-potable. Quant aux deux autres barriques, elles ne laissaient absolument rien à désirer et furent classées comme vins de campagne.

La première opération en grand se fit sur 70.000 litres de vin, à la destination du Gabon et des bâtiments formant la station des côtes occidentales d'Afrique. M. Pasteur voulut bien me prêter son concours et m'accompagner à Toulon. Cette fois, les rapports envoyés par les divers navires de la station, furent très-contradictoires. Tous s'accordaient bien sur le fait de la conservation ; mais, la majorité se plaignait du goût douceâtre, et comme pharmaceutique, que les vins avaient, en général, contracté. Cependant, sur quelques bâtiments, *la Thisbé*, en particulier, l'équipage déclarait préférer le vin chauffé à l'autre. Ce résultat, après les faits que j'avais constatés, me surprît beaucoup et j'en cherchai la cause. Je crus l'entrevoir dans la nature des vins livrés à la marine.

Celle-ci, dans ses cahiers des charges, exige deux conditions principales :

1° Les vins seront *couverts*, c'est-à-dire, qu'ils possèderont cette belle couleur qu'assure, seule, l'entière maturité du raisin;

2° Ils seront au titre de 12 0/0 d'alcool.

Or, un fournisseur peu consciencieux peut remplir ces deux conditions avec des vins de qualité inférieure; car, à l'aide de ces vins foncés de Provence, connus sous le nom caractéristique de *vins de teinture*, il donnera le *couvert* exigé; quant au titre, rien de plus facile que d'y arriver par un *vinage* ou addition convenable d'alcool.

Dans l'acte de la fermentation vineuse, l'alcool, qui en est le produit, s'unit d'une manière intime et très-mystérieuse aux autres principes du vin. En peut-il être de même de l'alcool ajouté de toute pièce? Il me sembla que non; dès lors, il était présumable que, sous l'influence de la chaleur, les acides du vin devaient avoir une tendance à réagir sur l'alcool libre et à donner naissance, par suite, à cette classe de corps, connus sous le nom d'*Ethers*; d'où ce goût douceâtre et pharmaceutique dont on se plaignait. Alors s'expliquaient les anomalies, selon qu'il aurait été livré des vins naturels ou des vins fabriqués.

Pour vérifier cette hypothèse, je joignis, en mars 1869, à un envoi de vins chauffés fait à Saïgon, quatre pièces d'un vin naturel, non viné, au titre de 9 1/2 0/0, seulement, d'alcool, et achetées chez un propriétaire de Pignan (Hérault). Deux de ces barriques devaient postérieurement faire retour à Toulon, en même temps que les échantillons de vins de l'approvisionnement chauffés et non chauffés, et qui, les uns et les autres, *avaient été vinés à 13 0/0 d'alcool.*

Le bâtiment de commerce à voiles, qui transporta les vins, en Cochinchine, mit cinq mois à faire la traversée ; les échantillons séjournèrent pendant neuf mois, dans un magasin, à Saïgon ; enfin, un bâtiment de l'État, *le Tarn*, les ramena à Toulon, en juillet 1870, après deux mois de mer. A cette époque, la guerre était imminente ; plus tard, le siège de Paris, où je fus bloqué ; ensuite, la Commune ; puis, les changements de ministre ; tout cela fit que je ne pus aller visiter les vins qu'au mois d'octobre 1871, c'est-à-dire quinze mois après leur dépôt dans un magasin de Toulon.

Voici quel fut le résultat de cet examen :

1° Les vins chauffés de l'approvisionnement s'étaient bien conservés ; mais ils avaient, effectivement, contracté le goût pharmaceutique dont il a été question ;

2° Les vins de l'approvisionnement, non chauffés, étaient absolument perdus ;

3° Quant aux vins naturels de Pignan, à 9 1/2 0/0 d'alcool, non-seulement ils n'avaient éprouvé aucune altération, mais ils s'étaient étonnamment bonifiés, au double point de vue de la couleur et du goût.

Voici donc une règle que je crois devoir établir : ne chauffez jamais de vins vinés ; s'il vous convient d'augmenter leur titre, par une addition d'alcool, ne le faites qu'après le chauffage et le refroidissement du liquide. (1)

---

(1) Le vinage est toujours une mauvaise chose, et ne peut être justifié que par la nécessité de prolonger la durée du liquide. Or, c'est à quoi on parvient d'une manière beaucoup plus certaine et beaucoup plus économique, par les procédés de M. Pasteur. L'alcool libre ne se digère pas ; c'est un irritant. Un bon vin d'alimentation ne doit pas renfermer plus de 9 à 10 0/0 d'alcool naturel. Il y a tel vin de Bordeaux qui n'en contient que 6 0/0 et qui est, cependant, fort bon.

En outre, il m'est démontré que des vins naturels, même les plus communs, peuvent, après avoir été chauffés, supporter impunément les transports par mer et séjourner dans les régions du globe réputées, jusqu'ici, les plus hostiles à la conservation du vin. (1)

Je terminerai ce que j'avais à dire sur ce sujet, par le détail d'une expérience que je poursuis, personnellement, depuis six ans.

Lorsque je fus appelé à Paris comme directeur du service des bois de la marine, je résolus de faire venir mon vin d'une vigne que je possède en Berry, dans le voisinage de Bourges. Or, malgré tous les soins qui étaient pris, tant au départ qu'à l'arrivée, le vin s'altérait si fréquemment que j'allais y renoncer, lorsque j'eus à m'occuper de la question du chauffage. Je résolus alors de faire une expérience à *outrance*, et voici en quoi elle consista : Je pris dans ma cave, à la campagne, deux barriques, l'une pour ma table, l'autre, de qualité inférieure, pour la cuisine. Le vin en fut chauffé, *sans être soutiré*. A Paris, il ne fut *ni collé, ni mis en bouteilles*, et on consomma le contenu des deux barriques dans un laps de temps de cinq mois environ. Eh bien! non-seulement aucun des vins n'avait éprouvé d'altération, mais l'un et l'autre étaient sensiblement meilleurs à la fin qu'au début.

Depuis cette époque, il a été consommé dans ma maison,

---

(1) Le négociant de Narbonne, auquel j'ai fait allusion plus haut, avait expédié un chargement de vins chauffés à la destination de la Guadeloupe. Il me communiqua une lettre de son correspondant, qui lui annonçait que ses vins avaient été parfaitement accueillis et qu'il en trouverait un bon placement. Or, les vins ordinaires du Midi, en dépit des pratiques du *plâtrage* et du *vinage*, sont d'une conservation difficile. A Narbonne et à Cette, il m'a été impossible de boire ceux qui étaient servis aux tables d'hôte; ils étaient écœurants.

tant à la ville qu'à la campagne, 72 pièces de vin ; et, sur cette quantité, deux seulement se sont avariées, *les deux seules qui n'eussent pas été chauffées.* (1)

Je ne crois pas qu'il soit possible de citer des faits plus concluants ; et il faut que l'esprit de routine soit bien aveugle et bien obstiné, pour qu'un moyen si simple de préservation ne se soit pas encore universalisé.

En finissant, je vais répondre à quelques questions qui m'ont été posées :

On m'a demandé, en premier lieu, à combien on devait évaluer le prix du chauffage ? Cette dépense varie selon l'importance de l'appareil ; mais, dans tous les cas, elle est presqu'insignifiante et ne peut affecter, d'une manière appréciable, le prix du vin. Avec le grand appareil dont je me suis servi à Toulon, elle ne dépassait pas 3 centimes par hectolitre ; et, même avec le petit appareil que j'ai fait fonctionner devant vous et qui ne chauffe qu'une douzaine d'hectolitres par jour, la dépense atteint à peine 25 centimes.

On m'a, en second lieu, posé la question du refroidissement du vin, avant son entrée dans la barrique où il doit être conservé. Je n'en suis pas partisan, et M. Pasteur non plus.

Dans mon opinion, il est bon de laisser le plus longtemps possible le vin à la température qui lui a été donnée ; on sera plus certain de la destruction des mycodermes, dont quelques-uns auraient pu échapper à une action instantanée. Le refroi-

(1) L'une était un vin de Vasselay, qui a de la réputation comme qualité et comme durée. Une moitié de la barrique avait été mise en bouteilles et l'autre placée dans un quart. A la première bouteille que l'on voulût boire, on trouva le vin aigri ; on ouvrit le quart, même sinistre !

L'autre barrique faisait partie d'un envoi de quatre barriques de vin du Gard. J'avais expressément recommandé de les chauffer ; on n'en fit rien, et une des barriques était à peine entamée que le vin périclitait ! Je chauffai moi-même les trois autres. qui ont été successivement consommées sans le moindre accident !

dissement d'ailleurs complique l'appareil et augmente son prix d'achat, pour un avantage très-minime.

Enfin, aux personnes qui m'ont interrogé sur l'époque la plus convenable au chauffage, je répondrai que les vins peuvent être chauffés en tout temps ; mais que, en ce qui concerne les vins nouveaux, il est bon d'attendre le moment du premier soutirage, c'est-à-dire le mois de mars ou d'avril.

J'ai, cependant, expérimenté le chauffage au moment de l'entonnaison et je m'en suis bien trouvé. Mais on sait que, généralement, la fermentation continue après la mise en barriques ; tout le sucre n'est donc pas encore converti en alcool, de sorte qu'en chauffant prématurément, on risquerait, en tuant les ferments, de diminuer le titre du vin. Mais si celui-ci n'est pas de conserve, il n'y a pas à hésiter ; il faut chauffer de suite, d'autant plus que cette opération avance le vin de près d'un an.

Un dernier mot : Quand le vin a été chauffé, on peut loger les barriques où l'on veut, au grenier comme à la cave. Il n'a plus besoin d'être ni soutiré, ni ouillé, tant qu'on ne doit pas l'expédier au loin. La fraîcheur des caves n'est recherchée que parce qu'elle retarde la vie et l'action des mycodermes ; de même, le soutirage n'a pour objet que d'enlever le vin de dessus sa lie, dans laquelle sont tombés les parasites, devenus inertes pendant les froids de l'hiver.

La fin de cette simple et attachante causerie est accueillie par les applaudissements répétés de la Réunion.

M. Eugène Gayot remplace M. le Vte de Lapparent à la tribune. Il donne lecture d'un mémoire sur la nécessité de développer l'industrie étalonnière en France. Voici ce mémoire :

MESSIEURS,

A la sollicitation des zélés organisateurs de ce Congrès, je

viens vous entretenir brièvement d'une question très-actuelle
et très-pressante, qui intéresse à la fois l'Agriculture française
et l'indépendance de la Patrie.

Inscrite au programme des sujets sur lesquels votre attention doit plus spécialement se concentrer dans le cours rapide
de cette Réunion régionale de notre grande et libre Société
des Agriculteurs de France, la question qui m'est échue vous
est bien connue ; et je crains vraiment de n'avoir guère à vous
présenter que des redites. Quelques-unes cependant ont encore
besoin d'être rappelées et soulignées.

Pour ce fait déjà, j'aurais à réclamer toute votre indulgence
si, par ailleurs, elle ne m'était plus nécessaire encore pour le
décousu et l'incomplet d'une causerie à laquelle je n'ai point
eu le loisir de me préparer comme je l'aurais voulu.

Inutile, n'est-ce pas, de m'attarder à établir devant vous la
nécessité même de développer l'industrie étalonnière en
France ? Tout entière dans les faits matériels de la question, cette nécessité en ressort évidente et tangible pour tous.
Mais nous pouvons nous livrer avec fruit à la recherche des
moyens de développement qu'il est urgent, qu'il est possible
surtout, de mettre à la portée de ceux qui voudront bien l'exploiter à leur profit d'abord, — cela va de soi, — mais aussi
au plus grand avantage d'une meilleure appropriation de l'espèce chevaline aux divers besoins du pays.

La reproduction du cheval est aux mains du grand nombre ;
j'entends par là qu'elle est surtout l'œuvre commune d'un élevage qui se pratique bien d'une manière générale, mais pour
chacun sur une petite échelle, dans des proportions le plus
souvent enfermées dans le cercle rétréci de la consommation
ordinaire du producteur. En effet, à l'exception de quelques
éleveurs de la plaine de Caen et d'un certain nombre d'autres
du Vimeux (très-petite contrée du département de la Somme),
spécialement occupés, ceux-ci de l'étalon Boulonnais, ceux-là

de l'étalon Anglo-Normand de demi-sang, il n'y a plus que des éleveurs isolés et de très-petite envergure, les grands éleveurs ayant dès longtemps disparu.

Or, remarquez, Messieurs, l'importance de ce fait. Il n'y a d'étalons capables, de véritables chefs de race, des reproducteurs dignes de cette qualification à laquelle il faut soigneusement conserver sa signification vraie, que dans le Boulonnais et dans nos trois départements de l'Orne, du Calvados et de la Manche. En dehors de ces deux pépinières, où d'ailleurs beaucoup viennent puiser et se pourvoir, il n'y a plus que des élevages en petit, très-clair semés, plus accidentels et plus accidentés, dirai-je, que suivis ou régulièrement menés. Hé bien, vous serez de cet avis, je pense, c'est de l'élevage intelligent de l'étalon que procède l'industrie étalonnière : soit la recherche, l'acquisition et l'entretien d'animaux plus ou moins heureusement choisis et qu'on emploie spécialement au service des juments préposées au renouvellement annuel de la population de l'espèce.

En disant que cette reproduction annuelle exige en notre pays les forces pleines de 12,000 étalons, je n'apprendrai rien à personne ici ; après avoir très-longtemps échappé aux esprits, ce fait n'est plus aujourd'hui qu'un lieu commun.

12,000 étalons ! Voilà donc le champ dans la vaste étendue duquel il faudrait que l'industrie étalonnière trouvât à se mouvoir à l'aise, à s'exercer avec utilité et profit.

Se mouvoir à l'aise ! En vérité rien ne s'oppose à cet important desideratum. Quelques-uns, je le sais de reste, repoussent cette assertion et n'admettent pas que les étalonniers, rencontrant par-ci par-là, disséminés sur la plus grande partie du territoire, les étalons de l'État, puissent exercer librement leur industrie. Vous savez tous, Messieurs, le chiffre des reproducteurs qu'entretient l'administration des Haras ; il varie quelque peu : à l'instar du baromètre, il monte ou descend ;

il descend toutefois bien plus qu'il ne monte. Nul ne l'a encore vu au beau fixe ; par contre, il a souvent marqué de gros temps et jusqu'à la tempête. Quoi qu'il en soit, on le croirait du sexe ; entre nous, nous pouvons bien médire un peu, il n'y a pas de faux frères ici, on le croirait donc de l'autre genre tant fréquemment il varie. Par en bas, il n'a guère de limites et peut descendre à désespérer ceux qui aiment les hauteurs ; mais par l'autre bout, il s'arrête toujours à mi-côte et l'effectif n'atteint guère le chiffre rond de onze cents reproducteurs ; 1 contre 12, telle est sa force de tension. Cela n'empêche pas que, depuis 1815, on ne trouve écrasant ce maigre effectif et qu'on ne l'ait pompeusement décoré du grand et monstrueux nom de Monopole.

Tout monopole sent la sujétion, la contrainte, l'exclusion, l'exaction même ; personne de nous n'en veut, mais par suite de quelle aberration des idées et par quel abus du langage en est-on venu à appeler d'un gros vilain mot, exprimant une très-vilaine chose, ce qui n'a cessé d'être de tous les encouragements le plus libéral ?

Le monopole — si monopole il y a — est au pôle opposé ; il résulte de la force des choses, de l'absence absolue de tous moyens d'empêcher que les mauvais ou les pires foisonnent, aient le privilége d'une grande clientèle et repeuplent incessamment nos écuries d'animaux incomplets ou défectueux ; animaux tarés, de mince valeur et, quoique suffisants aux travaux des champs, tout à fait impropres aux divers emplois du luxe et du commerce, aux différents services de l'armée dont les besoins, subitement accrus, veulent et doivent être satisfaits pourtant, sous peine d'un grand péril ; je dis le mot qui m'est venu sur le bout de la langue, afin de ne pas me rendre coupable du crime de lèse-nation.

Que parle-t-on de la concurrence faite par les Haras aux étalons de l'industrie privée ? Est-ce que cette concurrence

existe ? Sur ce terrain comme en Prusse, Messieurs, la force
prime, domine et opprime. Or, les étalons des particuliers sont
à ceux de l'État dans le rapport de 12 à 1. C'est la proportion
adoptée contre nous par ces bons Allemands dans la dernière
guerre, et ils nous ont bravement vaincus. N'est-ce pas que
parler encore de cette concurrence à l'envers serait puéril ou
sénile ?

Il n'y a d'industrie étalonnière — digne de ce nom — que
là où les Haras ont pu s'établir, prendre sérieusement pied, et
dans le Boulonnais où le poulain mâle, très-substantiellement
nourri, est élevé avec soin pour les besoins spéciaux de l'industrie des transports, laquelle fait payer à leur prix les services
qu'elle sollicite et qu'on s'empresse de lui rendre. Partout
ailleurs il y a des étalons de hasard, des entiers qui fécondent
des juments ; mais d'industrie étalonnière — point.

Or, ceci est un mal — le mal auquel il importe de porter
remède.

Le fait à mettre en saillie à cette place, le voici : rien
ni du côté de la législation, ni du côté de l'administration ne
fait obstacle à l'industrie étalonnière privée. Celle-ci est libre
dans sa volonté comme dans ses actions ; rien ne la gêne aux
entournures ; et cependant elle ne prend ni force ni influence,
en dépit des efforts qui ont tenté de la développer et de la
mettre en mesure de rendre à la production des chevaux en
France les bons services que l'économie publique en attend.

A quoi tient cette anomalie ?

Avant de répondre, essayons de déterminer et la vitalité de
l'industrie étalonnière privée, et les effets de son développement sur l'activité de la recherche des étalons de l'État.

L'administration des Haras n'a d'autre limite à ses encouragements que celle des allocations inscrites au Budget. Elle
n'a aucun intérêt à laisser au Trésor quoi que ce soit de ces
dernières ; elle se complaît donc à les épuiser. A chacune des

augmentations du crédit applicable aux étalons approuvés, elle a fortifié et multiplié les primes jusqu'à l'exagération, jusqu'à l'abus serait plus justement dit, eu égard aux qualités des animaux. Hé bien, ces augmentations successives n'ont en aucune façon influé sur le mérite des reproducteurs présentés à l'approbation, et l'élévation des primes n'a pas conduit à l'accroissement de la moyenne des saillies. Loin de là, le nombre des étalons approuvés qui n'ont pas été employés à la serte après l'approbation, sollicitée et obtenue, s'est augmenté ; et aussi le nombre de ceux qui, n'ayant pas rempli le registre de monte, n'ont droit qu'à une part proportionnelle de la prime allouée.

Ce n'est pas tout : à chacun des mouvements politiques qui surgissent dans le pays baisse considérablement le nombre des étalons présentés à l'approbation. Le fait a une signification qui ne vous échappera pas. Pour la monte de 1870, par exemple, 977 étalons avaient été approuvés. L'année suivante, il ne s'en présente que 786 et seulement 739 en 1872. En 1873, le nombre se relève à 810 ; c'est encore une réduction de 167 têtes sur le chiffre de 1870 qui marque un maximum à l'échelle de l'institution. Celle-ci n'a jamais grandi ni au gré de ses partisans les plus chauds, ni en raison des conditions les plus favorables qui lui aient été faites.

En tout cela, si l'on peut apercevoir un germe, ce germe est encore dans l'œuf : d'où vient donc qu'il a tant de peine à se montrer ? D'où vient que, en dépit de toutes les sollicitations, de toutes les excitations, le chiffre de 1,000 étalons approuvés n'a jamais pu être atteint ?

On a cru en trouver la cause dans le bas prix de la saillie. Ceci devient un argument contre les us et coutumes des Haras dont les prix de monte sont, si je ne me trompe, de 8 francs en moyenne. A ce taux, dit-on, l'étalonnage est un métier de dupe auquel, en s'essayant, on a la certitude de réaliser pertes sur pertes! Et je sais beaucoup de gens qui, sur ce thème facile, se livrent à des raisonnements foudroyants pour l'administration des Haras, une pécore qui, sous prétexte d'encourager la production chevaline, sans honte ni vergogne étouffe l'industrie étalonnière en France.

Il est très-bien porté depuis longtemps déjà de s'apitoyer sur le sort — et triste, et malheureux — des étalonniers: On rêve pour eux des primes impossibles, des prix de saillie tout à fait exagérés pour l'application à la reproduction d'animaux incapables d'amélioration dix-neuf fois sur vingt, lors, toutefois qu'ils ne sont pas une cause certaine de détérioration. En voulant faire un pont d'or aux étalonniers, on oublie un peu trop les possesseurs de juments. Pour celui-ci, on est sans entrailles. Qu'il paye, le malheureux! Il est encore taillable et corvéable... Il est de ceux que toujours on a tondu et, soyez-en sûrs, que toujours on saura bien tondre.

On a toujours parlé du prix inférieur de la saillie des étalons de nos Haras comme faisant aux étalons des particuliers une concurrence insurmontable. L'opinion... des étalonniers et surtout de leurs patrons, avec lesquels ils seraient un peu sots de ne pas faire chorus, est à cet égard solidement assise et invétérée, difficile à déraciner par conséquent. Vous me permettrez néanmoins de l'examiner avec vous au point de vue comparatif. Ceci, que je sache, n'a pas encore été fait. Une nouveauté sur ce terrain, c'est du fruit rare sans doute, ce n'est pas du fruit défendu.

A quel prix revient le mariage d'une poulinière avec un étalon de l'État? La réponse est malaisée, car si le prix de la rétribution exigée est fixe, il s'accroît de la somme variable des diverses dépenses qu'entraînent les allées et venues de la jument et de son conducteur, du point qu'elle habite au lieu où l'étalon stationne. Voilà qui peut élever au double ou au triple le prix exclusivement attaché à l'acte du mariage. Il peut en résulter, en fin de compte, que l'accessoire l'emporte de beaucoup sur le principal.

A côté ou en face, nous trouvons l'étalon particulier ; à quel prix revient la saillie de la jument qui lui est livrée ? S'il est stationnaire, il n'a pas d'autre situation que celle de l'étalon officiel. Toutefois payant plus cher ses petits services, le possesseur de juments n'a pas à se féliciter beaucoup des « facilités » que lui donne ici l'industrie privée. Mais s'il est nomade ou rouleur, il est richement nourri et son conducteur reçoit une somptueuse hospitalité, une fois, deux fois, trois fois, pour la même poulinière. On ne compte pas avec lui, mais on compte assez avec soi-même pour se dire que si le prix payé en numéraire s'élevait beaucoup, il faudrait renoncer à ces gros frais accessoires qui grèvent si fort le compte naissance des poulains en faisant une si large part à l'étalonnier.

Pendant cinq à six mois, celui-ci et son compagnon — l'un portant l'autre — l'un opérant sans douleur, l'autre bien vivant, mènent une belle existence aux dépens de la clientèle.

A la fin de la campagne, l'homme — l'industriel — a vu prospérer l'animal dont il use ainsi pendant deux petites années au bout desquelles, ayant l'état adulte, l'animal a aussi sa plus grande valeur marchande ; homme et cheval ont vécu sans bourse délier, et le premier, grâce au second, a empoché le prix de 100, de 150 ou de 200 saillies auquel, si le cheval est approuvé — ce dont le possesseur n'a qu'à moitié souci — il ajoute le montant de la prime d'approbation. Il a par surcroît, ce qui lui importe davantage — la plus value du jeune animal, plus value acquise aux dépens de la lame externe suivant une expression pittoresque familière aux anatomistes de première année, ou bien encore aux frais de la princesse, suivant une autre locution d'un goût douteux, empruntée au langage plus libre, plus débraillé de gens qui ne se piquent point d'une exquise délicatesse.

Voilà, Messieurs, comment se pratique l'industrie de l'étalonnage privé dans notre Boulonnais où le prix du saut doit encore être aujourd'hui ce qu'il était autrefois — 5 francs par jument.

L'étalonnier s'y trouve assez rétribué, mais le possesseur de juments n'est rien moins que disposé à augmenter la grosse dépense annuelle que met à sa charge la fécondité mal assurée de ses poulinières. Et à mon sens il a raison ; vous direz comme moi, je pense, si, passant en revue les diverses spéculations exclusivement agricoles, vous pouvez vous convaincre qu'il en est peu d'aussi lucratives que l'étalonnage dont je viens de vous tracer le tableau.

Il n'est pas toujours aussi riche. Dans la contrée voisine, dans les Ardennes et plus à l'Est, tout en affectant les mêmes allures, il est moins rétribué, j'y ai vu descendre le prix des saillies à 1 franc et quelquefois à 50 centimes ; c'est un effet de la concurrence que viennent se faire chez nous de mauvais entiers, chassés de Belgique par des règlements qui leur défendent d'empoisonner la population chevaline de leur propre venin ; grâce à notre libéralité, c'est nous qui recueillons et entassons les mauvais fruits que repoussent judicieusement les Commissions hippiques, chargées d'assurer à la Belgique le bienfait de l'application de règlements surannés, auxquels on tient mordicus dans ce pays arriéré, car il n'a pas consenti encore à s'en débarrasser ; il préfère de beaucoup le monopole exercé par les bons à l'exclusion des pires, à la libre pratique de ces derniers, réunis en nombre et en force, pour étouffer les autres.

Ici, rien des Haras. En fait d'institutions hippiques, la Belgique n'a que des règlements protecteurs du bon étalon contre les mauvais. La Belgique, Messieurs, n'a pas le sens commun !

En Bretagne aussi, une contrée chevaline de grande importance, on entoure l'étalonnage privé de vœux ardents. On en trouve l'industrie des plus maigres ; et on voudrait bien qu'elle put s'enrichir, non toutefois par l'élévation du prix du saut qu'on préfèrerait gratuit, mais par l'augmentation la plus large du taux des primes. Et dans cette voie on va trop loin. Ici, en dehors de la saison de la serte, l'étalon travaille et gagne fort bien sa vie. Dans l'évaluation du taux de la prime, il y a lieu de tenir compte de ce fait. Ne serait plus une industrie celle à laquelle, donnant tout et le reste, on ne laisserait rien à faire, rien à chercher, rien à gagner. En l'espèce, toute prime supérieure à la somme des services rendus va juste à l'encontre du but qui l'a fait instituer. Accorder de trop fortes primes à des étalons médiocres favorise plus leur médiocrité que l'amélioration. L'argent distribué en primes est pris dans ce vaste réservoir que tous nous alimentons ; sans rassasier jamais ceux qui lui donnent son effet utile, encore faut-il qu'il soit réparti avec intelligence et de manière à rendre effectivement au pays un peu plus qu'il ne lui a coûté.

La seule concurrence dont ait réellement à se plaindre les étalonniers est celle qu'ils se font entre eux. Moins valent les étalons qu'ils promènent de ferme en ferme, et moins ils se montrent exigeant quant au prix du saut. Ils se rattrapent sur le nombre et sacrifient tout aux grandes proportions de l'animal, à son poids, à sa masse. En cela, ils flattent le goût irréfléchi du producteur de poulains dont les élèves alors s'éloignent le plus de la sorte des chevaux de service usuels, les meilleurs, les plus recherchés, et le mieux payés à l'éducateur.

Ce goût du gros, du grossier et du commun, voulais-je dire, est particulier aux meilleures parties de cette région si apte à produire le type supérieur dont elle a le séduisant modèle dans le puissant trotteur du Norfolk.

Vous savez, Messieurs, que sous le nom d'*établissement hippique du Centre*, une Société anonyme s'est formée pour fournir à l'élevage des reproducteurs choisis avec soin parmi les représentants les mieux doués et les plus complets de cette précieuse race. Il ne suffit pas toutefois d'introduire des étalons ; l'important serait d'en faire naître et d'en faire élever dans notre Centre. Tel est aussi le principal objectif de la Société qui donnera, sur son domaine de la Baude, un specimen sérieux de cette intéressante production. Nous avons foi dans cette œuvre, et de même que l'Orne, le Calvados et la Manche produisent l'étalon anglo-normand très-renommé aujourd'hui, de même — notre conviction est entière sur ce point, — de même le Cher, la Nièvre et l'Allier produiront le beau et solide trotteur du Centre, le type d'amélioration le plus sûr pour des Agriculteurs qui ne veulent pas et tout ensemble ne peuvent pas élever des chevaux à ne rien faire. Le type proposé offre à l'éleveur un travailleur par excellence dont la force et la maturité devancent les années.

Cet ordre d'idées, Messieurs, nous porte au vif de la question. L'industrie étalonnière ne peut exister qu'à la condition de trouver des étalons capables. Elle est plus ou moins vivace, plus ou moins fortement constituée, là où elle est à même de se procurer un choix quelconque de reproducteurs ; c'est l'exception malheureusement ; alors elle a vie régulière, existence facile, si à son intention l'on se préoccupe tout au moins des moyens d'assurer sa propre remonte en conservant à la race ses représentants les plus complets, ses types les mieux réussis.

C'est là, croyez-le bien, et là seulement que se rencontreront pour elle les éléments de succès.

Il en est de l'étalonnier comme du turfman. Il vise le gain et n'a souci de l'amélioration : voilà un bel et bon étalon ; dans sa seconde campagne il a servi 200 juments ; il en avait couvert

120 pendant la première ; à 5 francs l'une, la somme est ronde. L'animal est à son apogée ; si utile qu'il puisse être de le conserver à la reproduction, l'étalonnier n'y songe pas ; il le vend à bon prix au commerce et le remplace par un poulain de deux ans pour recommencer en sa compagnie la spéculation si bien menée avec le précédent.

Si les meilleures poulinières sortaient de la contrée avec la même facilité, avec la même certitude plutôt, la reproduction de la race s'en trouverait fort mal. Il y a nécessité pourtant de veiller à ce qu'elles ne soient pas exclusivement livrées ou à de trop jeunes étalons ou à des reproducteurs par trop médiocres sous peine de défaillance prochaine. Ceci est admirablement compris dans la région du Nord et dans la Perche qui ont toujours sollicité les Haras de se faire les conservateurs autorisés de leurs races ; de là vient aussi qu'au défaut de l'administration, les Conseils généraux de ces riches contrées hippiques votent annuellement des fonds qu'on applique à des achats d'étalons. Ceux-ci, revendus à perte, ou simplement concédés, sont primés par les Haras aux mains des acheteurs ou des concessionnaires qui se sont obligés à les conserver à la reproduction pendant quatre ou cinq années. En dehors de ceux-ci, le renouvellement entier de la population se fait par les plus jeunes que les étalonniers vont choisir de préférence parmi les descendants des plus âgés, ce qui ne veut pas dire des plus vieux, car bien peu continuent la monte au-delà de la durée déterminée par le cahier des charges.

Est-ce pour faire concurrence aux particuliers, est-ce pour nuire à l'industrie privée que les départements interviennent ici ? Non, Messieurs, et personne ne songe à accuser les Conseils généraux de cette énormité. C'est pour venir au secours de la race, et les étalonniers — tous les premiers — y trouvent leur compte, puisqu'ils se remontent de préférence parmi les produits les plus complets des étalons départementaux et des quelques reproducteurs d'élite que les Haras ont toujours entretenus à cette fin. Si donc aux contrées où l'industrie étalonnière s'exerce, elle vit et rend de très-réels services, ce n'est pas parce qu'elle opère seule, en sa liberté plénière et absolue, c'est au contraire parce qu'on s'est évertué à lui donner le moyen de remonter incessamment ses écuries en reproducteurs d'un certain ordre.

Hé bien, ce qui s'est fait là avec un incontestable succès, il faut le faire intelligemment partout afin de donner à chacune de nos régions l'étalon capable de mettre sa population chevaline en son état d'appropriation la plus complète, en ses aptitudes les plus hautes, en sa plus grande valeur marchande.

Produisons l'étalon ; sans lui nous ne ferons rien qui vaille. Lorsqu'il sera, à sa suite viendra forcément, logiquement, pour se constituer sur de solides bases, pour grandir et se développer à son maximum, l'industrie étalonnière privée. Et déjà on peut le dire, elle ne trouvera pas la production si récalcitrante qu'on pourrait le croire. Le producteur de poulains ne discute un gros prix de saillie que lorsqu'on lui offre des étalons dont les produits ne doivent lui donner satisfaction qu'en partie, à demi, au tiers ou au quart. Il est bien plus coulant et se résigne lorsque, dans le produit à naître, il voit — à l'âge adulte — le cheval de ses besoins, un animal dont il commencera de bonne heure à tirer parti et devant lequel s'ouvriront tous les débouchés du commerce qui alimente nos divers services, et aussi le débouché — plus rémunérateur bientôt — de l'armée, laquelle en ce moment a plus de besoins que d'exigences. Heureux pour tous le jour où cette situation sera renversée, où l'armée aura plus d'exigences que de besoins.

Ce que je viens de dire s'applique plus spécialement à la Bretagne, à nos départements de l'Est, à notre Centre aussi auquel je vais apporter mes derniers efforts. Aucun de ces points, Messieurs, n'a l'étalon qui lui convient le mieux. Voici trente ans que je le répète ; on finira par entendre.

Les données de la statistique me permettent de supposer, de présumer bien plutôt, que le Cher, la Nièvre et l'Allier livrent ensemble, bon an mal an, 15,000 juments à la repro-duction, de quoi remplir le registre de monte de 300 étalons. Où sont-ils ? A quels entiers de mauvais choix sont vouées la plupart de ces mères dont plus du tiers, peut-être, mériteraient d'être alliées à de très-bons reproducteurs, de forme et d'aptitudes rappelant celles du cheval du Norfolk !

Supposons un instant que, convenablement aidé par les Conseils généraux, le Haras de la Baude puisse mettre annuel-lement à la monte, à partir de 1878, 50 étalons de ce type, l'établissement hippique du Centre ferait-il alors une concurrence regrettable à l'industrie étalonnière privée ? Ce serait un enfantillage que de s'arrêter à une crainte, à une objection, à une accusation de ce genre.

Avec des ressources bien moindres, mais qui iront croissant dès la campagne prochaine, l'établissement aura fait naître des produits dont l'industrie étalonnière pourra s'emparer pour se constituer en des conditions très-supérieures à celles d'au-jourd'hui. Ce ne sera qu'un point de départ, et pourtant, je le dis avec conviction, ce sera un premier service rendu, un service considérable et déjà très-appréciable.

Je poursuis la supposition que j'ai faite. 50 étalons du Norfolk sont en monte. Le producteur les recherche et les utilise au grand complet — ce qui se passe en ce moment dans nos quatre stations m'autorise à tenir ce langage ; — ils couvrent 3,000 poulinières : 12,000 environ restent à pour-voir et seront bientôt pourvues si dans les 750 mâles qui naîtront de nos 3,000 juments favorisées, les étalonniers veulent bien choisir les plus capables ou les mieux doués en destination de l'étalonnage privé constitué à l'instar de l'industrie étalonnière dans nos départements du Nord.

Mais pour notre petite région, j'ai une ambition plus haute. Profitant des aptitudes spéciales de son sol, je voudrais la mettre sur la route qui pourrait la conduire — en ce qui touche la production d'un type analogue à celui du Norfolk, — à la situation à laquelle a été successivement élevée la Normandie chevaline. Quinze ans d'efforts soutenus et bien dirigés suffiraient à ce grand œuvre d'édification et d'enrichissement.

La Normandie! En voilà une que nos grands maîtres ès-économie hippique ont voulu émanciper, comme ils disent; émanciper contre son gré, par force, malgré vent et marée : il faut voir comme elle s'est regimbée, comme elle s'est câbrée, comme elle a rué, mordu, et puissamment usé de tous ses moyens de défense pour contraindre les émancipateurs mal avisés à tourner bride, et à se remiser ou à aller porter ailleurs leur industrie, — pardon — leur malencontreuse idée.

Et la Normandie-chevaline — j'entends parler seulement de l'Orne, du Calvados et de la Manche, — la Normandie qui donne à l'étalon quelque chose comme 82,000 juments chaque année, a conservé au Pin et à Saint-Lô son double effectif de reproducteurs entretenus par l'État. Relativement nombreux, — ils sont 195, — ceux-ci font-ils une concurrence redoutable, écrasante, — cette dernière épithète est la plus usitée comme faisant mieux dans le paysage, — à l'industrie étalonnière privée? Les faits ont dit que, loin de nuire à rien ou à personne, elle était bienfaisante et nécessaire; et que c'en était fait de la prospérité hippique de la contrée si l'effectif des Haras était diminué. Il y a aussi des étalonniers en Normandie; ll y en a même beaucoup puisque, sur les 82,000 juments livrées à la monte, les étalons de l'État ne peuvent guère en recevoir plus de 12,000, chiffre que nombre d'amateurs, un peu froids ceux-ci, trouveront certainement exagéré. Mais les Haras se donnent ici autant de doublures ou d'auxiliaires qu'ils en rencontrent. Cela ne va pas bien loin malheureusement à raison du grand commerce d'étalons qui se fait dans le pays. Malgré cela, la classe des étalons approuvés en renferme encore 160 environ qui servent bien 10,000 juments. Nous ne donnons encore satisfaction qu'à 22,000 poulinières; 60,000 — tout autant — demeurent en dehors. S'il y a quelque chose d'écrasant ici, c'est ce dernier chiffre qui se repartira entre le moins de chevaux possible, mais entre 860 au plus bas mot. En cette contrée, celle où les Haras ont de tous temps porté leurs principales ressources, l'étalonnage officiel n'a exercé d'action directe que sur la tête de la population; et celle-ci y trouve si bien son compte qu'au premier acte d'émancipation, elle s'est écriée d'une voix formidable et menaçante : Sus aux émancipateurs! et ceux-ci, à leur courte ou à leur grande honte, se sont retirés la queue entre les jambes et l'oreille basse.

C'est que la branche exploitée sur cette terre de promission embrasse la production, l'élevage et l'éducation de l'étalon et des chevaux de grand luxe. Hé bien, ni ceux-ci ni les autres ne sont le fait des étalons que la vente n'a point écoulés, mais de reproducteurs d'élite, et qui, vieillissant dans leur emploi, ont été élevés de par leurs œuvres au rang de chefs de race, un mot dont la signification ne laisse rien à désirer.

L'ambition que j'ai pour les trois départements du Centre sur lesquels va se concentrer l'action du Haras de la Baude est d'y mettre l'industrie du cheval sur un pied égal. Je voudrais que notre petite région s'adonnât spécialement à la production, à l'élevage, à l'éducation de l'étalon et qu'elle devînt la riche et précieuse pépinière où viendraient puiser toutes les contrées qui peuvent utiliser avec fruit des reproducteurs de ce type.

A la poursuite de ce but sera conviée l'industrie privée. Il ne faut pas que les 250 étalons qui opèreront ici dans ses mains viennent contrarier ou détruire les résultats que donneront les 50 étalons entretenus à la Baude. Loin de là, dans un temps donné, ils en devront être les auxiliaires utiles et puissants.

Voici bien le rôle assigné à chacun : le Haras de la Baude — tête de colonne — devient le pourvoyeur des étalonniers de la région ; et la production d'élite de la région devient un fournisseur de bons étalons pour nombre de points qui ont d'excellentes raisons pour s'en tenir à la culture d'un cheval apte à la fois à la traction puissante et aux vives allures, sous une conformation régulière, et sous une brillante et vigoureuse apparence.

On a trop fait exclusivement de nos Haras de simples étalonniers. Ce n'est pas leur faute : ils ne sont ni ce qu'ils voudraient ni ce qu'ils devraient être, mais ce qu'on leur ordonne qu'ils soient. Si on les avait laissé mener leur barque au fil de l'eau au lieu de les contraindre à la conduire à la dérive, ils auraient donné à la Bretagne l'étalon de ses besoins, et les 30 départements qui forment la vaste région du Midi et des contrées montagneuses du Centre, où l'industrie privée n'a plus ni ressort, ni ressources, seraient depuis longtemps en possession de leur véritable élément d'amélioration.

Savez-vous, Messieurs, où en est, sous le rapport hippique, la zone méridionale de la France, si riche en chevaux, en bons chevaux, dans le passé ? Sa population équine ne s'élève pas aujourd'hui à 200,000 têtes ; et moins de 40,000 juments y sont, de deux ans l'un, livrées au mâle, mais plus souvent au baudet qu'à l'étalon de leur espèce. Dans ces conditions, demandez donc à l'industrie étalonnière de se constituer ; dans ces conditions, quelle part la région entière peut-elle espérer prendre à la satisfaction nécessaire des besoins du pays? Si jamais l'étalonnage privé vient à s'établir là, c'est que la situation aura bien changé ; c'est que les Haras, se reprenant à faire leur œuvre propre, auront ramené — rude tâche aujourd'hui — la prospérité là où règne une extrême pauvreté.

Messieurs, on a contraint les Haras à sortir du bon chemin. Si on ne leur permet d'y rentrer, la France doit perdre à tout jamais l'espoir de remonter chez elle et la nombreuse cavalerie et la puissante artillerie que les pouvoirs publics ont décrétées d'impérieuse nécessité, au point de vue de son intégrité ou seulement de sa sécurité.

Si l'étalonnage privé pouvait trouver, en quelque lieu que ce soit, les divers types de reproduction que réclame avec instance la plus grande partie de la population chevaline du pays, je dirais : faites et faites vite en sa faveur les sacrifices les plus larges; distribuez-lui, sans compter, les encouragements les plus propres à exciter son action, à lui donner toute son efficacité ; mais en dehors de l'étalon de pur sang, dont je n'ai rien à vous dire pour le moment ; en dehors de l'étalon anglo-normand, qui n'est pas l'*omnis equus* et qui ne convient qu'à certaines régions faciles à circonscrire ; en dehors enfin de l'étalon de trait qui n'améliore pas hors de sa sphère et qui ne crée rien d'utile au-delà de ce qu'on peut appeler le travailleur des champs, je cherche en vain le lieu où l'industrie étalonnière aurait possibilité de se pourvoir au profit de l'amélioration.

Hé bien, cela même est la condition *sine quâ non* de la constitution de cette industrie et de son utile expansion.

C'est aux Haras de l'État à remplir cette lacune. Là est leur mission essentielle; celle qu'on leur attribue, toute secondaire, ne donnera pas satisfaction à nos besoins. Tout système qui la négligera, mieux encore, qui ne la mettra pas au premier rang, demeurera ou stérile ou insuffisant.

Je voudrais, Messieurs, que, partageant mes convictions à cet égard, vous puissiez les faire partager aussi par d'autres.

Nous ne serons en bonne voie que lorsque l'opinion publique aura pris cette vérité sous son tout puissant patronage. En l'espèce, vous pouvez, Messieurs, exercer une très-grande, une très-légitime influence sur l'opinion publique.

Les Membres du Congrès qui ont entendu M. Gayot seront heureux de lire le travail si complet, si intéressant de l'habile administrateur de l'établissement hippique de la Baude.

Sur la proposition de **M. le Président**, l'Assemblée fixe l'ordre du jour des travaux du Congrès, ainsi qu'il suit :

Le Jeudi, 7 mai 1874.

Excursion en Brenne.

Visite de la terre de Lancosme, commune de Vendœuvres-en-Brenne.

Le Vendredi, 8 mai 1874.

Dans l'après-midi, excursion à Saint-Maur et à Treuillaut chez M. Masquelier.

Séance. — A huit heures et demie du soir.

1° *La question des Chemins de fer économiques*............ M. Chabrier, Ernest, délégué de la Société des Ingénieurs civils, au château de Willemain, par Brie-Comte-Robert (Seine-et-Marne).

2° *Défrichement des Landes*.... M. Lecouteux, membre de la Société Centrale d'Agriculture de France et Secrétaire-Général de la Société des Agriculteurs de France.

3° *Étude sur la mise en valeur des Brandes de l'Indre*..... M. Émile Thimel, bibliothécaire de la Société d'Agriculture de l'Indre.

La séance est levée à dix heures et demie.

EXCURSION A LANCOSME (1).

—

Les 2 et 3 juin 1787, Arthur Young a parcouru la route de
Vierzon à Argenton. Il a consigné sur ses notes le triste jugement
que voici :

« Pauvre culture, gens misérables. » (2)

Qu'aurait-il dit s'il lui avait été donné de voir la Brenne, cette
malheureuse contrée que tout le monde connaît et dont M. Léonce
de Lavergne a fait un portrait malheureusement trop exact dans
les lignes suivantes :

« La plus mauvaise des subdivisions du Berri, la Brenne, qui
» forme la moitié environ de l'arrondissement du Blanc, a une
» étendue totale de 110,000 hectares et une population de
» 20,000 âmes : on l'appelle quelquefois *la petite Sologne*. Elle a
» pour sous-sol une glaise imperméable, ce qui a fait naître,
» comme dans la Dombes, l'idée de l'exploiter au moyen d'étangs.
» Le sol étant plat, avec une légère pente, il a suffi de chaussées
» construites à peu de frais pour former de vastes retenues ou
» l'on élève du poisson. 6,000 hectares ont été ainsi transformés
» en étangs. Ce mode d'exploitation a amené sa conséquence na-
» turelle, une extrême insalubrité. *La Brenne est encore plus*
» *triste et plus misérable que la Sologne. Au lieu d'augmenter,*
» *la population diminue naturellement,* par un excédant à peu
» près constant des décès sur les naissances, et ne se soutient que
» par les immigrations venues du dehors. Depuis quarante ans,
» les Préfets, les Ingénieurs, les principaux Propriétaires, le
» Conseil Général, cherchent les moyens de détruire ce foyer
» meurtrier. »

« Heureusement, une riche famille belge est devenue proprié-

(1) Il est absolument impossible de rendre dans les quelques pages dont nous
disposons un compte complet des magnifiques travaux de M. Crombez. Son
œuvre s'étend sur plus de 6,000 hectares. Elle est commencée depuis plus de
vingt-cinq ans. Puisse notre travail inspirer à nos lecteurs le désir d'aller à leur
tour visiter Lancosme. Ils y retrouveront le plus bel exemple de transformation
d'une contrée insalubre et de terres incultes.

(2) Voyages en France par Arthur Young. Traduction de M. Lesage, année 1860,
page 23.

» taire, en 1847, de la terre de Lancosme, qui n'a pas moins de
» 7,750 hectares, ou le douzième environ de la partie la plus mal-
» saine de la Brenne. Le chef de cette famille, M. Louis Crombez,
» a commencé immédiatement une série d'améliorations. »

. . . .

« Le résultat ne s'est pas longtemps fait attendre ; la mortalité
» s'est arrêtée ; les naissances ont augmenté ; la population locale
» s'accroît désormais d'elle-même. »

. . . .

« Au Concours régional de Châteauroux, en 1857, l'auteur de
» ces beaux travaux a reçu la croix de la Légion-d'Honneur. » (1)
Lorsque M. Drouyn de Lhuys voulut bien accepter de venir
honorer de sa présence le Congrès de Châteauroux, sa première
pensée fut d'apporter, lui aussi, à la Brenne une preuve de son
intérêt et une marque de ses sympathies. Il fit demander au
Comité d'organisation d'inscrire une excursion en Brenne au
programme de la Réunion projetée.

Dans cette circonstance, le Comité d'organisation ne pouvait pas
oublier la terre de Lancosme dont la transformation avait, depuis
longtemps, attiré l'attention du public agricole. Il fut assez
heureux pour obtenir l'assentiment aussi gracieux qu'empressé
de M. Crombez et de M. le baron de Lestrange, son gendre et
maire de Vendœuvres-en-Brenne. La journée du jeudi, 7 mai,
a été consacrée tout entière à la visite de la terre de Lancosme.
Malheureusement, c'était le jour où fonctionnaient au Concours
régional les divers jurys pour les animaux et les produits agricoles.
Les Membres du Jury, les exposants ne pouvaient s'absenter. De
plus, la terre de Lancosme est située à 26 kilomètres de Châteauroux. Beaucoup de personnes ont dû renoncer à cette course
très-intéressante à cause de l'éloignement et des difficultés de
toutes sortes que rencontre en plein Concours régional un semblable voyage. Voilà pourquoi, la réunion n'a pas été plus
nombreuse. Elle était composée de :

MM. Chabrier, Ernest, délégué de la Soc. des Ing. civils à Paris ;
Damourette, Émile, vice-prés. de la Soc. d'Agr. de l'Indre ;
Dupressoir, au chât. de Cerçay, (Lamotte-Beuv.) (L.-et-C.) ;

(1) *Économie rurale de la France*, par M. Léonce de Lavergne ; édition de 1860, pages 375 et suivantes.

MM. le baron le Febvre, Maxence, au château de la Ronde, près Moulins (Allier) ;

    Lecouteux, secr.-gén. de la Soc. des Agr. de France et Directeur du *Journal d'Agriculture pratique;*

    de Sainte-Anne, Secr. du C. d'adm. de la S. des A. de France ;

    Sagnier, Henri, représentant du *Journal de l'Agriculture ;*

    Tesserenc de Bort fils, au chât. de Bort (Ambazac) (.H-V.);

    Truelle–Saint-Évron, au chât. de Saint-Martin, c^{ne} d'Étrepagny (Eure),

qui, bien entendu, avaient à leur tête l'illustre Président du Congrès de Châteauroux.

En l'absence de M. Crombez, retenu en Belgique par ses fonctions de Membre du Parlement Belge et de Bourgmestre de Tournay, M. le baron de Lestrange voulut bien recevoir M. Drouyn de Lhuys à la limite de la propriété. Il était accompagné de M. Mesrouze, le collaborateur si dévoué, si intelligent et si actif de son beau-père.

Après les présentations d'usage, l'excursion a commencé immédiatement. Un des Membres du Congrès a bien voulu en faire le compte-rendu suivant :

Achetée partie en 1847, partie en 1850, la terre de Lancosme, sise commune de Vendœuvres-en-Brenne (1) comprenait 5,750 hectares.

Voici quelle était la division cadastrale à l'époque des acquisitions :

Bâtiments, jardins, vignes, carrières, etc., y compris l'établissement métallurgique de la Caillaudière.............. 82^{h}77^a

34 domaines ou fermes, divisés de la manière suivante :

Terres labourables.................	1,872^{h}01^a	
Prairies du cours d'eau de la Claise ..	105 31	
Prairies du ruisseau de l'Yoson......	20 31	2,188 63
Prairies du Moury (affluent de l'Yoson)	61 87	
Prairies diverses..................	129 13	

A reporter.............. 2,271 40

(1) La commune de Vendœuvres a une superficie de 9,760 hectares. C'est, sans contredit, l'une des plus étendues de France. Malheureusement, c'était aussi l'une des moins peuplées et l'une des plus misérables.

Report............ 2,271ʰ 40ᵃ

Bois................................... 2,178 30

Étangs et Marais.......................... 656 »

Brandes, pacages incultes, terrains vagues....... 644 88

Total de la contenance........... 5,750ʰ 58ᵃ (1)

Les brandes, les étangs, les marais et les prairies marécageuses pour la plupart, formaient une surface de 1,600 hectares
parsemés de flaques d'eau stagnantes pendant la majeure partie
de l'année. C'était un foyer d'émanations pestilentielles. L'insalubrité du pays venait donc s'ajouter encore aux difficultés
inhérentes à la mise en valeur d'une contrée inculte.

Une étude approfondie de la configuration du sol fit voir à
M. Crombez que le défaut de pente, regardé jusque-là comme un
obstacle insurmontable à l'assainissement, avait été bien exagéré.
Aussi, sans attendre la conclusion des longues enquêtes administratives qui, de 1821 à 1853, laissèrent en suspens le curage
et la rectification des cours d'eau de la Brenne ainsi que la
constitution d'associations syndicales, il entreprit résolûment ceux
de ces travaux qui lui étaient indispensables.

Le curage et le redressement de la Claise fut exécuté sur une
longueur de 7 kilomètres 160 mètres; celui de l'Yoson et de ses
affluents sur 3 kilomètres 840 mètres; puis, un vaste système de
canaux de dessèchement, de fossés de clôture et de rigoles d'irrigation et d'écoulement qui ne mesure pas moins de 750 à 800,000 mètres de longueur totale, termina cet énorme travail. Trente-six
étangs d'une étendue totale de 850 hectares ont été desséchés. Il
n'en reste plus qu'un seul d'une surface de 3 hectares. 31 hectares 50 centiares de terres ont été drainés avec des tuyaux de
drainage et une petite partie avec des fagots d'aulne et de peuplier
vert. Des travaux d'irrigation ont été exécutés sur 30 à 40 hectares de prairies naturelles et 150 hectares environ sont en préparation pour être aussi irrigués. Les voies rurales étaient dans le
plus triste état : point de chemins délimités; chacun les traçait
à sa guise et passait dans les endroits offrant le plus de solidité.

----

(1) Les acquisitions récentes, consistant en 750 hectares, portent à 6,500 hectares la superficie totale, non compris la forêt de Saint-Maur, séparée de la
propriété.

Ces anciens chemins, sinueux et impraticables ont été remplacés par un réseau complet de routes bien entretenues ; ayant une direction rationnelle et venant aboutir aux routes départementales. Ce réseau comprend 60,660 mètres de chemins empierrés dont 12,000 sont maintenant entretenus par les communes et 48,650 par le propriétaire, et 75,000 mètres d'allées non empierrées, non compris 30,000 mètres de lignes de coupes ayant 2 mètres de largeur.

Les brandes constituent en Brenne, par leur imperméabilité et par l'obstacle qu'elles apportent au libre écoulement des eaux, une série de cloaques qui ne peuvent se dessécher que par une lente évaporation. Là est la cause de ces fièvres paludéennes qui épuisent la population.

Leur défrichement, leur mise en valeur étaient dans l'esprit de M. Crombez indispensables pour compléter l'assainissement obtenu par le curage des cours d'eau et amener l'amélioration de l'état sanitaire de la contrée.

Mais, c'était une lourde tâche à entreprendre que la transformation de tant de landes et d'étangs ! Sans adopter complètement les vues de ceux qui préconisent le boisement des landes d'une façon absolue, sans tomber dans la faute des agriculteurs téméraires qui ont accumulé des capitaux dans un sol trop pauvre, il réserva seulement à la culture les vieilles terres les meilleures, les quelques brandes qui annonçaient une qualité exceptionnelle, les fonds d'étangs enrichis d'alluvions ; et il commença méthodiquement le boisement des anciennes terres les plus maigres ainsi que de la majeure partie des landes incultes.

Une vaste exploitation, placée au centre des opérations, réunit tous les moyens d'action composés principalement d'attelages de bœufs puissants dont on porta le nombre à soixante. Chaque partie de brande fût successivement défrichée à la charrue, cultivée en céréales avec fumure de noir animal pendant plusieurs années, et, enfin, semée en pins maritimes et pins sylvestres.

En douze ans, l'opération a été menée à bonne fin. Elle a donné des résultats inespérés. Les jeunes arbres prospèrent d'autant mieux que les cultures antérieures ont détruit les plantes nuisibles, tout en procurant des récoltes suffisantes pour indemniser des frais de défrichement.

Cette partie des travaux de Lancosme se trouve résumée dans le tableau ci-après :

DÉFRICHEMENT DE BRANDES ET REBOISEMENT. (1)
Étangs, brandes et pacages.

	Convertis en prés.	Terres.	Bois.
Brandes défrichées.............	»	100^h	790^h
Étangs desséchés..............	50^h	»	800
Terres anciennement cultivées, retirées des domaines, à cause de leur mauvaise qualité et reboisées.	»	»	740
Totaux généraux......	50^h	100^h	2,330^h

Récapitulation	Prés........	50^h	
	Terres......	100	2,480^h
	Bois........	2,330	

Sans compter les semis de graines forestières faits dans les clairières des bois.

En résumé, il a été employé à Lancosme une énorme quantité de graines forestières ; principalement du gland, des semences de bouleau et de pins sylvestre ou maritime. Pour en donner une idée, nous dirons que, dans la seule année 1862, il a été semé 9,000 doubles décalitres de gland mélangés avec 6,000 kilogrammes

---

(1) Prix de revient d'un hectare de brandes et pacages, etc., défriché et converti en bois. Les récoltes obtenues au noir et au phosphate fossile payent largement les frais de défrichement :

Premier labour (*)........................	60^f »	
Deuxième labour (*)........................	30 »	98^f »
Hersage (*).............................	8 »	

Les frais suivants restent à la charge du boisement.

15 kil. 500 gr. pins maritimes à 40 fr..............	5^f »	
2 kil. 500 gr. pins sylvestres à 5 fr................	12 50	
2 hectol. de glands........................	6 »	51 50
Semis de gland à la main par des femmes...........	3 »	
Rigoles d'assainissement (300^m environ) à 0,05........	15 »	
50 mètres fossés d'assainissement et clôture..........	10 »	
Total.....................	149 50	

(*) Dans une exploitation ordinaire et dans des conditions normales, cette dépense passe inaperçue. Les travaux se font pendant l'hiver, à une époque où les bœufs sont peu occupés.

de pin maritime et 400 kilogrammes de pin sylvestre. Les semis et plantations ont porté à plus de 5,000 hectares l'étendue totale de la forêt de Lancosme, sans la forêt de Saint-Maur. Anciens et nouveaux bois sont administrés avec un soin et une intelligence des plus remarquables. Bien entendu, le bétail, cette plaie des taillis, en a été éloigné ; les clairières ont été réensemencées et les chemins qui desservent chaque coupe mis en excellent état. Les taillis sont aménagés par séries et les coupes sont exploitées à 15, 16, 18 et 20 ans. Vers l'âge de 9 ans, on procède à des éclaircies qui ont la meilleure influence sur le développement ultérieur du bois. Les fagots de brindilles, produits par ces éclaircies, ont reçu un emploi qui mérite d'être fort remarqué. Comme nous le verrons, ils servent de combustible pour les fours à chaux et pour la machine à vapeur de la distillerie. Enfin, les réserves sont soumises à un élagage rationnel. En un mot, les bois de Lancosme peuvent être cités comme un modèle d'administration forestière.

Parallèlement au reboisement et à l'administration forestière, l'agriculture proprement dite a marché et peu à peu réalisé des progrès très-sensibles.

Les 37 domaines primitifs ont été successivement réduits à 20, composés des meilleures terres arables. Leur étendue totale est d'environ 1,400 hectares. 500 hectares, divisés en quatre exploitations, sont cultivés directement par le régisseur. Les autres domaines sont affermés. Nous avons visité le domaine de la Tournancière. Il comprend 230 hectares ; 85 têtes de gros bétail et 600 bêtes à laine de la race Berrichonne améliorée. Les travaux sont exécutés par des bœufs de race Limousine. Ils sont aidés par un certain nombre de chevaux.

Tous les bâtiments de la Terre ont été reconstruits, ou, tout au moins, réparés et disposés conformément aux règles de l'hygiène. Comme la plupart des personnes qui, après avoir connu les riches contrées du Nord ou des environs de Paris, sont venues dans l'Indre s'occuper d'améliorations agricoles, M. Crombez fut frappé des quelques inconvénients que présente le métayage au point de vue de la rapidité des opérations. Il ne tint pas à ce mode de faire-valoir compte des énormes avantages économiques qu'il présente.

Il ne vit dans cette véritable et logique association du capital et du travail qu'un obstacle au progrès. Et certes, en 1850, les résultats du colonage en Brenne ne faisaient pas honneur au système. Les récoltes nourrissaient à peine une famille énervée par les fièvres ; constamment endettée vis-à-vis du maître ; sans espoir de voir sa situation s'améliorer. Mais, qui donc du propriétaire ou du métayer manquait alors à son rôle d'associé ? Le premier qui n'apportait ni le *capital* ni la *direction intelligente,* et non le second, qui livrait loyalement la main-d'œuvre promise à un sol ingrat et dépourvu d'amendements et d'engrais.

L'instrument est si bien approprié aux conditions économiques du pays, que M. Crombez, tout en le condamnant à première vue, sut en tirer d'excellents résultats, quand une sage direction n'hésita pas à restreindre la culture aux meilleures terres, quand l'emploi de la chaux et de la marne eut amené successivement la réussite des prairies artificielles, l'augmentation en nombre et en qualité du bétail, les fumures plus abondantes. (1)

Les récoltes en céréales furent, plus tard, entièrement attribuées au colon contre une redevance fixe ; mais, c'est là encore une forme du métayage, qui se plie admirablement aux diverses cultures. M. Crombez en a fourni une preuve frappante, lorsqu'il installa toute l'organisation qu'entraînait la création d'une distillerie agricole. Il fut décidé que chaque colon amènerait ses betteraves, emporterait sa part de pulpes et trouverait ainsi la rémunération de son travail et une nourriture abondante pour son cheptel.

Au bout de quelques années, les colons se sont pliés à un assolement rationnel ; ils ont travaillé, avec un plus grand courage, à mesure que les bénéfices augmentaient leur confiance dans la direction du maître.

La classe des fermiers possédant les avances nécessaires et dont M. Crombez déplorait l'absence aux débuts de son entreprise

---

(1) Lors des acquisitions, les bestiaux et le matériel avaient une valeur totale de 124,000 francs, dans 37 domaines. Au 31 décembre 1873, le cheptel vif et mort a atteint une valeur de 230,000 francs dans 20 domaines.

Le cheptel vivant se compose de :

Juments poulinières....................................	20.
Chevaux, poulains et pouliches..........................	15.
Bœufs de travail dont 50 sont engraissés, chaque année.....	108.
Bêtes à laine (élevage et engraissement)..................	3,150.
Porcs dº dº......................	80.
Vaches, veaux, etc....................................	350.

ne se formera que très-lentement en Brenne. Elle ne pourra prospérer que lorsque, son exemple ayant été largement suivi, les domaines à affermer seront en pleine marche et pourvus du capital-culture nécessaire.

L'habile administration de Lancosme avait bien compris que la trop petite surface des prairies et la mauvaise qualité de leurs produits était le grand obstacle à la prospérité du bétail et à l'augmentation des fumures. Aussi, les 316 hectares de prairies marécageuses furent-elles complètement assainies tout d'abord ; elles ont été successivement améliorées au moyen de l'immense quantité de cendres provenant des industries annexées.

Aujourd'hui, les pratiques de la culture la plus avancée sont généralement suivies à Lancosme. Les instruments les plus perfectionnés, comme le semoir Smith, y sont habituellement employés. En un mot, le passé a donné pour l'avenir de cette belle entreprise les plus sérieuses garanties.

Nous avons constaté une immense production forestière. Tous les produits des bois sont utilisés sur place par la forge de la Caillaudière, les fours à chaux et la tuilerie du Coudreau, la distillerie de Lancosme. Ils se trouvent ainsi dégrevés des frais de transport, si lourds lorsqu'ils sont rendus à de grandes distances.

La forge de la Caillaudière est située au centre de la propriété. Lors de l'acquisition, elle se composait simplement d'un haut-fourneau, d'une forge, comprenant deux feux d'affinerie, deux marteaux et un martinet et d'une fonderie. Depuis cette époque, elle a reçu de grands développements. Toutes ces améliorations ont permis d'obtenir d'excellents produits et à un prix rémunérateur.

Le haut-fourneau de la Caillaudière fournit, chaque année, à la consommation 1,400 tonnes de fer fabriqué au bois ; il est très-recherché pour sa bonne qualité. La consommation annuelle en combustible est de 20,000 cordes ou 50,000 stères environ. L'usine emploie une centaine d'ouvriers. Ils sont logés dans des maisons que M. Crombez a fait construire et qui leur assurent une habitation saine et commode. Ils ont, en outre, un jardin à leur disposition et ils sont chauffés.

Non loin de la forge, au milieu d'un champ, où la pierre calcaire est très-abondante, ont été construits une tuilerie et cinq fours à chaux. Cet établissement dont l'importance augmente, chaque jour, est à portée de plusieurs routes. On peut faire arriver aisément l'énorme quantité de fagots de brindilles nécessaires à son alimentation. Nous avons vu que l'on se procure abondamment ces fagots (on en récolte, chaque année, d'un million à douze cent mille) par les éclaircies des anciens bois et de ceux récemment semés. Après avoir fourni aux besoins de la propriété ainsi qu'à la consommation locale, l'usine du Coudreau expédie 3,000 tonnes de chaux dans la Marche et le Limousin au prix de 10 fr. 50 c. la tonne, sur les fours. A certaines époques de l'année, les moyens de transport sont insuffisants pour conduire la chaux à la station de Luant, distante de 18 kilomètres. On se sert alors d'un train de wagons qu'une locomobile traîne sur la route.

L'établissement du Coudreau emploie 40 ouvriers pendant toute l'année ; et en outre 75 ouvriers pendant six mois de la plus mauvaise saison à faire des fagots ; 15 chevaux et 8 bœufs pour les transports.

Une fois entré dans la voie de l'union de l'industrie et de l'agriculture, M. Crombez devait songer à créer une industrie purement agricole. Après s'être assuré que ses terres assainies et améliorées pouvaient produire des betteraves, il a organisé une distillerie avec l'espoir de faire faire à son agriculture un pas nouveau et considérable dans la voie du progrès. Son attente n'a pas été trompée ; les résultats ont été excellents. Ce n'est pas sans une très-vive émotion que les membres du Congrès ont salué la grande cheminée de la machine à vapeur au milieu de cette contrée réputée pays perdu, il y a vingt-cinq ans à peine.

Nous avons, dans le cours de notre visite, éprouvé une émotion non moins vive, mais bien différente, lorsque, sur la demande de notre illustre Président, M. le baron de Lestrange a bien voulu nous montrer la vieille Brenne sur une propriété voisine dans laquelle rien n'a été fait jusqu'à ce jour. Quelle misère ! Quel contraste !

La distillerie a été installée auprès du château sous les yeux de l'habile régisseur M. Mesrouze. C'est M. Championnois qui l'a montée. On y distille et on y rectifie les produits qui sont vendus dans les Charentes où ils font prime. Les appareils ont été montés pour fabriquer trente mille kilogrammes par vingt-quatre heures. En 1868, année où la fabrication a atteint son maximum, il a passé par les macérateurs le produit de 160 hectares de betteraves, dont 120 hectares cultivés par le faire-valoir direct et 40 hectares ensemencés par les fermiers de la terre. Dans le cours de cette même année, il a été livré au commerce 2,000 hectolitres d'alcool.

Installée avec soin, dirigée avec l'habileté et l'intelligence qui, à Lancosme, président aux diverses opérations, cette usine mérite d'attirer toute l'attention parce que les générateurs de vapeur, de la force de 50 chevaux pour la machine et les divers appareils de distillation, sont chauffés avec les fagots de dessous de bois, les éclaircies d'essences résineuses et les ramilles des coupes. Les mécaniciens n'admettaient pas qu'un semblable combustible pût être employé à cet usage. Une pratique déjà longue de huit années a prouvé victorieusement que cette croyance n'était qu'un préjugé. Dans les conditions où se trouvait Lancosme, ce résultat avait la plus grande importance. A un point de vue plus général, ce fait mérite d'être signalé tout particulièrement.

Ces usines fournissent naturellement une énorme quantité de cendres. Inutile d'ajouter qu'elles sont précieusement conservées et répandues sur les prairies où elles produisent une amélioration considérable. Les vinasses de la distillerie sont également conduites sur une prairie naturelle, située près de l'usine.

Telle est l'œuvre vraiment grandiose de M. Crombez. Elle est, aujourd'hui, à peu près terminée. Les résultats ont largement répondu aux espérances qu'il avait conçues.

La population de Vendœuvres, qui était, en 1850, de 1,556 habitants en compte, aujourd'hui, près de 2,200. Les nombreux travaux qu'a exigés cette heureuse transformation l'ont enrichie. Le chef-lieu de la commune a vu s'élever des maisons saines et presque coquettes au lieu des logements misérables que l'on y rencontrait autrefois. L'église est digne d'une localité beaucoup plus importante. La mortalité est revenue à des proportions au-dessous de la moyenne. Il a été construit de belles et vastes écoles déjà insuffisantes; l'une pour les garçons est dirigée par les Frères des Écoles chrétiennes ; l'autre pour les filles est tenue par des Religieuses. Il y a vingt-cinq ans, les écoles comptaient 40 ou 50 élèves ; 390 enfants les fréquentent aujourd'hui.

M. Crombez et sa famille sont les bienfaiteurs du pays.

Pénétrés d'admiration, les visiteurs se sont associés, de tout cœur, aux chaleureux remercîments et aux vives félicitations que M. Drouyn de Lhuys a adressés à M. le baron de Lestrange, à M. Crombez et à toute sa famille.

EXCURSION A SAINT-MAUR.

—

Le vendredi, 9 mai, les Membres du Congrès se sont rendus au château des Planches, centre de la belle exploitation de Saint-Maur.

Les visiteurs ont été reçus par l'honorable M. Valéry Masquelier, qui a mis le plus aimable empressement à les accueillir et à les accompagner dans les différentes parties de sa propriété si remarquable à tous égards. On y est tout d'abord frappé de l'ordre et de l'activité qui révèlent la culture intensive et industrielle.

C'est une rareté encore dans notre pays ; et tous les visiteurs se rappelant que, de cette ferme de Saint-Maur, est parti le *mouvement* dans le département de l'Indre, n'ont pu s'empêcher d'évoquer le souvenir si respectable de M. Masquelier, père, qui, non-seulement dans l'organisation et l'exploitation de ses cultures, mais par le concours si actif et si intelligent qu'il apportait aux travaux de la Société d'agriculture de l'Indre, est devenu en peu d'années, dans notre région, le porte-drapeau du progrès agricole.

Homme de bien dans toute l'acception du mot, M. Masquelier, père, avant de se faire agriculteur, avait été un très-honorable et très-habile commerçant ; aussi, mis en face des problèmes culturaux, a-t-il vite compris que, pour arriver au gros rendements, aux résultats fructueux, il ne faut pas marchander aux terres ce qu'il appelait la matière première agricole : les engrais. Il s'est appliqué à les rechercher partout et sous toutes formes : vidanges, résidus des usines de la ville, produits d'équarrissage, etc.

M. Masquelier a été de plus un calculateur ; l'organisation de sa comptabilité lui a permis de se rendre compte très-exactement de toutes ces entreprises qui, après avoir semblé téméraires aux esprits routiniers, sont venues finalement les convaincre de ce fait : *Ce n'est pas la dépense qu'il faut considérer uniquement, mais le rapport entre le capital employé et le rendement.*

Au milieu de ses préoccupations les plus graves d'homme d'État, M. Drouyn de Lhuys a toujours tenu à conserver ses fonctions aimées de Président du Comice de la plus riche partie de la Brie. Il était donc juge éclairé de cette belle tentative de culture intensive et industrielle dans l'Indre. Il a rendu, tant en son propre nom qu'au nom des Membres du Congrès, hommage à l'œuvre de

M. Masquelier, père. Il a félicité cordialement M. Valéry Masquelier du courage intelligent dont il fait preuve en poursuivant, tout en la perfectionnant chaque jour, l'œuvre de son estimable père.

Nous sommes très-reconnaissants à M. Masquelier de nous avoir permis de reproduire ci-après le Mémoire par lui remis à la Commission chargée de décerner la prime d'honneur au Concours régional de Châteauroux, en 1874. Ce travail fera ressortir toute l'importance de cette entreprise agricole si pleine d'intérêt et d'enseignements.

MÉMOIRE

SUR L'EXPLOITATION AGRICOLE DU DOMAINE DES PLANCHES

Pour concourir à la Prime d'honneur du département de l'Indre en 1874.

Renseignements généraux.

Situation. — Le domaine des Planches, désigné sur les cartes, dressées par Cassini à la fin du siècle dernier, sous le nom de Travaille-Coquin, est situé à 5 kilomètres et demi de Châteauroux et à 500 mètres environ du bourg de Saint-Maur, sur la rive gauche de l'Indre.

Constitution de la couche arable et du sous-sol. — La constitution de son sol est très-variable : à côté des terres argilo-calcaires à sous-sol calcaire, dont la couche arable est souvent inférieure à 20 cent., on trouve des terres argileuses à sous-sol compact d'une très-grande profondeur.

Climat. — Le climat y est tempéré, comme dans tout le Centre de la France ; mais les sécheresses de juin et de juillet y sont parfois excessives et portent souvent de graves préjudices aux récoltes de céréales. Celles de 1870 et 1871, notamment, ont fait un mal énorme. En 1872, au contraire, l'été et l'automne ont été pluvieux, aussi la récolte a-t-elle été généralement magnifique.

Eaux. — Les 56 hectares 57 ares 24 centiares de prés naturels, dépendant du domaine, sont baignés par l'Indre qui coule à 200 mètres des bâtiments de l'exploitation. Quant à l'eau nécessaire aux besoins de la ferme, on se la procure au moyen de plusieurs puits de 7 à 8 mètres de profondeur, dans lesquels sont établies des pompes. Ces eaux sont très-calcaires.

Débouchés. — **Grains.** — Les grains sont presque toujours vendus sur échantillon à des négociants de Châteauroux, qui les expédient ordinairement sur Paris.

Alcools. — Avant la loi du 2 août 1872, qui impose aux distillateurs l'obligation de prendre des acquits d'une couleur différente, suivant la nature des alcools, les esprits de betteraves fabriqués dans l'usine avaient leur principal débouché dans les Charentes, où ils servaient à faire des coupages; mais depuis que les Charentes sont fermées aux produits des distilleries de betteraves, c'est du côté de l'Anjou et du Limousin, qu'il a fallu se rejeter. On trouve très-facilement dans ces deux contrées à écouler toute la fabrication au fur et à mesure de la production.

Bétail. — Le bétail engraissé est vendu sur place, soit aux bouchers de Châteauroux et des localités voisines, soit à des marchands du pays qui les expédient ordinairement sur Paris.

Produits de basse-cour. — Un marché est passé à l'année avec un marchand de lait de Châteauroux ; on lui expédie, chaque jour, de 100 à 110 litres de lait ainsi que l'excédant des volailles.

Acquisition du bétail. — **Bêtes ovines et bovines.** — Les bêtes ovines et bovines spécialement destinées à l'engraissement sont achetées dans les foires du pays ; ces foires offrent peu de ressources pour l'acquisition des gros bœufs de trait; aussi, on est souvent forcé d'aller les acheter dans les départements voisins et principalement le Nivernais et l'Auvergne.

Chevaux de trait. — Le pays est aussi assez pauvre en gros chevaux de trait. Quelques marchands amènent dans le département des Poitevins et des Percherons; mais ces animaux, qui n'ont ordinairement que deux ans à deux ans et demi, sont trop jeunes pour faire de suite un dur et long service. On est presque toujours obligé, pour avoir des chevaux faits, d'aller les chercher soi-même dans les pays de production.

Voies de communication. — Le domaine est à 5 kilomètres et demi de la station de Châteauroux; d'excellentes routes le relient à tous les centres voisins, et la propriété est, en outre, sillonnée de voies empierrées, dont le tracé a été combiné de manière à diviser les terres en pièces de 20 à 30 hectares.

Main-d'œuvre. — La main-d'œuvre est rare malgré la proximité de Châteauroux et celle de trois ou quatre communes populeuses.

Prix de la journée des hommes. — Jusqu'en 1870, le prix de la journée avait été :

Pendant les 4 mois d'hiver de...................... 1ᶠ 25ᶜ
     —   4 mois d'automne et de printemps de..... 1. 50.
     —   4 mois d'été (moisson exceptée) de....... 2. »

Depuis deux ans, ces prix ont subi une augmentation de 0ᶠ 25ᶜ à 0ᶠ 75ᶜ.

Prix de la journée des femmes. — Aux mêmes époques, les femmes gagnent moitié du prix de la journée des hommes.

Prix des tâcherons. — Une partie des travaux se fait à la tâche. Dans les travaux exécutés de cette façon, les ouvriers trouvent moyen de gagner 0ᶠ 25ᶜ à 0ᶠ 50ᶜ plus cher que les journaliers.

Domestiques à gages. — Les gages des domestiques sont de 300 à 400 francs par an ; ils sont logés et nourris à la ferme.

Production du pays. — Les cultivateurs de la localité s'attachent spécialement à la production des céréales et à l'élevage des bêtes à laine.

La culture de la vigne prend beaucoup d'extension ; la plus grande partie des terrains compris entre Châteauroux et le bourg de Saint-Maur, sont loués en détail à raison de 70 ou 80 francs l'hectare, et plantés en vignes.

Le prix de fermage des bons domaines varie de 30 à 50 francs l'hectare.

Renseignements spéciaux.

Étendue du domaine. — La propriété est d'un seul tenant, sauf quelques prés naturels disséminés dans la vallée de l'Indre. Sa contenance totale est de 323 hectares 68 ares 84 centiares, composés comme suit :

Terres labourables............................ 198ʰ 83ᵃ 80ᶜ
Vignes.. 15. 83. 00.
Prairies naturelles........................... 56. 57. 24.
Bois.. 43. 85. 00.
Bâtiments de service, cours et chemins......... 4. 47. 80.
                                             319ʰ 56ᵃ 84ᶜ
Jardins et dépendances de la maison d'habitation (mémoire)..................................... 4. 12. 00.
                                             323ʰ 68ᵃ 84ᶜ

Mode de jouissance. — De 1850, époque de l'acquisition de la propriété, jusqu'en 1867, M. Masquelier, père, a fait valoir directement le domaine des Planches. J'ai continué, depuis sa mort, le même mode d'exploitation en participation avec M. Poisson, mon régisseur.

Je ne suis devenu propriétaire du domaine qu'en 1870.

Les principales opérations ont pour objet :

1° La production du blé ;

2° La distillation des betteraves ;

3° L'élevage des bêtes ovines ;

4° L'engraissement des bœufs et des moutons ;

5° La rectification des flegmes des usines de Saint-Maur, de Treuillaut et de quelques distilleries voisines ;

6° La production du laitage et enfin celle du vin ;

Ces deux dernières branches d'opérations, qui n'ont pas encore pris beaucoup d'extension, deviendront des produits importants de l'exploitation.

Capital employé sur le domaine. — Au 31 août 1870, époque de ma prise de possession, la propriété a été estimée .... 367,152^f 55^c

Le bâtiment de la distillerie.........	9,000. »	376,152^f 55^c
Le bétail...........................	28,977. »	
Le Mobilier.........................	17,931. 91.	
	46,908. 91.	
Le Matériel de distillerie et de rectification............................	27,610. »	74,518. 91.
		450,671. 46.

L'Exercice 1870-71 a donné les modifications suivantes :

Capital foncier....................	367,152^f 55^c	
Bâtiment de la distillerie..........	9,000. »	376,152^f 55^c

Inventaire 31 août 1871 :

Bétail...........................		38,001. 27.	
Mobilier et fumures.....	17,573. 05.		
Fumures en terre et engrais..............	12,104. 88.		
A reporter ...	29,677. 93.	38,001. 27.	376,152. 55.

Report....... 29,677ᶠ 93ᶜ 38,001ᶠ 27ᶜ 376,152ᶠ 55ᶜ

Récoltes en terre ou en
   grenier............... 50,399. 48.

Bois.................... 7,925. 50. 88,002. 91.

Matériel de distillerie et de rectification. 25,848. 65. 151,852. 83.

528,005. 38.

Enfin l'Exercice 1871-72 a été arrêté comme suit :

Capital foncier..................... 367,152ᶠ 55ᶜ

Acquisition de prés, 95 ares........ 2,013. 50.

Constructions : Caves à vin 11,379ᶠ 75ᶜ

   Bureaux et magasins. 6,755. 83.

Reconstruction du hangar
   aux récoltes.......... 6,602. 20. 24,737. 78.

Plantations de vignes.............. 926. 25.

394,830. 08.

Distillerie : Bâtiment............... 9,000. » 403,830ᶠ 08ᶜ

Inventaire 31 août 1872 :

  Bétail :

Chevaux............... 8,100ᶠ »

Bœufs.................. 27,689. 10.

Vaches et veaux........ 10,837. 50.

Bêtes à laine........... 19,120. »

Porcs.................. 520. »

Basse-cour............. 450. » 66,716. 60.

  Mobilier :

Charrois............... 7,020. 50.

Ustensiles aratoires..... 4,413. 55.

Ustensiles de manipula-
tion.................. 2,103. 55.

Ustensiles de ferme...... 323. 06.

Mobilier d'écurie........ 1,201. 28.

Mobilier des bouveries.. 360. 63.

Mobilier de la ferme..... 1,081. 01.

Mobilier des bergeries... 616. 74.

Mobilier de bureau...... 630. 57.

A reporter.... 17,750. 89. 66,716. 60. 403,830. 08.

Report............ 17,750ᶠ 89ᶜ   66,716ᶠ 60ᶜ   404,830ᶠ 08ᶜ

Lingerie et literie........	969. 03.		
Ustensiles de menuiserie.	213. 80.		
Ustensiles de jardin.....	71. 26.		
Mobilier de la forge.....	127. 45.		
Matériel commun aux exploitations..........	1,912. 02.	21,044. 45.	

Fumures en terre et engrais.........	11,703. »	
Bois en magasins...................	1,038. 75.	
Denrées en magasin...............	1,685. »	
	102,187. 80.	

Récoltes en terre ou en greniers............	83,030. 68.		
Bois...............	9,262. 30.	92,292. 98.	

Matériel de distillerie et de rectification.   25,853. 65.   220,334. 43.

625,164. 51.

Résumé des détails ci-dessus.

Capital foncier..........	403,840ᶠ 08ᶜ	
Valeur des bois (le terrain).	11,560. »	392,280. 08.
Capital de culture, récoltes déduites.............		128,041. 45.
Total.........		520,321. 53.

L'étendue de la propriété était de..............	323ʰ 68ᵃ 84ᶜ		
Moins superficie des bois.	43ʰ 85ᵃ		
et parc..............	4. 12.	47. 97. 00.	275ʰ 71ᵃ 84ᶜ

Le capital d'acquisition et d'amélioration étant de....   1,436ᶠ »
Et le capital de culture de......................   469. »

Le capital total engagé par hectare est donc de.......   1,905ᶠ »

Améliorations foncières.

Lors de l'acquisition, la propriété était dans un état de culture déplorable ; les terres calcaires seules étaient labourées de temps à autre pour y faire du blé, de l'orge ou du seigle. Quant aux terres argileuses, comme elles offraient de grandes difficultés de culture, on ne s'en occupait pas; on les considérait même comme improductives. Tous les champs étaient coupés de haies et couverts d'arbres qui gênaient la culture; aussi, dès le début de l'exploitation a-t-il fallu s'occuper de détruire les arbres et les haies et de créer des chemins sur toute l'étendue de la propriété qui en était dépourvue.

Dessèchement et Drainage.

Il n'a pas été fait de drainage dans la propriété. Il a suffi pour assainir complètement toutes les terres, d'approfondir progressivement la couche arable par des labours très-profonds et d'écouler les eaux dans les fossés des routes par des raies d'égout.

Chaulages.

Les terres argileuses sont chaulées à raison de 15 mètres cubes tous les six ans. La chaux est fabriquée dans la ferme; son prix de revient est de 8 fr. 50 c. le mètre.

Bâtiments d'exploitation.

Il n'y avait, lors de l'achat de la propriété, que les bâtiments qui entourent la grande cour de la Ferme; les autres constructions ont été faites successivement au fur et à mesure des besoins.

Au centre des étables se trouve la Distillerie, ce qui rend très-facile le service des écuries et la distribution de la nourriture.

Bouveries.

Dans toutes les bouveries, les animaux sont placés tête à tête; une allée de 3 mètres est réservée au milieu pour faciliter la distribution de la nourriture qui se fait ainsi fort rapidement. L'eau y arrive directement de la distillerie par des conduits souterrains.

Toutes les étables sont bétonnées; et des rigolles en ciment permettent au purin de s'écouler dans des citernes placées au centre des plate-formes à fumier.

Au-dessus de chaque bouverie, il existe de vastes fenils à air libre avec auvents, où l'emmagasinage des fourrages est facile et peu dispendieux. La conservation y est parfaite.

La principale nourriture des bœufs consiste : en hiver, en pulpes

de distillerie, fourrages secs hachés, drèches, etc.; en été, en
drèches et fourrages verts (trèfle incarnat, luzerne et maïs).

Bouverie d'engrais. — Cette étable, qui est spécialement destinée aux
animaux à l'engrais, a coûté 14,500 francs environ.

Elle donne place à 60 têtes.

Elle mesure :

Longueur	36	mètres.
Largeur	12	—
Surface	432	— carrés.
Capacité	1,470	— cubes.
Capacité du fenil	2,780	— —

Il suffit de trois personnes, un maître bouvier et deux jeunes
aides pour soigner les 60 bœufs qu'elle peut contenir.

Bouverie double. — C'est dans cette bouverie que sont logés les
animaux arrivant des foires ; ils y séjournent jusqu'à ce que des
places restent libres, soit dans la bouverie d'engrais, soit dans la
vacherie.

Elle peut recevoir 30 têtes.

Elle mesure :

Longueur	19	mètres.
Largeur	10 mètres 40	centimètres.
Surface	198	mètres carrés.
Capacité	625	— cubes.
Capacité du fenil	800	— —

Son prix de revient est de 8,000 francs.

Un bouvier et un aide font le service.

Vacherie. — Ce bâtiment, qui ne peut contenir que 15 vaches laitières, est insuffisant ; aussi, je serai probablement obligé de le
doubler, si, comme je l'espère, je puis arriver à donner plus d'extension à mon commerce de laitage.

Excepté à l'heure de la traite des vaches, où tout le personnel
des bouveries vient aider le vacher, une seule personne suffit au
service de cette étable.

Hangar aux charrois. — Ce hangar sert, suivant l'époque de l'année, de
remise pour les voitures et instruments de tous genres et d'abri
pour les génisses, quand les autres étables sont pleines ; j'y loge
souvent de 40 à 50 génisses.

Bouverie des Genévriers. — Les bâtiments d'exploitation sont très-éloignés des terres des Génévriers ; aussi, pour éviter des pertes de temps considérables, j'ai placé juste au centre des travaux, dans mes bâtiments des Génévriers, 24 bœufs de trait, qui sont soignés par un homme spécial logé dans la ferme.

Bergeries.

Dans les trois bergeries du domaine des Planches, des râteliers mobiles à augettes permettent de faire consommer aux moutons, sans gaspillage, les nourritures les plus variées. Deux personnes suffisent au service de ces trois bergeries, le maître berger et un aide.

Bergerie d'élevage. — Longueur............ 30 mètres.
Largeur.............. 12 —
Superficie .... 360 — carrés.
Capacité............ 1,440 — cubes.
Capacité du fenil...... 2,067 — —
Son prix de revient est
de................ 10,500 francs.

Bergerie anglaise. — Peut donner place à 250 têtes.
On y élève les reproducteurs anglais destinés aux troupeaux south-down-berrichons, de Treuillaut et de Saint-Maur.
Elle a coûté environ 3,000 francs.

Bergerie d'engrais. — Peut recevoir 300 têtes.
Longueur.............. 27 mètres.
Largeur............... 9 —
Superficie............. 243 — carrés.
Capacité.............. 730 — cubes.
Capacité du fenil........ 972 — —
Son prix de revient est de.. 6,000 francs.

Bergerie des Génévriers. — Les agnelles croisées, destinées à la reproduction, et les jeunes agneaux, achetés dans les foires, sont déversés dans la bergerie des Génévriers qui peut contenir environ 350 bêtes.
Longueur.............. 30 mètres.
Largeur. .... 10 —
Superficie............. 300 — carrés.
Capacité .... 1,200 — cubes.
Capacité du fenil........ 1,800 — —

L'installation des râteliers est la même que dans les autres bergeries.

C'est la femme du bouvier qui est chargée de donner les soins aux animaux.

Hangar aux récoltes. — C'est sous cette vaste halle que se fait l'emmagasinage de toutes les céréales et celui des racines.

Les battages s'y font sur place au moyen d'une machine, système Gérard, mise en mouvement par le moteur de la distillerie et des câbles en fil de fer. Cette opération se fait très-ràpidement ; elle est toujours terminée bien avant l'arrachage des betteraves, ce qui permet d'y entasser plusieurs millions de kilogrammes que je réserve pour la fin de ma fabrication de flegmes.

La conservation des betteraves y est si bonne qu'il m'arrive souvent de ne terminer la fabrication des flegmes que vers le 20 mars.

Cette construction a coûté 15,000 francs.

Sa longueur est de........	47ᵐ 50ᶜ
Sa largeur..............	25 75
Sa surface.............	12 23 carrés.
Sa capacité............	8,600 mètres cubes.

Porcherie. — On y entretient seulement des porcs à l'engrais au nombre de 16 à 18.

Assolement. — La propriété est soumise à l'assolement suivant :

Terres fortes :
- Betteraves.
- Blé.
- Betteraves.
- Blé et avoine.
- Fourrages.

Terres argilo-calcaires :
- Betteraves.
- Blé.
- Fourrages.
- Blé et avoine.
- Fourrage, Gesse.

La culture de chaque année se rapproche le plus possible de la rotation suivante :

1/3 betteraves, 1/3 blé, 1/3 fourrages et avoine, (cette céréale entre environ pour 15 hectares par an dans l'assolement).

Cultures annuelles.

	1870-71.		1871-72.		1872-73.	
Betteraves................	50	50	55	05	51	54
Carottes.................	»	»	»	40	»	40
Pommes de terre...........	2	04	2	04	1	50
Choux....................	4	»	1	»	1	»
Blé......................	73	46	71	74	71	63
Seigle...................	4	»	3	»	3	»
Orge.....................	8	30	»	»	»	»
Avoine...................	39	»	24	55	15	»
Prairies artificielles..........	17	54	41	06	54	77
Prés.....................	56	57	56	57	56	57
Vignes...................	15	83	15	83	15	83
Cours et chemins..........	4	47	4	47	4	47
	275	71	275	71	275	71

Fourrage sec consommé 1871-72.

Foin naturel...............	169,874k	
Foin artificiel.............	20,354.	
Pailles...................	139,652.	
Betteraves, 2,162,000 : 4....	540,500.	
Carottes.................	6,500.	
Feuilles de betteraves 55h à 200k sec................	11,000.	
Fourrages verts, trèfle incarnat, 10h à 4,000k........	40,000.	
Maïs, 10h à 6,000k........	60,000.	
Regains, 56h à 1,000k......	56,000.	
Pommes de terre...........	19,500.	
Avoine...................	30,465.	
Drèche...................	584,680.	
Tourteau.................	3,500.	1,682,045k

Engrais et amendements employés en 1871-72.

Fumier produit à St-Maur 3,364,090^k(1) à 7^f » les 0/000^k				22,548^f 63^c
Fumier acheté........	520,000. à	6. 85^c	—	4,252. 14.
Vidanges...........	5,566^h à	0. 44.	l'hect.	2,449. 04.
Guano du Pérou......	5,002^k à	32. 45.	les 0/0	1,622. 84.
Poudrette..........	500^h à	3. 75.	l'hect.	1,875. »
Sel...............	20,000^k à	22. 35.	les 0/0	447. 35.
Phosphate..........	1,600. à	7. »	—	112. 50.
Chiffons de laine......	2,800. à	16. »	—	448. »
Cendres..........	54^{mc} à	5. »	le m. c.	270. »
Tannée............	540me à	1. 50.	—	810. »
				34,835. 50.

Quantité de fumier employée en 1871-1872 :

Fumier produit à Saint-Maur................... (1) 3,364,090^k

Fumier acheté............................ 520,000.

3,884,090.

Il a été fumé 55^h 05^a betteraves à.. 50,256^k

— 32. » blé.......... 35,000.

Personnel agricole.

Le personnel se compose de :

1 régisseur et sa femme......... 900^f + 10 0/0 dans bénéf. nets

1 employé d'intérieur........... 800.   1 0/0   —

1 distillateur................. 780.

1 chef de culture............. 800.

1 chef vigneron............. 750.

7 charretiers............... 340.

1 bouvier maître à 320 francs et

  1 fr. 50 c. par bœuf engraissé... 550.

(1) Ce chiffre de 3,364,090^k est obtenu en multipliant par le coefficient 2 le chiffre 1,682,045^k des divers fourrages énumérés ci-dessus et réduits à l'état sec.

Ce chiffre est inférieur à la moyenne de production à cause de l'année sèche 1870-71. En 1872-73, la quantité sera d'au moins 4,500,000 kilogrammes.

1 vacher maître à 280 francs et
  1 fr. 50 c. par vache engraissée... 450.
4 aides-bouviers à............... 250.
1 berger maître................. 550.
1 aide berger.................. 250.
1 laitier....................... 175.
2 femmes de ménage............ 180.

Le chef de culture et le chef vigneron sont les seuls employés qui ne sont ni logés ni nourris dans l'établissement; ils reçoivent, chaque année, une gratification qui varie suivant les bénéfices de l'exploitation.

Travaux de main-d'œuvre.

Voici quelques prix courants payés pour travaux à la tâche :

Betteraves, arrachage, écolletage et charge-
  ment.......................... l'hectare 24^f » à 26^f »
Prairies artificielles, fauchage, 1re coupe, — . 6. » à 8. »
  — 2e coupe, — . 5. » à 6. »
Prés naturels, fauchage, 1re coupe..... — . 11. » à 12. »
  — 2e coupe..... — . 6. » à 7. »
Fauchage et liage des blés............ — . 24. » à 27. »
Épandage des fumiers............... — . 5. » à 6. »
Chargement................... le mètre cube » 10^c à » 12^c
Bottelage des fourrages........ les 100 kil... 1. 75. à 2. »

Il a été dépensé, en travaux de main-d'œuvre à la journée, les sommes ci-après :

1870-71..... 17,283^f 66^c.
1871-72..... 24,234^f 34^c.

Procédés de culture.

Les instruments de culture sont énumérés dans l'inventaire joint à ce mémoire.

Labours. — Les labours ne se font qu'avec des bœufs attelés au joug à raison de quatre par charrue.

Betteraves, semis et façons qui leur sont données. — Les betteraves sont semées sur billons dans les terres calcaires, et avec le semoir Garrett dans les grosses terres. Depuis l'apparition de la plante, jusqu'à ce que les feuilles couvrent complètement le sol, la houe à cheval fonc-

tionne continuellement dans les champs de betteraves. Les binages
à la main se font à la journée. Il serait difficile d'obtenir à la tâche
un travail aussi parfait et, surtout, une si grande promptitude
d'exécution.

Blés et Semis. — Autant que le temps le permet, les blés sont semés
en ligne avec le semoir Garrett à treize rangs. La quantité de
semence employée à l'hectare varie, suivant la saison, de 1 hecto 60
à 1 hecto 80.

Moissons. — Depuis trois ans, la moissonneuse Samuelson
coupe les blés en concurrence avec la faux ; cet instrument,
qui est devenu très-pratique, suffirait parfaitement à faire toute
la moisson dans les étés secs, mais, par les temps humides,
on a beaucoup de peine à s'en servir dans les terres argileuses.

Semences employées. — Trois variétés de blés sont employées dans
l'exploitation : ce sont le blé bleu de Noé, le blé blanc de Bergues
et le blé roux à paille blanche ; ces deux dernières espèces viennent
des environs de Lille. Chaque année on renouvelle environ le tiers
des semences.

Les blés provenant de la récolte étant généralement très-propres,
les cultivateurs des environs en achètent chaque année plusieurs
centaines d'hectolitres pour semence.

Fenaisons. — Plusieurs espèces de fourrages artificiels sont cultivées sur la propriété ; ce sont : les luzernes, les sainfoins, le
trèfle rouge, le trèfle incarnat hâtif, le trèfle incarnat tardif et le
maïs blanc du Midi ; ces trois dernières espèces sont spécialement destinées à donner de la nourriture verte aux animaux ; il
arrive quelquefois que les luzernes et trèfles rouges sont également
consommés en vert.

Malgré le peu d'économie qu'il y ait à se servir de la faucheuse,
on la fait fonctionner de temps à autre dans les prairies naturelles,
concurremment avec les faucheurs, et cela dans le but unique
de laisser moins de prise aux hauts prix demandés par les
ouvriers.

Grâce à deux faneuses, le fanage des 56 hectares 57 ares de la
propriété se fait très-rapidement ; ces instruments offrent un grand
tiers d'économie sur le fanage fait à la main.

Vignes.

15 hectares 83 ares de calcaires peu profonds ont été plantés en vigne dès 1865.

Les cépages employés sont : le Merlot, le Cabernet sauvignon et le Malbec, comme plants de Bordeaux, et le Gamai ordinaire de Bourgogne.

Les vignes sont plantées en lignes, de 2 mètres entre rangs, et 1 mètre sur la ligne ; les façons se font à la charrue.

La taille est faite d'après la méthode Guyot ; la branche à fruit est fixée sur des fils de fer.

Le vin trouve facilement acheteurs dans le pays au prix de 30 à 40 francs l'hecto.

J'ai fait construire à proximité de la ferme, une cave pouvant contenir de 1,000 à 1,200 hectos de vin.

Elle se compose de deux parties distinctes :

La cave, proprement dite, divisée en trois compartiments ;

Et au-dessus, au niveau du sol, le cellier qui est une vaste pièce de 14 mètres 50 de longueur sur 14 mètres de largeur, où se trouvent les cuves à fermentation.

Ce bâtiment revient à 11,000 francs.

Animaux de travail.

Les travaux sont faits par des chevaux et par des bœufs.

Les chevaux sont uniquement employés aux charrois ; on leur fait faire cependant des hersages et des roulages, mais ce n'est que par exception qu'on s'en sert pour les labours, qui sont tous faits par des bœufs. On tâche, autant que possible, de maintenir ces derniers dans un excellent état d'entretien, afin qu'une fois les travaux terminés ils n'aient que fort peu de temps à séjourner dans la bouverie d'engrais.

Animaux de travail occupés.

Le nombre des bœufs employés au travail varie, suivant la saison et l'état des travaux. A l'époque des semis de betteraves, et pendant les ensemencements d'automne, le nombre en est souvent plus que doublé.

Il y avait dans l'exploitation pendant les années :

1870-71, 14 chevaux 24 bœufs.

1871-72, 14 — 32 —

Animaux de rente. — Mouvement commercial.

	BÊTES BOVINES				
	ACHETÉES.		VENDUES.		EXCÉDANT des ventes sur l'achat.
	Nombre.	Prix.	Nombre.	Prix.	
1870-71.......	116	30,329ᶠ 84ᶜ	54	13,705ᶠ 92ᶜ	1,317ᶠ 35ᶜ
1871-72.......	335	114,231 60	246	95,321 54	19,919 54

	BÊTES OVINES				
	ACHETÉES OU NÉES.		VENDUES.		EXCÉDANT des ventes sur l'achat.
	Nombre.	Prix.	Nombre.	Prix.	
1870-71.......	197	4,498ᶠ 50ᶜ	362	8,404ᶠ 57ᶜ	2,410ᶠ »
1871-72.......	443	10,402 79	469	13,786 33	5,640 »

	ESPÈCE PORCINE.				
	ACHETÉS.		VENDUS.		EXCÉDANT des ventes sur l'achat.
	Nombre.	Prix.	Nombre.	Prix.	
1870-71.......	10	480ᶠ »	6	711ᶠ »	631ᶠ 50ᶜ
1871-72.......	27	1,407 20	21	2,694 90	1,807 70

Le mouvement en 1870–71 a été presque nul ; la sécheresse extrême et, par suite, le manque de fourrages en sont les seules causes.

Animaux nourris sur le Domaine.

	CHEVAUX	BŒUFS de trait.	BŒUFS engrais-sés.	VACHES.	PORCS.		BÊTES A LAINE.		TOTAL.
					Nombre	Équiva-lant tête gros bétail.	Nombre	Équiva-lant tête bétail.	
1870-71..	18	24	17	13	6	1	1,037	103	176
1871-72..	18	32	143	66	20	2	1,257	125	386

Le troupeau se composait au 31 août dernier comme suit :

Bélier south-down pur...................... 1

—   pur...................... 1

Agneaux south-down pur.................. 3

Agnelles   —   pur.................. 13

Brebis mères   —   pur.................. 32

Brebis mères croisées south-down-berrichonnes................................. 314   777

Moutons berrichons........................ 121

Agneaux et agnelles 214

—   —   68

Béliers croisés south-down-berrichons....... 8

Les agneaux south-down-berrichons sont vendus pour l'élevage, depuis plusieurs années, au prix de 23 à 25 francs à l'âge de 4 mois. Les agnelles sont conservées pour remplacer les brebis de rebut, qui sont fort recherchées à la vente. Les quelques béliers que j'ai à vendre, chaque année, trouvent facilement acheteurs au prix de 125 à 150 francs.

Distillerie.

La distillerie est installée suivant le système Champonnois. On y travaille 20,000 kilos betteraves par jour.

Le prix de revient d'un hecto de flegmes, premier jet, est de 34 à 35 francs, et d'un hecto d'alcool rectifié de 46 à 47 francs.

Comptabilité.

La comptabilité est tenue en partie double; les éléments sont fournis par les livres auxiliaires suivants :

1° Mouvement de cheptel vif;

2° Résultat des engraissements ;

3° Magasinier, céréales et fourrages ;

4° Engrais et amendements;

5° Distillation ;

6° Rectification ;

7° Division des travaux ;

8° Caisse ;

L'inventaire est arrêté chaque année au 31 août.

Résultat financier.

EXERCICES.	CAPITAL engagé.	PRODUIT net.	RÉPARTITION DU PRODUIT NET.			
			Fermage 3 0/0.	M. Masquelier	M. Poisson 10 0/0.	M. Moreau 1 0/0.
1870-71 .	463,159ᶠ 31ᶜ	41,981ᶠ 13ᶜ	13,894ᶠ 77ᶜ	25,277ᶠ 76ᶜ	2,808ᶠ 60ᶜ	» »
1871-72 .	459,539 »	44,017 20	13,789 11	26,905 68	3,023 10	302ᶠ 31ᶜ

Soit un revenu moyen de 9,32 p. 0/0 par an.

Tous les cultivateurs, j'en conviens, ne peuvent pas faire à la terre des avances aussi considérables que celles que j'ai faites pour arriver vite. Mais tous peuvent suivre de loin mon exemple : qu'ils soignent bien leur bétail, qu'ils le nourrissent bien, qu'ils ne laissent perdre aucune des matières fertilisantes qu'on laisse souvent gaspiller dans les fermes, qu'ils ne fument que peu de terrés, mais qu'ils les fument bien et ne ménagent pas les façons ; ils ne tarderont pas à reconnaître que la terre nous indemnise toujours largement des soins qu'on lui donne et des avances qu'on lui fait.

SÉANCE DU 8 MAI 1874.

—

PRÉSIDENCE DE M. DROUYN DE LHUYS.

—

La séance est ouverte à huit heures trois quarts.

Siégent au bureau :

MM. le marquis de MONTLAUR, le comte de BONDY, le comte de BOUILLÉ, MARTIN, *vice-présidents ;*

DAMOURETTE, *secrétaire général ;*

JOHANNET, DE SAINTE-ANNE, Paul PETIT et Em. THIMEL, *secrétaires.*

M. Ém. Thimel, l'un des Secrétaires, donne lecture du procès-verbal de la précédente séance.

Le procès-verbal est adopté.

M. le Président. — L'ordre du jour appelle la question des *Chemins de fer ruraux ou à faible trafic.* La parole est à M. E. Chabrier, délégué de la Société des Ingénieurs civils.

M. Chabrier entretient l'Assemblée de la question des Chemins de fer économiques qu'il a appelés Chemins de fer ruraux. (1)

Il voudrait que sa communication ne prît pas le caractère d'un discours ; il s'agit d'une étude de transport, chacun

—

(1) Nous ne saurions trop engager les personnes qu'intéressent ces questions dont dépend, peut-être, l'avenir de notre pays, à consulter l'*Annuaire de la Société des Agriculteurs de France,* tome V, année 1874, pages 272 à 286, 447 à 452, 458 à 460, 465, 467 à 469. Elles y trouveront les documents les plus sérieux et les plus concluants.

connaît au moins ce qu'il désirerait avoir. Il prie ses auditeurs de ne pas craindre de lui poser des questions au cours de l'exposé, parce que l'explication est alors plus facile à donner et se saisit mieux.

L'orateur rappelle que la Société des Agriculteurs de France, dans sa Session générale de 1874, a adopté, à l'unanimité les conclusions d'un Rapport qu'il a été chargé de présenter au nom de la section du Génie rural, qu'un vote en a ordonné l'impression immédiate de manière à en envoyer un exemplaire à chaque Conseil général, avant la Session d'avril ; il donne lecture du passage de ce Rapport qui définit le nouveau Chemin de fer.

« Pour exprimer la pensée qui doit dominer dans l'établissement d'un Chemin de fer à exploitation très-restreinte, il faudrait, pour ainsi dire, prendre la contre-partie de ce qu'on entend vulgairement par Chemin de fer.

» En effet, pour le voyageur, le Chemin de fer c'est l'extrême rapidité des communications, c'est la marche à 50 ou 60 kilomètres par heure, c'est la place toujours assurée, sans se préoccuper de la faire retenir... Le Chemin de fer économique, lui, marchera à la vitesse de nos anciennes malles-poste, sa longueur toujours restreinte ne donnant aucun intérêt à de grandes vitesses ; il aura généralement plus de places qu'il ne sera nécessaire, mais il ne devra pas être tenu de faire ajouter un wagon pour quelques voyageurs, ce qui obligera à retenir ses places les jours d'encombrement.

» Pour les marchandises, le Chemin de fer c'est le transport à 3 et 4 centimes par tonne et par kilomètre ; on ne peut obtenir ce prix qu'en transportant à la fois de très-grandes quantités de marchandises au moyen de grosses machines, de gros rails pour les porter, de wagons de 10 et 15 tonnes ; ces grandes quantités de marchandises ne s'obtiennent que par une accumulation dans les magasins des gares ; les premiers colis livrés sont obligés d'attendre les derniers avant d'être expédiés, d'où cette tolérance si préjudiciable aux agriculteurs, les délais de transport bien supérieurs au temps nécessaire pour le parcours de la distance.

» Le Chemin de fer économique n'a pas de gare, pas de magasins, donc pas d'accumulation de marchandises. Il doit remplacer le roulage et rendra encore de grands services en prenant 20 et 25 centimes pour des transports qui coûtent deux et trois fois plus. Ses trains, toujours mixtes, emporteront la marchandise sitôt remise et elle sera delivrée aussitôt arrivée ; son matériel sera léger pour permettre de prendre de faibles charges ; s'il y avait encombrement, on multiplierait les trains.

» L'opposition entre les deux systèmes ne s'arrête pas là : les Chemins de fer existants mettent généralement en communication les grands centres populeux, qui tiennent en réserve des approvisionnements de marchandises attendant l'occasion de se placer avantageusement et fournissant un élément presque régulier de transport ; le Chemin de fer économique ne reliera que des villages ou des usines, emportant les produits de la terre ou des fabriques au fur et à mesure de production ; encombré dans certains moments, il marchera presque à vide dans d'autres.

» Le capital des grandes lignes est fait par des indifférents qui ne connaissent pas, pour la plupart, leurs propriétés ; celui du Chemin de fer économique doit être fait par ceux qui auront à s'en servir et qui seront les meilleurs inspecteurs du service.

» L'établissement de la plus petite ligne entraîne d'un côté des enquêtes, des expropriations forcées, des travaux d'art, des bâtiments, des clôtures, des barrières ; de l'autre, il suffira d'une simple concession de l'accotement de la route, par le

Conseil général, avec élargissement, s'il est nécessaire, et rectification si les pentes sont trop fortes.

» L'opposition dans l'exploitation sera plus sensible encore :

» Dans le Chemin de fer tel qu'il existe, des trains de voyageurs, express et même grands-express, directs, poste, omnibus, mixtes, à marchandises directs ou de station ; dans l'autre, le même train mixte, toujours la même vitesse ; pas de gares ni de stations, aucune clôture puisque le rail est sur la voie publique qui doit rester accessible à tous les riverains ; du reste, le train n'allant pas plus vite qu'une voiture, peut s'arrêter devant un obstacle.

» Pas plus de règlements absolus pour les départs et le parcours que dans les voitures publiques ; pas de billet, recette faite en marche comme dans les omnibus et sur les bateaux ; arrêt sur signal à un point quelconque de la ligne ; garages à chaque croisement de chemin pour permettre le chargement à l'avance des wagons que la machine prendra en passant.

» La machine ne partira pas à moitié chargée en prévision d'une rampe rapide à monter pendant quelques cents mètres, elle prendra sa charge normale et au pied de la rampe le train sera coupé et monté par parties ; c'est l'opération du billage bien connue des rouliers.

» Pour le personnel, autant que possible des agents intéressés au résultat à obtenir.

» La direction de ces petits trafics devra être donnée à l'entreprise ou au moins en régie intéressée ; leur administration serait, avec grand avantage, confiée à une réunion des plus forts clients, qui en appelleraient à un conseil des propriétaires du chemin, en cas de conflits avec l'entrepreneur.

» Les bureaux de correspondance seront établis chez un commerçant du village ; il recevra les colis de messageries, les demandes de wagons à laisser aux garages, fournira les renseignements et sera rétribué sur le chiffre des affaires.

» Dans le train, deux agents seulement, le mécanicien et le conducteur chargé de la recette et de l'enregistrement. — L'expéditeur fait lui-même son chargement, et s'il veut l'accompagner pour le décharger à l'arrivée, il pourra monter dans le wagon, comme il monte aujourd'hui sur son tombereau. »

. . . .

Reprenant un à un les divers points signalés, l'auteur invite l'Assemblée à l'arrêter sur ce qui ne semblerait pas très-clair.

Pour la *vitesse*, il fait remarquer que beaucoup de Chemins de fer ordinaires ne marchent qu'à 25 kilomètres à l'heure, et que, dès lors, une vitesse de 15 à 20 kilomètres peut encore rendre de grands services pour les transports dans la campagne.

M. Truelle Saint-Evron croit qu'avec les conditions de l'exploitation et les nombreux arrêts, il sera impossible même d'atteindre cette vitesse.

M. Chabrier ne peut répondre de la durée des arrêts, qu'un mauvais employé peut faire le double d'un autre; mais il affirme que l'outil de transport aura la puissance nécessaire, avec des agents consciencieux, pour faire le travail normal qu'il indique.

Au point de vue des *voyageurs*, le service du Chemin de fer rural doit se rapprocher de celui de la correspondance de Chemin de fer; il prend les voyageurs en route, ne doit pas être tenu à fournir un nombre de places indéfini; il fera des trains à volonté les jours d'affluence, sans heures fixées à l'avance.

En ce qui concerne les *marchandises,* il fait ressortir les regrettables conséquences du système des Gares-Entrepôts.

adopté en France ; c'est ce système qui a conduit au régime des délais de transport ; c'est lui qui permet aux chefs de gares d'immobiliser un matériel considérable, chargé à l'avance pour former plus facilement leurs trains ; aux commerçants de ne décharger la marchandise qui leur est destinée qu'après avoir trouvé son placement, moyennant une rétribution journalière insignifiante pour les matières destinées aux besoins du luxe, écrasante pour celles que fait transporter l'agriculture. Les dispositions adoptées en Angleterre lui semblent bien plus pratiques : la marchandise doit être prise chez le commerçant, transportée et remise à destination, par les Chemins de fer, dans les vingt-quatre heures ! Il ne se produit jamais, dans ce cas, de ces encombrements que nous avons appelés ingénument les *crises de transport ;* comme si c'était un mal inhérent à l'état des choses, inévitable !

Dans les Chemins de fer ruraux, il n'y aura pas de gare ; dès lors, pas de délai de transport ; le wagon sera déchargé d'office, si le destinataire n'en prend pas livraison.

M. Aumerle n'est pas d'avis de la suppression du magasinage dans les gares et craint que l'encombrement ne soit plus grand par le système proposé ; surtout, lorsqu'un fait exceptionnel, une foire, par exemple, viendra accumuler sur un point une grande quantité de produits et arrêter le trafic quotidien.

M. Chabrier conteste que ce soient les foires ou les grandes livraisons, au moment de la récolte, qui encombrent les Chemins de fer ; c'est toujours le déchargement, qui, ne se faisant pas, ne renvoie pas les wagons nécessaires au chargement journalier des livraisons faites par les voitures. Une gare peut toujours être disposée pour mettre dans la journée sur wagon toutes les marchandises que peuvent apporter les ressources entières d'un pays en camionnage, et le parcours le plus long d'un wagon ne dure pas plus de quarante-huit heures ; dans ces conditions, un nombre de wagons, relativement restreint transportera des quantités énormes ; mais le déchargement ne se faisant pas, les wagons restent à la gare d'arrivée, et la livraison continuant, il en résulte l'encombrement. On a cru remédier à cet état de choses par une augmentation incessante du matériel ; après la guerre on en a commandé pour trente millions ! Tout le monde a pu voir, pendant des mois, ce matériel neuf, séjournant, en longue file, dans les grandes gares, sans trouver son emploi.

Les Chemins de fer ruraux, en concentrant à un jour donné tout leur matériel sur un même point, suffiront à débarrasser les plus fortes foires, si les dispositions sont prises pour que les wagons soient déchargés à l'arrivée et renvoyés de suite.

Passant aux moyens d'alimenter les Chemins de fer ruraux, **M. Chabrier** explique les facilités qu'offrent les petites voies pour pénétrer jusque dans la cour des fermes, et dès lors la possibilité d'employer le Chemin de fer au transport de la ferme aux champs : conduire le fumier, les amendements, etc., et rapporter les récoltes.

Répondant à une question de **M. Dupressoir,** il dit que lorsqu'il y aura un train à prendre dans une ferme, la locomotive pourra aller le chercher, mais que les wagons isolés devront être amenés au moyen de chevaux aux garages placés sur plusieurs points de la ligne ; là le train pourra les prendre en laissant les wagons vides, suivant les ordres donnés ; le Chemin de fer rural doit se prêter à toutes les combinaisons offrant des avantages aux riverains.

Arrivant à la question de transbordement, **M. Chabrier** la recommande à toute l'attention de l'Assemblée parce qu'elle est la vraie cause du retard apporté à l'extension des lignes à petite section ; le peu d'études des moyens de transbordement économique, la grande facilité qu'il y a à faire suivre un wagon, le manque d'outillage spécial à l'opération, ont fait exagérer dans des proportions colossales le coût de cette manœuvre. L'orateur indique quelques dispositions qui peuvent amener une grande réduction dans le prix du transbordement, telles que des voies à différentes hauteurs permettant de pousser la marchandise d'un wagon dans un autre avec une très-faible manutention ; de grandes caisses employées de tous temps pour les expéditions de porcelaines, formant le chargement d'une charrette et enlevées au moyen de grues pour être placées sur un wagon plat ; disposition employée pour les voyageurs en diligence à l'époque où l'on ouvrait les grandes lignes par tronçons, et qui s'étend aujourd'hui aux marchandises d'approvisionnement des halles de Paris, les beurres, la marée, etc. Enfin il signale la tendance, si marquée aujourd'hui, des compagnies à préférer transborder à leurs frais plutôt que de laisser passer leur matériel sur une autre ligne; la comptabilité à laquelle donne lieu, en effet, ce passage, est des plus compliquée; quand il s'agit de relations entre une grande ligne et un embranchement secondaire, pour peu que les expéditions de cette dernière parcourent une distance un peu longue sur l'autre, le matériel de la petite ligne est bientôt remplacé tout entier par celui de la grande. On peut reconnaître par ces courtes observations que l'objection du transbordement n'est pas sérieuse.

Le point capital est, sans contredit, celui de la dépense à faire, celui qui surtout rend intéressante l'étude proposée. Il faut des Chemins de fer très-économiques comme construction et comme exploitation.

M. Truelle Saint-Evron parle d'un Chemin de fer construit d'une manière très-économique, entre Gisors et Pont-de-l'Arch et qui n'a pas coûté plus de 100,000 francs par kilomètre. Il faut ajouter le terrain dont la concession a été faite par le département et qui pourrait être évalué à 30,000 francs par kilomètre.

M. Chabrier fait remarquer que c'est là un Chemin de fer fait sur le type des grandes lignes ; on a pu apporter beaucoup d'économie dans la construction et il en a fallu certainement beaucoup, à moins d'un cas bien particulier, pour descendre à 100,000 francs par kilomètre ; mais c'est précisément contre cette tendance à construire un gros outil pour faire un petit travail, qu'il demande à réagir ; il y a dans la réduction de l'écartement des rails le moyen d'arriver à obtenir le petit outil de transport destiné à faire de petits transports.

L'emplacement de la voie étant réduit peut se trouver, sans gêne pour la route, sur l'un des accotements ; plus d'achat de terrains ; le matériel, moins large, devra être réduit en longueur à cause des petites courbes, cubera peu et sera très-léger, ce qui permettra de réduire le poids des rails, d'où une économie considérable au kilomètre. La construction des petites machines pour terrassements a fait de grands progrès et l'on a aujourd'hui pour 20 à 25,000 francs des machines capables de traîner des charges, même sur des rampes très-fortes ; le Chemin de fer de la sucrerie de Taveau-Pontséricourt, dans l'Aisne, lève toutes les objections : depuis plusieurs années, des machines de 8 à 10 tonnes font un service considérable pendant quatre mois, avec une rampe de sept centimètres et demi par mètre sur le parcours ; il n'y a plus de route avec des rampes aussi fortes.

Dans ces conditions, l'orateur affirme qu'on pourra faire des Chemins de fer pour 25 à 30,000 francs le kilomètre y compris le matériel.

La dépense d'exploitation est d'un intérêt encore plus grand ;

elle ne sera pas proportionnelle aux kilomètres parcourus, car avec de petits trafics et des convois multipliés, le train sera toujours composé de la même façon et la dépense sera à peu près la même pour une tonne à 1 kilomètre que pour 5 tonnes à 10 ou 15 kilomètres. Avec une dépense de 20 à 25,000 francs par an, on pourra exploiter un petit Chemin de fer; et en appliquant, dans le cas de très-faible trafic, un tarif de $0^f 30^c$ par tonne et par kilomètre, très-élevé pour un Chemin de fer, mais encore moitié moins cher que les moyens actuels, il suffira de 8 à 10,000 tonnes dans l'année, c'est-à-dire de 2 à 3 tonnes par jour portées à dix kilomètres en moyenne, pour couvrir cette dépense.

M. Truelle Saint-Evron rappelle une résolution du Conseil général de l'Eure qui proscrit, pour la traction des tram-ways, l'emploi des machines à vapeur, à cause des accidents qui peuvent en résulter.

M. Chabrier regretterait bien vivement qu'une pareille mesure se généralisât; il y a dans le tram-way une diminution de traction qui est déjà un grand progrès au point de vue de l'économie des transports; mais, du moment que l'on trouve un intérêt à faire la dépense d'une voie de fer, il ne comprend pas qu'on puisse hésiter à réaliser le progrès bien plus grand, pour lequel la voie de fer a été inventée, la traction par la vapeur. Les préventions seules peuvent arrêter avec les exemples qui existent aujourd'hui, même en France. (Traversée de la ville de Nantes et autres.)

M. Chabrier termine sa communication en établissant que les applications seules peuvent aujourd'hui apporter à ces dispositions leur consécration irréfutable; il espère pouvoir en faire une prochainement dans le département de Seine-et-Marne; il sera très-heureux de mettre le résultat de ses études à la disposition des membres de la Société qui voudraient faire une étude plus complète de cette grande amélioration pour l'agriculture.

M. le Président. — La parole est à M. Lecouteux sur le *Défrichement des Landes.*

Messieurs,

Il y a dans la vie des peuples des instants décisifs où certains problèmes, élaborés dans les temps de prospérité, appellent tout à coup de promptes solutions.

Tel, au lendemain de désastres qui ont diminué le territoire de la France, se pose le vieux problème du défrichement des landes, c'est-à-dire de plusieurs millions d'hectares dont la mise en valeur serait, en attendant mieux, un commencement de compensation à la conquête allemande de notre regrettée Alsace-Lorraine.

Une objection, cependant, est faite à ce système d'accroissement de nos ressources agricoles. On dit que le meilleur moyen d'augmenter les produits de notre sol et d'utiliser notre population rurale, nos capitaux, nos engrais, nos forces agricoles enfin, ce serait, avant d'accroître l'étendue cultivée, de mieux exploiter l'étendue actuellement en culture. En d'autres termes, on dit que notre agriculture d'aujourd'hui éparpille ses moyens d'action sur une trop grande surface ; et que, par ce motif, elle obtient de trop faibles récoltes sur ses terres insuffisamment labourées, assainies et fumées. Et, dans cet ordre d'idées, on pose en principe que le moment n'est pas venu de pousser aux défrichements, puisque ce serait aggraver une situation agricole déjà caractérisée par une trop grande pénurie de bras, de capitaux, d'engrais.

Évidemment, c'est professer un excellent principe d'éco-

nomie rurale que de recommander tout d'abord l'amélioration du domaine en cours d'exploitation. On concentre ainsi
les forces agricoles sur les meilleures terres, sur celles qui
peuvent le plus vite rémunérer les avances de la culture améliorante. Le tour des terres de qualité inférieure viendra tout
naturellement ensuite, alors que les terres les plus fertiles
seront saturées d'engrais et de travail et pourront même contribuer, par leur trop plein, à la fertilisation des terres jusque-
là négligées. Ce programme est sage. On ne saurait trop en
généraliser l'application.

Mais il y a landes et landes. S'il en est de mauvaises qui
conviennent beaucoup mieux au boisement qu'au labourage,
il en est d'autres qui, dans certains pays, et notamment en
Sologne et dans le Berry, pourraient devenir, mieux que les
terres en culture de vieille date, la base d'une excellente
exploitation plus ou moins pastorale, plus ou moins arable.
En Sologne, il est même très-fréquent de trouver des landes
qui sont préférables, comme terres labourables, aux sables sur
lesquels s'est établie l'antique culture de la contrée. Depuis
longtemps, ces sables sont épuisés à outrance par la production
exclusive du seigle, de l'avoine et du sarrasin. Ils sont meubles à l'excès. Les engrais, lavés par les pluies d'hiver et
desséchés en été, n'y engendrent que de maigres récoltes.
Tout au contraire, les landes, situées en terres fortes et con-
sistantes, n'attendent que la charrue et les phosphates pour se
couvrir tout aussitôt de récoltes qui ne montent pas à moins
de vingt-cinq hectolitres de seigle par hectare. Les crucifères,
les choux, les colzas, les navets y font merveille. Aussi est-ce
une opération très-justement conseillée de convertir de telles
landes en terres arables et de semer ou planter en bois les
anciennes terres cultivées. On met ainsi chaque terre à sa place.
La sylviculture conquiert des terrains où le capital de transformation rend 8 à 10 p. 100. Et tout ce qu'on soustrait à

la charrue vient augmenter les ressources de l'agriculture proprement dite qui, concentrant ses moyens d'action sur les terres d'élite du pays, opère dès lors dans ses meilleures conditions de succès.

Les grands principes d'économie rurale sont donc respectés par le défrichement des landes ainsi compris. Ce que l'agriculture abandonne au boisement, elle le prend sur la lande. Il y a mieux encore : de nombreuses situations se présentent où l'agriculture ne conserve en exploitation arable et pastorale qu'une partie des terres défrichées, l'autre partie s'incorporant, après épuisement complet, au régime forestier qui ne craint pas de s'installer sur des terres devenues improductives pour avoir donné, sans restitution de fumier ou d'engrais complet, tout ce qu'on pouvait en extraire de récoltes céréales et autres.

Il faut noter cette aptitude forestière des landes. Elle est la base d'un système général de culture qui consiste à allier, dans certaines proportions, la culture améliorante et la culture épuisante. Lorsqu'une lande est destinée au boisement, peu importe qu'on l'exploite par l'emploi exclusif des engrais phosphatés pendant une période de trois, quatre, cinq et six ans. Plus elle sera labourée et épuisée, moins l'ancienne végétation des bruyères, des ajoncs, des genêts, de l'agrostis et de diverses graminées vivaces pourra contrarier les jeunes semis forestiers qu'on lui confiera en dernier ressort. Il y a donc avantage évident à lui demander toutes les récoltes dont elle peut payer les faibles frais de production, et surtout les frais d'engrais spéciaux tels que le phosphate fossile. Cette lande, ainsi surmenée, donne des grains et des pailles, c'est-à-dire de l'argent et des éléments de fumier. Elle concourt à la fertilisation des autres terres. Elle s'épuise pour enrichir autrui, et son épuisement n'est, au résumé, qu'un moyen de bien assurer le succès des semis d'essences résineuses.

On voit que le phosphate de chaux joue un grand rôle dans les défrichements, soit qu'il s'agisse de landes à convertir en bois après en avoir tiré trois, quatre, cinq et six récoltes épuisantes, soit qu'il s'agisse de landes à conquérir à l'agriculture.

C'est que, pour la bonne lande, le phosphate de chaux fossile est l'engrais à bon marché par excellence, non pas l'engrais durable, l'engrais qui puisse créer une fertilité permanente, mais l'engrais préparatoire pour un ordre de choses qui exigera des engrais plus complets. On estime, en Sologne, que pour une première récolte de seigle, il faut cinq à six cents kilogrammes de phosphate fossile par hectare ; soit une dépense de 30 à 36 francs qui, pour les récoltes suivantes, peut descendre à 25 francs. Or, il n'y a pas de fumure qui puisse lutter de bon marché avec celle-ci. Et voilà pourquoi il est permis d'affirmer que l'emploi du phosphate fossile comme engrais a été le point de départ d'une immense révolution dans la mise en valeur des landes. Encore une fois, le phosphate de chaux n'est que l'un des éléments nécessaires à l'alimentation des récoltes. C'est un engrais très-spécial, très-incomplet. Mais, incorporé au sol des landes, il apporte à ce sol une substance qui, par son absence ou son insuffisance, frappait d'impuissance les autres substances assimilables. Le phosphate intervient, le sol des landes donne tout aussitôt d'abondantes récoltes de seigle, d'avoine, de ray-grass, de sarrasin et de crucifères. Voilà un fait incontestable.

Telle est donc l'aptitude agricole de beaucoup de landes en terres plus ou moins siliceuses, plus ou moins argileuses, mais privées de tout élément calcaire. Le phosphate les élève tout à coup au rang de terres qui renferment la matière première de récoltes céréales et fourragères. Donc, elles peuvent s'améliorer presque de toutes pièces par elles-mêmes. Partout ailleurs, on n'enrichit les terres pauvres qu'à l'aide de grandes avances d'engrais. Pour mettre une lande en plein rapport, il suffit d'une avance de 30 à 36 francs de phosphate par hectare, et après trois ou quatre ans de cette culture aux phosphates, la lande a préparé le fumier nécessaire à sa fertilisation complète. Toute la raison d'être des défrichements de landes est là, car, grâce au perfectionnement du matériel aratoire, il est certain que le travail mécanique du défrichement est énormément simplifié aujourd'hui, soit comme exécution, soit comme dépense.

Il y a deux systèmes généraux de défrichement à la charrue. On procède par un seul labour à vingt-cinq centimètres de profondeur ou bien par une série de labours successivement plus profonds. Le premier système est celui des grandes exploitations qui peuvent atteler six bœufs au moins sur une forte charrue de défoncement. Le second système est préféré par la petite culture qui, n'ayant qu'un attelage de deux bêtes, est obligée de ne pas attaquer la difficulté d'un seul coup et par conséquent de la vaincre en détail. En ce cas d'impuissance, on commence par gratter la terre, puis au second et au troisième labours on plonge davantage. C'est une lutte qui s'engage ainsi à coups de charrue et de herse. Il s'agit de réduire mécaniquement le gazon. C'est très-cher.

En Sologne, où j'ai défriché deux cent cinquante hectares de landes, j'ai toujours eu à me féliciter de ma préférence pour le défrichement par un seul labour profond. Il n'y a pas alors à lutter contre le gazon. On l'enterre et l'on attend qu'il soit décomposé naturellement, résultat qui s'obtient au bout d'une année qui a donné une récolte de seigle. On défriche du 1er novembre au 15 mai. La herse fonctionne ensuite sur le labour à raison de quatre dents ou façons en été, savoir : deux façons en long comme la direction du labour et deux façons en travers. En septembre, semaille du phosphate et du seigle,-le tout enterré par quatre nouveaux hersages, dont

le dernier en travers. Ce premier labour de défrichement
s'exécute par une charrue attelée de six bœufs et qui retourne
cinquante à soixante ares dans chaque journée de huit à dix
heures, soit environ cinquante à soixante hectares pour toute
la campagne d'hiver fermée au mois de mai. Comme la
charrue plonge à une grande profondeur ($0^m 25$), elle passe
sous les talles de bruyères, ce qui présente beaucoup moins
de résistance que lorsque les racines sont attaquées par leur
milieu, ainsi qu'il arrive dans les labours superficiels. Et
comme la tranche de terre est renversée suivant une incli-
naison de quarante-cinq degrés, il en résulte que la surface
du labour présente des arêtes très-vives sur lesquelles la
herse agit avec son maximum d'effet utile, tandis qu'à la base
du labour, sur le sous-sol, les tranches à demi-inclinées
forment entre elles des prismes triangulaires qui constituent
des espaces vides, c'est-à-dire de véritables drains tempo-
raires, des drains qui subsistent tant que le gazon n'est pas
pourri. En cet état de choses, le premier labour de défrichement, exécuté à une profondeur de vingt-cinq centimètres,
ne procure pas seulement une couche arable d'une bonne
épaisseur : il procure une couche ameublie à sa surface et
composée dans son intérieur de gazons qui contribuent d'une
manière très-notable à l'assainissement du terrain pendant
le premier hiver et au profit de la première récolte. Aussi, loin
d'engager une lutte contre le gazon, je me suis toujours bien
trouvé de le laisser se réduire par l'effet du temps et non par
l'effet de la herse et de la charrue. On comprend qu'un labour
à vingt-cinq centimètres de profondeur livre à sa surface une
épaisseur suffisante de terre meuble qui se prête à l'action de
la herse. Il faut, je crois, savoir profiter de cet avantage.

Le premier seigle se récolte en juillet. On déchaume dès les
premières pluies d'été avec une charrue à deux bœufs ou deux
chevaux. En septembre, nouveau labour, semaille du seigle

avec trois cents ou quatre cents kilogrammes de phosphate.
L'année suivante, moisson, déchaumage, repos d'hiver, labour
en avril, semaille de sarrasin en mai et juin, avec trois cents
kilos de phosphate.

A ce moment, qu'on peut ajourner par l'intercalation de
jachères mortes, de fumures vertes et de pâtures de ray-grass,
il est temps de changer de manière d'agir, si l'on veut conserver la terre en état de culture arable. On entre alors dans
une nouvelle période caractérisée par l'emploi du chaulage,
du marnage et de la fumure au fumier d'étable. Tout doit être
conduit de sorte qu'une fois engagé dans la culture intensive
du froment, du trèfle, des fourrages fauchables, des racines,
des prairies artificielles, on ne soit pas obligé de reculer, faute
d'engrais, de travail, de capital. C'est dire que, chaque année,
les défrichements ont été conduits de manière à ce que, chaque terre nouvellement incorporée dans la culture intensive
soit pourvue de tout ce qu'il lui faut, et notamment de tous
les engrais réclamés par une production qui doit être abondante, pour être rémunératrice. On arrive à ces heureux résultats par une sage proportion constamment maintenue entre
la *culture intensive*, c'est-à-dire à grosses fumures, grand
travail, grandes récoltes et grands capitaux, et la *culture extensive*, c'est-à-dire à éparpillement des forces agricoles sur
de grandes surfaces. Les pays de terres à bon marché se prêtent admirablement à cette alliance féconde des deux systèmes
les plus opposés, l'un qui représente l'apogée de la production
agricole, l'autre qui est l'expression d'une agriculture débu-
tante et proportionnant ses avances à la progression de fertilité du sol. Il est toujours prudent, d'ailleurs, de marcher
avec le pays lui-même, de ne pas aller trop en avant de ses
voisins, de leur montrer le chemin, d'attendre qu'ils entrent
dans la voie des améliorations, et que, de son côté, le pays
se sillonne de routes, s'ouvre des débouchés, se peuple de

meilleurs travailleurs et de meilleurs consommateurs, et puisse, par conséquent, tenir compte de la plus value créée par les efforts de l'agriculture. En d'autres termes, le taux de la valeur foncière et de la valeur locative du sol est pour beaucoup dans l'intensité des systèmes de culture. Terres à bon marché, culture extensive. Terres de haute valeur, culture intensive obligatoire. Voilà la loi générale. C'est dire que l'agriculture doit toujours et partout être de son époque et de son pays, afin que, toujours et partout, elle rencontre, pour les valeurs qu'elle offre et demande sur le marché, des appréciateurs qui puissent la rémunérer de ses avances et lui fournir le nécessaire pour entreprendre de fructueuses opérations.

J'en resterai là sur la question des défrichements. Ce que je désirais avant tout, c'était d'établir que l'agriculture de la région landaise du centre de la France est soumise à des lois spéciales qui lui défendent de copier purement et simplement ce qui se fait ailleurs. Un fait capital domine tout ici, c'est qu'il y a encore à mettre en valeur beaucoup de terres à 400, 500 et 600 francs l'hectare, terres qui valent mieux que leur ancienne réputation, qui n'ont pas encore été soumises aux excès de la concurrence et du morcellement, et qui se prêtent d'autant plus aux combinaisons de l'agriculture lucrative que leur exploitation peut s'appuyer sur la culture intensive et la culture extensive se faisant valoir l'une par l'autre. Les chemins de fer et les autres voies de communication ont changé, il faut le dire, les termes du problème agricole. Le cultivateur, autrefois intéressé à faire du blé plutôt que de la viande, est maintenant en face d'un ordre de choses qui l'appelle surtout à produire beaucoup de bétail. Le plus vif de tous les stimulants du progrès agricole est là, car tout fleurit dans une situation rurale où fleurit l'industrie du bétail. Défricheurs de landes, profitons de toutes ces circonstances. Livrons au

boisement nos plus mauvaises terres. Concentrons nos forces
sur les terres les plus aptes au labourage et au pâturage. Et la
Sologne et le Berry deviendront de riches pays agricoles.

M. le Président. — L'ordre du jour appelle l'étude de M. Thimel
sur la *Mise en valeur des Brandes dans l'Indre*. La parole est à
M. Thimel.

M. Thimel donne lecture du Mémoire ci-après :

MESSIEURS ,

Que d'Agriculteurs des riches plaines du Nord de la France,
que de capitalistes, désirant immobiliser une partie de leur
avoir, se sont étonnés, en traversant les brandes du Berry, de
ne pas voir utiliser un sol d'une valeur vénale peu élevée, et
couvert d'une végétation spontanée et vigoureuse.

Et cependant un grand nombre d'essais de mise en valeur
des brandes sont restés inachevés, et les capitaux consacrés
à ces tentatives infructueuses ont été totalement perdus.

C'est qu'une entreprise de ce genre présente bien plus de
difficultés que l'on est généralement disposé à le croire. Il
semble tout d'abord que défricher est l'œuvre pénible et que
la culture normale viendra tout naturellement à la suite. Et
cela, parce qu'on prend comme terme de comparaison les contrées en bonne et pleine culture, où les fermes sont des organisations toutes faites, à marche régulière. Le capital-culture
y est tout constitué, les aptitudes spéciales du sol y sont connues de longue date.

Dans les brandes, au contraire, aussitôt qu'une parcelle
défrichée a fourni sa rotation si facile et si productive au noir
animal ou au phosphate de chaux, l'agriculteur est saisi, étreint
par ce terrible cercle vicieux : point d'agriculture sans fumier,
point de fumier sans bétail, point de bétail sans fourrage !...

Fourrage, bétail, bâtiments, tout est à créer à la fois : Par où commencer?

Ceux qui ont passé par ce long enfantement de la production fourragère, faisant avancer péniblement et du même pas l'amélioration du bétail, des bâtiments, des chemins d'exploitation, savent seuls combien d'écueils se dressent sur la route à suivre, combien de conditions réunies sont indispensables à la réussite : connaissances agricoles pratiques, volonté patiente, prudente et persévérante du chef d'exploitation, capital suffisant, voilà les principales ; qu'une seule vienne à manquer et l'œuvre reste inachevée.

Aussi que de brandes défrichées, puis abandonnées, offrent le triste aspect de grandes plaines désertes, couvertes d'une herbe blanchie au premier hâle et dédaignée par le bétail ! Le pacage, l'ancien revenu, a disparu, cette énorme production de paille que produit le premier défrichement a été gaspillée. Non-seulement les capitaux enfouis sont perdus, mais encore le sol vaut beaucoup moins que dans son état primitif.

Donc le défrichement n'est que le premier pas, et le plus facile, dans la question de mise en valeur des brandes ; la tâche ardue vient ensuite.

Comme dans toute œuvre de longue haleine, une appréciation calme et sûre des données du problème, un plan bien conçu, exécuté prudemment et avec persévérance, doivent préparer et diriger toujours l'entreprise.

Le capital est l'élément à ménager avant tout, car il s'use vite et ne se remplace pas ; aussi faut-il demander beaucoup au temps, n'engager ses fonds que prudemment et en proportion rigoureuse avec la valeur intrinsèque du sol.

M. Boucard, alors garde général des forêts dans l'Indre, a parfaitement précisé les termes du problème dans un travail sur la mise en valeur des terres incultes, publié en 1866 par la Société d'Agriculture de l'Indre.

Citons le passage suivant de son étude :

« Le défrichement et la mise en culture *ordinaire* des bran-
» des en général, est une opération coûteuse et délicate.

» Le meilleur économiste, dit M. Boitel, ne peut supputer
» les dépenses énormes qu'entraînent le défrichement, le
» marnage ou le chaulage, le drainage, la construction des
» bâtiments d'exploitation, les mécomptes de toute espèce qui
» viendront entraver les spéculations culturales et animales.

» La Sologne, la Brenne, la Bretagne et la Gascogne offrent
» des exemples trop nombreux de ces novateurs téméraires
» qui, pleins des plus belles illusions au début, ont consommé
» leur ruine avant d'avoir accompli les premières opérations
» qui devaient les conduire au roulement normal de leurs
» exploitations.

» C'est que les diverses combinaisons à adopter dans la
» mise en valeur des brandes sont nombreuses, complexes
» et variées ; et que, pour prendre la bonne route, il faut
» une sagacité et un coup d'œil que possède rarement l'émi-
» grant qui vient cultiver dans une contrée nouvelle pour
» lui. Les opérations de défrichement, déjà fort difficiles
» pour les praticiens les plus capables de la localité, sont
» semées d'écueils et de périls pour l'améliorateur qui arrive
» d'une contrée fertile, où l'agriculture, pratiquée de la même
» manière par tout le monde, n'est plus, pour ainsi dire,
» qu'une savante routine. En pareil cas, le progrès consiste
» le plus souvent à faire un peu mieux que son voisin. Dans
» la mise en valeur des landes, il faut, au contraire, suivre
» des sentiers non battus et généralement hérissés de mille
» obstacles imprévus. »

De cet exposé, M. Boucart tire cette conclusion : que le
boisement est la seule transformation dont les brandes de
l'Indre soient susceptibles.

Divers exemples prouvent que cette manière de voir, juste pour de nombreux cas, est trop absolue.

Citons, tout d'abord, M. Crombez qui a su faire une sage répartition de ses ressources dans la mise en valeur de la propriété de Lancosme ; après la période de défrichement, des bois ont été semés avec avantage sur de grandes étendues, principalement dans les parties les moins favorables à la culture ; le capital et les fumures ont été, par ce fait, concentrés dans les meilleures terres ; des prairies ont été créées et s'améliorent chaque année par les eaux riches des cours des domaines, par celles de la distillerie et par l'emploi des cendres des fours à chaux.

Ce sol si varié des brandes de la Brenne proprement dite présente cependant, et dans certaines localités, une régularité de composition et de profondeur qui permet l'exploitation de la superficie entière des fermes ; il possède même parfois les qualités qui conviennent à la grande culture.

Je ne répèterai pas ici ce qu'a si bien dit M. Lecouteux de l'étude judicieuse à faire du sol des landes ; du boisement des plus pauvres, pour ne consacrer à la culture que les plus fertiles ; non plus que ses conseils, marqués au coin de l'expérience, sur les opérations du défrichement proprement dit. Les agriculteurs de la Brenne en tireront autant de profit que ceux de la Sologne.

Je veux m'appesantir tout particulièrement sur cette seconde période que M. Lecouteux caractérise par l'emploi de la chaux et de la marne et que j'appellerai la véritable période de *Mise en valeur* pour l'opposer à la première, unanimement reconnue comme période d'épuisement.

Trois modes d'exploitation s'offrent au propriétaire de ces landes pour les mettre en valeur par la culture. Ses aptitudes, le temps et les fonds qu'il peut consacrer à son entreprise

8

dicteront son choix entre le fermage, le métayage ou le faire-
valoir direct.

A mon avis, le fermage ne peut être un moyen de mise en
valeur des terres incultes ; un fermier suivra parfaitement la
première partie du programme de M. Lecouteux ; il aména-
gera ses brandes suivant la longueur de son bail, les épuisera
soigneusement par cinq, six années et plus de culture au
phosphate de chaux, il chaulera même les meilleures parties et
achèvera d'en extraire toute la fertilité naturelle avec des engrais commerciaux ; mais il ne s'engagera jamais sérieusement
dans la période de mise en valeur.

Et qui l'en blâmera ? Chaque hectare, passant de la culture
de défrichement à l'assolement normal, exige un capital égal
sinon supérieur à la valeur du sol, savoir :

Un chaulage.......	120ᶠ	»
Une première fumure que n'a pu produire l'exploitation....................	200	»
Une tête de bétail.	300	»
Total..........	620	»
Puis, pour bâtiments et outillage.......	200	»

En supposant même que le propriétaire fasse les constructions nécessaires, un fermier ne peut pas, ne doit pas, même
avec un long bail, tenter une entreprise à bénéfices éloignés
et aléatoires, et dont la plus grosse part resterait au propriétaire du sol dans le cas de complète réussite.

L'intervention pécuniaire du propriétaire étant reconnue
indispensable, le mode de faire valoir usité en Brenne s'offre
tout naturellement à lui.

En effet, le métayage procède avec des capitaux restreints à
des améliorations lentes mais peu risquées.

La main-d'œuvre d'une famille intéressée à bien soigner
le bétail, à économiser les fourrages, à bien employer le

temps des hommes et des attelages, prend, chaque année, plus de valeur avec la hausse des salaires ; de plus, le propriétaire, débarrassé de surveillance, de détails pénibles et absorbants, conserve la haute direction de l'exploitation ; et il devra, s'il s'applique à acquérir les connaissances spéciales, se la réserver exclusivement ; son associé fournissant le travail manuel, il faut qu'il apporte l'intelligence et le capital.

M. Duhail, à Fontpart, a donné un exemple sérieux de mise en valeur des brandes par ce système ; comprenant parfaitement le rôle du propriétaire dirigeant des métayers, il s'est fixé au milieu d'eux, et leur a largement fourni le capital, sous forme de drainage, bâtiments d'exploitation, chaulage et augmentation progressive des cheptels; les résultats pécuniaires obtenus par les colons, assez heureux pour se trouver sous sa direction, sont une preuve indiscutable du succès.

Le seul reproche à faire au métayage est la lenteur forcée de ses opérations améliorantes. L'esprit de routine, inné chez le colon, est bien un obstacle regrettable, mais le plus sérieux vient de l'essence même du contrat. En effet, quel est l'apport du métayer dans l'association? La main-d'œuvre. Donc, toute opération agricole, culture sarclée ou autre, où cette même main-d'œuvre est l'élément principal, le trouvera *justement* récalcitrant.

Pour arriver rapidement à une culture intensive, le faire-valoir direct est seul efficace. Permettez-moi donc, Messieurs, d'aborder l'examen de ce mode d'exploitation, en décrivant la mise en valeur de la propriété de Bouesse, par M. Thimel, mon père, puis de tirer de cet exemple les conclusions de cette étude.

Ce domaine, acheté en 1855, d'abord exploité par métayers, a été conduit directement par le propriétaire à partir de 1857. Composé, à l'origine, de 200 hectares d'un seul tenant, dont 14 de bois, 7 de prés médiocres, 65 de terres à l'état d'épui-

sement complet, et 114 de brandes et broussailles, il est
placé sur les confins de la Brenne et du Boischaut, et participe
inégalement aux conditions géologiques des deux contrées.
— Pour la plus grande partie, c'est un sol siliceux, d'une
épaisseur variable, reposant sur un sous-sol argilo-siliceux
imperméable et traversé par quelques rares veines de grès,
tandis que les 50 hectares qui forment la vallée du Creusançais
et entourent l'habitation offrent un terrain argileux mélangé de
cailloux et un sous-sol argileux. Partout le calcaire fait défaut.

Le chaulage et la concentration du peu de fumier produit
par le maigre cheptel vivant dans les landes, firent obtenir
d'abord des vieilles terres quelques trèfles mélangés de ray-
grass, quelques racines, quelques fourrages verts; et les
achats de foin nécessaire aux attelages diminuèrent peu à peu.

D'un autre côté, les seigles semés au noir animal, et plus
tard au phosphate de chaux, sur labour de défrichement, vin-
rent assurer la production des pailles nécessaires.

A mesure que la progression des défrichements éloignait la
culture des bâtiments d'exploitation, les chemins d'accès étaient
construits et s'avançaient suivant un plan d'ensemble préalable.

L'imperméabilité du sous-sol était l'obstacle le plus sérieux.
Les grandes pluies et les longues sécheresses arrêtaient les
travaux et compromettaient les récoltes. Après quelques essais
dispendieux de drainages en cailloux, l'établissement, à faible
distance, d'une fabrique de tuyaux fit décider le drainage complet des terres les plus humides, qui revint à 200 francs par hectare. Les résultats démontrèrent bien vite que cette opération,
judicieusement appliquée aux terres d'une qualité suffisante,
est indispensable quand on veut compléter le capital nécessaire
à une culture intensive. Avec le drainage, plus d'incertitude
sur les ensemencements en temps opportun et en bonnes conditions; plus d'arrêts complets des attelages, et, par suite, de
surcharge de travail; enfin, possibilité de produire la luzerne.

Dans la marche en avant, chaque parcelle défrichée doit être une position conquise, et rester en culture non interrompue. Après trois ou quatre ans de récolte au noir ou au phosphate, commence la période de véritable mise en valeur : le drainage, le chaulage et la fumure constituent à la fois son capital-culture, pour qu'elle entre dans l'assolement régulier et vienne apporter sa part de production, pour qu'elle contribue à l'accroissement simultané des fourrages, du bétail et des fumiers produits.

Ainsi, trois assolements différents se partagent l'exploitation : d'abord le défrichement, avec ses trois ou quatre pailles successives, épuise la couche de détritus des brandes ; puis, d'une part, les meilleures terres, drainées, fortement chaulées, abondamment fumées, produisent alternativement betteraves, blé, trèfle ou luzerne ; et d'autre part, les terres plus légères, assainies à ciel ouvert, donnent colza ou pommes de terre, blé ou seigle, trèfle ou minette, avoine d'hiver, vesce.

Nous sommes dans un pays d'élevage ; le bœuf est donc l'animal de trait indiqué, et la nourriture verte, l'alimentation par excellence des bêtes à cornes, devient le but de la production fourragère. Les navettes, colzas et seigles, semés à la fin de la rotation, arrivent dans les derniers jours de mars et dans le courant d'avril ; viennent ensuite le trèfle incarnat et la vesce d'hiver ; puis les fourrages d'été semés sur abondante fumure : vesce de printemps, maïs et moha. Après les regains de prairies, arrivent pour l'hiver les betteraves, les choux du Poitou, les carottes, les topinambours, qui sont consommés avec des balles sous forme de mélanges fermentés. Cette sole de plantes sarclées ou de cultures fourragères coupées vertes assure la propreté des céréales et ne fatigue point les terres.

Le manque de prairies naturelles est la grande difficulté de la mise en marche des propriétés de brandes. Bouesse était dans ces conditions ; mais les pentes naturelles amènent dans

certaines parties de grandes quantités d'eaux pluviales. La création de prairies a donc été un but tout tracé. Des essais trop hâ-
tifs démontrèrent bien vite qu'il faut au moins six à huit ans de
culture non interrompue, des amendements et des engrais répétés pour changer la nature du sol et détruire les plantes nuisibles. Un ensemencement très-soigné, des graines bien choi-
sies, des irrigations bien entendues, assurent ensuite le succès.
Les prairies créées à Bouesse, arrosées par les eaux de cours
mêlées aux eaux des pentes supérieures, fumées successivement chaque hiver avec des composts, donnent des résultats
très-satisfaisants, et comme première coupe, et comme regains
pacagés.

Cette production fourragère croissante permettant de nourrir un cheptel plus nombreux et de plus grande taille, de nouveaux bâtiments sont devenus nécessaires et ont été construits
sur le modèle de la vacherie de l'ancienne ferme impériale de
Vincennes.

J'ai dû plusieurs fois déjà effleurer la question du bétail ; j'y
reviens, car si Villeroy a pu dire « sans bétail point d'agriculture, et sans bon bétail point de bonne agriculture, » combien
l'importance de cette branche de production n'a-t-elle pas
augmenté avec la valeur de la viande et des animaux de trait !
Aussi, le propriétaire de Bouesse a-t-il toujours cherché à faire
marcher parallèlement l'amélioration du sol et l'amélioration
du cheptel vivant. Lors de son acquisition, les bêtes à cornes
qui garnissaient les étables du domaine appartenaient à l'espèce du pays. Or, le pays ne possède pas de race spéciale
de gros bétail. Les animaux étaient sans race et sans formes
déterminées ; donc, impossible de trouver là un type à améliorer. La race parthenaise, la plus répandue et la plus estimée dans la contrée, est rustique, apte au travail et s'engraisse facilement. L'élégance et la légèreté de marche du
bœuf limousin, ses formes plus allongées, offraient un moyen

d'amélioration ; M. Thimel tenta l'achat de quatre belles vaches limousines et d'un taureau parthenais. Les résultats répondant à ses efforts, l'abondance de la nourriture accompagnant le développement de la taille et y aidant, les meilleurs sujets étant toujours choisis comme reproducteurs, l'ensemble de l'écurie prit peu à peu un cachet d'homogénéité, et comme forme et comme couleur ; trente vaches donnent maintenant des produits qui ont la démarche vive et facile, l'aptitude au travail et à l'engraissement, et cette couleur grise si estimée dans nos foires.

La production rapide de la viande par les grandes races, dites de boucherie, est préconisée à juste titre. C'est le propre des contrées à pâturages abondants et succulents. Mais l'augmentation relative du prix du bœuf de trait a modifié un peu les données du problème économique ; de plus, la cherté persistante de la viande, la multiplicité des boucheries, a accrû le nombre des acquéreurs de petits animaux, au détriment des vendeurs de bêtes de grand poids. Le bœuf de trait de grande taille est aussi moins souple, s'entretient moins bien que celui de taille moyenne. De sorte qu'en dehors de quelques situations exceptionnelles, comme abondance et richesse fourragères, une race, apte à la fois au travail et à l'engraissement, trouve je crois des débouchés plus faciles, donne des produits plus réguliers et plus nets que les races dite de boucherie.

Du reste, dans le cadre qui nous occupe, il ne peut être question que d'améliorer les races locales par la sélection et par l'abondance croissante de la nourriture : toute importation brusque d'une race non acclimatée devant fatalement échouer dans un milieu mal préparé à la recevoir.

Comme conclusion à ces divers exemples de mise en valeur de brandes dans l'Indre, et nous rappelant les insuccès fâcheux qui se sont présentés, disons qu'une étude approfondie du sol et de ses aptitudes et des moyens d'action dont on dispose, doit précéder toute tentative de ce genre. Répétons que c'est une œuvre de longue, très-longue haleine, qui ne peut aboutir heureusement, soit par métayers, soit directement, qu'avec le concours du propriétaire.

Et, encore, ne perdons pas de vue que l'œuvre achevée, en plein rapport, n'aura qu'après de longues années une valeur vénale égale à sa valeur de revenu, alors que les propriétés voisines seront aussi améliorées. Bien plus, cette exploitation, florissante entre les mains de son propriétaire, perdra énormément de valeur s'il vient à disparaître trop tôt. C'est là que se confirme surtout ce mot : *Tant vaut l'homme, tant vaut la chose.* En effet, quel fermier berrichon remboursera au nouveau propriétaire cet énorme capital-culture accumulé pendant la mise en valeur, ou tout au moins lui en paiera l'intérêt? Dans l'Indre, le prix de location des terres ne varie pas au-delà de certaines limites! Pourquoi cette anomalie? C'est qu'on ne trouve pas en notre Berry cette classe de riches fermiers du Nord qui possèdent, qui achètent et vendent la monture d'une ferme (ce que j'ai appelé capital-culture) jusqu'à 1,000 francs l'hectare ; et comment existerait-elle puisque cette monture elle-même est ici un mythe? Point de riches fermes sans fermiers aisés! Point de fermiers riches sans fermes bien montées ! C'est encore là un cercle vicieux dont nos brandes du Berry ne peuvent sortir que par l'initiative active, intelligente et pécuniaire de leurs propriétaires ; car eux seuls peuvent créer ce capital-culture dont l'absence est la vraie et la seule cause de l'infériorité agricole de notre région.

Cette étude sera peut-être accusée de pessimisme, car elle a surtout pour but de faire ressortir les difficultés de la mise en valeur des brandes par la culture. Mais ne vaut-il pas mieux signaler un précipice que le couvrir de fleurs? Disons d'ailleurs qu'un insuccès arrête infiniment plus l'essor agricole d'une contrée arriérée que plusieurs expériences heureuses ne lui font faire de pas en avant.

Espérons donc, Messieurs, que si quelques propriétaires de brandes reculent sagement devant des difficultés au-dessus de leurs forces pécuniaires ou morales, le plus grand nombre, au contraire, puisera dans l'étude des données vraies du problème une ardeur et une force nouvelles.

M. Lecouteux ne partage pas l'opinion de M. Thimel sur la question du fermage. Il maintient que les fermiers peuvent et doivent être d'utiles auxiliaires du propriétaire pour le défrichement des landes.

Il ajoute que, dans ce genre d'opérations, il faut procéder avec une sage lenteur ; ne pas imiter ceux qui, après avoir enfoui de gros capitaux dans des défrichements, sans s'astreindre aux règles de la prudence, ont dû abandonner à d'autres des terres préparées par eux. Il faut toujours, dit M. Lecouteux, marcher parallèlement au mouvement économique de la contrée où l'on opère : une culture trop perfectionnée dans un pays trop arriéré, où manquent les bras, les moyens de communication, les débouchés, dans une région où, par suite de tous ces obstacles, les frais sont considérables et les produits peu rémunérateurs, est une spéculation maladroite. Agir ainsi, c'est donner gain de cause à la routine et décourager la tendance au progrès agricole. Faire le possible, ne pas courir après un progrès exagérément rapide, c'est la meilleure garantie de succès dans les entreprises agricoles, comme dans toutes les autres.

M. Caveron adhère complètement aux idées émises par M. Lecouteux et tient à ajouter que son opinion est basée sur une longue expérience personnelle. (1)

M. Thimel insiste de nouveau sur la distinction qu'il faut établir entre ces deux opérations: *Défrichement* et *Mise en valeur des Landes.*

(1) Dans une lettre qu'il a adressée à M. Damourette, secrétaire général du Congrès, M. Caveron a développé ses idées sur le défrichement et la mise en valeur des landes ; cette lettre est insérée à la suite de la séance.

Nos propriétaires de brandes de l'Indre, dit-il, ont appris à leurs dépens qu'on trouve toujours un fermier disposé à épuiser la fertilité accumulée dans leur sol, par son défrichement si avantageux à l'aide du phosphate.

Mais, si l'on ne veut boiser, après la période d'appauvrissement se présente fatalement ce dilemme : ou abandonner le sol dans ce triste état où il ne peut même plus nourrir de bétail, ou entreprendre sa culture régulière; c'est-à-dire pourvoir chaque hectare de sa quote-part de chaux (ou de marne) de fumure, de bétail pour reproduire cette fumure, de bâtiments pour loger ce bétail.

Ai-je exagéré cette quote-part en attribuant au chaulage 120 francs, à une première fumure 200 francs, à une tête de bétail 300 francs, aux bâtiments et à l'outillage 200 francs? Peut-être s'étonnera-t-on de voir cette première fumure évaluée comme déboursé. Mais, qui ne sait que la plus riche ferme a peine à produire les fumiers nécessaires? Pourrait-elle donc en fournir aux terres voisines? A plus forte raison la brande ne crée-t-elle pas sa fumure. Ne nous faisons pas d'illusions ! Acheter des fourrages pour nourrir du bétail supplémentaire ou acheter du fumier. c'est toujours un déboursé.

Donc, les bâtiments en dehors. c'est bien un minimum de 600 francs qu'il faut pour mettre en valeur un hectare valant de 300 à 500 francs ! Est-ce là le fait d'un fermier ?

Et les propriétaires qui ont courageusement entrepris cette œuvre n'ont pu marcher *parallèlement* avec le mouvement économique d'une contrée qui restait stationnaire, que dis-je? qui reculait par l'abus de défrichements épuisants ; et cependant ces déboursés indispensables sont encore bien loin de constituer la culture à gros capitaux dont M. Lecouteux déconseille avec tant de raison l'emploi dans un milieu qui ne la comporte pas.

Après un échange d'observations entre quelques membres de la réunion, **M. Boitel** rappelle, en peu de mots, que le défrichement des landes est une question complexe. La solution n'en est pas partout la même ; c'est ce qui explique des opinions divergentes qui toutes peuvent être fondées suivant les régions, les sols et les circonstances. Ainsi, l'épuisement incontestable qu'amènent les cultures répétées au phosphate est un puissant auxiliaire au boisement, car il détruit parfaitement les végétaux qui étoufferaient les jeunes semis.

Ainsi, en Sologne et en Brenne, la lande défrichée et cultivée en seigle deux ou trois années de suite, avec le concours des engrais phosphatés, perd ses aptitudes naturelles à la production des ajoncs et des bruyères. Dès lors, les semis de bois mélangés d'essences résineuses et feuillues peuvent y être pratiqués avec des chances certaines de succès.

Le noir animal et le phosphate fossile, si précieux pour le défrichement des landes de la Sologne, de la Bretagne et de la Brenne, n'exercent au contraire aucune action fécondante sur la terre de bruyère de la Corse. Ces engrais ont été plusieurs fois expérimentés sur les défrichements des pénitenciers agricoles de Chiavari et de Casabianca. L'orge, l'avoine et le froment y ont été complètement insensibles. Cependant, ces engrais avaient été appliqués à des maquis, c'est ainsi qu'on nomme les magnifiques landes de la Corse, très-riches en substances organiques et affectant tous les caractères de la terre de bruyère.

Vu l'heure avancée, **M. le Président** renvoie au lendemain samedi, 9 mai, la suite des travaux du Congrès. Mais avant que l'Assemblée ne se sépare, il propose l'ordre du jour ci-après :

Visite de la Manufacture du Château du Parc, à neuf heures du matin.

SÉANCE. — A une heure de l'après-midi :

1° *Des Stations agronomiques*, par M. Paul BAUCHERON DE LÉCHEROLLE, vice-président de la Soc. d'Agr. de l'Indre ;

2° *Contrôle des Engrais*, par M. GUINON, directeur de la Station agronomique de Châteauroux ;

3° *Du curage des cours d'eau et des syndicats*, par M. HENRY, ingénieur des Ponts et Chaussées.

Visite du Concours régional, vers quatre heures, aussitôt après la séance.

L'ordre du jour est adopté.

M. le Président déclare la séance levée à onze heures.

COMMUNICATION DE M. CAVERON.

—

MONSIEUR LE SECRÉTAIRE GÉNÉRAL,

Il a été dit de fort belles et bonnes choses au Congrès agricole de Châteauroux, mais, à mon avis, la question la plus importante est celle du défrichement des landes.

Comme l'a dit M. Lecouteux, c'est une opération de longue haleine et toujours coûteuse, mais comme l'a fort bien dit aussi M. Boitel, c'est une question très-complexe et qui ne peut pas être résolue dans une conférence ni dans un discours.

Selon moi, le défrichement des landes doit être envisagé sous deux points de vue bien différents : le premier pour faire des bois; le second pour faire des terres arables.

Pour arriver au boisement, l'opération, quoique longue, va toute seule et n'offre pas de grandes difficultés. Il suffit de labourer, puis d'user l'humus que la terre contient toujours en grande quantité, en facilitant sa décomposition par des phosphates ; et les récoltes qu'on en obtient paient généralement les frais.

Si, à côté de ces défrichements, on a des fermiers ou des métayers, ils se chargeront volontiers de l'opération et en tireront un bon profit, si les bruyères sont bonnes ; si elles sont médiocres, ils auront besoin d'une certaine rétribution ; si elles sont mauvaises, le propriétaire est obligé de le faire lui-même. Ceci regarde les grands propriétaires qui ont des capitaux à placer et qui peuvent en attendre les revenus.

Pour faire des terres arables, deux situations différentes se rencontrent toujours. La première, c'est de défricher des bruyères pour les annexer à un domaine déjà en culture. C'est le cas présenté par M. Lecouteux. C'est aussi le cas dans lequel je me suis trouvé pour opérer avec des métayers et duquel nous avons tiré ensemble de grands profits. Mais je n'ai pas laissé épuiser les bruyères avant de les marner.

Sur des terres argilo-siliceuses à sous-sol imperméable, nous avons pris deux récoltes de seigle avec phosphate ; puis nous avons marné à raison de trente mètres cubes à l'hectare, en marne contenant 60 p. 100 de calcaire ; et nous avons obtenu des terres à froment de haut produit, en grain et en paille. L'extraction de la marne m'a coûté 0 fr. 75 c. en moyenne le mètre cube ; les métayers ont fait les transports et l'épandage qui leur coûtent, aussi en moyenne, 1 fr. 50 c., dont environ 1 fr. pour leur compte, les bestiaux étant à moitié profit.

Je n'ai pas augmenté les bâtiments ; il y avait des bergeries pour quatre cents bêtes, des étables pour vingt-cinq vaches et une douzaine de bœufs. Je n'en ai pas augmenté le nombre, j'en ai triplé la valeur, voilà tout.

L'autre situation est celle de se trouver placé au milieu des landes où tout sera à créer, n'ayant ni rivière, ni ruisseau, ni vallée, mais une plaine de bruyères à mettre en culture. Voilà où se rencontrent les véritables difficultés et où malheureusement bien des cultivateurs très-intelligents ont échoué, bien des fortunes se sont englouties.

C'est qu'en effet, les fourrages ne viennent pas sur les terres de bruyères ; les ray-grass, les trèfles, les vesces, rien n'y réussit. Les betteraves n'y viennent pas, le sarrasin n'y pousse qu'au bout d'un certain temps, quand le gazon est bien consommé et la terre bien ameublie. Les pommes de terre n'y réussissent qu'à force d'engrais. Toutes les crucifères, en général, sont les seules plantes fourragères qui viennent bien sur les bruyères nouvellement défrichées, avec les engrais du commerce, surtout le Guano du Pérou. C'est une ressource, mais elle est loin de suffire pour alimenter une exploitation.

Mais alors, me direz-vous, il faut donc laisser ces terres en bruyères? Non, il faut les mettre en bois. C'est le seul moyen de les attaquer sans crainte. Les bonnes parties peuvent être mises en culture ; mais, il faut les marner ou les chauler de suite, dès la deuxième année, c'est-à-dire, pendant qu'elles sont encore riches en humus, afin d'obtenir de suite des fourrages artificiels en grande quantité ; il faut aussi conserver des bruyères pour faire pacager des moutons, et ne défricher qu'au fur et à mesure qu'on pourra marner ou chauler. Si on ne veut, ou si on ne peut ni marner, ni chauler, ni boiser, il ne faut pas entreprendre de défrichements ; dans ces conditions on arriverait à la stérilité du sol et à la ruine. Mais il est rare, quand on entreprend des défrichements sur une certaine étendue, qu'on ne rencontre pas, soit une rivière ou un ruisseau, ou des sources, ou enfin un cours d'eau quelconque. En Sologne, surtout, il y en a beaucoup ; alors il faut se dépêcher de faire des prés ; il y a aussi des parties argileuses où l'herbe croît naturellement. Avec du soin et de bonnes préparations, on y obtiendra de bons prés, et on est sûr en agissant ainsi d'obtenir de très-heureux résultats.

J'en ai fait sur des bruyères en seconde récolte. Ils ont dix ans et j'y engraisse des bestiaux qui arrivent à la boucherie en première qualité.

Voici comment j'ai opéré : après une première récolte de seigle, la terre étant débarrassée au 15 juillet, j'ai labouré de suite en travers avec une charrue Brabant, puis à force d'hersages et de scarificateurs, j'ai brisé le gazon. J'ai ramassé tous les détritus non consommés avec un râteau à cheval, je les ai brûlés et répandus sur le sol ; puis j'ai semé mon gazon au 15 août, seul et avec cinq cents kilos de phosphate fossile.

L'année d'après, de bonne heure, en juin, j'ai eu une récolte de très-bon foin de sept mille kilogrammes à l'hectare.
Ce rendement de sept mille kilogrammes ne devra pas paraître exagéré : la première récolte faite sur des prés dans
cette condition sera généralement meilleure que celles qui
suivront.

Petit à petit j'ai chaulé en compost, en couverture, et les
légumineuses se sont perpétuées dans mes prés sur landes
comme dans les bons pays. Du reste le phosphate seul y fait
pousser ces sortes de plantes presque à l'égal des éléments
calcaires.

J'indique cette manière de faire des prés sur bruyères
défrichées pour arriver promptement à avoir du foin et de
l'herbe. Mais le pré est de meilleure qualité et plus facile à
faire à la troisième ou quatrième année, après chaulage ou
marnage. Les terres chaulées sont plus herbeuses que les
terres marnées ; mais, il ne faut pas épargner la chaux. Il en
faut de quatre-vingt-dix à cent hectolitres à l'hectare.

D'après mon expérience, je puis dire, sans crainte de me
tromper, que des prés faits dans ces conditions et auxquels
on ajoutera quelques centaines de kilos de superphosphate,
engraisseront parfaitement des bœufs dans n'importe quelle
contrée de la Sologne.

Cette marche que j'indique ici pour les défrichements en
Sologne, contrée que je connais plus particulièrement, devra
amener, je crois, les mêmes résultats pour les défrichements
de landes dans tout pays.

Quant à la dépense pour le travail du défrichement, elle
n'a rien d'exagéré. On peut le faire partout pour 60 à
70 francs l'hectare. Un labour 50 francs, et quatre ou cinq
hersages pour 12 ou 15 francs.

Je n'admets pas, comme M. Lecouteux, qu'on puisse attaquer la lande par plusieurs labours successifs, la profondeur

du labour est absolument commandée par la nature de la lande ; il faut la prendre sous ses racines, sans quoi elle ne se renverse pas. Dans les terres légères, où on ne rencontre que de la petite bruyère, quinze à dix-huit centimètres de profondeur suffisent et quatre bœufs de force moyenne pourront faire le travail. Mais dans les terres argilo-siliceuses, où on rencontre beaucoup d'ajoncs dont les racines vont jusqu'à un mètre de profondeur dans le sol, on est obligé d'aller à vingt centimètres, et il faut alors quatre bœufs de première force et même six.

Mais si, dans ce dernier cas, la dépense de défrichement peut monter jusqu'à 80 francs l'hectare, la rémunération en est toujours plus assurée ; car, avec quatre ou cinq cents kilos de phosphate, on peut y espérer de quinze à vingt hectolitres de seigle à l'hectare et de la paille en abondance ; tandis que dans les terres légères, qu'elles soient blanches, noires, saines ou humides, il faut plus de phosphate, et la récolte y est toujours médiocre. C'est là le cas où les fermiers ont besoin d'une petite rémunération. Moi, je leur fournis cinq cents kilogrammes de phosphate par hectare, pour la première récolte seulement ; ils s'arrangent, ensuite, comme ils l'entendent. Je sème ma graine de pins dans la troisième récolte et je les oblige à semer le seigle de bonne heure, en septembre par exemple, pour que mes sapins aient le temps de lever avant l'hiver. Les métayers sont au tiers et je paie toujours la moitié de l'engrais.

Veuillez agréer, Monsieur, l'assurance de ma haute considération.

CAVERON,

Ancien élève de Grignon, Membre fondateur de la Société des Agriculteurs de France.

VISITE A LA MANUFACTURE DU CHATEAU DU PARC.

—

Le samedi, 9 mai 1874, à neuf heures du matin, les Membres du Congrès, conduits par M. Drouyn de Lhuys, sont allés visiter la belle Manufacture du Château du Parc.

Ils ont été reçus par MM. Auguste Balsan, député, Charles Balsan, président de la Chambre consultative des Arts et Manufactures, Varaigne, gérant de la Manufacture, et Stichter, ingénieur, l'un des membres les plus compétents et les plus zélés de nos commissions pour les concours de machines.

En recevant de chacun de ces Messieurs des explications et des détails fournis avec une exquise courtoisie et une grande clarté, les visiteurs ont bien vite reconnu qu'ils avaient devant eux les honorables représentants de notre grande industrie nationale, de ces hommes dont l'intelligence et l'activité fécondes concourent le plus efficacement au relèvement de la France, non pas seulement parce qu'ils créent la richesse et répandent l'aisance autour d'eux, mais, surtout, par l'encouragement au travail dont ils donnent eux-mêmes le noble exemple.

Cet exemple du travail et de l'amour du bien, MM. Balsan l'ont reçu de leur père, enlevé, en 1869, à la tendresse de sa famille et à l'estime de toute notre cité. C'est sous son habile et vigilante direction que ses fils ont édifié leur usine, qui compte, même en Europe, parmi les plus importantes.

Voici le compte-rendu qu'un membre du Congrès a bien voulu faire de cette visite :

Cette usine est située à l'extrémité de la ville de Châteauroux, sur la rive gauche de l'Indre, qui lui fournit l'eau nécessaire à tous ses besoins et dont elle utilise la force motrice.

Établie par arrêt du Conseil du 17 août 1751, sous le titre de *Manufacture royale et privilégiée*, elle est, après des fortunes bien diverses, devenue la propriété de M. Muret de Bort, qui en fit l'acquisition en 1816. M. Muret de Bort a été l'un des représentants les plus autorisés de la grande industrie française. Sous la monar-

chie de Juillet, il a, comme député, occupé une situation prépon-
dérante. Dans le département de l'Indre, il a attaché son nom à
tous les progrès. La Société d'Agriculture de l'Indre, qu'il a présidée de 1832 à 1857, a plusieurs fois (1) payé à sa mémoire un
juste tribut d'hommages. Sa famille est restée une des plus considérables et des plus respectées dans le pays. Un an avant son
décès, arrivé en 1857, il avait vendu la Manufacture à M. Balsan,
père. En 1860, M. Balsan s'est associé ses deux fils.

MM. Balsan ont remplacé les anciens bâtiments par des locaux construits sous la direction de M. Dauvergne, architecte
du département de l'Indre, et appropriés aux besoins de l'industrie moderne. L'usine nouvelle a été bâtie sur un plan
d'ensemble de 1862 à 1869.

Le personnel comprend 850 employés et ouvriers. La consommation annuelle de laines atteint 350 à 400,000 kilos lavés et
nettoyés à fond, de toutes provenances et de toutes finesses.

Visite des Magasins de laines.

Laines fines.

En parcourant les Magasins avec MM. Balsan, les visiteurs ont
fait une revue générale de ces laines et comparé les laines françaises avec celles qui arrivent de l'étranger. Ils ont pu admirer la
finesse et la force des mérinos d'Allemagne, la régularité, la
douceur des laines d'Australie, surtout de la province de Sydney,
les soyeuses laines du Cap et les comparer avec des mérinos
d'Arles et de Beauce.

Laines moyennes.

En seconde ligne, comme finesse et valeur, venaient les laines
de la Plata, qui ont donné lieu à des explications plus étendues,
parce qu'elles constituent le principal aliment de l'usine avec les
laines Françaises moyennes et communes.

Cette contrée de la Plata se compose de deux régions dont les
laines présentent des caractères nettement tranchés. Buenos-Ayres

(1) Voir *Annales de la Société* :
Années 1856-1857, pages 9 et suivantes ; N° 52. Année 1862, pages 359 et suivantes ; N° 73, Année 1872, page 130.

produit une laine généralement courte et duveteuse ; Montevideo fournit des mèches longues, fortes et formées de filaments bien séparés. La laine de Buenos-Ayres répond aux besoins de l'industrie de la carde ; celle de Montevideo est recherchée par l'industrie du peigne. Toutes deux ont, cependant, un défaut commun et des plus curieux. C'est la présence de chardons ou gratterons à la surface et dans l'intérieur des mèches.

Les gratterons sont de petites graines de forme analogue à celle des lentilles, garnies à leur pourtour de dents crochues fines et solides qui les fixent dans la laine. Longtemps, ils ont tout à fait empêché et ils entravent encore l'emploi des laines de la Plata. Un kilo de laine lavée de Buenos-Ayres contient 120 à 250 grammes de ces chardons. Un kilo de laine de Montevideo en contient 100 à 175 grammes.

Malgré cet obstacle, l'industrie est parvenue, grâce à deux inventions remarquables, à tirer un énorme parti des laines de la Plata. Ces deux progrès méritent une mention spéciale : le premier date de trente ans environ ; c'est la machine échardonneuse construite par un mécanicien français, M. Houget ; le second est l'épaillage chimique, dont le premier vulgarisateur a été M. Frézon, teinturier chimiste également français.

La machine échardonneuse, au moyen d'une ingénieuse combinaison de peignes et de brosses tournant à une vitesse très-grande, arrache les gratterons sans briser la laine. Les premières machines de M. Houget ont été accueillies en France comme un outil nuisible aux ouvriers ; elles ont été brisées, et l'inventeur, mal défendu par les manufacturiers, qui trouvaient sur les marchés français un approvisionnement facile et des débouchés commodes et suffisants pour l'époque, a trouvé en Belgique le succès qu'il méritait ; pendant bien des années, Anvers et Verviers ont eu le monopole des laines de la Plata.

L'épaillage chimique date seulement de 1867. La théorie de l'opération était bien connue, mais personne, avant M. Frézon, n'en avait compris la valeur industrielle. Par l'action d'un bain acide suivie du séjour dans une étuve fortement chauffée, les corps végétaux sont réduits en poussière au milieu de la laine ou du tissu sans que ceux-ci soient altérés.

Malgré la lenteur relative avec laquelle les laines de la Plata ont été introduites en France, l'importation de ces laines est passée de 6 millions de kilos en 1840 à 60 millions en 1874, valant 100 millions de francs.

Les laines de Montevideo correspondent à tous égards aux laines moyennes françaises; notamment, à celle de la Provence, des Cévennes, des parties boisées du Berry, de la Marche, etc.

Celles de Buenos-Ayres reproduisent nos laines de Beauce, de Brie. Elles ont de l'analogie avec celles que produisent les plaines calcaires du Berry; mais celles-ci sont dépréciées par des défauts particuliers faciles à reconnaître; le bout de leurs mèches est desséché et se détache en tirant légèrement, les toisons contiennent des parties filandreuses, sans liaison et souvent elles sont mal soignées, criblées de graines.

Et pourtant, c'est avec les laines de cette région que les draps du Berry avaient jadis conquis leur réputation. Sans remonter si loin, les acheteurs se rappellent que, il y a quinze ans, les laines d'Issoudun valaient 40 et 50 centimes de plus par livre que celles de La Châtre. Maintenant, les deux sortes se vendent au même prix. Il est vrai de dire que les laines de la contrée dite le Boischaut et celles des régions avoisinantes du Bourbonnais et de la Marche s'améliorent sans cesse.

MM. Balsan communiquent, comme renseignement présentant un intérêt actuel, la nomenclature des prix moyens qu'ont obtenu les laines du Berry de 1827 à 1874. Voici ce tableau :

Tableau des prix du kilo de laine de Berry en suint de 1827 à 1874.

1827	2f	»c		1839	2f	42c
1828	1	80		1840	1	96
1829	1	68		1841	1	96
1830	2	04		1842	1	90
1831	1	52		1843	1	90
1832	1	94		1844	1	86
1833	3	04		1845	1	92
1834	2	82		1846	1	96
1835	2	42		1847	1	76
1836	2	86		1848	1	32
1837	2	20		1849	1	62
1838	2	22		1850	1	98

1851	1ᶠ	66ᶜ	1863	2ᶠ	20ᶜ
1852	2	42	1864	2	12
1853	2	26	1865	1	98
1854	1	86	1866	1	98
1855	2	18	1867	1	70
1856	2	26	1868	1	44
1857	2	56	1869	1	10
1858	2	18	1870	1	50
1859	2	46	1871	1	67
1860	2	34	1872	2	06
1861	1	96	1873	2	10
1862	1	75	1874	1	95

Laines communes.

Passant aux catégories communes et à bas prix, les visiteurs ont examiné des laines provenant de l'Afrique septentrionale, et notamment de l'Algérie, dans lesquelles, à côté de toisons misérables, ils en ont trouvé qui, par leurs dimensions et qualités, dénotaient la présence dans ce pays de troupeaux en parfait état.

En France, les laines vraiment communes tendent à disparaître. Il faut pourtant signaler les laines de Sologne, molles et criblées de jars, ou poils morts de couleur rousse, qui les caractérisent d'une façon des plus fâcheuses.

Observations diverses.

Pendant cette revue des laines, quelques réflexions générales ont été faites par diverses personnes au sujet de la façon dont est pratiqué le commerce des laines soit françaises soit étrangères. Il convient de les reproduire ici en quelques mots.

L'importance énorme qu'a prise l'importation des laines étrangères, depuis vingt ans, a été telle que tout ce qui se rattache à ce commerce a été organisé avec une admirable perfection. Tout a été fait pour faciliter les transactions, éviter les contestations, donner les garanties les plus sérieuses aux vendeurs et aux acheteurs. Des magasins immenses et parfaitement combinés ont été construits au Havre, à Marseille et à Bordeaux, où les acheteurs peuvent examiner les balles. Des ventes publiques à époques fixes, et dont le succès va toujours croissant, contribuent largement à rendre les transactions simples et commodes. L'intervention des courtiers, qui servent à la fois d'intermédiaires et d'arbitres réglant les contestations, donne aux transactions une sécurité telle que des affaires d'une importance énorme sont journellement traitées sur de petits types faits par les courtiers et envoyés par la poste. Pendant toute l'année, les marchés de laines étrangères sont garnis de marchandises. Les acheteurs peuvent donc choisir le moment qui leur convient, suivant leurs besoins et leurs ressources.

Il faut dire, à l'honneur de notre pays, qu'une organisation plus parfaite n'existe nulle part. Aussi, voit-on maintenant le petit commerce, malgré sa prudence, s'adonner, de plus en plus, aux marchés du Havre et de Bordeaux, où se trouvent plus spécialement des garanties tout à fait satisfaisantes, un contrôle sévère et éclairé, assez efficace pour que des contestations ou réclamations ne se présentent vraiment jamais.

Trouve-t-on dans les transactions dont font l'objet les laines françaises les mêmes garanties, les mêmes facilités ? Assurément non.

En effet, les laines indigènes, au lieu d'arriver successivement pendant toute l'année, se vendent toutes à peu près en même temps, en juin et juillet. L'usine qui voudrait s'approvisionner pour tous ses besoins de l'année en laines françaises devrait avoir, disponible à ce moment, la somme que représente la totalité des laines qu'elle emploiera dans l'année; elle aurait besoin d'un personnel important et habile parcourant les campagnes et qui serait sans emploi une fois les achats terminés. Car, nulle part, il n'existe de foires ou marchés d'une importance considérable et ceux qui existent encore vont en déclinant. Les agriculteurs prennent l'habitude de vendre chez eux et se mettent ainsi à la discrétion de nombreux commissionnaires et revendeurs.

Personne, d'ailleurs, ne se risquerait à acheter sur des échantillons les laines indigènes ; il faut aller visiter les drapées ou les piles de laines ; et, généralement, cet examen demande une grande habitude, une certaine prudence. On ne trouve pas, dans ces transactions, les facilités qui rendent si rapides et si sûres les affaires qui se traitent dans nos ports. Cela tient à plusieurs motifs dont quelques-uns peuvent être indiqués.

Dans bien des contrées, nos paysans redoutent, avant tout, que leur laine ne perde du poids entre la tonte et la vente. De là, quelques pratiques fâcheuses : les uns laissent les toisons dans la bergerie ou dans un endroit humide, ce qui les aplatit et les jaunit ; les autres ont grand soin de dissimuler dans les toisons les crottins et les débris sans valeur. Le Maroc et l'Algérie sont les seuls pays où on rencontre ces habitudes qui ne trompent plus personne, mais qui impriment aux transactions un cachet fâcheux. Il est vrai que, dans ces deux contrées, les abus atteignent des proportions prodigieuses, inconnues en France.

Un autre usage déplorable est l'emploi de cordes d'une grosseur ridicule pour ficeler les toisons. Ces cordes pèsent jusqu'à 5 p. 0/0 du poids des laines. L'acheteur, se dit-on, ne croira jamais que ce poids peut être aussi élevé et on croit réaliser ainsi un petit profit à son détriment. Ces cordes sont inutiles et devraient être supprimées.

Pendant bien longtemps, la petite industrie a hésité à acheter des laines étrangères, et les laines françaises ont conservé une plus value qui atteignait 10 et 15 p. 0/0 ; maintenant, les difficultés et les hésitations ont disparu et les laines françaises ont perdu cette faveur.

En résumé, malgré les améliorations qui ont amené la disparition presque complète des toisons jarreuses et corneuses, nos races de moutons ont assurément fait plus de progrès comme viande que comme laine, et cela est tout à fait naturel.

L'industrie ne doit pas s'étonner de trouver, dans les contrées de France où sont les plus beaux moutons, des laines coupées en avril et en mai avant maturité, qui sont molles et fort imparfaites ; il est clair que la grande question est la santé du mouton et sa viande. Au contraire, dans les pampas de la Plata et dans les pâturages de l'Australie, la viande est perdue et le mouton est cultivé pour la laine.

Doit-on conclure de là qu'il ne faut pas songer à améliorer les laines françaises ? Assurément non. Nos voisins, Allemands et Anglais, ont su profiter de certaines conditions favorables, qui existent en France comme chez eux. Dans les plaines d'Allemagne où des soins exceptionnels sont donnés aux troupeaux, on trouve des laines qui sont sans rivales comme finesse, comme perfection à tous égards dont un kilo nettoyé à fond atteint une valeur de 15 et 20 francs. En Angleterre, d'autres races, placées dans des contrées différentes, donnent des laines communes, mais d'une force et d'une

longueur étonnantes, avec un brillant que payent chèrement certaines industries. On ne dira pourtant pas que les Anglais négligent
la taille et la viande dans leurs troupeaux.

Nier la possibilité de semblables progrès en France serait
donc insensé, quand on voit plusieurs de nos provinces produire
naturellement d'admirables laines. MM. Balsan croient que des
résultats importants pourraient être obtenus plus promptement
qu'on ne le pense généralement, si les moutons étaient examinés
dans les concours pour leur laine en tenant compte des besoins de
l'industrie moderne, besoins qui ont été complètement modifiés
depuis vingt à trente ans.

Visite des Ateliers.

Les visiteurs ont ensuite parcouru les ateliers, lavage, teinture,
filature, tissage, foulon et apprêts. L'usine est mue par trois
machines dont les forces réunies font 350 chevaux-vapeur. Pour
alimenter ces machines et fournir aux besoins des séchoirs et
des divers ateliers ainsi qu'au chauffage des salles, elle possède
11 chaudières dont l'ensemble donne 675 chevaux-vapeur.

Ils ont suivi la laine dans ses transformations successives
d'après l'ordre méthodique de la fabrication, retrouvant en fils et
en tissus les diverses sortes de laines; ils ont appris, par quelques
obvervations faites à propos des draps destinés à l'armée, combien peuvent être utiles, en temps de guerre, ces moyens de
production rapides, organisés pour donner de bonnes étoffes.

MM. Balsan fabriquent des tissus très-variés comme genres,
nuances et prix, de 8 à 22 francs le mètre, destinés aux administrations publiques, au commerce intérieur et à l'exportation.

Les déchets qui sont produits dans les diverses opérations sont
vendus pour les fabriques d'étoffes à bon marché, généralement
en Belgique. Ceux dont la valeur est trop faible sont mélangés
avec les balayures, les fosses d'aisance, les résidus de l'usine à
gaz, les boues du lavage et, ainsi amalgamés, ils sont offerts à
l'agriculture comme engrais.

Il y a quelques années, tout cela était jeté à la rivière ou vendu
à vil prix, mais l'industrie ne peut vivre maintenant qu'en tirant
parti de tout.

La composition de cet engrais, en prenant la moyenne de six
analyses faites, en 1873, par MM. Bobierre, directeur du Labo-

ratoire de chimie agricole à Nantes, et Guinon, directeur de la Station agronomique de Châteauroux, a été établie ainsi :

Eau.................................. 44 p. 100.
100 parties desséchées ont donné :
Matières organiques....................... 36,16.
Sels alcalins.......................... 1,18.
Phosphate de chaux.................... 2,90.
Carbonate et sulfate de chaux.............. ⎫
Alumine, oxide de fer..................... ⎬ 8,30.
Résidu insoluble.......................... 51,46.

100,00.

Azote............................ 1,77. p. 100.

En 1874, une analyse faite par M. Guinon a donné les résultats suivants :

Eau.................................. 41 p. 100.
100 parties desséchées renferment :
Matières organiques....................... 29,21.
Sels alcalins.......................... 0,98.
Phosphate de chaux.................... 3,50.
Sulfate de chaux........................ 1,04.
Carbonate de chaux, alumine, oxide de fer....... 9,03.
Résidu insoluble.......................... 56,24.

100,00.

Azote............................ 1,80 p. 100.

Les ventes de cet engrais ont toutes été réglées sur les résultats de l'analyse ; les prix de l'azote, du phosphate, des sels alcalins et des matières organiques ayant été fixés à l'avance.

Grâce aux procédés nouveaux qu'ils se proposent d'employer pour décomposer les déchets de laine ; grâce à l'addition de matières phosphatées, MM. Balsan seront en mesure de livrer, dorénavant, un engrais plus complet, plus rapidement assimilable et plus riche sous un moindre volume, ce qui permettra de le transporter à de grandes distances.

Les détails techniques sur la fabrication des draps, les renseignements sur le commerce des laines ont beaucoup intéressé les Membres du Congrès. La plupart d'entre eux connaissaient déjà la générosité et la bienfaisance de la famille Balsan. Aussi, ils ont appris sans étonnement que MM. Balsan, avec le concours de leur respectable mère, avaient entretenu, à leurs frais, une ambulance — (système américain) — qui a reçu, pendant la guerre, un nombre considérable de blessés et de malades.

Ils ont été vivement frappés par l'exposé des efforts faits par ces Messieurs dans le but d'améliorer le bien-être matériel et moral de leurs ouvriers. Enfin, ils ont été heureux d'apprendre que les ouvriers de nos manufactures font des prodiges d'économie pour arriver à la possession d'une maison, d'un champ, d'un jardin, d'une vigne, où ils emploient tous leurs instants de loisir à la culture ; qu'ils fréquentent d'autant moins les cabarets. Aussi, les cas d'ivrognerie sont-ils très-rares.

A un point de vue plus général, un autre fait méritait d'être signalé à des représentants autorisés de l'Agriculture française : si, dans notre ville de Châteauroux, les salaires de l'industrie viennent puissamment en aide à la petite culture ; on peut dire que, dans le départemant de l'Indre, ce sont des négociants, des industriels qui, en mettant à la fois au service de l'Agriculture leurs capitaux, leur intelligence commerciale, leur activité, leur esprit d'ordre, ont donné l'impulsion au progrès et augmenté, en fin de compte, la valeur de la propriété dans une notable proportion.

L'honorable **Président** du Congrès de Châteauroux, dont le patriotisme éclairé sait apprécier les questions à leur juste valeur, aussi bien au point de vue économique qu'au point de vue moralisateur, a adressé à MM. Balsan de chaleureuses félicitations auxquelles tous les visiteurs se sont associés.

SÉANCE DU 9 MAI 1874.

—

PRÉSIDENCE DE M. DROUYN DE LHUYS.

—

SOMMAIRE. — Les Stations agronomiques, par M. Paul Baucheron de Lécherolle. — Commerce des Engrais et contrôle par les Stations agronomiques, par M. Guinon. — Adoption du vœu présenté par M. Guinon. — Curage des cours d'eau et syndicats, par M. Henry. — De l'échalassage des vignes et de la conservation des échalas, par M. E. Damourette. — Discussion. — Le Pain, la Viande et le Vin, par M. Léon Mauduit.

Siégent au bureau :

MM. le marquis de MONTLAUR, le comte de BONDY, le comte de BOUILLÉ, MARTIN, *vice-présidents;*

DAMOURETTE, *secrétaire-général ;*

JOHANNET, DE SAINTE-ANNE, Paul PETIT et Em. THIMEL, *secrétaires.*

M. de Sainte-Anne donne lecture du procès-verbal de la précédente séance.

Le procès-verbal est adopté.

M. le Président. — L'ordre du jour appelle la question des *Stations agronomiques.* La parole est à M. Paul Baucheron de Lécherolle, vice-président de la Société d'Agriculture de l'Indre.

M. Baucheron lit les lignes suivantes :

MESSIEURS,

Personne de vous n'ignore qu'il est impossible de faire de bonne agriculture sans acheter des engrais commerciaux ; que, dans aucun commerce, les fraudes ne sont plus fréquentes que dans celui de ces engrais ; que la loi de 1867 destinée à

réprimer ces fraudes est, en fait, inefficace, parce que les acheteurs ne sont généralement pas en mesure d'en poursuivre
l'application.

Le seul remède à cette situation nous a paru être la création,
dans chaque centre agricole, d'une Station agronomique à l'instar de celles qui sont répandues dans toute l'Allemagne et qui
fonctionnent, avec succès, à Beauvais, Arras, Nancy, Nantes,
Clermont-Ferrand, etc., et dont le double but est l'analyse chimique des engrais et celle des sols et des eaux.

Je n'ai ni le talent ni la compétence nécessaires pour vous
parler d'une manière instructive de ces Stations : c'est au titre
seul de Vice-Président de la Société d'Agriculture de l'Indre
que je dois l'honneur de prendre la parole devant vous. —
Les lignes que j'avais l'intention de vous lire avaient pour
but de vous annoncer l'établissement à Châteauroux d'une
Station et je concluais en vous priant de vous associer à
nous pour une demande de subvention à la Société des
Agriculteurs de France ; car, si nous sommes riches ici en
bonne volonté, nos finances ne répondent pas toujours à
notre zèle.

Dans sa séance du 29 avril dernier, le Conseil d'administration nous a accordé une allocation de 1,000 francs. — Permettez-moi, Messieurs, de vous en adresser, à vous les
Représentants de notre grande Société, nos plus chaleureux
remercîments.

La Station est fondée : notre honorable directeur, M. Guinon, vous parlera de notre but et de ses travaux.

Dans notre département, où l'usage des engrais commerciaux se répand de jour en jour, l'utilité d'un pareil établissement est incontestable : je le crois destiné à rendre les plus
grands services à l'agriculture locale.

Messieurs, grâce à votre généreuse intervention, l'avenir
matériel de notre Station est assuré, le talent et l'expérience

de notre Directeur nous sont garants du succès de l'entreprise.

Et nous, Membres du Comité, nous nous efforcerons d'élever notre zèle à la hauteur de notre tâche.

M. le Président. — La parole est à M. Guinon, directeur de la Station agronomique de Châteauroux, pour traiter du *Commerce des Engrais et du contrôle* par les Stations agronomiques.

M. Guinon présente son travail en ces termes :

MESSIEURS,

En prenant la parole devant une assemblée aussi distinguée, j'éprouve le besoin de me justifier de ma témérité, par la pensée du devoir qui s'impose à tous ceux qui s'intéressent au progrès de l'agriculture, d'apporter ici le tribut de leur travail et de leurs observations, si modeste qu'il soit.

C'est à ce titre que je solliciterai toute votre bienveillance.

Ma communication touche à un sujet un peu âpre et un peu aride, je tâcherai du moins de la rendre aussi brève que possible. La Société des Agriculteurs de France a d'ailleurs confié l'examen de cette question, si vaste et si complexe, des engrais, à une Commission permanente, composée des hommes les plus compétents dans la chimie agricole et dans l'industrie même des engrais. Le *contrôle par l'analyse* chimique en est assurément le côté le plus intéressant aujourd'hui pour l'agriculture pratique. Aussi cette étude a-t-elle donné lieu, au sein de cette Commission, à des recherches et à des discussions du plus haut intérêt, qui se poursuivent encore et permettront bientôt aux chimistes chargés de ce contrôle de donner satisfaction aux intéressés, acheteurs et vendeurs.

En venant vous entretenir de ce qui se passe dans notre

région, je ne veux que justifier l'importance de cette étude et, si je le puis, lui apporter quelques nouveaux renseignements.

A l'occasion des opérations qui ont été faites dans mon modeste laboratoire, j'essaierai de vous présenter quelques faits et quelques observations qui, je l'espère, pourront donner lieu à une utile discussion sur ce sujet.

C'est vers 1855 que les premières analyses d'engrais ont été faites dans notre pays. Les fraudes et les abus auxquels donnait lieu alors le commerce des noirs, des poudrettes, des guanos et des engrais vendus sous tous les noms, ont provoqué en 1856 un arrêté préfectoral qui en ordonnait et en réglait la vérification. Cet arrêté, pris en imitation de celui déjà en vigueur dans la Loire-Inférieure, avait surtout en vue les fabriques et les dépôts, c'est-à-dire les produits mis en vente. Les échantillons devaient être pris par les agents de l'autorité et transmis au laboratoire ; la plus grande publicité devait être donnée au résultat de l'analyse, et des poursuites devaient être exercées contre les fraudeurs.

Aucune de ces mesures n'a été strictement exécutée. Ce sont les cultivateurs eux-mêmes qui ont adressé les échantillons à la Préfecture, et en petit nombre, bien que les analyses fussent gratuites. En effet, du 12 octobre 1856 au 30 octobre 1858 il n'a été fait que 35 vérifications par l'intermédiaire de l'administration. Ce chiffre est insignifiant, eu égard à l'importance des ventes effectuées. Les analyses ont signalé la vente de charbon de bois, de tourbe, de charbon de Boghead pour du noir animal ; de guanos de diverses provenances ou mélangés à des substances inertes, pour des guanos du Pérou. L'Administration qui a reçu communication de ces faits n'a jamais songé à les déférer aux tribunaux. Quant aux cultivateurs auxquels ils étaient transmis, ils se contentaient de refuser la marchandise ou de réclamer une réduction de prix. Aucune publicité n'a été faite des résultats de ces analyses.

Cet arrêté a cependant produit un effet utile : il a eu pour effet immédiat de rendre les cultivateurs plus circonspects dans leurs achats, d'intimider les fabricants et leurs représentants, qui se sont empressés de faire disparaître du marché les produits interlopes dont l'analyse avait dévoilé la composition et, par-dessus tout, de justifier l'utilité des analyses. Il a, de ce fait, amené une amélioration notable dans la qualité des produits. Avant la vérification de 1856, la moyenne des analyses de noir avait donné 26 kilogrammes de phosphate de chaux par hectolitre ; de 1857 à 1859, pendant que l'arrêté était en vigueur, cette moyenne était montée à 37 kilogrammes ; en 1860, l'arrêté est tombé en désuétude, par le refus du Conseil général de continuer l'allocation des frais de vérification, qui lui ont semblé devoir rester à la charge des cultivateurs auxquels ils profitaient directement.

A partir de cette époque, il se fit moins d'analyses ; et l'on vit peu à peu revenir les engrais frelatés et sans valeur qui avaient disparu sous l'influence et sous la menace de l'arrêté. Cet état de choses dura jusqu'en l'année 1867 ; c'est alors que parut la loi sur la répression des fraudes dans la vente des engrais.

Cette loi draconnienne, et de laquelle on attendait tant, a eu tout d'abord pour effet de causer un moment de stupeur dans le commerce des engrais ; elle a arrêté, pour un temps, les falsifications grossières. Mais, comme elle n'a jamais été appliquée, du moins dans notre pays, alors qu'elle pouvait l'être chaque jour, les fraudeurs ont repris leur sécurité et leur audace, et les choses se passent aujourd'hui comme devant.

Pourquoi cette loi, dont le texte est si formel et les pénalités si bien édictées, n'a-t-elle jamais été appliquée? Parce que, de même que pour les arrêtés préfectoraux, l'initiative privée a été nulle et que le gouvernement n'a pris aucunes mesures pour en assurer l'exécution.

Ennemi en principe de toute entrave à la liberté du commerce, j'avais été partisan d'une réglementation de celui des engrais. Il m'avait semblé nécessaire de protéger l'agriculture, qui n'était qu'un enfant mineur vis-à-vis de ce commerce habile. N'y avait-il pas en effet dans cette inégalité entre l'offre et la demande un scandale économique de nature à justifier des mesures exceptionnelles?

Aussi, appelé à déposer dans l'enquête ouverte en 1854 au ministère de l'agriculture, j'avais présenté l'utilité de certaines mesures qui devaient rendre cette réglementation efficace.

Permettez-moi, Messieurs, de vous rappeler les principales :

« Les fabricants et les marchands ne seraient gênés ni dans leur fabrication ni dans leur vente.

» Ils opèreraient en dehors de toute surveillance, ne seraient pas tenus de faire connaître leurs procédés industriels, et formuleraient leurs offres et leurs annonces comme ils l'entendraient.

» Il ne seraient tenus que de livrer ce qu'ils annoncent. .

» Dès lors, on ne devrait exercer de surveillance que sur les produits mis en vente ou vendus ; pour les premiers, dans les magasins et les dépôts ; pour les seconds, dans tous les endroits où se font les livraisons et particulièrement dans les gares.

» Des chimistes inspecteurs des engrais, désignés à cet office, et assistés, au besoin, d'un commissaire de police ou du maire, comme cela se passe pour l'inspection des pharmaciens et des magasins de denrées alimentaires par les commissions départementales d'hygiène, se transporteraient dans tous les lieux où se trouvent des engrais mis en vente ou vendus, et ils vérifieraient si la déclaration, *quelle qu'elle soit,* du vendeur est conforme. »

Là où les engrais mis en vente sont mis en tas et divisés par lots, il serait placé sur chaque lot un écriteau indiquant, en caractères lisibles, la *déclaration du vendeur* sur la composition de sa marchandise.

« Lorsque les engrais seraient enfermés dans des sacs, des tonnes ou autres emballages, les marchands seraient tenus d'apposer sur ces emballages des étiquettes solidement fixées et scellées au besoin par un cachet ou par un plomb, et portant, avec le nom et l'adresse du vendeur, *sa déclaration* comme ci-dessus.

» Pour ceux voyageant en vrac, comme les poudrettes, les tourteaux, les noirs, etc. — Cette déclaration devrait figurer sur la lettre de voiture.

» La vérification des engrais se faisant par l'analyse chimique qui, dans ce cas, ne donne que des résultats en poids, la vente devrait toujours se faire au poids.

» Les inspecteurs des engrais adresseraient à qui de droit des procès-verbaux de leurs opérations et les résultats de leurs analyses seraient publiés périodiquement, à titre de renseignements.

» Ces mêmes inspecteurs seraient chargés de faire, chaque année, une statistique des engrais, autres que les fumiers de ferme, employés dans la circonscription soumise à leur surveillance. Ils mettraient en outre à profit leurs tournées pour étudier les moyens d'augmenter la production et l'emploi des engrais, etc. »

Voilà par quelles mesures d'exécution il fallait compléter la loi. On ne l'a pas fait, on n'a pas voulu nuire à ce qu'on appelait la liberté commerciale. Ces fonctions des inspecteurs des engrais ne représentent-elles pas avec un caractère administratif et officiel, ce qu'on cherche à retrouver dans les directeurs des Stations agronomiques ?

Remarquez bien, Messieurs, que jamais les négociants honnêtes n'auraient été mis en cause, dans ce système. Des hommes spéciaux et renseignés n'auraient pas taxé de fraudes de petites différences sur le titre des matières fertilisantes, sachant bien quelle latitude il faut laisser aux difficultés d'une fabrication manufacturière et quelles causes diverses peuvent modifier la composition chimique d'un engrais.

Ce qu'ils auraient eu pour mission de signaler, c'est la fraude. C'est là seulement ce qu'il fallait atteindre.

Quoi qu'il en soit, cette loi a été une arme inutile, et cela parce qu'on l'a abandonnée à l'initiative des cultivateurs qui n'en connaissent même pas le texte, pour la plupart. C'est pourquoi les fraudes les plus grossières et les plus scandaleuses ont été constatées, sans que ceux qui en étaient les dupes aient même songé à les porter devant les tribunaux. Il faut d'ailleurs certaines précautions préalables qu'on ne prend presque jamais. Ainsi, pour une fois que l'affaire a été tentée ici (et le vol était manifeste), la poursuite n'a pu avoir lieu ; le vendeur n'ayant pas pris d'engagement sur sa facture et contestant, d'un autre côté, l'authenticité des échantillons, car il y avait cinq poursuivants.

Il faut, en effet, deux mesures essentielles : les conditions écrites du marché et les formalités de la prise d'échantillon. On ignore en général l'utilité de ces précautions, ou on néglige de les prendre.

Je pourrais citer bien des faits, je n'en rapporterai que quelques-uns les plus récents.

Il y a un mois environ, je rencontre un cultivateur qui me manifeste le désir de faire analyser un engrais qui était en gare. Je le prie de prendre un échantillon dans chaque sac, en présence de M. le Commissaire de la gare ; d'en faire le mélange avec soin et de le diviser en deux parties qu'il enfermera dans deux sacs et fera cacheter par ce fonctionnaire ; puis d'aviser l'expéditeur qu'un de ces sacs m'est remis pour être analysé et que l'autre est laissé dans les mains de M. le Commissaire de la gare pour servir au besoin à une analyse contradictoire.

L'analyse ayant accusé un déficit important sur le titre en azote et phosphate, le négociant s'est empressé de rembourser la différence, avec force excuses, ce qui n'eut très-probablement pas eu lieu sans cette précaution. Or, il n'y avait pas seulement un déficit dans la richesse de cet engrais, mais encore dans le poids ; les sacs ne pesaient que 85 et 90 kilos, au lieu de 100.

A-t-il été fait beaucoup de ventes semblables? Je l'ignore. En tout cas, il n'a été fait qu'une seule analyse, et par hasard.

Au contraire dans un autre cas, récent aussi, l'analyse n'avait pas répondu à la garantie en azote. Mais l'engrais avait été mis en terre et l'échantillon prélevé sur deux sacs qui restaient. Il s'agissait d'un engrais de sa nature peu altérable (de la poudre d'os). Le vendeur a refusé l'indemnité réclamée en invoquant deux raisons, à savoir : que l'échantillon pris sur deux sacs pouvait ne pas représenter exactement la composition de toute la marchandise livrée (15,000 kilog.); et qu'il avait pu perdre une certaine proportion d'azote depuis la livraison. L'affaire portée devant le tribunal de commerce a été jugée sur ces présomptions.

Il n'y a rien à dire sur le dénouement de cette affaire, mais dans la même campagne, la même maison, sur un engrais de même nature, consentait une réduction proportionnée au déficit, à la suite d'une analyse faite sur un échantillon hors de toute contestation.

C'est donc aux cultivateurs à se précautionner. Pourquoi ne le font-il pas?

Si je ne craignais de paraître exagéré dans mes appréciations, je dirais que l'arrêté préfectoral aussi bien que la loi promulguée le 6 mai 1867, loin de la développer, n'ont fait qu'entraver l'initiative privée, par la confiance que les cultivateurs ont eu dans la protection et de l'administration préfectorale, et du gouvernement.

Il y a une autre cause qui a favorisé les fraudes et les abus. Ceci est un point plus délicat, mais, si je me trompe, Messieurs, j'accepterai avec déférence la réfutation de l'opinion que je vais émettre.

Eh bien, la plupart des Agriculteurs, même parmi les plus intelligents et les plus soucieux de leurs intérêts, ne songent même pas à recourir au contrôle des engrais, parce qu'ils trouvent une garantie suffisante dans les analyses publiées par les vendeurs. Or ces analyses faites par des chimistes, dont le

nom fait autorité dans la science agricole, servent de couvert
à la vente d'une foule de produits qui s'éloignent fort souvent
du type analysé.

Non-seulement on exploite ces analyses pour capter la
confiance des cultivateurs, mais encore on public sur le mérite
de leur composition et même sur les résultats de leur emploi
des rapports élogieux émanant de ces mêmes chimistes, dont
les noms et les théories arrivent aux cultivateurs comme une
garantie des produits qui leurs sont offerts.

Ce n'est pas par les analyses, mais bien par les insuccès
de ces dernières années, qu'ils se sont convaincus que les
guanos n'avaient plus la composition de ces riches guanos du
Pérou dont notre agriculture française a eu une si faible
part.

Depuis cette disparition, du reste, c'est un véritable déver-
gondage : on trompe sur les origines, on trompe sur les
plombs. Des marchands cosmopolites qu'on ne voit qu'une
fois, se renouvelant tous les ans, avec des noms toujours
nouveaux, souvent d'origine étrangère, courent les campagnes, faisant dans un beau langage les plus belles théories,
s'appuyant eux aussi de l'autorité des savants et des analyses
qu'ils garantissent, hormis sur leurs factures, mais en réalité,
spéculant au mépris de la loi, sur cette crédulité, cette confiance et cette inertie des acheteurs.

Je ne sais ce qui adviendra cette année, mais l'année dernière et il y a deux ans, de pauvres petits cultivateurs ont cherché en vain la trace de leurs semences à la suite de l'emploi
de ces engrais, qui leur avaient été vendus à des prix exhor-
bitants.

Il est bien fâcheux qu'on n'ait pas pris des mesures pour
frapper de toutes les rigueurs de la loi de pareilles fraudes,
qui ont fait perdre à de malheureux cultivateurs leurs semences, leurs labours, tout l'espoir d'une année ! qui ont fait pis

encore en discréditant l'emploi des engrais commerciaux : j'en
ai vu renoncer à leur emploi à la suite d'insuccès de cette
nature.

C'est donc un double préjudice causé à l'économie agricole
et il y a un intérêt supérieur à faire cesser un pareil état de
choses, en présence du besoin urgent des engrais complémen-
taires du fumier de ferme.

Les préceptes si bien formulés par M. Lecouteux sur
les avantages de la culture intensive, c'est-à-dire sur l'accroissement des récoltes par les « capitaux engrais », sont maintenant ici des vérités démontrées, et sont devenus, grâce aux
résultats brillants que vous avez pu constater vous-mêmes,
Messieurs, dans ce pays, de véritables dogmes d'économie
rurale.

C'est avec ce complément de fumure, fourni par les engrais
commerciaux, qu'on est arrivé aux gros rendements et aux
gros profits qui frappent tout le monde et parlent plus haut
que toutes les théories.

Notre pays n'est pas resté en arrière dans cette voie et on
peut suivre le mouvement progressif de leur emploi par les
chiffres ci-dessous, relevés dans le bureau de statistique du
chemin de fer d'Orléans, des engrais commerciaux importés
dans le département de l'Indre, pendant une période de
dix-huit ans (de 1856 à 1873).

En 1856..	1,462	tonnes.
En 1860.	2,429	—
En 1864.	3,488	—
En 1868.	5,042	—
En 1872.	6,094	—

Mais en présence de tant de fraudes, comment répondre
à d'aussi impérieux besoins ? J'ai hâte de le dire, Messieurs,
à côté de ces fraudeurs impudents, il y a une industrie
sérieuse, honnête, qui compte des hommes de talent et à

laquelle l'agriculture est redevable de sacrifices et de recherches dont elle a tiré de grands profits ; il y a un commerce régulier qui, s'il ne les provoque pas, accepte du moins les bases d'un marché loyal, c'est-à-dire la vente sur analyse et le paiement de l'engrais suivant sa richesse en principes fécondants.

Dans ce commerce, il y a des négociants qui ont subi, sans contestation, des réductions parfois énormes, à la suite d'analyses contraires à leurs prévisions. Il y en a aussi qui, plus soigneux et plus exacts dans leur fabrication, livrent toujours des produits conformes à leur garantie, à un prix plus ou moins élevé.

Les transactions, dans ce cas, ne sont qu'une affaire de *marché*, qu'il faut savoir passer en fixant le taux de chacune des matières fertilisantes, de *prise d'échantillon* et *d'analyse*.

De la *prise d'échantillon* et de *l'analyse*, je n'en dirai rien. Ces deux points essentiels sont à l'étude au sein de la Commission des Agriculteurs de France. Le *Bulletin* de février indique que cette étude touche à son terme ; que bientôt elle nous fournira des indications qui permettront d'opérer le contrôle des engrais par des procédés rapides et exacts et sur des échantillons recueillis à l'abri de toute contestation.

Elle viendra aussi détruire les prétentions singulières de certains négociants, haut placés, qui persistent à refuser des analyses sous prétexte qu'elles ne sont pas faites par le procédé dit *Commercial*.

C'est surtout sur le dosage des phosphates, de ceux des Ardennes en particulier, que des contestations se sont élevées ici.

Le procédé dit *Commercial*, tel qu'il est réclamé, a pour résultat de donner des chiffres inexacts en séparant avec le phosphate de chaux diverses substances, telles que l'oxide de fer et l'alumine, qui viennent augmenter le titre en phosphate de chaux.

Quand le contrôle des engrais doit être la vérification des clauses d'un marché, l'analyse peut en effet être appelée commerciale, mais je la définirais ainsi :

L'analyse qui, devant assurer l'exécution loyale d'un marché d'engrais, donne rapidement et économiquement les résultats les plus exacts, indépendamment de tout procédé exclusif.

Mais très-peu de gens savent passer *un marché d'engrais;* et si j'ai parlé plus haut de fraudes, c'est ici que se commettent les abus. J'ai insisté sur ce point dans l'enquête et donné un modèle de marchés, comme il s'en est passé souvent ici depuis une dizaine d'années : la valeur vénale des principes fertilisants est fixée à l'avance, et le prix réglé sur les résultats de l'analyse.

Aujourd'hui, la question s'est étendue et éclairée. La science et la pratique agricoles ont établi, approximativement du moins, la valeur comparative des engrais, suivant l'état plus ou moins assimilable dans lequel l'azote, l'acide phosphorique, les sels alcalins s'y trouvent. Les marchés devront, suivant les circonstances, modifier la valeur vénale de ces agents ; les analyses seront exécutées par des procédés ayant en vue leur dosage sous ces divers états.

Il me reste à parler des laboratoires d'essais.

Le savant Secrétaire-Général de la Société des Agriculteurs de France, l'honorable M. Lecouteux, l'a proclamé avec raison, dans cette ville même et dans une circonstance solennelle, à l'occasion de l'inauguration du labourage à vapeur à la ferme de Montvril, comme il l'avait fait un peu auparavant à la ferme de Petit-Bourg : les Agriculteurs ne doivent compter que sur leur propre initiative ; et cette initiative n'aura de puissance que par la force que donne l'association, en d'autres termes, par l'initiative collective.

Les arrêtés préfectoraux et la loi ont été impuissants à protéger les Agriculteurs dans leurs achats d'engrais ; c'est aux Sociétés, c'est-à-dire aux Agriculteurs eux-mêmes à organiser des laboratoires d'essais et à se faire rendre justice au besoin.

Le Contrôle des engrais, tel semble être le but primordial des Stations agronomiques.

Déjà quelques-unes ont fait leurs preuves, et, si c'est un honneur pour M. Grandeau d'avoir inauguré en France ces utiles institutions, on ne doit pas moins de reconnaissance à la Société des Agriculteurs de France des efforts et des sacrifices qu'elle fait pour en favoriser la création.

Mais, une grosse difficulté se présente ici. C'est le recrutement de directeurs, c'est-à-dire de chimistes de laboratoire susceptibles, avec le contrôle des engrais, d'entreprendre des travaux de recherches scientifiques sur les différentes parties de la chimie agricole ; de faire des cours, des conférences et de fréquentes publications de leurs travaux.

Des hommes capables de remplir une fonction aussi vaste sont assurément difficiles à trouver. Le moyen le plus sûr de renseigner les cultivateurs sur le commerce des engrais sera la publication, par les Stations, des analyses, avec les noms des vendeurs et acheteurs et la valeur vénale de la marchandise. Comme l'a courageusement accepté M. Grandeau : « si les chefs de Stations s'arrogent le droit de dénoncer au public les marchands d'engrais qui vendent à faux titre, ils auront, en cas de contestation, à faire la preuve devant qui de droit, à leurs risques et périls », cela est de toute justice.

Or, il est bien des savants qui seront séduits par le côté purement scientifique des Stations : faire des cours, des conférences, des recherches spéculatives sur la végétation et la zootechnie, publier des rapports sur ces différents travaux, etc.

Mais en ce qui concerne le contrôle des engrais, ce n'est pas la même chose. Il s'agit là d'un travail aride, fatiguant, monotone, qui force l'opérateur à descendre sur le terrain des intérêts et des agissements purement commerciaux, et qui l'expose à des duretés comme celles qui n'ont pas été épargnées à l'honorable M. Grandeau, duretés qu'ont éprouvées tous ceux qui ont pris l'offensive contre les marchands d'engrais.

Serait-on d'ailleurs en état, dans beaucoup de départements, d'offrir aux directeurs dont je viens de parler une rémunération convenable, et de mettre à leur disposition les sommes suffisantes pour l'accomplissement du programme des travaux dont on voudrait les charger ?

Je crois, Messieurs, que c'est une erreur de songer à faire reposer le succès des Stations uniquement sur le mérite et le zèle d'un Directeur. Il me semble que ces institutions ne seront utiles et durables que par le concours collectif d'hommes capables d'étudier scientifiquement les diverses sections de l'agronomie, et de constituer, autour du Directeur, un centre de propagande où chacun, suivant ses aptitudes, entreprendra de transporter les données de la science dans le domaine de la pratique. Ce serait le Comité de la Station.

Le Directeur chimiste disparaît-il? la Station continue à fonctionner sous la direction supérieure de ce Comité.

C'est dans cet esprit et sur cette base que s'est constituée la Station agronomique de Châteauroux, et c'est avec des attributions restreintes au contrôle des engrais que j'ai accepté sous le titre de Directeur (qui ne devrait être que Chef de laboratoire) de concourir à son organisation et à son fonctionnement.

Aurons-nous l'esprit d'association et d'iniative nécessaires au succès de cette institution ? Réussirons-nous dans cette nouvelle tentative?

Oui, si au dévouement des hommes d'étude, vient se joindre celui des Agriculteurs de profession. Il faut que, par l'union des capacités, on ne désigne pas seulement les hommes qui s'occupent de science, mais aussi les praticiens éclairés.

On l'a dit souvent, et cela est vrai : un chimiste peut faire un mauvais cultivateur et un bon cultivateur peut n'être pas chimiste.

Il faut qu'à la Station la pratique donne la main à la théorie; que toutes deux marchent ensemble, s'aidant et se contrôlant mutuellement. On fera de meilleure besogne et par conséquent on ira plus vite.

Il faut donc trouver des chimistes qui puissent, dans des conditions modestes, diriger les laboratoires des Stations : il faut aussi, au point de vue spécial du contrôle des engrais et des besoins actuels de la culture, multiplier le plus possible les laboratoires et les notions de chimie agricole. C'est-à-dire qu'il faut former un plus grand nombre de chimistes pour ces travaux spéciaux.

Je vous demande pardon de vous citer encore une partie de ma déposition dans l'enquête ayant trait à ce sujet.

« En province, les savants que je mets au premier rang, sans parler des professeurs de Lycée, sont les ingénieurs des ponts et chaussées et les ingénieurs civils.

» Mais ils n'ont pour la plupart ni laboratoires, ni réactifs et ne sont pas assez nombreux pour se trouver partout à la portée des cultivateurs.

» Les pharmaciens qui ne sont pas des savants en général, sont bien plus répandus, ils ont, ceux de 1re classe surtout, des notions élémentaires de physique, de chimie, de minéralogie, de géologie et de botanique ; ils sont tous plus ou moins manipulateurs ; ils ont un laboratoire, des réactifs, et, la plupart du temps, les appareils nécessaires pour faire des analyses ; il ne leur manque que des notions spéciales de chimie appliquée à l'agriculture et j'ajouterai à l'industrie, pour être en mesure de rendre de grands services en province.

» Mais, ces connaissances, ils les acquèreraient bien vite, s'ils y étaient encouragés, seulement par un titre qui les signalerait à l'attention publique. Les élèves en pharmacie qui prennent leurs inscriptions à Paris, pourraient suivre des cours spéciaux et seraient invités à passer des examens à la suite desquels il leur serait délivré un brevet de capacité, qui leur permettrait d'ajouter à leur titre de pharmacien, celui de chimiste, par exemple, comme les médecins qui, après avoir subi un examen spécial sur la chirurgie, prennent le titre de docteur en médecine et en chirurgie. »

On doit reconnaître à la pharmacie les services qu'elle a rendus pour le progrès et la vulgarisation des sciences; sans parler des chimistes éminents qui sont sortis de ses rangs, les premières analyses commerciales d'engrais ont été faites par un pharmacien de Nantes, M. Moride, qui n'enlève rien au mérite incontestable de l'honorable M. Bobierre qui a ouvert le premier laboratoire spécial pour ces analyses et a rendu de si grands services à l'agriculture par la publicité qu'il a donnée aux fraudes et aux moyens de les constater. (1) Aujourd'hui encore, la plupart des chimistes qui font ces essais sont des pharmaciens qui n'ont pas été préparés à ces travaux par des études spéciales.

Je sais que sous l'habile direction de M. Frémy, il sort chaque année des laboratoires du Muséum un certain nombre de jeunes gens bien préparés pour s'occuper de chimie agricole, mais ils sont attirés par l'industrie et gagnent plus à se mettre à la disposition des fabricants d'engrais qu'à celle des cultivateurs.

Il faut bien, Messieurs, que vous connaissiez toute la vérité sur cette affaire de contrôle d'engrais.

---

(1) Je dois moi-même beaucoup de reconnaissance à M. Bobierre, pour l'empressement qu'il a mis à m'initier à ses procédés d'analyse.

Les essayeurs qui font beaucoup d'opérations et réalisent des bénéfices, sont ceux qui travaillent pour le compte des marchands. Ceux-ci tiennent à être bien renseignés. Ils le sont en général sur les produits qu'ils vendent, car ils se trompent rarement à leur préjudice et, s'ils trompent, ils le font à bon escient.

Mais les cultivateurs font faire si peu d'analyses qu'il n'y a pas de position possible, en province, pour un chimiste opérant uniquement pour eux. Je ne vous parlerai de moi, Messieurs, que pour vous donner un exemple. Ne faisant guère d'analyses que pour le compte des cultivateurs, le nombre en est peu élevé. En 1872, j'en ai fait cinquante (il faut entendre titrages d'azote ou de phosphate) ; en 1873, j'en ai fait davantage, quatre-vingt-quatorze, mais il y a eu des circonstances exceptionnelles, il n'en a guère été fait qu'une cinquantaine pour les cultivateurs, les autres l'ont été pour le commerce.

Ce n'est pas qu'il en faille beaucoup pour obtenir de gros résultats. J'ignore à quelles réductions dans les prix elles ont donné lieu en 1873, mais, en 1872, elles ont atteint le chiffre d'au moins 8,000 francs. Je n'ose vous dire quel a été le chiffre de mes honoraires, mais si je n'avais eu mon laboratoire professionnel, il ne m'eût pas été possible de les entreprendre.

Voilà, Messieurs, la situation vraie.

J'ai essayé de vous donner un aperçu du commerce des engrais dans le département de l'Indre en suivant les diverses tentatives qui ont été faites pour moraliser ce commerce. Je vous ai démontré que ces tentatives avaient été sans résultat, comme elles l'ont été ailleurs.

Abandonnant alors l'étude des procédés d'analyse les plus pratiques et les plus exacts, ainsi que l'examen des formalités de la prise d'échantillon à la Commission permanente des engrais de la Société des Agriculteurs de France, j'ai cru devoir appeler l'attention sur les précautions à prendre pour passer les marchés d'engrais et sur l'utilité de renseigner les acheteurs sur ce point important.

Confiant enfin dans les résultats du contrôle par les Stations agronomiques, sous l'impulsion de l'initiative même des cultivateurs, et, dans le but d'arriver à multiplier les chimistes et les laboratoires, j'ai essayé de vous montrer les avantages qu'il y aurait à tirer parti des aptitudes et de la position des pharmaciens. Mais, n'entendant pas restreindre à cette profession le titre de Chimiste expert, j'aurai l'honneur, Messieurs, de proposer au Congrès de voter un vœu que je formulerai dans les termes suivants, mais qui pourrait être modifié dans la forme :

« Le Congrès, considérant l'impérieuse utilité de répandre les laboratoires de chimie appliquée à l'agriculture et à l'industrie, et de donner un caractère professionnel et recommandable à ceux qui veulent en faire l'objet spécial de leurs travaux,

» Émet le vœu suivant :

» 1° Il sera créé un diplôme de Chimiste expert ;

» 2° Le titre de Chimiste expert ne sera accordé qu'à ceux qui auront subi un examen sur la chimie appliquée à l'agriculture et à l'industrie ;

» 3° Ceux qui désirent obtenir ce diplôme seront invités à suivre des cours spéciaux et à prendre part aux manipulations qui se feront dans les laboratoires qui leur seront désignés ;

» 4° Le programme et les conditions d'examen leur seront notifiés en temps et lieu. »

Ce serait à M. le Ministre de l'Instruction publique que serait renvoyée l'exécution de ce vœu.

Je ne suis pas législateur, ce sont de simples idées que je vous soumets. Mais je crois, Messieurs, qu'en dehors des écoles spéciales, on doit chercher à former une pépinière de Chimistes diplômés qui se recommandront ainsi, feront des Chefs de laboratoires pour les Stations agronomiques et pourront se répandre de tous côtés pour les besoins de la chimie agricole. Car on n'arrivera à régenter le commerce des engrais qu'en le faisant passer à travers les mailles serrées de l'analyse.

Le Congrès écoute avec un vif intérêt les paroles de M. Guinon, et de nombreuses marques d'approbation lui sont données.

M. Henry présente deux observations :

1° Il est complètement d'accord avec M. Guinon, sur l'utilité des Stations, mais, malgré les efforts de leurs fondateurs, l'agriculture ne vient pas aux laboratoires et ne sait pas profiter de leurs ressources. Le peu de succès des analyses faites par M. Henry dans son laboratoire pour renseigner les cultivateurs de sa région en est un fâcheux exemple. Il a prouvé à plusieurs d'entre eux qu'ils dépensaient inutilement leur argent en transport de terres qui, malgré le nom de marne qu'on leur donnait, ne contiennent pas de calcaire ; il leur a montré que cette faute aurait pu être évitée en consultant un chimiste, mais il n'a pas vu que l'analyse fut pour cela plus demandée. Puisque, malgré les avantages qu'ils en retireraient, les Agriculteurs n'ont point recours à la chimie, ne semble-t-il pas inopportun de créer, comme le propose M. Guinon, des chimistes spéciaux dont on ne se servira pas ?

2° Quant aux phosphates fossiles et à l'analyse commerciale, M. Henry excuse le marchand ; il ne peut mieux faire, car il serait impossible d'établir un prix rémunérateur basé sur l'analyse réelle, la différence entre les deux étant de 1/5 à 1/6.

M. Guinon connaît, comme M. Henry, le peu d'empressement des cultivateurs à recourir à l'analyse ; il connaît, comme lui, nombre d'opérations déplorables ayant la même cause : transports de

terres argileuses et inertes pour de la marne, construction de four
à chaux pour calciner une pierre qui n'était qu'une terre à gazette ;
il sait aussi que nombre de commerçants livrent leurs engrais à un
titre bien inférieur à celui qu'ils annoncent. La conclusion de ces
exemples est que les Agriculteurs pourraient prendre leurs précautions et qu'ils ne le font pas faute d'être suffisamment renseignés,
non-seulement parce qu'ils manquent des notions scientifiques les
plus élémentaires, mais parce qu'ils ne savent pas se servir des résultats de l'analyse pour passer des marchés d'engrais. Aussi,
M. Guinon croit-il qu'il est du devoir des amis de l'Agriculture de
le leur apprendre. Or, c'est en augmentant le nombre des chimistes susceptibles de faire des analyses d'engrais, c'est en les
aidant à s'établir dans les différents centres agricoles, qu'on arrivera à vulgariser parmi les intéressés ces notions indispensables
aujourd'hui sur les engrais, sur leur valeur, sur les fraudes et les
moyens de s'en prémunir.

Quant à l'analyse commerciale, si l'analyse rigoureuse lui est
substituée, elle aura peut-être pour résultat de faire hausser le prix
du degré des principes fertilisants, mais sans augmenter pour cela
le prix de l'engrais lui-même, puisqu'on vend déjà sur garantie de
dosage : la formule de garantie seule serait changée. Mais ces méthodes plus exactes rempliront mieux le but des Stations qui est de
moraliser ce commerce et le prix général des engrais diminuera
par ce fait que les fraudes disparaîtront.

Cela est si vrai que déjà les négociants honnêtes réclament
l'analyse rigoureuse pour lutter contre les fraudeurs.

M. le Président met aux voix le vœu proposé par M. Guinon :

« 1° Il sera créé un diplôme de Chimiste expert ;

» 2° Le titre de Chimiste expert ne sera accordé qu'à ceux
qui auront subi un examen sur la chimie appliquée à l'agriculture et à l'industrie ;

» 3° Ceux qui désirent obtenir ce diplôme seront invités à
suivre des cours spéciaux et à prendre part aux manipulations qui se feront dans les laboratoires qui leur seront
désignés ;

» 4° Le programme et les conditions d'examen leur seront notifiés en temps et lieu. »

Ce vœu est adopté à l'unanimité par le Congrès.

Il sera renvoyé à M. le Ministre de l'Instruction publique et à M. le Ministre de l'Agriculture et du Commerce.

M. le Président. — La parole est à M. Henry, Ingénieur des ponts et chaussées, à Romorantin, sur le *Curage des Cours d'eau et l'Organisation des Syndicats.*

M. Henry s'exprime de la manière suivante :

Messieurs,

Il y a, vous le savez tous, une très-grande ressemblance entre la Brenne et la Sologne, et il est évident, qu'à raison de cette analogie de conditions agronomiques, on peut légitimement espérer que les améliorations réalisées dans l'une de ces contrées présenteraient de sérieuses chances de succès si l'on en faisait application à la région voisine.

C'est d'après cette induction qu'il m'a paru avantageux de vous entretenir des efforts qui ont été faits en Sologne pour faciliter l'écoulement des eaux nuisibles.

Ce n'est pas sans quelque appréhension de mon insuffisance que j'appelle sur ce sujet les méditations de cette nombreuse assemblée. Je m'expose, je ne l'ignore pas, à me heurter à toutes les difficultés d'exposition inhérentes aux questions un peu spécialisées, aux détails qui offrent un caractère trop technique. Mais, au-delà de ces obstacles, m'apparaît l'intérêt des pays déshérités. Il importe, surtout dans nos temps troublés, de tenir en éveil l'opinion publique sur leurs besoins, et de mettre bien en évidence la fécondité des travaux entrepris pour leur venir en aide, ainsi que l'importance des sacrifices que s'imposent les populations pour sortir de leur état d'infériorité.

C'est pour contribuer à cette démonstration sympathique à la fois à la Brenne et à la Sologne que, mettant de côté toute préoccupation personnelle, j'ose solliciter en ce moment votre bienveillante attention.

Pour apporter un peu d'ordre dans cet entretien, je vous présenterai tout d'abord une légère esquisse des opérations d'assainissement effectuées en Sologne et des résultats qu'elles ont produits. Je vous indiquerai ensuite quels sont les moyens généraux dont l'expérience conseille l'emploi, pour faire disparaître d'un pays l'encombrement des cours d'eau abandonnés, depuis de longues années, aux causes naturelles et artificielles d'obstruction.

Nos opérations ont porté sur 630 kilomètres de rivières et sur 190 kilomètres de ruisseaux ; elles ont soustrait aux inondations ruineuses d'été ou à la stagnation des eaux une superficie de 21,700 hectares. Elles ont consisté uniquement en travaux de mise en état des lits des cours d'eau par voie de curages, accompagnés quelquefois de rectifications.

Les principaux curages ont eu lieu avec le concours d'associations syndicales, et votre expérience pratique vous suggèrera sans doute immédiatement cette pensée, qui s'impose à mon esprit comme une conviction profonde : que le groupement des intéressés en sociétés régulières est absolument nécessaire pour assurer la continuité de l'entretien.

Ce n'est qu'à titre tout à fait exceptionnel, et seulement pour le cas de redressements considérés comme étant d'utilité publique, qu'il a été possible d'obtenir le concours financier de l'État : toutes les dépenses, autres que celles occasionnées par ces modifications de tracé, ont été dès lors supportées par les propriétaires des terrains compromis par les eaux nuisibles. Il serait difficile d'évaluer avec un degré suffisant d'exactitude

11

les frais de main-d'œuvre relatifs au curage des petits ruisseaux par chacun des riverains au droit de soi ; mais nous
avons au contraire tous les éléments nécessaires pour préciser
le prix de revient des travaux effectués, pour le compte des
associations, par des entrepreneurs spéciaux : ils ont coûté
1,120,000 francs, chiffre qui s'applique à 440 kilomètres de
rivières et à l'assainissement de 13,500 hectares. Le prix
moyen par hectare ressort ainsi à 83 francs.

Si j'entre dans tous ces détails, ce n'est pas par le vain
plaisir de faire étalage d'une facile érudition statistique, mais
pour cette raison, qui me paraît péremptoire, que l'importance
même des données est ici une présomption d'efficacité.

Vous en jugerez. Messieurs, par les résultats obtenus
dont vous me permettrez de faire une revue rapide, en ne
choisissant parmi les faits nombreux, dernièrement mis en
évidence par M. l'Ingénieur en chef Sainjon (1), que ceux
qui peuvent présenter le plus d'attraits pour une réunion
d'Agriculteurs.

Les progrès acquis, à ce point de vue restreint, intéressent
la culture, l'hygiène, l'économie sociale.

Résultats agricoles. — Dans certains pays plantureux,
où de favorables conditions géologiques semblent avoir eu
pour but d'accumuler des trésors de fertilité, les distinctions
entre les diverses terres voisines sont peu tranchées. Mais,
qu'il en est autrement dans nos sols appauvris de la Brenne
et de la Sologne ! Vous savez tous que nous y rencontrons
des disparates fortement accusés, suivant que nous considérons
les plateaux et les vallées. Tandis que les hauteurs ne nous

(1) *Résultats dus à l'intervention de l'État en faveur de la Sologne.*
Rapport demandé par la dépêche ministérielle du 20 avril 1872, et lu en
séance du Comité central de la Sologne, le 5 octobre 1873.

offrent que des sables maigres ou des argiles compactes et imperméables, nous nous trouvons, dans les thalwegs, en présence d'alluvions de formation récente, qui ont pour ainsi dire mis en réserve tous les principes fécondants dérobés aux terres supérieures par le lavage des eaux courantes.

Il importe d'avoir présente à l'esprit cette distinction, pour se faire une idée nette des résultats obtenus en Sologne par l'assainissement de près de 22,000 hectares de terrains situés le long des divers cours d'eau. Les demi-marécages d'hier, qui ne donnaient qu'une coupe insuffisante et souvent incertaine de mauvais foin, sont en voie de devenir, suivant leur altitude, entre les mains des cultivateurs intelligents, ou de bonnes prairies, ou d'excellentes terres dans lesquelles les rendements de 25 à 30 hectolitres de froment ne sont pas des exceptions.

Notez, en outre, que ce n'est pas seulement sur les parcelles placées à proximité des cours d'eau que l'influence du curage se fait sentir : par une sorte d'action réflexe, la mise en état du lit d'une rivière permet encore, en assurant un égouttement indispensable, de rendre à la culture les étangs situés dans les vallées secondaires.

Aussi bien que moi, vous connaissez ces chapelets de retenues factices qui s'étagent sur les reliefs peu accentués de la Brenne et de la Sologne, et qui donnent aux cartes locales une physionomie si caractéristique. J'espère être d'accord avec votre sentiment en proclamant que si tous ces bassins, à niveaux plus ou moins variables, à cuvettes plus ou moins encaissées, ne doivent pas être englobés dans une condamnation générale, il est toutefois hors de doute qu'il serait avantageux de rendre à la culture la plus grande partie de ces réservoirs, qui ne se maintiennent le plus souvent qu'à la faveur d'une regrettable promiscuité de droits.

Ce progrès est en voie de se réaliser en Sologne : depuis

vingt ans la superficie occupée par les étangs a diminué de
28 p. 0/0, et n'est plus maintenant que de 20 hectares pour
1,000 hectares de terrain. Je ne crains pas d'ajouter que le
mouvement commencé irait certainement en s'accélérant, si
le rachat des servitudes était facilité par des dispositions lé-
gislatives analogues à celles qui ont été prises à l'égard des
terrains marécageux de l'Ouest de la France.

Résultats hygiéniques. — Il est tout naturel qu'une
réduction de surface des foyers d'impaludation se traduise
par une diminution de mortalité; l'expérience n'a pas démenti
cette prévision. Elle nous montre en effet que l'excédant
annuel moyen des naissances sur les décès, qui, dans la
période triennale 1847-1849. n'était que de 39 sur 10,000 habitants, s'est élevée à 75 de 1867 à 1869. On pourrait, il est
vrai, faire observer que cet heureux changement dans les
conditions d'existence tient peut-être à des circonstances générales. En vérité, nous voudrions pour la prospérité des
trois départements, qui comprennent le territoire de la Sologne, que cette objection fut fondée ; car enfin, un pays pauvre
serait déjà en droit de constater avec une certaine fierté qu'il
a suivi la progression des centres plus favorisés. Mais, ce qui
prouve bien que la Sologne a fait plus que de se mettre au pas
de l'amélioration d'ensemble, c'est qu'en dehors du territoire
solonais, la moyenne des départements du Cher, du Loiret et
de Loir-et-Cher n'accuse, aux deux périodes sus-indiquées,
qu'une constance absolue de l'excès des naissances sur les
décès : 55 en 1867-1869 comme en 1847-1849.

Résultats économiques. — On a dit: « tant vaut l'homme,
tant vaut la terre, » et il est bien certain que la vérité
de ce vieil adage n'a jamais été mieux comprise que de nos
jours. N'est-ce pas, en effet, de l'inspiration de cette pensée

qu'a surgi cette sorte de croisade de tous les cœurs généreux pour développer l'intelligence des travailleurs agricoles ? N'est-ce pas au souffle créateur de cette idée féconde que notre Société des Agriculteurs de France s'est constituée et qu'elle a pris un si rapide essor ? N'est-ce pas, enfin, pour propager toutes les connaissances que nous tenons aujourd'hui ces assises régionales.

C'est avec bonheur que je m'arrête à constater cette heureuse tendance de notre époque à la vulgarisation de l'instruction sous toutes ses formes.

Mais, laissez-moi vous le dire : si haut qu'on la place, la valeur personnelle n'est pas tout, pas plus en agriculture que dans l'art de la guerre. Plus elles sont développées, plus il est essentiel que les forces individuelles apprennent à se grouper sans se heurter, sans produire, diraient les mécaniciens, des pertes de force vive. Cette science des mouvements harmoniques des intérêts particuliers doit, de plus en plus, faire l'objet de notre sollicitude, qu'elle s'appelle discipline, quand elle s'applique à l'honneur national, à la défense de la patrie, ou qu'elle se nomme association, lorsqu'il s'agit de féconder notre puissance productive.

A vous, Messieurs, qui avez le suprême honneur de diriger la grande armée des travailleurs des champs, incombe surtout la laborieuse mission de concilier les énergies de l'initiative privée avec les sacrifices de liberté que nécessite l'action commune.

Mon rôle, heureusement, est bien plus modeste et j'ai hâte de m'y renfermer. Je vous dis donc simplement : dans ces vingt dernières années, la Sologne s'est engagée dans une bonne voie; non-seulement la routine a perdu du chemin, non-seulement l'intelligence des fermiers s'est ouverte, mais encore, sous l'aiguillon du besoin de se débarrasser d'eaux nuisibles, les populations ont appris à se concerter et ont ainsi reconnu par expérience la fécondité du principe d'association.

Ce développement concomitant de la valeur personnelle des individus et de leur tendance à se grouper est un fait économique partout digne d'attention. Si je ne me trompe, il est encore plus remarquable dans un pays pauvre : c'est un encouragement pour tous ceux qui ne croient pas à la pérennité des taches qui déparent notre belle carte de France, qui pensent au contraire qu'il y a avantage social à s'efforcer d'éclaircir les teintes trop sombres, aussi bien lorsqu'elles représentent des lacunes agricoles, que des vides dans l'instruction populaire.

J'ai besoin d'espérer, mes chers collègues, que les renseignements qui précèdent vous ont inspiré quelque intérêt pour les choses de la Sologne, et plus généralement pour les opérations du curage. Si je n'étais soutenu par cette confiance, je ne me sentirais pas le courage d'aborder la seconde partie de cet entretien.

Les conférenciers émérites, les grands vulgarisateurs ont seuls le secret d'exposer clairement les questions neuves, de trouver, pour les rendre familières, l'expression juste, la mesure exacte et la note vraie. Nous autres hommes de bonne volonté, mais peu initiés à cet art admirable de la parole, nous sommes toujours exposés à dériver contre deux écueils : ou bien, trop pleins de notre spécialité, trop amoureux de notre sujet, nous nous égarons dans des développements excessifs au milieu desquels tout objectif disparaît, ou bien dans un esprit de réserve exagérée, nous restons dans des généralités qui ne concluent pas, qui ne donnent pas les solutions pratiques dont notre auditoire a besoin.

Orateur inexpérimenté, peut-être ai-je tort de vous signaler ces périls. Mais j'ai dû m'y déterminer afin de vous montrer quel besoin j'ai de votre indulgente attention pour n'être ni prolixe, ni trop concis.

Nous avons à examiner ensemble comment il convient de procéder pour obtenir, par le moyen de curages, l'évacuation des eaux nuisibles, que leur nocuité provienne de stagnation ou d'inondations inopportunes.

Pour ne pas me jeter dans une exposition trop didactique et me tenir dans le domaine de l'application, je ne vois rien de mieux que d'emprunter le « distinguo » des logiciens, en passant en revue les différentes situations qui peuvent se présenter.

Il se peut, tout d'abord, que la mise en état du cours d'eau que nous avons en vue ait été l'objet d'anciens règlements ou d'usages locaux qu'on puisse invoquer utilement sans provoquer de difficultés. Quand cette heureuse circonstance se présente, il ne faut pas hésiter à se montrer résolûment conservateur, et à demander au Préfet de remettre en vigueur ces antiques dispositions, conformément aux pouvoirs que lui donne l'article 1er de la loi du 14 floréal an XI. Mais ne nous berçons pas trop de l'espoir de rencontrer cette cause de simplification : elle se manifeste assez rarement pour des raisons de droit que je ne puis qu'effleurer, et qui tiennent à ce que la jurisprudence ne reconnaît comme *anciens règlements* que les actes d'autorité publique antérieurs au 14 floréal an XI, et comme *usages locaux* que des coutumes constatées par des documents authentiques, et non par un simple fait de curage, eût-il même eu lieu avant le 14 floréal an XI. (1)

_____

(1) La loi du 14 floréal an XI pourrait cependant s'appliquer, en l'absence d'anciens règlements ou d'usages locaux, et même contrairement à ces précédents ; mais alors le Préfet ne serait plus compétent et il faudrait un décret du chef du pouvoir exécutif.

A raison de ces restrictions, ce n'est donc qu'à titre exceptionnel que nous serons en présence de précédents pouvant
faire autorité. Le plus souvent, nous aurons à lutter contre
des encombrements au sujet desquels il n'a jamais été pris
de mesures pouvant engager l'avenir, en permettant l'adoption
de voies et moyens consacrés par une sorte d'expérience
officielle.

La liberté d'allures dont nous jouissons dans ce cas général n'est pas illimitée ; elle se trouve circonscrite par deux
lois dont je tiens, tout d'abord, à caractériser les dispositions
essentielles et les tendances opposées.

L'une, presque séculaire, remonte au 12-20 août 1790.
Promulguée dans un de ces moments d'exaltation, où il s'a-
gissait de réagir contre de nombreux et criants abus, elle
laisse voir dans sa rédaction l'empreinte du pouvoir discré-
tionnaire qui est la conséquence fatale des longs abandons
de la justice, en s'inspirant en même temps de cette défiance
des collectivités qui était peut-être une des nécessités du
moment. Elle laisse toute latitude au Préfet, et même aux
Maires, sous condition d'une délégation spéciale, pour pres-
crire et faire exécuter le curage des cours d'eau par chacun
des riverains au droit de soi.

Dans l'autre loi toute récente du 21 juin 1865, le législateur a suivi des errements absolument opposés. La solidarité
des intérêts ne lui porte plus ombrage et il fait, au contraire,
un franc appel aux forces vives de l'Association. D'un autre
côté, il donne un exemple hardi d'abandon de tutelle administrative en posant ce principe : qu'un syndicat ne peut être
constitué par le Préfet, qu'autant que la formation en est
appuyée par les adhésions parfaitement explicites des intéressés, en majorité relative considérable.

Tels sont les deux instruments légaux qu'il nous est
donné de mettre en œuvre. Le premier est un outil léger,

bien dans la main de l'autorité, et particulièrement apte aux travaux de détail et aux cas urgents. Le second représente au contraire une de ces puissantes et intelligentes machines dont le montage est sans doute laborieux et compliqué, mais dont le fonctionnement est admirablement approprié aux gros ouvrages et à tous ceux qui comportent la reproduction d'un type primitif.

Est-il besoin, qu'après ce parallèle, j'insiste sur le choix que nous devrons faire, suivant l'occurence? Je ne le crois pas ; autant vaudrait prouver par syllogisme qu'il ne faut pas abuser de la perfection du marteau à vapeur pour l'employer à casser des noisettes. Je me borne donc à résumer en peu de mots les leçons du bon sens et de l'expérience.

S'agit-il d'un ruisseau, surtout s'il n'intéresse qu'une seule commune ou qu'un petit nombre de propriétaires, le mieux est de faire exécuter le curage individuellement par chacun des riverains au droit de soi, par application de la loi du 12-20 août 1790. Le Maire chargé de l'opération, avec l'assistance, s'il le désire, d'une commission spéciale et le concours de l'Ingénieur, n'éprouvera, en général, aucune difficulté sérieuse pour accomplir sa mission. En raison de l'utilité manifeste du curage et du peu d'importance relative des charges imposées aux riverains, on ne rencontre le plus souvent aucune opposition redoutable ; et c'est de l'inertie plutôt que de la mauvaise volonté qu'il faut se préoccuper. Quelques mesures bien simples permettent du reste de triompher de l'un et de l'autre de ces deux obstacles. Je vous signale les deux suivantes comme particulièrement efficaces : d'abord, faire déterminer par l'arrêté de curage les dimensions minima du lit ; puis, en second lieu, mettre en adjudication, à titre éventuel, l'exécution des travaux que les intéressés n'auraient pas terminés aux époques fixées. Les riverains sont ainsi bien prévenus, qu'à leur défaut, un entrepreneur spécial se mettra immédiatement à l'œuvre à leurs frais (1) ; et il est certain que cette perspective bien définie d'un paiement prochain est un aiguillon salutaire pour la nonchalance de ceux qui tiennent à satisfaire à leurs obligations par une main-d'œuvre personnelle. J'ajoute qu'assez souvent c'est de parti pris que des propriétaires laissent faire le curage à l'entreprise : ils y trouvent économie, et vous n'en serez pas surpris, si vous réfléchissez aux sujétions de déplacement et de perte de temps qu'exige le travail individuel pour la mise en chantier et pour la réception de l'ouvrage.

Pour ne pas abuser de vos instants, je passerai absolument sous silence toutes les autres dispositions de détail qui peuvent faciliter l'exécution de la loi de 1790. Si quelques-uns d'entre vous avaient, plus tard, besoin de renseignements sur ce sujet, je serais heureux d'entrer en relations avec eux à cette occasion, et je les prie de prendre note que cette offre se rapporte à toutes les lacunes que pourrait présenter cette conférence.

En limitant aux ruisseaux l'application de la loi précitée, j'ai par cela même indiqué que la mise en état des cours d'eau d'une certaine importance suppose un appel à la loi du 21 juin 1865, c'est-à-dire une organisation syndicale. Qui ne voit en effet que, dans ce cas, il faut imprimer aux ateliers une direction commune pour ménager la pente d'une manière équitable et intelligente, que d'ailleurs l'exécution exige des détournements d'eau, des barrages provisoires, souvent même des épuisements d'une certaine durée, et qu'évidemment des travaux de cette nature supposent l'union intime des intéressés? Vouloir affronter ces difficultés sans association, sans en faire l'objet d'une entreprise, serait courir au-devant

(1) La dépense est recouvrée contre les intéressés, comme en matière de contributions directes, sur état rendu exécutoire par le Préfet.

d'un insuccès certain, et s'exposer, de gaieté de cœur, à des désagréments sans cessé renaissants, et quelquefois à une sérieuse responsabilité pécuniaire. Du reste, parviendrait-on, au prix des plus grands efforts, après mille tiraillements, à un curage à peu près passable, que l'on n'aurait fait qu'une œuvre éphémère. Toute mesure d'entretien ne tarderait pas à faire défaut; et, au bout de peu d'années, vous verriez renaître cet encombrement, qui est l'inévitable résultat des attérissements accumulés et des capricieux empiètements de propriétaires, guidés par une fausse intelligence de leurs intérêts.

Il résulte de là qu'il est prudent, qu'il est rationnel, de ne pas chercher à trop étendre la sphère d'action de la loi de 1790; et je ne saurais trop vous engager à recourir à la constitution d'un syndicat, toutes les fois qu'il s'agira de régulariser l'écoulement d'un cours d'eau ayant une certaine importance et intéressant plusieurs communes.

Je ne l'ignore pas : en vous donnant ce conseil, je vais à l'encontre d'un courant d'opinion qui prétend que la loi du 22 juin 1865 est inapplicable, parce qu'elle exige une instruction préalable trop compliquée, et qu'on ne peut obtenir les adhésions nettes et explicites de la majorité requise. (1)

Je tiens, Messieurs, à le proclamer bien nettement : je ne partage pas cette doctrine et je crois cette manière de voir absolument erronée. Elle est contredite par les faits et injustifiable en principe.

Le démenti de l'expérience ne peut être révoqué en doute, puisque les Agriculteurs de Sologne ont pu former, même en

---

(1) Cette majorité est déterminée par l'article 12 de la loi du 24 juin 1865. « Si la majorité des intéressés, représentant au moins les deux tiers de la » superficie des terrains, ou les deux tiers des intéressés représentant » plus de la moitié de la superficie ont donné leur adhésion, le Préfet au- » torise, s'il y a lieu l'association. »

dehors de toute subvention, des associations syndicales qui fonctionnent scrupuleusement suivant les prescriptions de la législation récente. (1)

L'injustice des critiques contre le développement de l'enquête est tout aussi palpable. Je suis le premier à reconnaître qu'il est commode de considérer, comme on le faisait autrefois, le silence des intéressés comme une adhésion tacite; mais, franchement, cette application administrative du proverbe « qui ne dit mot consent » est-elle admissible, lorsqu'il s'agit d'engager une dépense un peu forte et surtout de faire entrer dans une Société appelée à avoir de la durée, non-seulement le propriétaire, mais la propriété elle-même? Il me semble que poser la question, c'est la résoudre, et que vous répondrez tous, avec moi, que le législateur a eu mille fois raison de donner des garanties aux intéressés, en exigeant qu'ils soient prévenus individuellement de l'information par des Agents assermentés, et en disposant que les opposants en minorité ne seront tenus de s'incliner que devant une majorité imposante et bien nettement établie.

Vous répudierez donc, à l'avenir, ces assertions hasardées qui tendent à empêcher la loi du 21 juin 1865 de pénétrer dans le domaine de la pratique. Croyez-moi : il importe qu'en France, à plus d'un point de vue, nous nous tenions en garde contre ces systèmes de négations téméraires qui ne sont puissants que pour la destruction. Le succès momentané de ces doctrines débilitantes prouve que nous sommes exposés à perdre l'habitude des longs efforts et des énergiques résolutions. Il faut, de toute nécessité, que nous réagissions contre cette tendance, et que nous cessions d'être seulement des classificateurs de difficultés, pour devenir des lutteurs courageux

(1) L'un des syndicats de curage de la Sologne, celui de la Rère, a fait une dépense d'environ 80,000 francs.

sachant, quand il le faut, surmonter un obstacle pour atteindre un but utile.

Des difficultés! il y en a certes, dans l'établissement des Syndicats comme dans toutes les affaires humaines, puisqu'elles sont inhérentes aux faits de l'ordre social et qu'elles jouent dans le monde moral le même rôle que le frottement dans le monde physique. Mais est-ce que le constructeur de machines renonce à son œuvre parce qu'il rencontre forcément des résistances nuisibles? Non certes; il les étudie, il cherche à les réduire à leur plus faible expression, et il poursuit le mieux, s'il ne peut atteindre le bien absolu.

Nous ferons comme lui, Messieurs, en nous efforçant de tirer le meilleur parti possible de notre instrument légal, sauf à demander ultérieurement au législateur les réformes dont nous serions en état de démontrer la convenance.

C'est dans cet esprit pratique que j'aborde, au point de vue de l'application, l'étude générale de la loi du 21 juin 1865.

L'initiative d'une demande de curage par association syndicale peut être prise aussi bien par un groupe de propriétaires que par l'Administration. Que l'une ou l'autre de ces éventualités se présente, la marche à suivre reste la même; et elle doit être dominée constamment par cette idée directrice, qu'il importe essentiellement de ne soumettre à l'instruction qu'un projet qui ait les plus grandes chances possibles d'être admis sans modifications profondes. Il faut, en effet, redouter de décourager par un premier échec les personnes de bonne volonté qui consentent à faire un effort pour prendre part à une première enquête, mais qui répugneraient à renouveler ce dérangement.

Il existe un moyen simple, et dont le succès est à peu près infaillible, d'arriver à cette quasi-certitude de produire, de premier jet, un projet apte à donner satisfaction à la généralité des propriétaires: il consiste à faire réunir, par arrêté préfectoral, les principaux intéressés en Commission d'études pour se concerter avec l'Ingénieur et préparer les bases de l'Association. (1)

Si cette Commission est constituée avec impartialité, si elle est animée d'un esprit de conciliation, il est presque certain que, du concours de l'expérience locale des intéressés et des connaissances spéciales de l'Ingénieur, il sortira une conception syndicale bien en harmonie avec l'ensemble des intérêts.

La Commission d'études tient habituellement deux séances : la première pour indiquer sommairement les dispositions principales du projet de travaux et du projet de règlement d'association ; la deuxième, pour examiner les projets préparés par l'Ingénieur, en conformité des vues émises dans la précédente réunion, et arrêter, s'il y a lieu, les modifications qu'il conviendrait de leur faire subir, avant de les soumettre aux formalités d'instruction déterminées par le décret du 17 novembre 1865, rendu en exécution de la loi du 21 juin précédent.

Je ne puis m'occuper ici de tous les points à régler en vue de la création d'un syndicat. Il serait d'ailleurs superflu de vous faire un commentaire de dispositions légales fort simples, dont il vous sera facile de faire une étude directe, et c'est pourquoi je préfère écarter tous les détails faciles à régler, pour ne m'appesantir que sur un petit nombre de questions auxquelles il importe beaucoup de donner la meilleure solution pratique.

Il arrivera, le plus souvent, que le cours d'eau que vous voudrez curer présentera des coudes brusques, quelquefois

(1) Cette Commission d'études n'est pas prévue par la loi et il n'est, par suite, pas obligatoire de l'instituer ; mais c'est un rouage auxiliaire très-commode et dont on fera bien de ne pas se passer.

Il est juste et utile que l'opposition y soit représentée.

Cette Commission n'est d'ailleurs que consultative et c'est à raison de ce caractère qu'elle peut être désignée par le Préfet.

même des retours sur lui-même après des circonvolutions plus ou moins étendues; et vous vous demanderez naturellement si, au lieu de suivre ce lit sinueux et serpentant, il ne vaudrait pas mieux supprimer purement et simplement tous ces contours onduleux. A moins de circonstances exceptionnelles, je vous engage à n'entrer que prudemment dans cette voie et après mûre délibération. D'abord, comme des redressements *obligatoires* exigeraient la faculté d'expropriation, le Préfet ne serait plus compétent pour constituer l'association, et il faudrait un décret d'utilité publique, ce qui entraînerait des longueurs. Mais ce n'est pas à cette prolongation d'instruction que je vois le plus d'inconvénient. Ce qui est bien autrement à appréhender, c'est que la prévision d'une dépossession forcée n'effraie un grand nombre de propriétaires, et que, par suite, vous ne puissiez recueillir à l'enquête qu'un nombre tout à fait insuffisant d'adhésions.

Au lieu de vous exposer ainsi à vérifier une fois de plus que le mieux est l'ennemi du bien, vous parviendrez bien plus facilement à une régularisation suffisante, si vous adoptez le système plus conciliant dont voici l'idée générale.

Faites dresser le projet de travaux d'après l'axe du cours d'eau, sans d'autres changements que ceux que les propriétaires des deux rives auraient formellement autorisés à l'avance; mais ayez soin, d'un autre côté, d'insérer à l'acte constitutif de la Société une clause établissant que le syndicat pourra, jusqu'à concurrence du dixième du montant des travaux prévus, prendre à sa charge, en totalité ou partiellement, les rectifications du lit qui seraient jugées de l'intérêt social et admises par les riverains.

En permettant des redressements facultatifs, cette disposition, qui ménage le libre arbitre des propriétaires, les rend plus facilement accessibles à toute transaction équitable, et il arrive fréquemment que telle modification de tracé, qui aurait soulevé la plus vive opposition si elle avait été imposée, se réalise avec une facilité surprenante par voie de concession amiable, même lorsqu'elle suppose des échanges ou de légers abandons de terrains.

Sans doute vous rencontrerez quelques résistances insurmontables et qu'il vous faudra subir ; mais vous vous inclinerez, Messieurs, sans de trop vifs regrets et sans aucun froissement d'amour-propre, si vous considérez qu'il ne s'agit que d'améliorations qui ne sont pas indispensables pour assurer le libre écoulement des eaux, et, qu'en dehors du cas de nécessité, il est tout naturel que des Agriculteurs se montrent scrupuleux de respecter même de simples convenances de culture.

On ne saurait croire combien un esprit d'équité, de respect des droits engagés, facilite l'application de la loi du 11 juin 1865. Une grande bonne foi, un vif sentiment d'impartialité, sont surtout nécessaires pour régler les bases de répartition des dépenses.

Si la rivière comporte des usines, il faut d'abord diviser les charges entre les deux groupes d'intéressés au curage : d'une part, les propriétaires d'établissements hydrauliques, d'autre part, les propriétaires de terrains à assainir.

Quand il n'existe sur le cours d'eau que quelques moulins de peu de valeur, on ne peut guère songer à les imposer en argent. Il est préférable de se contenter d'insérer au règlement l'obligation pour les meuniers d'effectuer, sans indemnité, toutes les manœuvres d'eau nécessaires à l'exécution des travaux de premier curage et d'entretien.

Lorsque, au contraire, les usines sont nombreuses, que leurs forces motrices sont appelées à recevoir de l'accroissement par le fait du curage, il est juste de ne pas borner la contribution des moulins à une sujétion de transmission d'eau, mais d'exiger, en outre, que les propriétaires de ces établissements prennent à leur compte une fraction de la dépense à faire. Nous avons vu, en Sologne, cette proportion atteindre un dixième et même les quinze centièmes de l'intérêt social. Le partage entre les usines se fait d'ailleurs, habituellement, au prorata de leur force respective ou du nombre de meules qu'elles actionnent.

La répartition de la part afférente à la propriété demande à être étudiée avec beaucoup de soin et en tenant grand compte des circonstances locales.

La situation la plus simple qui puisse se présenter est celle dans laquelle l'importance des travaux, en chaque partie du cours d'eau, est sensiblement proportionnelle à la largeur de la vallée à assainir en chaque point correspondant. Il suffit alors, évidemment, de calculer la valeur du travail général et d'en faire le partage entre les propriétaires d'après l'étendue des surfaces à assainir.

Quand cette uniformité de conditions n'est pas réalisée à un degré suffisant, il est indispensable, pour mettre en harmonie les charges et l'intérêt, de diviser la circonscription syndicale en tronçons longitudinaux, qu'il y a avantage, au point de vue du recouvrement des taxes, à limiter aux lignes séparatives des communes. La distribution des frais entre les intéressés se fait alors par section au lieu d'avoir lieu sur l'ensemble.

Je ne saurais trop vous recommander de vous prêter à ce système si juste de fractionnement toutes les fois que la nécessité en sera démontrée. Pourtant, je dois vous mettre en garde contre une tendance abusive, qui se manifeste le plus souvent à l'instigation des esprits un peu méticuleux. Si vous vous abandonnez à leur direction, ils vous amèneront à un sectionnement tellement exagéré, que les taux de la contribution par hectare assaini présenteront des différences heurtées, excessives et absolument inadmissibles. Le mieux est de ne pas entrer dans cette voie faussée par une idée étroite de particularisme ; mais si pourtant, vous y étant engagés, vous étiez obligés d'y persister pour éviter de trop vifs froissements, vous le pourriez, en rétablissant dans une mesure équitable le principe de solidarité par la disposition suivante que j'ai eu l'occasion de mettre en pratique dans deux associations : la moitié seulement de la dépense totale du projet est répartie par section, l'autre moitié est distribuée entre tous les propriétaires de la circonscription syndicale, sans avoir aucun égard aux tronçons longitudinaux.

Jusqu'ici, j'ai supposé que le rôle s'établit d'après l'étendue des terrains appelés à bénéficier du curage, que les parcelles soient ou non contiguës au cours d'eau. C'est, en effet, le principe de la loi. Il va de soi, néanmoins, que lorsqu'on peut admettre que les surfaces assainies sont proportionnelles aux longueurs de rives, rien ne s'oppose à ce que ces dimensions linéaires servent d'éléments à la détermination de la quote-part de chaque membre du Syndicat. Le plus ordinairement, cette proportionnalité des intérêts au développement des rives se justifie surtout pour les cours d'eau de faibles dimensions, et cette circonstance facilite évidemment la rédaction des projets, en mettant les frais d'études en rapport avec l'importance des travaux.

Par ce qui précède, vous avez pu juger combien utile est la mission de la Commission d'études pour préparer les bases d'un projet rationnel. Je ne vous ai, cependant, présenté qu'un aperçu des questions sur lesquelles doit porter son examen. L'une de ses plus grandes préoccupations doit être de préparer un règlement bien pratique et sans inutiles complications. Elle doit être attentive à ne pas admettre légèrement un trop grand nombre de syndics : comme il est toujours difficile, en effet, de trouver des administrateurs à titre gratuit, il vaut mieux avoir une Commission syndicale restreinte qu'une trop étendue. Je donnerais aussi le conseil de ne pas se mettre trop souvent dans la nécessité de convoquer l'assemblée générale des intéressés, pour nommer les syndics à l'élection, conformément à l'article 22 de la loi du 21 juin 1865. Il n'y a rien d'exagéré à admettre que la durée des pouvoirs sera de neuf années avec renouvellement triennal : c'est ce qui était autrefois admis pour nos assemblées départementales. De cette manière, les propriétaires ne sont pas dérangés souvent et l'on ne s'expose pas à mettre leur bon vouloir à une trop rude épreuve. On devra, en outre, avoir soin de spécifier que le vote pourra avoir lieu par représentation; c'est une faculté qui est en général réservée, sous certaines garanties, par les statuts des grandes sociétés commerciales et industrielles, et l'on fera bien de s'approprier cette sage disposition. Nous autres, Agriculteurs, qui ne faisons que de timides débuts dans la voie de l'Association, nous devons faire comme l'abeille qui butine sur chaque fleur pour en extraire la cire et le miel.

Je m'aperçois que, par une fiction dont la réalisation me serait certainement très-agréable, je me figure, volontiers, que je suis appelé avec quelques-uns d'entre vous à organiser un Syndicat de curage et que, par une pente naturelle, je me laisse aller tout doucement à l'examen des détails de cette constitution.

Je veux résister à cette tentation et condenser le plus possible mes explications, en m'attachant à vous bien faire comprendre quelle puissante assistance donne à l'Ingénieur la Commission d'études, pour obtenir l'une des majorités voulues, à savoir : soit les deux tiers des intéressés représentant plus de la moitié de l'intérêt, soit plus de la moitié des intéressés représentant les deux tiers de l'intérêt social.

Comme les arguments dirigés contre la nouvelle législation prennent surtout leur point d'appui sur la prétendue impossibilité de recueillir des adhésions réelles, assez nombreuses pour

répondre aux exigences de la loi, j'attache une grande importance à vous montrer pour quelles raisons intimes les prédictions
décourageantes, les prévisions d'échecs certains ont été dé-
menties par les faits.

Je ne cherche pas à le dissimuler : j'ai été tout d'abord
effrayé, comme beaucoup d'autres, de l'obligation de rompre
en visière avec l'habituelle apathie dont nous avons tous,
dans une certaine mesure, à faire notre *meâ culpâ*. Mais à
la réflexion, cette défiance n'a pas persisté. Il m'a semblé
qu'autant j'étais sûr de succomber, si je voulais, réduit à mes
propres forces, attaquer l'inertie des masses, autant la victoire
se présentait comme probable, s'il m'était donné d'avoir
pour auxiliaires des propriétaires influents, soucieux de
leurs intérêts, et ayant la ferme conviction de l'utilité des
curages.

Cet espoir n'a pas été trompé, et il est juste de proclamer
que le succès des opérations de curages en Sologne, depuis
1865, est principalement dû aux Commissions d'études, dont
M. l'Ingénieur en chef Machart, depuis Inspecteur général, a
été le promoteur.

Il n'en pouvait guère être autrement. Quand des hommes
sérieux ont mis en commun leurs pensées, leur intelligence,
leur habitude des affaires pour poursuivre un but utile, lorsque, par cet échange d'idées, cette sorte d'enseignement mutuel, cette confiance réciproque qu'engendre la sincérité des
intentions droites, ils ont acquis la certitude d'avoir conçu un
projet bien harmonique dans toutes ses dispositions, comment
voulez-vous qu'ils se désintéressent de leur œuvre ? N'est-il
pas tout naturel qu'ils cherchent à justifier leurs vues, à montrer la nécessité d'un effort collectif, à stimuler les indifférents ? Fiez-vous donc à eux pour conseiller à chacun de
prendre part à l'enquête, ou tout au moins de signer la formule d'adhésion qu'il importe de faire remettre à chaque

intéressé, en même temps que l'avis individuel notifiant l'ouverture et la durée de l'information.

Le secret de l'application de la récente loi syndicale est donc en grande partie dans l'institution des Commissions d'études. Pourquoi ne dirais-je pas qu'il est aussi dans le dévouement des Ingénieurs, dans leur conviction que le plus modeste travail peut être souvent d'une haute utilité ?

Vous pouvez, Messieurs, compter sur leur concours, toutes les fois que vous leur demanderez de seconder vos efforts. Leur expérience, leur bonne volonté sont entièrement à votre disposition.

Ne craignez donc pas d'entrer largement dans la voie que vous ouvre la loi du 21 juin 1865 ; c'est à vous qu'il appartient de la rendre de plus en plus féconde pour vos intérêts, d'en simplifier, s'il est possible, le mécanisme et de signaler au législateur les améliorations dont elle peut être susceptible.

C'est bien moins par une critique théorique que par l'expérience même des faits que nous avons chance de perfectionner un instrument légal, dont le principe de justice ne peut être contesté. J'entends me placer à ce point de vue respectueux pour vous soumettre mes idées personnelles sur ce sujet. Elles se sont imposées à mon esprit avec une force croissante à la suite des différentes organisations syndicales dont j'ai eu à m'occuper en Sologne.

Quand on a quelque habitude de l'étude des rôles de répartition, on peut facilement indiquer nominativement un certain nombre de personnes qui ne prendront part à l'information ni dans un sens, ni dans l'autre, non par indifférence, mais par suite de leur situation particulière. Les absents, les incapables, les mineurs sont particulièrement dans ce cas ; il faut y ajouter les propriétaires inconnus, car il se rencontre parfois des parcelles dont, malgré les plus consciencieuses recherches, il est impossible de découvrir le possesseur pendant le cours de l'enquête. Est-il juste de porter ce stock prévu d'abstentions naturelles au compte des oppositions ? Nous ne le croyons pas ; il y a, au contraire, toute probabilité que, s'il était possible de faire parler ces muets ou leurs représentants trop méticuleux, ils articuleraient des *oui* et des *non* dans la même proportion que les autres intéressés.

L'interprétation toute négative de leur silence à peu près forcé ne saurait par suite être équitable : elle équivaut, en réalité, à une prime donnée aux adversaires d'une Association, puisqu'elle en augmente le nombre par une confusion regrettable.

Quand cette remarque a fait l'objet de mes premières réflexions, je me suis dit, tout d'abord, qu'il fallait s'incliner devant la nécessité parce qu'il était inadmissible d'établir des catégories nettement tranchées parmi ceux qui s'abstiennent, volontairement ou non, de participer à l'instruction.

Je crois, maintenant, que j'ai eu tort de céder trop légèrement à ce sentiment d'impuissance, qu'il est au contraire assez facile de tenir compte plus fidèlement des résultats de l'enquête, en se rapprochant ainsi de l'intention évidente du législateur, c'est-à-dire de l'esprit plutôt que de la lettre de la loi.

Il suffirait d'admettre : 1° que les conditions de majorité de moitié des intéressés et des deux tiers de l'intérêt, ou réciproquement, se compteraient, dorénavant, non pas sur la totalité des éléments compris dans l'Association, mais seulement sur la fraction de ces éléments qui se serait manifestée à l'enquête ; 2° que le Préfet ne pourrait autoriser l'Association qu'autant que les adhésions recueillies représenteraient, à la fois en nombre et en importance, au moins la moitié des intéressés et la moitié de l'intérêt social.

L'essence de ce système réside, comme vous le voyez, dans la combinaison de deux majorités : l'une relative, calculée d'après les résultats de l'information, et respectant intégralement la plus value que les auteurs de la loi du 21 juin 1865 ont entendu accorder aux oppositions ; l'autre absolue, se rapportant à l'intégralité de l'Association, et intervenant pour donner la certitude que l'établissement du Syndicat ne pourra jamais sortir que d'une volonté générale nettement et catégoriquement exprimée.

Si je ne me trompe, cette combinaison assure à la propriété les justes et légitimes garanties auxquelles elle a droit, et elle réserve en même temps, dans une mesure équitable, la neutralité des personnes, dont l'éloignement de l'enquête est si naturel qu'il peut être prévu, et dont l'abstention ne peut être considérée comme intentionnelle.

J'attire en tout cas, respectueusement, votre attention sur cette solution : sa mise en pratique nécessiterait, je le reconnais, l'intervention du législateur ; mais ce serait seulement dans le sens même de son œuvre antérieure et pour en rendre l'application plus parfaite et plus impartiale.

Il ne vous aura pas échappé, Messieurs, que je me suis borné à examiner la loi du 21 juin 1865 au seul point de vue des Syndicats de curage. On pourrait étendre cet horizon et embrasser d'un regard d'ensemble le vaste champ ouvert par la nouvelle législation aux diverses tentatives d'associations agricoles. Votre programme ne comporte pas cet essor, et je m'y renferme d'autant plus volontiers qu'il dépasse bien certainement mes forces, et que je crains de n'avoir pas complètement répondu à votre attente.

Je ne regrette pas cependant ma tentative. Elle m'a permis de rendre un hommage public aux travaux des Agriculteurs de la Sologne, et j'éprouve un bonheur, que je voudrais voir de jour en jour plus partagé, à mettre en évidence les efforts des pays pauvres pour s'élever dans l'échelle de la production. C'est vous dire que je sympathise d'avance à tous les essais qui auraient pour but l'amélioration de la Brenne et des contrées analogues.

Je compte, d'un autre côté, sur vos relations, sur votre influence pour m'aider à répandre cette vérité : que l'assainissement des vallées est la première nécessité d'une agriculture progressive.

Si vous partagez sur ce point mes convictions, vous comprendrez quel puissant intérêt nous avons à apprendre à nous concerter pour les œuvres qui exigent les prévisions lointaines, les longs labeurs et l'esprit de suite, et à décourager, au contraire, à déraciner cette tendance déplorable de notre époque à n'avoir d'admiration que pour les succès rapides et les solutions improvisées. J'ai saisi, avec empressement, l'occasion que votre imposante réunion m'a offerte de réagir contre cette envahissante manie de vouloir faire descendre du théâtre les changements à vue pour les appliquer à la pratique de la vie. Vous ne laisserez pas, Messieurs les Agriculteurs de France, ma protestation se perdre dans l'isolement : *vocem clamantem in deserto.* Vous serez l'écho puissant de ma faible voix, et vous proclamerez avec autorité que pour la prospérité de l'Agriculture, aussi bien que pour le salut des Sociétés compromises, il n'existe qu'un seul talisman : le travail persévérant fécondé par la discipline et l'Association.

Le Congrès, vivement intéressé par le discours de M. Henry, manifeste hautement son assentiment aux idées qu'il a émises et notamment à la réforme législative. Il reconnaît que l'Assemblée générale de la Société des Agriculteurs de France a nécessairement une haute autorité et une très-grande influence dans les études d'économie rurale et dans l'instruction des réformes se rapportant aux lois d'association. A l'unanimité, il décide que le travail si remarquable de M. Henry, sur le *Curage des Cours d'eau et les Associations syndicales,* lui sera tout spécialement recommandé lors de sa plus prochaine Session, qui doit avoir lieu au mois de février 1875.

M. le Président. — M. Damourette a la parole sur l'*Échalassage des Vignes et les procédés de conservation des Échalas.*

M. Damourette s'exprime dans les termes suivants :

MESSIEURS,

Lorsque, dans la dernière séance, l'ordre du jour a été arrêté, l'Assemblée avait certainement la pensée qu'il occuperait au moins toute la séance d'aujourd'hui. Si nous avions pu supposer qu'il en fût autrement, nous n'aurions pas hésité à demander à M. le Président d'inscrire plusieurs de nos collègues, entre autres, M. le vicomte de Poix, pour un travail sur la *Culture du Vignoble des Tailles, Arrondissement du Blanc (Indre).* (1)

Malheureusement, nos collègues sont absents aujourd'hui, et, pour combler le vide qu'ils laissent parmi nous, M. le Président me fait le périlleux honneur de m'appeler à la tribune : Messieurs, un soldat ne saurait refuser obéissance à son général. Voilà pourquoi j'ose prendre la parole devant vous, quoique surpris et sans préparation aucune. Vous me pardonnerez ma témérité et vous m'accorderez toute votre indulgence. Convaincu que mon appel sera entendu, j'aborde la question de l'échalassage des vignes et des procédés de conservation des échalas.

Sans en avoir l'air, la question est grosse de difficultés ; elle a, pour le viticulteur, la plus grande importance. Non-seulement, cette opération exige une première mise de fonds considérable ; mais encore, elle entraîne à des frais annuels très-élevés. De plus, la valeur du bois augmente constamment et le prix de la main-d'œuvre s'accroît, chaque année. Aussi, l'échalassage des vignes, considéré à juste titre comme un travail très-pénible

---

(1) Voir à la suite du compte-rendu des séances :
Culture du Vignoble des Tailles, Arrondissement du Blanc (Indre), par M. le vicomte de Poix.

Nos lecteurs partageront certainement nos regrets de n'avoir pas entendu notre très-honoré Collègue. Ils comprendront combien ils sont sentis et sincères.

pour le vigneron, est de jour en jour plus onéreux pour le propriétaire. Nous ne devons donc pas nous étonner de ce que
cette question préoccupe tous les viticulteurs.

Dans l'Indre, la pratique de l'échalassage est à peu près générale. Les propriétaires emploient les échalas en cœur de chêne du
prix minimum de 40 francs le mille. Les vignerons ont recours à
des bâtons de coudre noire ou *bourdaine*. Le prix de ces bâtons
varie beaucoup, suivant que l'année s'annonce bien ou mal. Comme
les vignes sont plantées à dix milles ceps à l'hectare, la seule
dépense d'acquisition est dans le premier cas de 400 francs et dans
le second elle approche de 100 francs, quand elle ne dépasse pas
ce chiffre. Mais les échalas de chêne durent un certain nombre
d'années. Tous les deux ans, ceux en coudre noire doivent être re-
nouvelés. Dans l'un et l'autre cas, les frais annuels sont énormes.

En effet, il faut à l'automne, aussitôt après les vendanges, enlever les échalas et les transporter sous un abri où ils passent l'hiver. Au printemps, il faudra trier les bons et les mauvais ; refaire
la pointe de ceux qui pourront encore être utilisés ; remplacer les
nombreux absents ; les transporter de nouveau à la vigne ; les répartir sur le terrain ; enfin, les mettre en place. Toutes ces manœuvres sont ruineuses et font le désespoir des propriétaires de
vignes. Est-il possible de diminuer ces dépenses ? Est-il possible
de trouver un échalas qui, une fois installé, demeure en place
pendant un certain nombre d'années sans exiger tous ces déplace-
ments ? La solution de ce problème rendrait à la viticulture un
service dont il serait presque impossible de traduire l'importance
par des chiffres.

Nombre de bons esprits, d'intelligents industriels ont travaillé
la question. Ils ont proposé plusieurs solutions plus ou moins ingénieuses, plus ou moins pratiques, plus ou moins coûteuses.

Parmi ces courageux novateurs, le premier en date, du moins à
ma connaissance, est M. Collignon-d'Ancy (1), membre du
Comice agricole de Metz.

---

(1) Voir deux brochures intitulées :

Nouveau Mode de Culture et d'Échalassement de la Vigne, par M. Collignon-
d'Ancy ;

La première, chez Warion, libraire-éditeur, rue du Palais, 2, à Metz :

La seconde, chez Thiry, Bourcy et Cie, rue Bergère, n° 9, à Paris. Année 1854.

M. Collignon-d'Ancy établissait son système en fil de fer non galvanisé avec deux rangs superposés moyennant 5 fr. 70 c. (1) les cent mètres, soit une dépense de 285 francs pour garnir un hectare contenant cinquante lignes espacées à deux mètres. Dans bien des circonstances, le système de M. Collignon-d'Ancy aurait pu offrir de réels avantages. Il faut bien reconnaître, cependant, que soit ignorance, soit routine, il n'a reçu qu'une application des plus restreintes. Il a fallu l'apostolat du docteur Guyot pour décider les propriétaires Français à s'occuper sérieusement de la vigne, *ce joyau de la France, cette bête de somme du budget.* Le célèbre Viticulteur a recommandé de soutenir ses branches à fruits sur un rang de fil de fer et ses branches à bois au moyen d'un échalas. Diverses méthodes ont été préconisées pour obtenir le même résultat avec une moindre dépense. Toutes ont cherché à supprimer l'échalas et à le remplacer par deux et même trois rangs de fil de fer. Je crois convenable de les passer successivement en revue :

1º Un poteau A était solidement installé à chaque extrémité de la ligne à garnir de fils de fer. *(Fig. I.)* Chacun de ces poteaux était soutenu par une jambette B qui buttait sur une pierre C. A des distances variables de dix à quinze mètres, suivant la grosseur des pieux et la consistance du terrain, une série de piquets DD étaient mis en place. Ces piquets n'avaient pas besoin d'être aussi forts que les poteaux des extrémités. Ils avaient préalablement été percés de trous pour permettre le passage des fils de fer. Après avoir pris ces dispositions préliminaires, on procédait à l'installation des fils de fer dont les extrémités étaient attachées aux poteaux AA. Pour obtenir la tension voulue, on se servait de raidisseurs du prix de 15 centimes. Je dois dire que dès mes débuts, j'ai supprimé ces raidisseurs comme une dépense inutile. La simple traction à bras de mes vignerons a été suffisante.

2º Placer les pierres CC aux extrémités de la ligne *(Fig. II)* ; les entourer d'un fil de fer galvanisé terminé par une boucle ; les placer à la profondeur voulue ; en rapprocher à 1ᵐ 50 environ le premier et le dernier piquet DD ; enfin, attacher les fils à la boucle ; on obtiendra ainsi la suppression des poteaux AA et des jambettes BB.

(1) Voir page 13 de la seconde brochure de M. Collignon-d'Ancy.

Ces modifications procurent une sérieuse économie de temps et d'argent, ainsi qu'une plus grande solidité.

3º L'installation des pierres CC est longue et coûteuse. Plus d'une fois, ces pierres ont été enlevées, lorsqu'il s'est agi de tendre les fils de fer. Frappés de ces inconvénients, quelques propriétaires ont eu l'idée de les remplacer par la tige en fer carré de $0^m 18^c$ sur $0^m 18^c$ et de $0^m 60^c$ de longueur dont nous aurons occasion de reparler.

4º Lors des premiers essais de ces divers systèmes, on n'employait que du fil de fer galvanisé et des poteaux en chêne équarri. La dépense était énorme et n'en permettait l'application que dans des cas tout à fait exceptionnels. Il est bien reconnu, aujourd'hui, que du fil de fer ordinaire et de simples échalas bien choisis suffisent parfaitement. Mais, au lieu de les percer de part en part de trous qui les affaiblissent, il est préférable de faire à l'égoïne trois traits de scie dans lesquels on installe les fils de fer. Si l'on a le soin d'alterner ces traits de scie (*Fig. III*), les fils de fer s'entre-croisent et cette disposition est excellente pour consolider le piquet-support. Si l'entaille est horizontale, le fil de fer en sortira aisément. Au contraire, il serait solidement fixé à demeure, dans les cas où le trait de scie serait donné obliquement de haut en bas. Autrefois, le remplacement de ces poteaux était long, difficile et coûteux, parce qu'ils étaient solidaires les uns des autres. Au contraire, grâce à la nouvelle disposition, ils sont indépendants et, par conséquent, très-faciles à changer.

Tels sont les procédés primitivement mis en usage. Le moment est venu d'indiquer les plus nouveaux.

I. — En première ligne, nous devons signaler l'invention de MM. Louet, frères, à Issoudun (Indre). Ces Messieurs fabriquent tout un système de poteaux raidisseurs et de supports en fer à pose sans scellement. Ce système devait attirer l'attention. Je suis heureux d'avoir à constater ici que, dans tous les concours, il a figuré avec honneur et obtenu de nombreuses récompenses. MM. Louet ont été appelés à installer leur système sur un grand nombre de points en France. On peut le voir appliquer dans plusieurs vignobles du département de l'Indre. Moi-même, je l'ai employé à titre d'essai. Il remplit parfaitement le but proposé ; il offre toutes les garanties de durée ; le prix de revient seul est trop élevé. Cette circonstance empêchera, peut-être, qu'il entre pour une part considérable dans la pratique générale de notre pays. Nos vignes ne donneront jamais un vin dont la valeur permettra de semblables dépenses. Ce mode de palissage de la vigne ne pourra probablement être employé que dans des circonstances exceptionnelles ; par exemple, dans une vigne située près de l'habitation et faisant partie du jardin ou du parc. Le Midi, au contraire, offre à MM. Louet un vaste champ à exploiter. Le bois est rare et très-cher. Évidemment, il y a, en pareille situation, avantage considérable à le remplacer par du fer.

II. — En 1870, le prix des fers était excessivement bas. A cette époque, j'ai payé 420 francs 1,000 kilos de fil de fer recuit puddlé, n° 13, livré en gare de Châteauroux. Le fil de fer n° 13 donne par kilo une longueur de 41^m 66^c. Donc, cent mètres, pesant 2^k 400^g, coûtaient un franc. Supposons les lignes de ceps séparées les unes des autres par un intervalle de deux mètres ; il y en aura cinquante par hectare. A un rang de fil de fer, la dépense sera de 50 francs. Elle doublera ou triplera, suivant qu'on mettra deux ou trois rangs.

Au mois de mars 1871, M. Hamel, commerçant en fers, rue Grange-aux-Belles, n° 61, à Paris, vendait le fer plat, 20^{mm} sur 6^{mm}, 25 francs les 100 kilos, en gare d'Ivry. Les frais de transport de Paris à Châteauroux étaient de 3 francs par 100 kilos. Ce fer pesait de 925 à 950 grammes le mètre courant. Dès lors, le mètre courant revenait à 0^f 26^c.

J'ai fait diviser un certain nombre de barres de ce fer en parties d'environ 1^m 30^c de longueur. Mon maréchal a fait une pointe à l'une des extrémités. Il a percé trois trous, de manière que le premier fût à 0^m 05^c de l'extrémité opposée à la pointe ; le second à 0^m 25^c du premier et le troisième à 0^m 30^c du second. J'ai fait enfoncer ce piquet à 0^m 30^c en terre. J'en ai fait placer de semblables de quinze mètres en quinze mètres. J'ai eu le soin de laisser dehors au moins un mètre (*Fig. IV*), et j'ai pris mes mesures pour que le poteau soit placé à 1^m 50^c environ de chaque extrémité de la ligne ainsi tracée.

1^m 30^c à 0^f 26^c le mètre représentent.............	0^f 34^c
Salaire du maréchal.......................	0. 08.
Total...................	0. 42.

Six piquets-supports par cent mètres donnent un total de 2^f 52^c.

Comme dans un hectare, il y a cinquante lignes de cent mètres, la dépense totale est de......................... 126 fr.

A chacune des extrémités de la ligne ci-dessus indiquée, j'ai fait installer une tige de fer de 0^{m}018^{mm} sur 0^{m}018^{mm} et d'environ 0^{m}60^c de longueur. *(Fig. V.)* Pour obtenir toute la solidité voulue, il faut que cette tige soit enfoncée obliquement. Cette opération se fait sans peine. Elle est, du reste, facilitée par la pointe qui termine cette fiche. A l'autre bout a été percé un trou qui permet d'attacher très-fortement chacun des fils de fer. Plusieurs personnes ont, au point de vue de la solidité, exprimé des inquiétudes, qui ne sont pas fondées. La longueur de 0^{m}60^c n'est qu'une indication pour fixer les idées. Cette longueur doit évidemment varier suivant la consistance des terrains. Il est évident qu'elle devra être d'autant plus grande que le sol sera plus léger. Enfin, il suffit que la tête de cette fiche sorte de terre de quelques centimètres à peine. Installée dans ces conditions, cette fiche de fer résiste à tous les chocs, à toutes les tensions. *(Fig. VI.)*

Au mois de mars 1871, M. Hamel était en mesure de fournir ce fer carré au prix de 24 francs les 100 kilos, en gare d'Ivry. La longueur d'un mètre pèse 2 kil. 525 gr. Donc, en ajoutant 3 francs par 100 kilos pour les frais de transport, la tige de 0^m 60^c revenait à.. 0^f 41^c

Salaire du maréchal............................ 0. 12.

Total................. 0. 53.

Certes, ce prix est élevé. Mais, cette manière de procéder donne de si grandes facilités que je n'ai pas hésité à l'employer, quand même. Du reste, la dépense est, en partie, compensée par l'économie notable qu'elle procure sur les frais d'installation.

Peut-être serait-il possible de remplacer avantageusement cette fiche en fer par un pieu de bois sulfaté. Il serait facile d'enfoncer ce pieu ; au besoin, on lui ferait un chemin avec une fiche de fer. Je n'ai pas l'expérience de cette modification. Elle mérite d'être appliquée.

Ces dispositions prises, il ne restait plus qu'à tendre et à attacher les fils de fer. Mon installation est en place depuis quatre ans. Il ne s'est pas produit le moindre accident.

Maintenant, il nous sera facile, au moyen de toutes les indica-

---

tions qui précèdent d'établir la dépense nécessaire pour échalasser un hectare, d'après le système que nous venons de décrire.

300 piquets-supports en fer plat seront nécessaires. Ils coûteront.................... 126ᶠ ⎫

100 tiges en fer carré reviendront à............... 53. ⎬ 210ᶠ » 210ᶠ » 210ᶠ »

Frais divers : main-d'œuvre, transports, etc......... 31. ⎭

Fil de fer : Un rang.............. 50. »

Deux rangs.......... 100. »

Trois rangs......... 150. »

Total............. 260. » 310. » 360. »

Toutes ces méthodes qui emploient le fer, soit en partie, soit en totalité, étaient possibles en 1870. Depuis lors, les choses ont bien changé. Au commencement de l'année 1873, les affaires étaient tellement actives que j'ai eu beaucoup de peine à obtenir de la Compagnie anonyme des forges de Châtillon et de Commentry, dont le siége est à Paris, rue Clary, 4, une fourniture de 150 kilos de fil de fer recuit puddlé, n° 13. Tous frais compris, les 100 kilos me sont revenus à 73 francs. A ce prix, une ligne de cent mètres revient à 1 fr. 54 c. Vers la même époque, M. Hamel réclamait, pour le fer carré 18/18, 35 francs les 100 kilos. A ce prix, la tige de 0ᵐ 60ᶜ coûtait, y compris le transport.................... 0ᶠ 59ᶜ

Salaire du maréchal........................... 0. 12.

Total............. 0. 71.

Admettons ces nouveaux prix, comme bases de nos calculs, l'échalassage d'un hectare exigera la dépense ci-après :

300 piquets-supports, en fer plat................... 180ᶠ » ⎫

100 fiches en fer carré. 71. » ⎬ 282ᶠ » 282ᶠ » 282ᶠ »

Frais divers : Transports, main-d'œuvre..... 31. » ⎭

Fil de fer : Un rang.............. 77. »

Deux rangs......... 154. »

Trois rangs......... 231. »

Total......... 359. » 436. » 513. »

Report	359.	»	436.	»	513. »

Si nous remplaçons les 300 piquets en fer par des échalas sulfatés, nous devons choisir des échalas de première force. Leur prix ne sera pas inférieur à 15 francs le cent; soit 45 francs pour trois cents. Nous obtiendrons alors une économie de . . . . 135. » 135. » 135. »

Restent . . . . 224. » 301. » 378. »

Enfin, si l'on réussit à substituer des piquets en bois aux tiges en fer carré, on réalisera une nouvelle économie. En apparence, elle sera de 56 francs ; mais, en réalité, elle ne sera guères que de . . . . 45. » 45. » 45. » parce que la main-d'œuvre sera augmentée dans une notable proportion.

Restent . . . . 179. » 256. » 333. »

Dans ces conditions, beaucoup de propriétaires de vignes devront chercher ailleurs la solution de ce problème, qui a pour eux un si grand intérêt.

Membre de la Commission chargée de décerner la Prime d'honneur au Concours régional de Bourges, en 1870, j'ai eu l'honneur de visiter le vignoble de M. le comte de Bar, au château de la Roche, par Nohant-en-Graçay (Cher). C'est ce vignoble qui a obtenu la grande médaille d'or donnée aux viticulteurs. Parmi les nombreuses améliorations, qui ont le plus particulièrement attiré l'attention du Jury, il y en a une qui rentre tout à fait dans notre sujet.

Conformément aux indications du docteur Guyot, M. le comte de Bar attache ses branches à fruits à un fil de fer et ses branches à bois à un échalas injecté au sulfate de cuivre. Son procédé d'injection, évidemment inspiré par la belle découverte du docteur Boucherie, est très-simple et peu coûteux.

M. le comte de Bar emploie surtout du bois de peuplier. Il le prend sur sa propriété, ou bien, il l'achète à ses voisins. S'il emploie des branches dont la grosseur ne permet pas de trouver plus d'un échalas, il se borne à les faire couper de la longueur voulue ; à faire la pointe et à enlever l'écorce. Si, au contraire, il s'agit d'une grosse branche et même du tronc de l'arbre, car M. de Bar a plus d'une fois employé des arbres entiers, une quatrième opération est indispensable. Il faut les faire fendre.

Après avoir reçu toutes ces façons, les échalas sont plongés dans un bain d'eau sulfatée à raison de 4 kilos de vitriol par hectolitre. La chaudière, qui renferme ce bain, est en cuivre et munie de tous les appareils voulus pour que l'eau puisse être chauffée avec la plus grande économie et portée très-rapidement à la température de l'ébullition. L'installation de M. le comte de Bar, parfaite à tous les points de vue, est excellente sous ce rapport. Il chauffe sa chaudière avec les débris des bois avec lesquels ses échalas ont été confectionnés. Cette chaudière peut contenir plusieurs centaines d'échalas à la fois.

Précisément à cette époque, j'avais à garnir une vigne de plusieurs hectares. Aussitôt mon retour, je me suis occupé de faire un essai. Quoique mon installation fût loin d'être complète, j'ai obtenu les résultats les plus satisfaisants. Non-seulement, je suis arrivé à sulfater du peuplier, du saule et autres bois blancs ; mais encore, j'ai réussi à injecter le chêne et le châtaignier. Le prussiate jaune de potasse n'a laissé aucun doute à cet égard. J'allais me décider à faire les frais d'une organisation définitive, lorsqu'un heureux hasard m'en a dispensé. Depuis plusieurs années, j'opère à froid et je m'en trouve très-bien. Tous, Messieurs, vous pouvez faire, à ce sujet, une expérience des plus simples et des moins coûteuses. Elle portera, j'en suis convaincu, la conviction dans vos esprits.

Prenez-un verre à boire. Remplissez-le d'eau dans laquelle vous ferez dissoudre une suffisante quantité de vitriol pour lui donner une belle couleur bleue. Allez, ensuite, cueillir des branches de différentes grosseurs sur des arbres d'essences variées ; dépouillez-les de leur écorce ; donnez-leur une longueur telle que les deux tiers sortent du verre ; enfin, plongez-les dans le liquide sulfaté. Au bout de vingt-quatre heures, au maximum, vous pourrez faire des sections dans toute la longueur des branches mises dans le bain. Vous n'aurez pas besoin de réactifs, vos yeux suffiront parfaitement pour constater que l'injection est complète. Si vous procédez à cette expérience au printemps, à l'époque où la circulation de la sève s'opère avec le plus de force, vous obtiendrez ce résultat au bout de quelques heures. Dans tous les cas, le délai de vingt-quatre heures sera un maximum. Voilà tout le secret du sulfatage des bois.

Dans la pratique, je me sers de tonneaux hors de service. Leur contenance est au moins de deux cents litres; j'en remplis la moitié de liquide sulfaté; puis, j'y installe de deux à trois cents échalas; le nombre varie suivant leur grosseur. Par un beau soleil d'été, il m'est souvent arrivé de constater qu'une immersion de vingt-quatre heures avait été plus que suffisante. Cependant, je ne manque jamais de les laisser plus longtemps dans les tonneaux. Je n'augmente pas mes dépenses et j'accrois certainement les chances de succès de l'opération. En hiver, l'opération est généralement renouvelée deux fois par semaine. Toutefois, au moindre doute, l'opération est prolongée. Il y a tout avantage à ne pas aller trop vite; il n'y a aucun inconvénient à retarder. Dans les tonneaux, les échalas sont placés verticalement. Donc, sur leur longueur totale de $1^m 33^c$, un mètre, à peine, baigne dans le liquide. Le niveau de ce liquide ne tarde pas à baisser; preuve évidente qu'il est entraîné dans la partie des échalas, qui se trouve hors du tonneau.

M. Émile Bénard, propriétaire au château d'Enchaume, dans les environs de Buzançais, a, depuis longtemps, imaginé un procédé analogue pour sulfater des échalas en pins maritimes ou sylvestres. Il a installé une cuve en maçonnerie en prenant toutes les précautions voulues pour qu'elle soit parfaitement étanche. Les échalas sont couchés dans cette cuve; dès lors, ils baignent tout entiers dans le liquide. Au bout de quelques jours, il est facile de reconnaître, même sans réactif, que le succès est complet.

Plus le bois est vert, mieux le sulfatage réussit. Aussi, j'opère de préférence au printemps, alors que déjà la sève est en mouvement. Je fais procéder, le matin, à l'abattage des bois ainsi qu'à la confection des échalas, et je les fais installer dans le récipient le plus promptement possible. Moins il s'écoulera de temps entre l'abattage et l'immersion, plus la réussite sera certaine. La bonne influence du soleil est incontestable. Aussi, mes tonneaux sont toujours exposés en plein soleil. J'ai été consulté sur la question de savoir si l'on peut sulfater des bois secs. J'ai souvent opéré sur de vieux échalas. Les résultats ne m'ont jamais satisfait.

J'ai tenté des essais sur des bois d'essences bien diverses : la bourdaine, le peuplier, le saule, les pins maritimes ou sylvestres, l'aulne, le chêne ou le châtaignier. J'ai toujours obtenu les meilleurs résultats, à la condition de suivre strictement les prescriptions que je viens d'énoncer. J'ai même réussi à sulfater des perches en chêne de trois mètres de longueur et de dix à quinze centimètres de diamètre. Seulement, les deux extrémités ont été successivement plongées dans le bain. De plus, il ne s'était pas écoulé une heure entre le moment où la perche avait été coupée dans le taillis et l'instant où elle avait été installée dans le tonneau. Enfin, c'était au printemps et le bois était en pleine sève. Peut-être, cette condition n'est-elle pas indispensable ; toutefois, je ne pourrais trop recommander de la remplir avec soin ; elle est certainement favorable.

A la suite de nombreux essais sur les diverses essences, j'ai fini par donner la préférence au saule. Le saule donne des échalas plus droits que le peuplier. Les échalas de pins maritimes ou sylvestres se cassent avec une facilité déplorable. Ces arbres verts sont garnis de nœuds qui ne résistent pas au choc du collier d'un cheval en marche. Leur résistance est encore diminuée par leur facilité d'arriver à un état de dessiccation extrême. Le chêne et le châtaignier ont une valeur trop grande. Les bois blancs coûtent moitié moins cher et, après l'injection, ils durent aussi longtemps ; ils doivent être préférés. Pour les motifs indiqués, je n'hésite pas à recommander le saule tout spécialement.

M. le comte de Bar est en mesure de montrer des échalas de peuplier et de saule qui ont été préparés, il y a dix, douze et quinze années. Mis en place à la même époque, ils y sont toujours restés. Qu'on en arrache quelques-uns, ils seront, même à la pointe, intacts comme au premier jour. J'ai, dans mes vignes, fait plusieurs fois une expérience semblable. J'ai toujours eu à constater une conservation parfaite.

Il ne nous reste plus qu'à rechercher le prix de revient de mille échalas en saule sulfaté.

Constatons, d'abord, que la mise de fonds est nulle, puisque tout le matériel consiste en vieux tonneaux hors de service. Il n'y a donc à faire entrer en ligne de compte que la valeur du bois et du vitriol, ainsi que le prix de la main-d'œuvre.

Soixante-un saules ont fourni un lot de branches qui avaient une

valeur de 40 francs. Ces branches avaient cinq ans et, par consé-
qnent, cinq pousses. Ce lot de branches a fourni plus de 3,000 échalas, petits et gros, ainsi que cent fagots. La valeur de ces fagots
est de 10 francs, déduction faite des frais de façon. Donc, au point
de vue du prix d'achat, les 3,000 échalas reviennent à....   30ᶠ   »

Exploiter les branches sur les arbres, les charger sur
les voitures et les décharger, 9 journées 3/4 à 1ᶠ 50ᶜ..   14. 45ᶜ

Transporter les branches du pré sur le chantier :
Charretier, 3 journées à 1ᶠ 50ᶜ............   4ᶠ 50ᶜ ⎱ 21.   »
Chevaux, 5 journées 1/2 à 3 francs...... 16. 50. ⎰

Trier, scier et fendre 3,000 échalas à 5 francs le mille.   15.   »
(300 dans une journée d'hiver à 1ᶠ 50ᶜ).

Faire la pointe et les écorcer.....................   15.   »
(300 dans une journée d'hiver à 1ᶠ 50ᶜ).

Les mettre dans les tonneaux, les enlever et les ranger
dans la voiture, 3 journées à 1ᶠ 50ᶜ..................   4. 50.

Les transporter dans la vigne : un quart de journée
de cheval et de conducteur pour mille échalas ; d'où 3/4
pour 3,000...   4. 25.

Un kilo de sulfate de cuivre pour 100 échalas ; soit
30 kilos pour 3,000 à 0ᶠ 70ᶜ (1).....................   21.   »

Répartir les échalas dans les vignes et les mettre en
place à la fiche : 250 (2) dans une journée d'hiver à 1ᶠ50ᶜ ;
soit 0ᶠ 60ᶜ p. 0/0 ou 6ᶠ p. 00/00 et pour 3,000...........   18.   »

Total..................... 143. 20.

autrement dit, mille échalas coûtent 47 fr. au maximum.

Dès lors, dans toute vigne où les ceps seront au nombre de cinq
mille par hectare, il sera possible, moyennant 470 fr., de donner à
chaque cep deux échalas sulfatés, pour attacher : l'un, la branche

(1) Pris à Bordeaux, chez M. Bellouard, pharmacien, rue Saint-James. 15, le
sulfate de cuivre m'est revenu, tous frais compris :
En 1871, à........   81ᶠ les 100 kilos.
En 1873, à........   95.   —
En 1874, à........   89. 70.   —
M. Maxime Michelet, rue Barbette, 6, à Paris, me l'a offert, au mois de septembre 1874, au prix de 70 fr. les 100 kilos.
(2) Inutile de faire observer que ce chiffre de 250 varie suivant le plus ou moins
de difficultés que le terrain oppose au travail.

à bois; l'autre, la branche à fruits. La première mise de fonds sera importante; mais les frais annuels seront à peu près nuls. Dix mille échalas en cœur de chêne reviendraient, mis en place, à un prix à peu près aussi élevé. En outre, ils exigeraient, chaque année, pour l'entretien et les remplacements, des dépenses considérables.

Telle est, Messieurs, la communication que j'avais à vous faire au sujet des différents modes d'échalassage des vignes et des diverses méthodes pour conserver les échalas. Encore une fois, tout le mérite revient à la belle invention de M. le docteur Boucherie. M. le comte de Bar a su en faire une application des plus heureuses et des plus utiles. Le hasard m'a permis de simplifier encore les procédés déjà si simples et si économiques de l'habile viticulteur du Cher. Grâce à ce hasard, le premier vigneron venu pourra, dorénavant, sulfater ses échalas. Comme il effectuera lui-même ce travail à ses moments perdus, les frais de l'opération seront à peu près nuls. Convaincu des immenses services que ces procédés peuvent rendre aux propriétaires de vignes, j'ai mis toute mon ardeur à les propager. Voilà la part très-modeste qui me revient. Je vous prie de croire que je n'en réclame pas d'autre. Je ne veux pas terminer sans vous exprimer toute ma reconnaissance pour la bienveillante attention que vous m'avez prêtée.

M. Barrault. — Beaucoup de personnes se passent d'échalas et je crois qu'elles font bien. Les propriétaires, qui tiennent à en employer, peuvent augmenter leur durée par un procédé beaucoup plus économique. J'ai eu l'honneur de faire, ces jours-ci, le voyage d'Issoudun à Châteauroux avec M. le vicomte de Lapparent, ancien directeur des constructions navales. M. de Lapparent, dans une conversation des plus intéressantes, nous a prouvé que le système d'injection par l'huile lourde, à 12 francs les 100 kil., donne plus de durée que le sulfatage ; de plus, il exige moins de dépenses et d'embarras.

M. Damourette. — Faut-il absolument échalasser les vignes? Je n'avais pas abordé cette question, parce que je croyais que nous serions tous d'accord sur ce point important. Je connais un certain nombre de viticulteurs, qui n'emploient pas les échalas. A un petit nombre d'exceptions près, tous m'ont déclaré que c'était une question de dépense ; tous ont ajouté qu'ils s'empresseraient de garnir leurs vignes, s'ils connaissaient, pour exécuter ce travail, un moyen qui exigerait une première mise de fonds moins considérable et des frais d'entretien ou de remplacement insignifiants. C'est que, dans nos pays déjà rapprochés du Nord, nos espèces n'ont pas la vigueur que le soleil donne à celles des contrées plus méridionales. Dans le vignoble de M. Portal de Moux (1), sis aux environs de Carcassonne, on peut voir des cépages assez forts pour former de véritables arbustes et assez vigoureux pour se soutenir eux-mêmes. Sur les limites où cesse la culture de la vigne, il est impossible d'espérer une végétation aussi puissante et un semblable résultat. De plus, les raisins mûriraient plus difficilement, si les ceps n'étaient tenus relevés au moyen d'un échalas. Enfin, dans les automnes humides, les raisins seraient fort exposés à être détruits par la pourriture. Donc, la suppression de l'échalas aurait de très-graves inconvénients. Il ne faut s'y résigner qu'à la dernière extrémité.

Quant au procédé par l'huile lourde, provenant des résidus de la fabrication du gaz, je n'éprouve aucun embarras à avouer que j'en entends parler pour la première fois. Mais je ne suis pas exclusif. Si je préconise la méthode par le sulfate de cuivre, c'est que je la connais. Si d'autres moyens sont bons, je serai trop heureux de les accepter. Ce qui est important, c'est l'utilisation pour les échalas des bois sans valeur et, par contre, la conservation des bois propres à la construction. Je remercie M. Barrault d'avoir eu la pensée de rapporter au Congrès sa conversation avec M. le vicomte de Lapparent. Je demanderai à notre éminent collègue de vouloir bien rédiger une note sur ce sujet si important. J'espère qu'il ne refusera pas et que nous pourrons publier cette note dans le compte-rendu de la session (2).

M. Henry. — La créosote, élément actif de l'huile lourde, a été employée en grand dans les ports de mer pour la con-

(1) Voir *Études sur les vignobles de France*, par le docteur Jules Guyot, tome 1, pages 264 et suivantes.
(2) Voir *Note de M. le Vicomte de Lapparent*, à la suite du procès-verbal de la présente séance.

servation des bois destinés aux constructions maritimes. Son application pourrait être avantageuse en remplacement du sulfate de cuivre.

M. Guinon. — Dans des expériences comparatives que j'ai faites entre des bois traités à chaud par le goudron et d'autres traités par le procédé Boucherie, les premiers ont été les plus promptement pourris.

M. Joly. — Il ne faut pas confondre les résultats obtenus avec le goudron et ceux que produisent les huiles lourdes ; celles-ci sont un des nombreux dérivés de ce corps, qui n'en contient que 30 à 35 p. 0/0, dont on les sépare par une seconde distillation, ce qui explique que le goudron est visqueux et les huiles lourdes très-fluides.

La créosote est l'élément principal de ces huiles (souvent dé-nommées, à cause de cela, huiles de créosote), et il y a longtemps qu'on les emploie, avec succès, à la conservation des bois.

En Angleterre, où le premier brevet a été pris, en 1838, par John Bethel, on voit encore des traverses de chemin de fer, qui datent de 1840.

La Société allemande du chemin de fer de Cologne à Minden (Westphalie), n'a dû remplacer que 1 p. 0/0 des traverses posées en 1849, d'après ses rapports publiés en 1867, soit au bout de dix-huit ans ; et cela, grâce à l'emploi des huiles lourdes. Quant au goudron, il est impossible de le faire pénétrer, même à chaud, dans les tissus.

M. Guinon. — Je suis loin de contester ces résultats ; mais, je sais, par expérience, que, pour les échalas précisément, le sulfatage a fait aussi ses preuves et qu'il est d'un emploi plus facile.

M. le Président. — La parole est à M. Léon Mauduit, ancien Président du Comice de La Châtre, pour donner lecture d'un travail intitulé : *Le Pain, la Viande et le Vin*.

Voici le mémoire de **M. Mauduit** :

MESSIEURS,

Avant de traiter de la production de la vigne dont la triste situation, me procure l'honneur de vous entretenir, permettez-moi de vous parler sommairement de deux questions qui s'y rattachent, celles de la production de la viande et du blé. On ne saurait trop prêter d'attention à cette dernière, car du plus ou moins d'abondance de sa récolte dépendent, à la fois, notre sécurité, notre prospérité et notre puissance ; et si, comme je le pense, il est possible d'en élever le chiffre du rendement qui, étant en moyenne de douze hectolitres à l'hectare, est en disproportion avec la fécondité de notre sol, ce serait pour notre chère patrie une grande et utile conquête, qui cette fois ne lui coûterait ni sang ni larmes et ne lui imposerait aucuns sacrifices.

Quelques faits pris dans la localité que j'habite, et qui se sont produits sur six propriétés de grande, moyenne et petite étendue, situées dans six communes différentes et datant des époques de 1838 à 1872, démontreront que, dans notre département lui-même, il n'est pas impossible d'y parvenir.

Voici en effet le résultat très-encourageant que présente l'ensemble de ce petit document, qui a dû nécessairement se reproduire sur bien d'autres points de nos localités.

En 1838, chez M. Gabidier, commune de La Châtre, 2 hectares 50 ares fumés à 12,000 kilos à l'hectare, ont produit 102 hectolitres, soit en moyenne 47 hectolitres à l'hectare. — 2 hectares 50 ares ont donné 47 hectolitres à l'hectare.

En 1840, chez M. Mauduit, commune de Tranzault, sur une propriété de 100 hectares, 10 hectares fumés à 30,000 kilos et marnés ont produit 300 hectolitres, soit en moyenne 30 hectolitres à l'hectare. — 2 hectares marnés et fumés à 40,000 kilos ont produit 112 hectolitres, soit 56 hectolitres à l'hectare.

En 1872, chez M. Moreau, commune de Mers, sur une propriété de 34 hectares, 8 hectares chaulés et fumés à 30,000 kilos en fumier de cheval ont produit 370 hectolitres, soit en moyenne 46 hectolitres à l'hectare. — 2 hectares 50 ares ont produit 150 hectolitres, soit 60 hectolitres à l'hectare.

En 1872, chez M. Demay, commune de Briantes, sur une propriété de 62 hectares, 7 hectares chaulés et fumés à 16,000 kilos ont produit 240 hectolitres, soit en moyenne 30 hectolitres à l'hectare. — 1 hectare a produit 40 hectolitres.

En 1872, chez M. Ludre Gabillaud, commune de Nohant, sur une propriété de 52 hectares, 10 hectares fumés à 16,000 kilos à

l'hectare ont produit 300 hectolitres, soit en moyenne 30 hectolitres à l'hectare.

En 1872, chez M. Vergne, commune de Saint-Denis-de-Jouhet,
sur une propriété de 100 hectares, 10 hectares chaulés et fumés
à 16,000 kilos à l'hectare ont produit 240 hectolitres, soit en
moyenne 24 hectolitres à l'hectare.

Ainsi, six propriétés formant dans leur ensemble 352 hectares
et ayant sur ce total 47 hectares ensemencés en froment, avec
une fumure moyenne de moins de 20,000 kilos à l'hectare, ont produit 1,552 hectolitres, donnant en moyenne 31 hectolitres, et parmi
quatre d'entre elles, 8 hectares un peu mieux fumés ont produit
404 hectolitres, donnant 50 hectolitres à l'hectare ; soit, dans un
département où l'hectare de terre ne s'afferme que 30 à 40 francs,
un rendement égal à celui qu'obtient dans les riches contrées du
Nord l'agriculture la plus perfectionnée.

Sans prétendre à des résultats qui s'éloignent autant de notre
chiffre de 12 hectolitres, ne peut-on au moins prétendre à l'élever
d'un tiers et arriver au taux modeste de 18 hectolitres à l'hectare.
Deux moyens me semblent utiles pour y parvenir : la connaissance
de la culture du sol et l'aménagement des engrais qui lui sont
nécessaires.

Si la première question est l'objet de soins de plus en plus assidus, et qui commencent à porter fruit, il n'en est pas de même de
la seconde à laquelle jusqu'à ce jour il n'a été donné aucune attention sérieuse. Ainsi, bien qu'un savant des plus dévoués à l'agriculture, ait fait connaître que par une des lois de la nature qui veut
que rien ne se perde, et que tout concourt à sa perpétuelle transformation, chaque existence humaine peut fournir à la fumure
d'un demi-hectare et suffire ainsi presqu'à la moitié de la superficie de notre territoire, il n'en est pas moins vrai qu'à l'heure actuelle, cette ressource si féconde est entièrement perdue et reste
sans emploi dans les villes ou avec d'autres matières similaires
elle devient une cause de dégoût et d'insalubrité.

Pour obvier à un état de choses aussi regrettable, ne serait-il
donc pas à propos d'encourager et d'aider, dans chaque arrondissement, à la création d'établissements pratiques, sortes de fermes
écoles industrielles qui, avec annexe à leurs cultures, de distilleries, féculeries, moulins, instruments à vapeur et autres perfectionnements, auraient pour mission spéciale de fabriquer les

engrais avec les matières perdues dans les villes, bourgs et localités environnantes, et de les livrer sur place aux cultivateurs, sans être grevés de frais de transport, sans rien coûter aux départements que leur appui moral, ces fermes industrielles, ou véritables stations agronomiques, vivraient de leurs bénéfices et rendraient beaucoup plus de services que les fermes-écoles actuelles subventionnées.

Mais ce n'est pas tout de produire, il faut encore savoir conserver ; car de bien tristes expériences qui ne se répètent que trop souvent et que nous subissons en ce moment même, nous apprennent que la récolte du blé, cette nourriture quotidienne de l'homme, ne dépend pas seulement des bons soins qu'il donne à sa culture, mais aussi des influences atmosphériques qui agissent pendant huit mois sur son développement et sur sa maturité. Ainsi, bien que nos terres ayant été fumées et travaillées avec les mêmes soins qu'en 1872, année où elles ont donné un rendement de 16 hectolitres, elles n'en ont produit que 10 en 1873 ; ce qui fait qu'au lieu d'exporter 12 à 15 millions d'hectolitres, nous sommes obligés d'en importer près de 12 millions, avec cette différence que nous achetons cette année 30 francs, ce que nous avons vendu 20 francs l'année dernière.

Pour remédier à une situation aussi fâcheuse et qui se renouvelle à peu près tous les trois ans, ne serait-il donc pas possible de créer dans l'intérieur de la France de prudentes réserves, en obligeant les fournisseurs de grains, et en particulier les boulangers, à une certaine quantité d'approvisionnements fixes. Ne pourrait-on pas surtout établir dans chaque chef-lieu d'arrondissement et de canton, des greniers municipaux, dont le but autant dans l'intérêt du consommateur que dans celui du producteur, serait non pas d'élever ou d'abaisser le prix du blé, mais d'influencer autant que possible pour le maintenir à un taux régulier, en achetant leurs approvisionnements à l'époque où les grains abondent sur les marchés, et en revendant ensuite à l'époque où ils y deviennent plus rares ; ce qui constituerait pour les municipalités, un bénéfice non suffisant pour une spéculation, mais convenablement rémunérateur pour les dédommager de leurs frais d'avances et d'emmagasinements. Les Fermes industrielles, les Comices agricoles et les Sociétés d'agriculture, pourraient utilement concourir à cette amélioration, qui ne serait pas seulement l'œuvre d'une sage économie, mais un acte de prévoyance qui éviterait, dans bien des cas et dans bien des villes, des plaintes, des récriminations souvent injustes et toujours malveillantes, et dont l'une me semble devoir être prise en considération ; c'est qu'il est désirable qu'ainsi qu'il se fait pour la plupart des denrées, la vente du blé se fasse sur tous les marchés publics au poids, et non pas au boisseau, opération dans laquelle par un mesurage plus ou moins tassé, il est reconnu que des mains exercées trompent audacieusement l'acheteur.

J'ai dit que la production du blé est incertaine, mais bien autrement encore l'est celle de la viande, ce complément de notre nourriture, qui donne la force et avec elle la surabondance de la vie nécessaire à la fatigue des travaux, et si indispensable pour elle, que l'on peut presque juger du degré d'industrie d'une localité, en se rendant compte de la quantité de viande qu'elle consomme.

Ainsi, pendant que la consommation moyenne attribuée à nos campagnes est à peine annuellement de 4 kilos par habitant, elle s'élève suivant la dernière statistique : pour Nantes à 30 kilos, Lyon 46, Saint-Étienne 48, Limoges 49, Bordeaux 52 et pour Paris à 72 kilos.

Cependant, faute d'une production qui réponde à l'accroissement des besoins, cette ressource, si précieuse pour l'homme de labeur, commence par lui manquer, en raison du prix inabordable auquel elle tend de jour en jour. Pour parer à cet inconvénient, n'est-il donc pas urgent d'être au moins économe et non prodigue d'un pareil bien ? Quand surtout il est démontré que malgré tous les soins possibles, la population animale pas plus que la population humaine n'augmente en nombre. N'est-il pas notamment regrettable que dans l'espèce bovine, celle qui sert à la fois à notre alimentation et à nos travaux, alors que l'on sait qu'une mère ne donne qu'un seul veau et ne le donne pas chaque année, que ce produit à peine né, soit conduit à l'abattoir et détruit dans son germe, sous l'appât d'un poids dérisoire de 50 kilos ? N'y a-t-il pas lieu dans l'intérêt du producteur et du consommateur et aussi dans celui de la santé publique, car il est contestable qu'une pareille nourriture soit salubre, d'exiger par des mesures réglementaires qu'aucun veau ne puisse être abattu avant l'âge de deux mois et sous le poids d'au moins 75 kilos au lieu de 50 ; ce qui produirait sur l'approvisionnement actuel qu'on estime être de 109 millions de kilos, un accroissement d'un tiers, soit 36 millions de kilos, représentant pour l'agriculture un revenu en argent presque double de ce chiffre. Enfin au point de vue de la même production, ne serait-il pas désirable de pousser davantage à l'élève des génisses et partout où cela pourrait se faire sans inconvénient, de substituer au travail des bœufs celui des vaches, ce qui obligerait à en augmenter le nombre.

J'arrive à un produit non moins important qui est le complément de toute nourriture virile, celui du vin, si compromis depuis quelques années par les gelées tardives et surtout par la marche envahissante du phylloxera. On sait que dans certaines contrées on peut se défendre des gelées, en opposant à l'effet de leurs rayonnements sur les vignes une épaisse fumée obtenue par des huiles brûlées ou des débris de végétaux ; et surtout, ce qui est plus facile à pratiquer, en retardant la végétation à l'aide de procédés de culture ; il n'en est pas de même du phylloxera justement appelé du nom de dévastateur ; déjà en effet le tiers de nos vignobles a disparu sous l'attaque de ce terrible ennemi qui, se présentant sous une forme insaisissable, se choisit des retranchements inaccessibles, porte pour armes le poison et dont les légions incalculables se recrutent chaque année par la dizaine de milliards d'auxiliaires qui, suivant le dernier rapport de l'illustre savant M. Dumas, vomit à chaque année chaque femelle ailée ou aptère de ces monstres de désolation.

Importé par des cépages provenant d'Amérique où il sévit depuis 1855 et acclimaté en France où il a été signalé en 1865, par M. Gaston Bazille qui le premier a jeté le cri d'alarme, résistant à toutes les tentatives de la science qui se déclare impuissante à le détruire, ce terrible fléau parait nous être imposé, jusqu'à ce qu'il plaise à la puissance qui l'a produit de le faire disparaître. C'est sous l'égide de l'impunité et de l'impossibilité de sa destruction qu'il se présente à nous, comme un ennemi avec lequel nous sommes obligés de vivre côte à côte et qui tout au plus nous laisse la possibilité de nous garantir localement de ses funestes attaques.

A ce point de vue, parmi les divers moyens proposés et dont les mieux accueillis paraissent être le procédé de M. Faucou, par la submersion, et celui de M. Monestier par le sulfure de carbone et ses modifications, j'en ai indiqué moi-même un troisième qui, n'imposant aucune dépense et pouvant s'employer soit seul, soit simultanément avec d'autres procédés, repose sur la culture d'une simple plante, *le Madia sativa*, pourvue des diverses propriétés qui me semblent aptes à repousser le phylloxera. Ces diverses propriétés consistent : 1° dans l'effet à attendre des racines infectes qui, s'enfonçant à 35 centimètres dans le sol, y attaqueront souterrainement l'insecte en l'y mettant en contact avec cette végétation empoisonnée ;

2° Dans une ramification touffue qui, projetant sur le sol une ombre continuelle, le privera journellement des rayons solaires qui sont une condition de son existence ;

3° Dans une odeur fétide et asphyxiante pour ses organes respiratoires et que produit la plante pendant sa floraison de deux mois de durée ;

4° Dans une exsudation gluante pendant cette même floraison et qui se dilatant sans discontinuité, autant des tiges que des feuilles, étend sur le sol tout un réseau de glu, enlaçant dans ses mailles tout insecte qui le heurte, l'y retient captif et l'y fait mourir.

Suivant moi, en faisant coïncider la floraison du *Madia* avec l'époque du 15 juin, qui est celle ou le phylloxera réside hors de terre, pour les besoins de sa reproduction, il arrivera forcément que traqué au dehors comme à l'intérieur du sol, gêné dans ses moyens respiratoires, entravé dans ses moindres mouvements, prisonnier et décimé, son instinct conservateur le portera à changer de résidence et à chercher un établissement moins dangereux dans un autre voisinage qui, armé des mêmes moyens de défense, saura également s'en préserver.

Un dernier mot, Messieurs, si l'on dit avec raison que dans toute entreprise, le levier principal est l'argent, c'est surtout à celles de l'agriculture que doit s'appliquer cette vérité.

Or, jusqu'ici, on s'est bien peu préoccupé pour elle de cette importante question, et pendant que, par l'établissement de la Banque de France créée pour ses besoins, le commerçant trouve à volonté les fonds nécessaires à 3 et à 4 p. 0/0 sur sa simple signature, l'agriculteur, qui offre à la fois la garantie de sa signature et celle des biens qu'il engage sous forme d'hypothèques, ne trouve à emprunter qu'à 7 et à 9 p. 0/0.

Il est inutile de s'appesantir sur les entraves qu'apporte aux tentatives de toute amélioration ou tel état de choses, dans une industrie considérée à bon droit comme la mère de toutes les autres.

Ne serait-il donc pas possible d'atténuer et peut-être de transformer en bien, le mal d'une pareille situation? Et lorsqu'il est certain que nous avons en France deux puissances financières supérieures à toutes les autres, celle de l'État par son crédit moral, celle de la propriété foncière par son crédit matériel reposant sur le sol qu'elle possède, de faire en sorte que, se prêtant un mutuel appui et fortifiant l'une du complément qui manque à l'autre, il sorte de cette association solidaire, une institution de crédit d'une solvabilité indiscutable qui émette, de même qu'il se fait maintenant pour les bons du Trésor, des bons hypothécaires nantis, plus qu'eux, et de la garantie morale de l'État et de la garantie matérielle du sol.

Au moment où le prix de toutes choses augmente considérablement, et que pour y faire face un vide réel se fait sentir par les cinq milliards exportés pour notre rançon, ne serait-il pas rendu un immense service aux transactions commerciales si dans cette même proportion du chiffre de cinq milliards, qui suivant l'évaluation des économistes les plus modérés se trouve être aussi celui de notre dette hypothécaire, pareille somme était mise à la disposition de la propriété foncière, sous forme de bons de l'État, dits obligations hypothécaires, en ce que, supérieurs en garantie à toutes autres valeurs similaires, ils seraient nantis d'un titre territorial, gage matériel des prêts double de leur valeur et remboursable par l'emprunteur au moyen de soixante-sept annuités, payées par lui à 3 p. 0/0 du capital prêté. De cette combinaison, qui peut servir tant d'intérêts et n'en froisser aucun, sinon celui du Crédit foncier actuel que l'État aurait à dédommager, soit par une indemnité soit en l'intéressant à son institution, il se produirait ce résultat :

1° qu'au bout de soixante-sept ans, après avoir disposé pour ses améliorations de la somme prêtée pour en accroître considérablement ses produits, l'agriculture ou propriété foncière se trouverait par le fait d'un paiement de l'intérêt minime de 3 p. 0/0, complètement dégrevée de sa dette hypothécaire de cinq milliards, s'il lui est prêté jusqu'à concurrence de cette somme ;

2° Que lors du paiement de la 33e annuité, l'État se trouverait à son tour non-seulement désintéressé des cinq milliards émis par lui sous sa signature en bons hypothécaires, mais que par le fait des trente-trois annuités subséquentes il recevrait encore en pur bénéfice et à titre de rémunération de son concours, *cinq autres milliards* en plus, applicables soit à l'amortissement de la dette publique, soit en déduction des charges lourdes qu'elle entraîne. Telles seront les conséquences d'une pareille institution qui manque à la France et dont la création est loin d'être impossible.

En soumettant à votre examen ces projets d'amélioration, qui dans ma pensée contribueraient si puissamment au développement des principales branches de notre production agricole, je sens, Messieurs, le besoin de m'excuser de mon insuffisance pour les traiter comme elles méritent de l'être, et je vous prie d'y suppléer par vos lumières, par votre expérience et votre amour du bien du pays, qui est le seul but que nous poursuivons tous dans le Congrès qui nous rassemble.

M. le comte de Bouillé, Vice-Président, veut bien, au nom de M. le Président, empêché par une extinction de voix, proposer au Congrès de décider qu'il sera publié un compte-rendu dans lequel seront insérés :

1° Les travaux arrivés à discussion en assemblée générale ;
2° Les travaux que le temps n'a pas permis d'examiner.

Cette proposition est adoptée à l'unanimité.

M. le comte de Bouillé, Vice-Président, annonce que le Congrès va se rendre au Concours régional pour le visiter avec tout le soin que mérite son ensemble vraiment remarquable. (1)

La parole est à **M. le Secrétaire-Général,** qui s'exprime ainsi :

MESSIEURS,

Je suis certain à l'avance d'être votre interprète à tous en vous proposant de voter des remercîments à notre illustre Président.

(1) Les journaux spéciaux ont publié sur le Concours régional de Châteauroux, les articles les plus complets et les plus dignes d'attirer l'attention.

Voir notamment les articles de :

1° M. Eug. Gayot dans le *Journal d'Agriculture pratique,* année 1874, Tome 2, pages 40 et suivantes, 81 et suivantes ;

2° M. Henri Sagnier, dans le *Journal de l'Agriculture,* année 1874, Tome 2, page 265.

Nous avons pensé qu'un nouveau compte-rendu ferait double emploi. Toutefois, nous sommes heureux de pouvoir offrir aux membres du Congrès les prémices du Rapport de la Commission chargée de décerner la prime d'honneur, les prix culturaux et les médailles de spécialité. Nous ne saurions donc trop remercier le savant Rapporteur, M. Raoul Duval, de sa communication si gracieuse et si empressée.

Nous espérons que sa santé ébranlée par les fatigues que lui ont causées les excursions et les travaux du Congrès de Châteauroux sera promptement rétablie ; nous faisons les vœux les plus sincères pour que, pendant longtemps encore, il continue à donner à notre Grande Association des Agriculteurs de France une impulsion qui fera la prospérité et la grandeur de l'agriculture française. *(Marques unanimes d'assentiment. Vifs et chaleureux applaudissements.)*

M. Paul Petit, l'un des Secrétaires, donne lecture du procès-verbal de la présente séance.

Le procès-verbal est adopté.

La séance est levée à quatre heures de l'après-midi.

La Session du Congrès est close.

NOTE SUR LA CONSERVATION DES BOIS EMPLOYÉS DANS L'AGRICULTURE

Par M. le Vicomte DE LAPPARENT,

Ancien Directeur des Constructions navales.

Tout ce qui vit aura une fin ; c'est-à-dire que les êtres organisés devront un jour se réduire à leurs éléments constituants, sans quoi la vie s'arrêterait sur notre globe. C'est une fonction que Dieu a attribuée à une multitude d'êtres microscopiques, *vibrions, bactériums, monades,* etc., qui, par leur action sur les corps désormais privés de la vie, les ramènent à leurs principes immédiats, *oxygène, hydrogène, azote* et *carbone,* nécessaires à la constitution des autres corps qui leur succèderont. Conserver un corps dans lequel la vie a cessé, c'est donc, à l'aide de moyens artificiels, contrarier ou neutraliser l'action des petits analyseurs dont nous parlions.

Ces moyens sont de deux sortes : l'emploi de sels vénéneux, *sulfate de cuivre, arseniate de potasse,* etc., qui les empoisonnent, ou de certaines essences, *carbure d'hydrogène, sulfure de carbone, huile lourde de goudron,* qui les asphyxient.

Nous exposerons, dans un instant, le mode d'agir des uns et des autres ; mais, en ce qui concerne le bois, dont nous nous occupons spécialement, il y a une observation préalable et importante à faire.

Personne n'ignore que le tronc des arbres s'accroît par la superposition de couches annuelles concentriques et se trouve, par suite, composé de bois d'âges très-différents. Par exemple, un chêne de 150 ans présentera, au pied et au centre, du bois ayant ce même âge, tandis qu'à la cime et à la circonférence extérieure se trouvera du bois d'un an. Arrivée à une certaine période extrêmement variable, suivant les conditions de climat, d'exposition et de terrain, la végétation s'arrête en partie, et les couches les plus anciennes ne tardent pas à fermenter et à entrer en décomposition. On en est averti lorsqu'on s'aperçoit que les rameaux de la cime perdent prématurément leurs feuilles ou, même, restent dégarnis au printemps. On dit alors que l'arbre *se couronne*, ou qu'il est *suranné* et *sur le retour*.

Il résulte de ce qui précède que, pour les jeunes bois provenant d'arbres coupés en pleine vie, la préparation peut, à la rigueur, n'être que superficielle ; tandis que, pour les bois sur le retour, il est indispensable qu'elle pénètre jusqu'au cœur. Malheureusement, très-peu de bois sont pénétrables ou, comme on dit *injectables*, et tel est le cas de notre essence la plus précieuse et la plus commune, le chêne. Au contraire, le hêtre, le charme et le peuplier sont facilement pénétrés par les liquides. Ce sont donc ces bois dont l'usage doit, autant que possible, être recommandé. Le hêtre, en particulier, nous paraît appelé à rendre de grands services, attendu qu'il est très-abondant et que sa résistance n'est pas très-éloignée de celle du chêne. On ne pouvait lui reprocher qu'un défaut, celui de *passer* très-promptement ; or, aujourd'hui, ce défaut peut être combattu d'une manière presque absolue.

Indiquons maintenant le mode d'agir des sels et des liquides essentiels :

Les sels, on le comprend, doivent être solubles, et c'est l'eau qui leur servira de véhicule pour être transportés dans la masse du bois, si celui-ci est injectable. Mais leur action est toute locale et circonscrite aux points où ils auront pénétré. Si donc les zones voisines n'ont pas admis le liquide, ce qui arrive presque toujours, elles entreront, tôt ou tard, en décomposition, comme si le bois n'avait subi aucune préparation. Au contraire, les liquides essentiels possèdent, par l'odeur qu'ils émettent, une sphère d'activité plus ou moins étendue et peuvent protéger des régions voisines qui n'auraient rien reçu. Ces liquides sont donc, sous ce rapport, préférables aux sels vénéneux. Les solutions de ceux-ci ont, d'ailleurs, un autre défaut, lorsque les bois préparés sont exposés à l'humidité et à la pluie ; en vertu des phénomènes d'*endosmose* et d'*exosmose*, ils finissent par perdre toute leur préparation.

Au port de Cherbourg, on avait construit un *chaland,* en se servant de hêtre préparé au sulfate de cuivre ; toutes les fois qu'on épuisait l'eau d'infiltration, elle apparaissait avec une couleur verdâtre et, au bout d'un certain temps, on constata qu'il ne restait plus trace de sulfate dans les bordages.

Il y a, toutefois, un moyen aussi simple qu'efficace de s'opposer au départ du sel; il consiste à enduire le bois préparé d'une *couverte* imperméable. La meilleure qu'on puisse adopter est le *goudron végétal*, appliqué à chaud.

J'en fis usage pour la première fois, à ce même port de Cherbourg, dans la préparation des cordages de la marine, fabriqués avec des fils sulfatés ; des échantillons de ces cordages, enfouis dans du fumier à l'air et à la pluie, en furent retirés au bout d'une année sans avoir perdu une quantité appréciable de leur force, au lieu que la résistance de ceux qui n'avaient été que sulfatés, avait diminué de plus de moitié.

Il me paraît donc incontestable que l'on pourrait prolonger très-longtemps la durée des bois non injectables, tels que les échalas en chêne, en agissant comme suit :

Bien dessécher les pointes des échalas, soit au four, soit dans un feu de fagots et, immédiatement après, les plonger dans une forte dissolution de sulfate de cuivre (10 parties de sulfate dans 100 parties d'eau). Puis, quand le bois est sec, lui appliquer une couche de goudron végétal très-chaud. Cette préparation conviendrait d'autant mieux à ces échalas, qu'en général ils sont faits avec de jeunes bois et, qu'ainsi, la décomposition spontanée au centre n'est plus à redouter; la pourriture s'y propage de l'extérieur à l'intérieur.

Toutefois, l'emploi de l'*huile lourde* (1), quand on a à sa disposition des bois injectables (hêtre, charme, peuplier), est bien préférable, parce que le liquide pénètre toujours à une certaine profondeur, même quand le bois y est simplement plongé.

_____

(1) C'est un produit de la distillation du *coaltar* ou *goudron de gaz*; mais c'est à tort qu'il est rangé dans la classe des huiles, attendu qu'il ne renferme pas d'oxygène. C'est un carbure d'hydrogène.

Prenez une petite planchette de hêtre, de 15 à 20 centimètres de longueur, et placez-là dans un vase où il y aura 5 centimètres au plus d'huile lourde ; la journée ne se passera pas sans que vous voyiez l'huile sortir par le haut de la planchette, et vous pourrez constater que celle-ci en a absorbé de 50 à 60 pour cent de son poids.

Cette préparation conserve admirablement le bois. J'ai laissé en terre pendant dix-huit mois des échalas en hêtre et en peuplier qui l'avaient reçue, à côté d'autres échalas *neufs* en chêne à l'état ordinaire. Au bout de cet intervalle de temps, les pointes des échalas préparés étaient absolument intactes, tandis que celles des échalas en chêne annonçaient un degré avancé de décomposition et cédaient sous la simple pression de l'ongle.

Malheureusement, l'huile lourde est très-inflammable, et il ne serait pas prudent d'en faire usage sur des bois destinés à entrer dans une construction ; mais pour tout ce qui est *échalas, perches de houblonnières, poteaux,* etc., etc., elle est parfaite. Elle trouverait également une application très-avantageuse dans la confection des instruments d'agriculture, par la lubréfaction de toutes les surfaces de joints, des assemblages, des mortaises, trous, etc., qui sont exposés à une pourriture plus ou moins rapide.

CONCOURS RÉGIONAL DE CHATEAUROUX
EN 1874.

RAPPORT DE LA COMMISSION (1)
Chargée de décerner la Prime d'honneur, les Prix culturaux et les Médailles de spécialité.

Un arrêté de M. le Ministre de l'Agriculture et du Commerce, en date du 9 janvier 1872, avait établi un Concours régional pour

(1) Cette Commission se composait de :
MM. BOITEL, Inspecteur général de l'Agriculture, *Président* ;
    Raoul DUVAL, propriétaire à Genillé (Indre-et-Loire), *rapporteur* ;
    JULIEN, à Selles-Saint-Denis (Loir-et-Cher) ;
    POISSON, directeur de la Ferme-École du Cher ;
    NOUETTE-DELORMÉ, à Ouzouer-des-Champs (Loiret) ;
    DE BONAND, président de la Société d'Agriculture de l'Allier, à Montaret (Allier).

l'année 1874, dans le département de l'Indre, et en avait fixé les conditions.

Treize concurrents se sont présentés, tant pour les divers prix culturaux que pour la Prime d'honneur et les médailles de spécialité.

Nous tenons, au début de ce Rapport, à nous féliciter de ce que le nombre des Agriculteurs concurrents et le fait qu'ils appartiennent aux points les plus divers de son territoire, ont prouvé que le département de l'Indre, malgré les événements si graves qui ont marqué l'intervalle séparant le concours de 1874 de celui de 1866, avait su maintenir son agriculture en voie de progrès

Le Jury d'examen, présidé par M. Boitel, Inspecteur général de l'Agriculture, a, dès le mois de juin 1873, procédé à la visite des exploitations dont les propriétaires ou fermiers avaient, en temps utile, rempli les conditions du programme tracé par M. le Ministre de l'Agriculture et du Commerce.

Désireux d'entourer ses décisions de toutes les garanties, il a renouvelé, dans un parcours fait les 9, 10 et 11 décembre, la visite et l'examen des exploitations principales, de celles qui pourraient prétendre à l'attribution de la Prime d'honneur, cette haute récompense dont l'institution a été un puissant élément d'émulation et de progrès pour l'agriculture française.

Cette décision était entourée de difficultés toutes spéciales : des concurrents très-sérieux se trouvaient dans les catégories multiples des prix culturaux figurant au programme du concours, et, par conséquent, dans des conditions très-différentes comme nature d'exploitation, étendues cultivées, ressources disponibles et mises en œuvre.

MM. Le Corbeiller et Jolivet *(Fermiers de Cungy)*.

Malgré ces difficultés, après la double visite que nous avons déjà mentionnée et après une délibération approfondie, en s'inspirant de ce que la Prime d'honneur devait être attribuée à celui des concurrents qui, dans sa catégorie, présenterait le domaine ayant réalisé les améliorations les plus utiles et les plus propres à être offertes comme exemple, le Jury a décidé à l'unanimité que cette récompense devait être attribuée à MM. Le Corbeiller et Jolivet, fermiers à prix d'argent, exploitant le domaine de Cungy, dépendant de la terre de Valençay.

Nous entrerons dans quelques détails sur cette exploitation agricole, où nous avons été heureux de constater les résultats produits par ce triple élément de succès : la science, l'esprit d'association et l'ordre.

Le domaine de Cungy est situé aux confins des départements de l'Indre et de Loir-et-Cher.

Les terres, d'une étendue de 203 hectares, sont de qualité inférieure, leur nature étant argilo-siliceuse pour la plus grande partie et le sous-sol imperméable. Elles ne comprennent qu'une faible étendue de prairies naturelles (8 hectares), et situées à 5 kilomètres environ.

Les bâtiments d'exploitation, reconstruits par le propriétaire, M. le duc de Valençay, après un incendie, sont, quoiqu'un peu insuffisants, vastes et bien disposés.

Ce qui frappe, en entrant à Cungy, c'est que tout y respire l'esprit d'ordre et de régularité. Chaque chose est à sa place ; rien ne traîne ; et cette impression ressentie très-vivement par la Commission, lors de ses deux visites, est aussi, nous le savons, celle de toutes les personnes qui, à des moments fort divers, y sont appelées soit par leurs affaires, soit par une curiosité qui prend sa source dans l'attrait si général que présentent les opérations de notre plus grande industrie nationale, l'Agriculture.

MM. Jolivet et Le Corbeiller, tous deux formés aux saines doctrines de l'École de Grignon, où le premier, élève d'abord, a rempli ensuite les fonctions de comptable et où le second a été répétiteur de physique et de chimie, s'associèrent, en 1857, pour affermer à prix d'argent le domaine de Cungy. Ils passèrent un bail de quinze ans qui, ayant commencé le 11 novembre 1857, expirera le 11 novembre 1875.

Ces Messieurs, en se mettant à l'œuvre, se divisèrent la besogne ; et, tout en prenant en commun les décisions importantes, se répartirent le travail suivant leurs goûts et leurs aptitudes personnelles. A M. Le Corbeiller échut la direction des ouvriers, le travail extérieur ; à M. Jolivet la comptabilité, la surveillance des magasins, des rationnements d'animaux, opérations diverses pour lesquelles il est habilement secondé par Mme Jolivet qui a, dans son domaine particulier, les volailles et la fabrication d'excellents fromages.

Dès le début, les associés comprirent, par l'examen de leur terre et à l'aide d'analyses, que l'établissement d'un laboratoire de chimie a rendues possibles, qu'il y avait nécessité d'y introduire l'élément calcaire qui généralement leur fait défaut. Des marnières trouvées sur la propriété, et suffisamment riches, furent vigoureusement exploitées et une partie importante des terres arables marnées à 70 et même 80 mètres cubes à l'hectare. Il est regrettable que la lenteur de l'action de la marne, compensée, il est vrai, par la durée de ses effets, ne permette pas à un fermier à prix d'argent de maintenir sur la même échelle l'emploi de cet utile amendement, lorsque l'époque de sa fin de bail approche ; et, sous ce rapport, il eût été bien utile pour MM. Le Corbeiller et Jolivet d'employer concurremment la chaux, qui paie bien plus rapidement des avances que son emploi impose. Il y a, à proximité de Cungy, des points où la fabrication économique de la chaux est parfaitement possible. En la produisant dans ces conditions et en démontrant son utilité, par l'emploi sur leur propre exploitation, les fermiers de Cungy, tout en faisant une affaire fructueuse, rendraient un service considérable à tout un district du département, un peu déshérité aujourd'hui et où la chaux ne pourrait manquer, en raison de la constitution géologique du sol, de produire les heureuses transformations que nous avons déjà constatées sur d'autres points de l'Indre, et aussi dans les départements de l'Allier et de la Nièvre qui appartiennent à la même région.

En même temps qu'ils marnaient ainsi leurs terres, MM. Le Corbeiller et Jolivet obtenaient que leur propriétaire fît drainer un ancien fond d'étang, d'une contenance de 8 hectares, qui a pu, grâce à cette amélioration, entrer dans la culture et est appelé à être un jour transformé en prairie naturelle.

Les fermiers paient 5 p. 0/0 de la dépense que le drainage a occasionnée.

Ayant ainsi amélioré leur sol, les fermiers de Cungy se sont préoccupés de lui apporter les éléments de fertilité dont il n'était qu'insuffisamment pourvu. Les fumiers de ferme ont été l'objet de leurs soins; et ils ont, à leurs frais, arrangé la plate-forme de dépôt et établi une fosse à purin, toutes choses que l'on serait heureux de voir se répandre dans les fermes et métairies du pays. Le fumier humain est aussi soigneusement recueilli, et des acquisitions annuelles d'engrais de commerce viennent compenser les déficits résultant des exportations de grains et d'animaux dont nous parlerons tout-à-l'heure.

L'assolement adopté à Cungy est quadriennal ; il commence et finit par des plantes fourragères, racines et fourrages verts au début, prairies artificielles à la fin, et entre deux une céréale d'hiver et une de printemps. Cet assolement soutenu par quelques parcelles de luzerne et de sainfoin, hors sole, par les prairies naturelles et par les achats d'engrais de commerce, est approprié au sol et aux conditions des ventes.

Les labours sont bien faits et nous avons pu constater que les terres étaient dans un état de suffisante propreté. L'emploi de fouilleuses, qui ameublissent le sol jusqu'à 30 centimètres de profondeur, explique la réussite de la luzerne qui malheureusement est encore limitée à un nombre de parcelles restreint. Le trèfle rouge, associé avec le ray-grass, donne de meilleurs résultats.

Les cultures de racines, betteraves, carottes et pommes de terre sont bien faites.

Les céréales sont semées en lignes à l'aide d'un semoir et nous avons pu constater, en décembre, une bonne levée des blés.

Les produits en racines, fourrages verts et secs sont tous consommés dans la ferme ; et c'est là que se manifestent tout particulièrement les habitudes d'ordre et de régularité que ces Messieurs ont su imprimer autour d'eux. Les magasins de racines, de pailles, de fourrages, les greniers où sont les grains, les sons, se trouvent dans un ordre parfait ; les rations des animaux indiquées sur des tableaux et observées grâce à une incessante vigilance ; l'âge des animaux, leurs entrées, leurs sorties, tout cela est soigneusement consigné. L'air circule partout, et une propreté rigoureuse est partout obtenue.

Les animaux de trait, chevaux et bœufs sont en excellent état. La guerre et une épidémie de cocotte ont en partie détruit le troupeau formé en race cotentine, et aujourd'hui l'étable a dû être regarnie en animaux de races diverses, mais généralement bien choisis.

L'élevage des veaux, qui sont vendus à deux mois et demi ou trois mois, et l'engraissement des bœufs et des vaches triés dans le troupeau forment, avec la fabrication du beurre et du fromage, un des éléments de vente.

Une bonne bergerie contient 200 mères croisées berrichonnes, charmoises et southdown. Les béliers southdown sont pris chez nos meilleurs éleveurs. On engraisse les agneaux mâles et les brebis de rebut.

La porcherie se compose de 6 truies hampshire-berckshire et
de leurs suites ; le bâtiment très-simple mais approprié a été construit par les fermiers.

La comptabilité, très-soigneusement tenue et parfaitement à jour,
a été consultée avec un vif intérêt par le Jury.

Nous sommes entrés dans ces détails un peu longs, parce que
nous avons tenu à bien faire connaître cette exploitation où, avec
des ressources modestes, se manifestent à la fois le principe fécond
de l'entente et de l'association, les heureux résultats d'habitudes
d'ordre et de régularité et, disons-le aussi, cette tenue si parfaite,
cette propreté en un mot qui, traditionnelles dans les pays de culture avancée, comme le Nord de la France, l'Angleterre, la Hol-
lande, constituent des exemples bien utiles à imiter dans notre pays.

Tels sont les motifs, Messieurs, qui ont décidé la Commission à
décerner à MM. Le Corbeiller et Jolivet le Prix cultural de la
seconde catégorie et la Prime d'honneur du département de l'Indre.

M. THIMEL, *propriétaire à Bouesse.*

Dans la première catégorie, celle des propriétaires exploitant
leurs domaines directement, la Commission a visité à deux reprises
avec intérêt le domaine de Bouesse.

Cette propriété dont le château, avec ses tours féodales où, dans
l'ornementation même des machicoulis, on sent poindre le goût
artistique de la Renaissance, est exploitée, depuis 1857, par son
propriétaire, M. Thimel.

Bouesse avait déjà attiré l'attention du Jury au Concours régional
de 1866. Depuis cette époque, M. Thimel a poursuivi énergique-
ment ses améliorations, avec le concours de ses enfants.

Sur l'étendue de 205 hectares, 114 hectares de brandes ont été
défrichés, 40 hectares drainés, 70 hectares assainis par tranchées.
De plus, des chaulages énergiques ont pu être appliqués, grâces à
la création d'un four à chaux exploité par M. Thimel fils, qui
s'occupe aussi de la propriété paternelle.

Grâces à un assolement où les fourrages occupent une large
place, M. Thimel a pu accroître beaucoup son bétail. Il a amélioré
ses vacheries par une construction nouvelle, où d'anciens fossés du
château ont été ingénieusement utilisés comme caves-silos. Les
purins sont employés et les eaux de cours ont été dirigées sur des
prés à proximité par des rigoles convenablement tracées.

En résumé, M. Thimel s'est activement consacré à la mise en valeur d'une propriété qu'il a prise dans un état de délabrement et d'abandon, et, suppléant par son énergie, par les habitudes de travail, d'ordre et d'économie de sa famille, aux ressources pécuniaires disponibles, un peu restreintes peut-être, que lui laissait l'acquisition d'un domaine assez considérable, il a vu ses efforts couronnés de succès.

M. Thimel est une preuve de ce que peuvent produire l'amour de la propriété foncière, l'énergie du travail et la persévérance. Que de propriétés seraient amenées à un état de fécondité profitable à tous si, dans toute la France, de pareils exemples étaient suivis ! C'est à ce titre que la Commission à l'unanimité a décerné le Prix cultural de la première catégorie à M. Thimel.

M. MASQUELIER (Domaine des Planches).

Dans cette même catégorie des propriétaires exploitant directement, la Commission a été tout particulièrement intéressée par la double visite qu'elle a faite au domaine des Planches, appartenant à M. Masquelier. Digne continuateur de son père, le lauréat de la coupe d'honneur de 1866 pour la ferme de Treuillaut, M. Masquelier fils a achevé la belle installation des Planches. Ici, nous avons pu constater la puissance du capital utilement employé dans l'Agriculture.

L'industrie, dans la ferme, est représentée par une distillerie, avec rectification d'alcool, que nous avons vue en pleine activité ; et, comme conséquence, un nombreux bétail bien nourri, des fumiers abondants, et partant des cultures soignées et productives, quoique faites en grande partie sur des terres arables à sous-sol rocheux et d'une faible profondeur, un four à chaux, des vignes cultivées à la charrue, les prairies arrosées avec les eaux de la distillerie, les légumes d'engraissement cuits à la vapeur, les transmissions de force par câble, tous ces progrès de la science moderne sont utilisés aux Planches.

Certes, une semblable exploitation serait digne d'une récompense exceptionnelle ; et si nous n'avons pas jugé qu'elle dût lui être aujourd'hui attribuée, c'est que nous avons dû tenir compte de l'époque relativement récente à laquelle M. Masquelier et son intelligent associé intéressé, M. Poisson, ont pris la direction de cette importante exploitation.

Que, profitant des conditions favorables dans lesquelles les partages de famille lui ont attribué la propriété des Planches, des ressources dont il dispose, M. Masquelier poursuive avec persévérance son œuvre ; il donnera à la jeune génération des grands propriétaires le plus utile exemple, et il est sûr de recueillir alors les récompenses qui ne sont qu'ajournées aujourd'hui.

M. DAMOURETTE (Domaine de Beaumont).

Dans la troisième catégorie, celle des propriétaires exploitant par métayers plusieurs domaines, nous avons à signaler, comme particulièrement intéressantes, les exploitations de Beaumont, appartenant à M. Damourette, et cultivées par Renaud, métayer, pour le Petit Domaine, et provisoirement par le propriétaire pour le Grand Domaine.

M. Damourette s'est fait le champion du métayage dans cette contrée, et il a réussi parce que chez lui le métayage n'est pas seulement l'association de la propriété et du travail, mais parce qu'il y apporte le concours de l'intelligence, de la surveillance et d'une direction véritable par le propriétaire.

Envisagé à ce point de vue, le métayage est une des formes les plus heureuses de la rémunération du fermier par les produits mêmes de son travail et un gage du bon emploi de ses forces et des instruments ou des ressources qu'on lui confie.

M. Damourette ne s'est d'ailleurs pas borné au métayage réduit à cette simple formule. Il a affermé pour un temps limité une portion de ses terres pour la plantation de la vigne, et s'est assuré ainsi, avec un prix de ferme déjà satisfaisant, une plus value d'avenir certaine, sans engagement direct de capitaux.

Conduit avec intelligence, le système de culture adopté par M. Damourette devait lui donnner de bons résultats ; et nous avons pu en effet constater des produits satisfaisants.

Une très-belle bergerie (1), où le propriétaire a tenu en principe à conserver le type berrichon, est un des principaux éléments de recettes. Les bâtiments en sont très-convenablement disposés ; une ventilation complète fournit au troupeau cet air sain et

(1) Au Concours régional, la bergerie de Beaumont a obtenu le premier prix des mâles et le cinquième des femelles, dans la cinquième catégorie de l'espèce ovine. — Race Berrichonne.

abondant qui est une des premières conditions de santé pour la race ovine.

Le beau vignoble de Saint-Claude, récemment agrandi, est déjà en rapport, et le rendement s'accroîtra chaque année. Il comporte un système d'échalas injectés au sulfate de cuivre par un procédé aussi simple qu'efficace, des fils de fer ingénieusement disposés et la culture à la charrue.

Les céréales semées en lignes avec un semoir étaient d'un bon aspect lors de notre visite en décembre.

En somme, Messieurs, la Commission vivement frappée des résultats obtenu par M. Damourette et son métayer, M. Renaud, a décidé de leur attribuer les Prix culturaux de la troisième catégorie.

En dehors des Prix culturaux de l'attribution desquels nous venons de vous rendre compte, le Ministère a mis à la disposition du Jury un certain nombre de médailles de spécialité.

M. Parise (Domaine de Cornaçay).

La Commission a accordé à M. Parise, fermier à Cornaçay, une médaille d'or grand module.

M. Parise exploite à prix d'argent la ferme de Cornaçay. Il est un type du fermier énergique, laborieux, toujours à la recherche des opérations de culture ou de commerce profitables et les menant à fin avec habileté.

Son bétail, qu'il renouvelle fréquemment, est bien tenu et bien nourri, grâces à des fourrages artificiels et notamment des luzernes très-belles, obtenues sur des labours profonds, des terres bien nettoyées et chaulées.

M. Parise eût été un concurrent très-sérieux pour la Prime d'honneur, si un bail dans des conditions un peu difficiles ne l'empêchait pas actuellement de réaliser ces améliorations de fonds si utiles à donner comme exemples dans une région agricole.

M. Dufour, propriétaire à Bouges.

M. H. Dufour a créé sur la terre de Bouges, un vignoble remarquable, et la Commission est heureuse de récompenser en sa personne le courant fécond qui entraîne un grand nombre de propriétaires vers la plantation et la bonne tenue de la vigne, une des cultures véritablement nationales de la France.

M. Duhail, *propriétaire à Fontpart.*

M. Duhail a également obtenu une médaille d'or pour ses travaux de drainage importants et bien exécutés.

M. le Dr Magnard, *propriétaire de la Bêche.*

Une médaille d'or est attribuée à M. le Dr Magnard, pour ses irrigations et son beau troupeau de moutons Crevant.

M. Pommeroux, *propriétaire à La Grange.*

M. Pommeroux exploite directement la propriété de La Grange et y a réalisé d'importantes améliorations par l'irrigation et la création de prairies naturelles. Il a pu, comme conséquence, présenter au Jury un très-beau bétail et nous avons été unanimes à lui attribuer une médaille d'or pour sa bouverie et sa vacherie.

MM. Pagnard Frères *(Domaine de Maisons).*

Enfin une médaille d'or a été attribuée aux frères Pagnard, métayers du domaine de Maisons, appartenant également à M. Pommeroux.

Là, en effet, la Commission a trouvé une preuve de la puissance de l'union de la famille, en agriculture. Intelligemment dirigée et soutenue par le propriétaire, la femme Pagnard, après la perte de son mari, a continué l'exploitation du domaine avec ses onze enfants. Par leur heureuse entente, et malgré les difficultés d'un sol granitique, cette terre drainée et amendée a vu ses herbages anciens s'améliorer, de nouveaux se créer, le cheptel vif tripler et bientôt quadrupler en nombre et en valeur. Ce bétail peut être convenablement entretenu, grâce aux pâturages et aux prairies qui ont succédé à des bruyères défrichées par l'emploi des phosphates, sans arriver à un épuisement complet comme cela n'a que trop souvent eu lieu ailleurs.

Il y avait donc là, à la fois, une amélioration du sol et un noble exemple de vertus domestiques et de travail, dignes de toute notre sympathie et de nos encouragements.

Et maintenant, Messieurs, que tous, propriétaires, agriculteurs, industriels, nous tirions de ce Concours des enseignements utiles, et qu'il suscite dans ces contrées, qui ont encore tant de progrès à faire, une salutaire émulation !

N'est-ce pas le moment de rappeler le vieil adage que Sully, tout en favorisant aussi le commerce et l'industrie, se plaisait à répéter : « *Labourage et pastourage sont les deux mamelles de la France.* »

Des désastres, hélas! encore bien près de nous, ont arraché à notre patrie, plaie toujours saignante, une partie de sa population et de son territoire, et lui ont du même coup enlevé un capital immense.

C'est avec le sol qui nous reste, c'est par le travail, par l'économie, qu'il faut reconstituer ce capital, objet de haines aveugles de la part d'utopistes, trop souvent aussi de convoitises coupables de la part d'hommes cherchant à égarer les masses laborieuses, pour en faire les instruments de leurs détestables passions, ce capital qui n'en est pas moins une des plus grandes forces de la civilisation moderne.

Demandons à la terre, par l'attachement à la vie rurale, par la bonne culture, par la science, des produits plus abondants ; cette mère féconde nous donnera en outre une population saine et énergique, des citoyens et des soldats.

PRIME D'HONNEUR

Consistant en une Coupe d'argent de la valeur de 3,000 fr. et une somme de 2,000 fr.,

Pour l'Exploitation du département de l'Indre

Ayant obtenu l'un des Prix culturaux et réalisé les améliorations les plus utiles et les plus propres à être offertes en exemple,

DÉCERNÉE

A MM. LE CORBEILLER et JOLIVET,

Fermiers à Cungy (Indre), Lauréats du Prix cultural de la 2e Catégorie.

PRIX CULTURAL DE LA 1re CATÉGORIE

Consistant en un Objet d'art de la valeur de 500 fr. et une somme de 2,000 fr.,

A M. THIMEL,

Propriétaire-agriculteur, à Bouesse (Indre).

PRIX CULTURAL DE LA 3me CATÉGORIE

Consistant en un Objet d'art de la valeur de 500 fr.
et une somme de 2,000 fr., (1)

A M. DAMOURETTE,

Propriétaire-agriculteur à Beaumont, (Indre).

MÉDAILLES DE SPÉCIALITÉS.

Médaille d'or grand module à M. PARISE, fermier à Montier-chaume, pour ses labours profonds et ses prairies artificielles.

Médaille d'or à M. POMMEROUX, propriétaire-agriculteur à La Châtre, pour la création de ses herbages et son élevage de bêtes à cornes.

Médaille d'or aux frères PAGNARD, métayers du domaine des Maisons, appartenant à M. Pommeroux, à Crevant, pour leurs travaux de défrichement, de drainage et d'irrigation, l'amélioration de leurs animaux et la création de leurs herbages.

Médaille d'or à M. le docteur MAGNARD, propriétaire, exploitant par métayage à Notre-Dame-de-Pouligny, pour ses irrigations et son troupeau de Crevant.

Médaille d'or à M. DUHAIL, propriétaire, exploitant par métayage à Bouesse, pour ses travaux de drainage.

Médaille d'or à M. DUFOUR, Henri, pour les soins qu'il a apportés dans la création de son vignoble.

(1) Sur ces 2,000 francs, 1,000 francs ont été attribués à Renaud, Désiré, métayer au petit domaine de Beaumont ;
200 francs à Rouet, Georges, chef de culture au grand domaine de Beaumont ;
50 francs à Moret, maître-berger ;
En outre, une certaine somme a été distribuée aux femmes des vignerons et des ouvriers qui travaillent le plus habituellement sur la propriété.

COMPTE-RENDU
DU BANQUET
OFFERT A M. DROUYN DE LHUYS,
Président de la Société des Agriculteurs de France
et Président du Congrès de Châteauroux.

———

Le samedi, 9 mai 1874, a eu lieu le banquet offert à M. Drouyn de Lhuys, Président de la Société des Agriculteurs de France et Président du Congrès de Châteauroux.

Une table d'environ 150 couverts avait été dressée dans les ateliers que M. Hidien, l'habile constructeur, avait gracieusement mis à la disposition du Comité d'organisation. Des tentures décoraient simplement, mais convenablement, les différentes salles dans lesquelles avaient été installés les vestiaires, le salon de réception et le banquet.

M. DROUYN DE LHUYS présidait, ayant à sa droite M. LE PRÉFET de l'Indre et à sa gauche M. LE MAIRE de Châteauroux.

Avaient été invités (1) à prendre aussi place à la table d'honneur :

MM. BOITEL, Inspecteur-Général de l'Agriculture, Vice-Président de la 10ᵉ section de la Société des Agriculteurs de France ;
Le comte DE BONDY, Député à l'Assemblée nationale, Président de la Société d'Agriculture de l'Indre, Vice-Président du Congrès ;
DUFOUR, Député à l'Assemblée nationale (Indre) ;
LECOUTEUX, Secrétaire-Général de la Société des Agriculteurs de France ; membre du Conseil général de Loir-et-Cher ;
RAOUL DUVAL, rapporteur de la Commission de la prime d'honneur ; Vice-Président de la 6ᵉ section de la Société des Agriculteurs de France ;
AUMERLE, Président de la Société Vigneronne d'Issoudun ;
JOIGNEAUX, rédacteur délégué du National ;
SAGNIER, (HENRI), délégué du Journal de l'Agriculture ;

MM. le comte DE BOUILLÉ, Vice-Président du Congrès, Président de la Réunion Libre des Agriculteurs de l'Assemblée nationale ;
CLEMENT, Député à l'Assemblée nationale, Président du Conseil général de l'Indre ;
Le marquis de MONTLAUR, Député à l'Assemblée nationale, (Allier), membre du Conseil d'administration de la Société des Agriculteurs de France, Vice-Président du Congrès ;
MARTIN, Président du Comice agricole d'Issoudun, Vice-Président du Congrès ;
Le baron DE LESTRANGES, membre du Conseil général de l'Indre ;
BAUCHERON DE LÉCHEROLLE (PAUL), Vice-Président de la Société d'Agriculture de l'Indre ;
DE LAVALETTE, directeur de la Revue d'économie rurale, Journal des Cultivateurs ;
JOHANET (HENRI), délégué du Journal d'Agriculture-Pratique.

(1) MM. Balsan et Bottard, Députés de l'Indre, n'ont pu assister à cette grande manifestation de reconnaissance. Ils ont bien voulu en exprimer tous leurs regrets à l'illustre Président du Congrès de Châteauroux.

En face de M. le Président, dans l'intérieur du fer à cheval formé par la table, deux fauteuils avaient été installés. Ils étaient occupés par MM. Jolivet et Le Corbeiller, fermiers de M. le duc de Valençay et de Sagan, à Cungy, et lauréats de la prime d'honneur au Concours régional. Les nombreux agriculteurs, qui assistaient au repas, se sont montrés vivement touchés de l'honneur inaccoutumé qui, dans cette circonstance solennelle, a été fait à leurs habiles confrères.

Nous demandons la permission de dire un mot des vins qui avaient été plus spécialement fournis par la Société Vigneronne d'Issoudun et par M. Charpentier, membre fondateur de la Société des Agriculteurs de France et agronome-viticulteur, rue de la Course, n° 67, à Bordeaux. La dégustation des vins a vivement intéressé tous les convives. Les chaleureux compliments qu'a reçus M. le Président de la Société Vigneronne ont dû lui prouver que ses efforts sont appréciés et portent leurs fruits. Quant aux vins de Bordeaux, tous et particulièrement le Château du Pape Clément ont été reconnus exquis. M. Charpentier avait fait à ses collègues un dont vraiment royal. L'opinion unanime était qu'il était impossible de trouver des vins plus moelleux et plus délicats. Pendant le repas, un télégramme lui a été expédié, au nom de M. le Président, pour lui donner connaissance de ce jugement porté sur les grands crus du Bordelais qu'il avait mis l'Assemblée en mesure de savourer.

Le toast suivant a été porté par **M. Émile Damourette** qui s'est fait, dans les chaleureuses paroles qu'on va lire, l'interprète des sentiments de toutes les personnes présentes :

« Messieurs,

» J'ai l'honneur insigne de vous proposer un toast à M. Drouyn de Lhuys, notre illustre et honoré Président.

» Son nom restera gravé dans nos cœurs ; il sera écrit en caractères indélébiles dans l'histoire agricole de ce pays. Car, du Congrès de 1874, datera certainement une ère nouvelle de progrès et de prospérité. Notre souvenir lui sera constant ; nos vœux l'accompagneront. Puisse-t-il garder de notre Berry une impression favorable !

» Sous sa libérale et gracieuse direction, vous avez, Messieurs, pendant trois séances bien remplies, mais trop courtes, mis à la disposition de nos cultivateurs les leçons de votre haute expérience. Vous leur avez enseigné vos procédés les plus nouveaux. Croyez-le bien, vos leçons ne seront pas oubliées ; vos exemples seront suivis.

» Permettez-moi, avant de nous séparer, de vous exprimer nos remercîments et de vous dire : au revoir !

» Et vous, Monsieur le Président, quelques mots qui auront de l'écho dans cette enceinte vous diront mieux que de longs discours nos sentiments de profonde reconnaissance : merci, merci de tout cœur !

» Messieurs, au chef éminent de notre Grande Association ! au Président si dévoué de la Société des Agriculteurs de France ! à M. Drouyn de Lhuys ! (*Triple salve d'applaudissements.*) »

M. Drouyn de Lhuys a répondu (1) par le discours suivant :

« MESSIEURS ,

« Je remercie mon cher et honorable confrère des paroles qu'il vient de prononcer, et vous, Messieurs, de la faveur avec laquelle vous avez bien voulu les accueillir. Mais je m'abandonnerais à une présomptueuse illusion, si je supposais que ces témoignages flatteurs s'adressent à ma personne ; je dois les rendre à leur véritable destination en les reportant à la Société des Agriculteurs de France, qui m'a fait l'insigne honneur de me mettre à sa tête. C'est le bâton de maréchal de ma longue carrière. — (*Applaudissements.*)

» L'Agriculture, Messieurs, a deux missions à remplir : épurer les mœurs publiques et consolider la puissance nationale.

(1) Une extinction de voix, conséquence des fatigues que lui avaient causés son excursion à Mettray, les 2, 3, 4 et 5 mai, ainsi que les travaux du Congrès n'a pas permis à M. Drouyn de Lhuys de le prononcer lui-même. M. le comte de Bouillé a bien voulu se charger de le lire. Le célèbre éleveur de la Nièvre a été accueilli par les marques de sympathie les moins équivoques.

» J'avais sous les yeux, ces jours derniers, une preuve évidente de son action moralisatrice : dans la colonie péniten- tiaire de Mettray, huit cents enfants, étiolés et flétris par les miasmes délétères de la ville, retrouvent la santé du corps et de l'âme sous la vivifiante influence de la vie rurale et du travail des champs.

» Quant aux éléments de sécurité et de force que les popu- lations agricoles fournissent à l'État, le vieux Caton les signalait en ces termes, il y plus de deux mille ans : « C'est » dans nos campagnes que se rencontrent les meilleurs » soldats comme les meilleurs citoyens, et jamais on n'y » trame de projets subversifs. »

› » Honneur donc, Messieurs, à l'Agriculture !

» Honneur à ceux qui, comme vous, secondent ses efforts par leur concours énergique et dévoué. » — *(Applaudisse- ments prolongés.)*

M. Lecouteux, Secrétaire-Général de la Société des Agricul- teurs de France, prend la parole en ces termes :

« MESSIEURS,

» Aux états de service de notre Président, permettez-moi d'ajouter sa campagne des Congrès agricoles, vaillante campagne où le dra- peau de l'agriculture militante n'a cessé de flotter haut et fier, parce qu'il était le drapeau de la patrie malheureuse, mais décidée à se relever par la persévérance dans le travail, le sacrifice et le dévouement.

» C'était surtout par ses Congrès que la Société des Agriculteurs de France, dès les premiers temps de sa fondation, pouvait se manifester dans les départements et cimenter son union avec les associations locales. Présidée par l'illustre homme d'État qui, toujours et partout, sut faire aimer, estimer et respecter son pays, elle est l'agriculture cherchant à faire ses affaires par elle-même ; — elle est l'agriculture cherchant à dégager l'État des dange- reuses responsabilités qu'il assumerait par une intervention trop directe et trop active dans les choses de l'économie rurale ; — elle est, pour tout dire, l'agriculture cherchant à se décentraliser pour ses intérêts généraux.

» Chacun de nos Congrès a été, Messieurs, l'affirmation de ces idées.

» La Société a commencé, en 1869, son tour de France par le Nord, en la ville d'Arras. Là, elle était dans le pays de la betterave et des riches cultures qui en sont l'heureux accompagnement.

» À Lyon, la Société voulait surtout, en se rapprochant du Midi, prendre sa large part des préoccupations de la viticulture et de la sériciculture. Elle voulait, de plus, dans la grande cité manufacturière et commerciale, montrer l'agriculture naissant à la vie collective, et s'imprégnant de l'esprit de solidarité qui, au lieu de les diviser, rapproche les intérêts d'un pays à nul autre pareil par la variété de ses productions.

» A Beaune, la Société apportait de nouveaux gages à la viticulture en s'associant à un Congrès franco-italien, exclusivement viticole.

» A Clermont-Ferrand, en pleine Auvergne, elle allait à la montagne, et là aussi, elle constatait que le rail, en provoquant la circulation des produits, des hommes et des idées, avait fait son œuvre de nivellement et de rapprochement.

» A Nancy, sur la frontière de l'Est, à Nancy, Messieurs, l'air sentait déjà la poudre. Et cependant, la Société tenait un Congrès franco-allemand, un Congrès où les noms de Mathieu de Dombasle, de Gasparin et de Boussingault furent applaudis à côté des noms germaniques de Thaër, de Shwertz et de Liebig. Parmi les hommes d'études et de travail alors réunis au congrès de Nancy, on ne comprenait pas qu'il y eût encore en Europe des crises alimentaires, on ne comprenait pas qu'il y eût encore au milieu des splendeurs de la Science, des Arts et de l'Industrie, des populations poussant parfois le cri de détresse de la faim. Un problème international était donc posé. Tous les agriculteurs, quelle que fût leur nationalité, devaient s'entr'aider, disait-on, pour conjurer le fléau des disettes. Etait-ce là de vaines paroles ? Oui, répondent nos récents désastres. Plus puissante, plus autorisée, plus juste que les triomphateurs d'un instant qui prirent pour devise : La force prime le droit, — la voix de la civilisation nous crie que l'avenir est aux peuples travailleurs, qui sauront le mieux profiter des conquêtes de la science et grandir tout à la fois les esprits et les caractères.

» Nous voici maintenant à Châteauroux, en plein pays de conquêtes par la charrue. Salut, Messieurs, salut à ces conquêtes de la France qui veut atteler beaucoup de charrues, parce qu'elle sait plus que jamais que c'est le moyen d'atteler, au besoin, beaucoup de canons. Salut à ces pays, naguère déshérités, ou chaque sillon qui se creuse dans la terre vierge nous promet, non-seulement de riches moissons, mais encore des hommes nés d'une pensée de progrès, et comme tels sachant à quelles conditions le progrès s'obtient et se conserve, pour se trans-mettre, sans reculer jamais, aux générations futures !... Salut à ces pays agricoles où, chaque jour, se trempent à l'école des œuvres de longue haleine, des bras qui travaillent, des cœurs qui battent, des têtes qui pensent, des courages qui se souviennent et qui espèrent !...

» Interrogez donc, Messieurs, interrogez les plus grands intérêts du pays, et si, comme s'est certain, vous n'en trouvez pas qui rallient plus de populations que l'intérêt agricole, si vous n'en trouvez pas qui remuent plus de sentiments généreux, venez grossir nos rangs, inscrivez vos noms, comme un gage d'ordre, de concorde et de progrès, sur la liste de la Société des Agriculteurs de France. Qu'ils soient de la veille, qu'ils soient du lendemain, tous les hommes qui sont là sont de ceux qui ensemencent l'avenir. Et la récolte sera bonne.

» Buvons, Messieurs, *aux Congrès*, buvons à notre Pré-sident, à l'homme d'Etat qui n'hésita pas à quitter le pouvoir, lorsque ses idées sur les conditions de la paix en Europe durent, pour le malheur de la France, s'incliner devant d'autres idées. »

(*Applaudissements chaleureux et redoublés*).

Ce discours, accueilli par de vifs applaudissements, produit au sein de la réunion une vive et profonde impression.

La plus franche cordialité règne dans l'Assemblée ; les conver-sations particulières s'engagent de toutes parts. L'illustre Prési-dent de la Société des Agriculteurs de France est singulièrement frappé de cette animation. Il en est presque surpris. Il ne croyait pas les Berrichons capables d'un semblable entrain. Il ne peut se décider à lever la séance. Cependant, le moment est venu où il faut se retirer. Auparavant, il donne, encore une fois, la parole à **M. Damourette**, qui s'exprime en ces termes :

« MESSIEURS,

» Ami passionné de l'Agriculture, ancien élève de Grignon, je vous demande la permission de porter la santé des lauréats de la prime d'honneur :

Messieurs JOLIVET et LECORBEILLER.

» J'éprouve un bonheur indicible à compter parmi nous plusieurs de nos anciens camarades; entre autres, l'éminent agronome qui dirige, aujourd'hui, notre grande école d'agriculture. Je suis fier de saluer devant eux l'entrée de nos condisciples dans la noble légion du mérite agricole.

» Messieurs, Honneur aux savants fermiers de Cungy ! Honneur aux lauréats de la prime d'honneur du Concours régional de Châteauroux ! » (*Salves d'applaudissements.*)

A dix heures, le Président, suivi de la plupart des membres du Congrès, se rendait à l'aimable invitation de M. Auguste Balsan, député à l'Assemblée nationale. Le bal splendide offert par M. et Mme Balsan, à l'occasion du Concours régional, terminait ainsi fort agréablement les réunions du Congrès.

Le dimanche matin, M. Drouyn de Lhuys prenait congé, à la gare, de son hôte, M. Auguste Balsan, et du Comité d'organisation. Il adressait à M. Balsan ses derniers remercîments pour son accueil si empressé et si gracieux. Il complimentait le Comité du succès de cette grande manifestation de l'initiative privée.

SECONDE PARTIE.

DEUXIÈME SECTION.

ÉCONOMIE DU BÉTAIL ET MÉDECINE VÉTÉRINAIRE.

L'ÉLEVAGE DU MOUTON

AU POINT DE VUE DE LA PRODUCTION ÉCONOMIQUE DE LA VIANDE.

Si j'avais pu prendre la parole à l'une des séances du Congrès, ainsi que j'en avais manifesté l'intention, je me serais à peu près exprimé dans les termes qui vont suivre. Je regrette de n'avoir pas accompli ma tâche à cette époque et dans cette circonstance. Il est à croire en effet que, quelques-unes de mes propositions rencontrant des contradicteurs, la discussion aurait redressé des appréciations involontairement fautives et incomplètes. Les idées se seraient fixées avec plus de certitude et de profondeur. Enfin la thèse d'aujourd'hui cessant d'être individuelle, aurait en partie reçu la sanction de nos maîtres.

E. AUMERLE,

Président de la Société vigneronne de l'arrondissement d'Issoudun (Indre).

Issoudun, 15 décembre 1874.

En traitant la question de l'élevage du mouton au point de vue de la production économique de la viande, je suis plutôt soutenu par l'intérêt sérieux du sujet que par mes connaissances dogmatiques. Mais le mouton joue un rôle tellement important dans le *ménage agricole* du Berry, qu'il doit provoquer l'attention et la sollicitude de tous les gens d'initiative et de bonne volonté.

Avant l'invasion à jamais maudite de 1870, les bergeries de l'Indre et du Cher contenaient 1,836,000 bêtes ovines. Aujourd'hui ces chiffres ne sont pas encore retrouvés, mais avec l'énergie anxieuse que déploient les éleveurs, ils ne tarderont pas à être reconquis. La nécessité le veut, l'intérêt y pousse dans le département de l'Indre principalement, où le produit de la bergerie doit payer le prix de fermage ; car les bénéfices aléatoires de la culture proprement dite et ceux que donnent les autres animaux ne servent qu'à solder les frais généraux d'exploitation et à rémunérer parcimonieusement le travail et l'activité du fermier.

Les cultivateurs qui habitent les autres départements de notre circonscription agricole, ne tablent pas sur le mouton d'une manière aussi inquiète et uniforme pour assurer leurs profits. Ils élèvent, ils entretiennent, ils améliorent ces belles races, Durham, Charolaise, Cotentine et Hollandaise qui utilisent à merveille leurs inépuisables prairies naturelles et les produits divers de leurs cultures intensives. Ils ont leurs Mérinos, leurs Southdowns, leurs Dishleys, voire même leurs Solognots et leurs Bocagers, auxquels ils savent si bien faire prendre, lorsque les uns et les autres sont arrivés à point, le chemin des abattoirs de Paris, de Lyon, des grands centres, en un mot, de consommation.

La constitution géologique de notre sol avec ses grandes plaines calcaires, dénudées depuis si longtemps ; n'ayant que de rares ruisseaux pour les arroser et des eaux souterraines trop éloignées de la surface pour que les racines des plantes puissent incessamment y venir puiser la vigueur et la fécondité ; s'opposent à ce que le Berry puisse suivre et imiter le reste de la région dans les agissements et les créations multiples de son agriculture.

Un des grands éleveurs du Nivernais me demandait un jour pourquoi nous n'envoyions pas de moutons gras au concours de Nevers. — Parce que nous les vendons maigres et qu'il serait trop dispendieux de faire nous-mêmes des bêtes immédiatement aptes au service de la boucherie. Nous bénéficions sur le maigre et vous sur le gras. Ah! si nous avions vos prairies ! — Après cet aveu dénué d'artifice, la conversation dut suivre un autre cours.

Cependant j'avais été infiniment trop absolu dans ma réponse.

Je faisais gratuitement injure à beaucoup d'éleveurs de l'Indre et du Cher, qui savent eux aussi mener à bonne fin l'engraissement du mouton, et qui, étant placés dans des conditions territoriales favorables, peuvent le faire avec bénéfice ; mais, en thèse générale, l'engraissement définitif est onéreux dans notre contrée.

Est-ce à dire pour cela que la race berrichonne doive réserver aujourd'hui son aptitude absolue à la production de la laine, même à son lieu d'origine ? Ce serait entreprendre la défense d'un état de choses absolument contraire aux intérêts de la culture et aux forces nouvelles de notre sol que nous nous efforcer d'améliorer, comme on le fait partout dans notre chère France mutilée, par l'association de la science ingénieuse et impatiente, avec le travail actif et prolongé.

En effet, tant que la race ovine du Berry a dû avoir cette destination, son existence individuelle se prolongeait pendant six ou huit ans. Forcée d'aller chercher au loin sa nourriture, notre race est bonne marcheuse, svelte, élevée sur ses jambes et bien d'aplomb sur ses extrémités ; ses lèvres minces utilisent avidement nos jachères plus ou moins prolongées, où poussent des plantes clair-semées, mais essentiellement substantielles et toniques ; son œil accuse une énergie relative, et l'heureuse proportion des os et des muscles annonce une bonne constitution et de la vigueur ; sa laine enfin vient immédiatement comme qualité après celle de la race merine.

Pendant longtemps les fabriques de draps de Bourges, de Châteauroux, d'Issoudun, de Mehun-sur-Yèvre, de Buzançais, disputaient à celles d'Orléans, de Louviers, de Rouen, de Sedan, de Rheims, nos laines courtes, tenaces, rousses, douces, presque sans suin, à brins en zig-zags, qui forment des mèches élatiques, plumeuses qui se feutrent et se cardent avec une remarquable facilité.

Devant des débouchés sérieux, devant des demandes assurées, l'industrie moutonnière ne pouvait avoir et n'avait qu'un seul objectif, la laine. Quant à la viande, la France n'était pas encore assez riche pour en payer le prix. Du reste, un préjugé dont on pourrait facilement expliquer les causes et qui existe encore un peu dans certaines communes, frappait de défaveur la viande de mouton. Seuls, les centres importants de population en consommaient. L'agriculture dirigea donc toutes ses préoccupations du côté du lainage. Elle voulut augmenter la finesse et le poids de la toison ; et elle crut le faire d'une façon efficace en infusant à la race indigène le sang espagnol. C'est le premier métissage historique que l'on puisse relater. Il eut lieu en 1776, à Villegongis (Indre), par les soins de M. le marquis de Barbançois-Sarzay, et en 1781, à la Perisse, près de Dun-le-Roy, et à X..., près de Bourges, par ceux de MM. de Lamerville et Buisson ; — ces derniers ayant acheté au marquis un certain nombre de reproducteurs des deux sexes. — Cependant tout porte à croire qu'il y avait eu antérieurement une invasion de la race merine et qu'une *mesta ségovienne* dont on aurait perdu le souvenir avait pu y être introduite au temps de la reine Blanche qui possédait en propre Issoudun et une partie du Berry. En admettant cette hypothèse, l'on expliquerait plus facilement peut-être partie des différences de notre race avec celles de la Marche, de la Sologne, du Bocage qui l'environnent de toutes parts. Quoi qu'il en soit, le sang de Villegongis et celui de la Perisse se répandirent de proche en proche, et tout le monde parut un instant disposé à croire, fabricants et producteurs de laine, que le Berry était devenu une Castille–Vieille.

Il y avait eu engouement; il y eut déception. L'on s'était hâté impatiemment de transformer la race, on oublia de transformer la nourriture. Les animaux plus volumineux, plus chargés de laine qui demandent pour se produire des aliments riches en azote, furent soumis à la crèche parcimonieuse des moutons aborigènes. La dégénération et le retour au type maternel furent la conséquence prochaine, implacable de ce métissage inconscient. Ce résultat physiologique se fit surtout sentir pour Brion, Levroux, Issoudun, Châteauroux, où se trouvent en excès les défauts originels de la constitution foncière du Berry. Par contre, les animaux de la plaine de Bourges et des environs de Dun-le-Roi ont retenu jusqu'à ce jour quelques parcelles des qualités et des défauts du sang espagnol. L'on peut en juger en examinant cette sous-race berrichonne à tête presque toujours busquée et cornue, au fanon plissé, aux formes incorrectes et heurtées recouvrant un squelette épais et volumineux. Quant à la laine qui recouvre la tête, les joues, les jambes, le ventre, en un mot toutes les parties du corps, elle est plus fine, plus douce, plus blonde, mais plus chargée de suin que la nôtre. Mais disons aussi que les terrains où dépaissent ces animaux sont moins calcaires que ceux des plaines du Bas-Berry, que la végétation y est plus drue, plus touffue, plus apparente ; que la nappe d'eau souterraine moins éloignée du sol y entretient une fraîcheur relative qui prolonge la croissance des plantes ; qu'enfin les fermiers du Haut—Berry ont introduit depuis plus longtemps, qu'on ne le pratique chez nous, la luzerne, le sainfoin, le trèfle et certaines légumineuses dans leurs assolements.

Cependant la vente de cette laine améliorée, — quand même, — avait lieu avec entrain et facilité. Les prix étaient bons, la viande toujours dédaignée. Mais successivement le réseau des chemins et des routes se compléta, celui des Chemins de fer fut ébauché, les distances disparurent grâce à la vapeur, le niveau de la richesse publique s'éleva, la civilisation devint résolûment exigeante et les grands centres, et même les bourgades manifestèrent des besoins nouveaux. Les laines de Russie, du Cap, d'Australie, d'Amérique se présentèrent sur nos marchés. L'alliance prolongée du fabricant et du producteur fut ébranlée. L'importation prenant des proportions de plus en plus considérables, le prix de la laine berrichonne s'abaissa et bientôt on restreignit son emploi à l'élaboration de certaines étoffes, auxquelles il fallait assurer du corps, de la solidité, de la durée.

Par suite de ces circonstances, l'entretien du mouton devenait de moins en moins rémunérateur. Vendre en subissant une baisse progressive, ne pouvait convenir à la culture dont les prix de fermage et les frais d'exploitation augmentaient tous les jours.

Depuis longtemps, les marchands connaissaient avantageusement, comme viande de boucherie, le mouton berrichon auquel ils donnaient le nom de *mouton Barrois*. Les cultivateurs leur livraient à l'âge de quatre, six et huit ans, les brebis portières, lorsqu'elles étaient édentées, et les moutons lorsqu'ils étaient chauves. Cependant après mise en état et engraissement, la viande était bonne, si bonne qu'on ne se gênait pas d'en dissimuler la provenance et que les gigots et les côtelettes se débitaient sous le vocable de *prés salés*. Les demandes devenant tous les jours plus actives, l'éleveur entrevit bien vite que là se trouvait pour lui une planche de salut. Ne pouvant plus faire de la *bête à laine*, il voulut faire de la *bête à viande ;* et il y réussit en précipitant la croissance, en trouvant moyen d'en escamoter les phases à l'aide d'une alimentation plus plantureuse et plus réparatrice, où intervinrent comme agents provocateurs la botte de foin, le fourrage artificiel, les légumineuses ; et les marchands accueillirent avec faveur des bêtes plus jeunes, mieux soignées et préparées avec soin et précaution pour prendre la graisse.

Dès lors les éleveurs cherchèrent parmi leurs types, mâles et femelles, ceux qui présentaient les caractères les plus formels et les plus accentués pour cette destination ; c'est-à-dire, lainage modérément tassé, absence de toupet frontal, petite tête et petites oreilles, col court, poitrine large, corps cylindrique et horizontal, supporté par des cuisses musculeuses où s'attachent des jambes courtes, sèches et nerveuses. Ces types n'étaient pas difficiles à rencontrer, car notre race, dès qu'elle reçoit des soins suffisants revêt bien vite des formes saines et harmonieuses.

Les plus aventureux dépassèrent le but. Ils répudièrent la race indigène et introduisirent à grands frais des béliers et des portières empruntés aux races anglaises de boucherie. Qui les Dishley et les New-Kent dans les terrains argilo-siliceux, qui, les Southdowm dans les terrains calcaires. Les premiers croisements réussirent à souhait ; la race berrichonne se prêtant merveilleusement à toutes les tentatives de croisement. La taille devient plus grande, les formes plus parfaites, la précocité plus manifeste : mais les exigences alimentaires s'accrurent outre mesure, et il devint presque impossible de les satisfaire sans s'imposer des dépenses que ne comportaient pas les bénéfices.

Et pourtant quel espoir n'avait-on pas conçu de l'introduction du Southdown en Berry. On le représentait comme un modèle de sobriété, de rusticité, d'énergie. Il devait utiliser nos terrains pauvres ; se contenter d'une modeste ration alimentaire ; dépaître, en tout temps et avec fruit, nos plaines calcaires et clair-semées ; braver avec impunité les variations si brusques de nos climats extrêmes, être robuste outre mesure : enfin être en quelque sorte bon pour la boucherie en arrivant au monde. Quels mécomptes ne laissa-t-il pas dans la Champagne du Berry. Les seconds et les troisièmes métissages que ne préservait plus un surcroît suffisant d'alimentation, furent composés de bêtes décousues, rachitiques, malsaines qui ne s'engraissaient pas plus facilement que la race du pays quoi qu'en consommant davantage.

Pendant ce temps les Dishley et les New-Kent ne faisaient pas meilleure figure dans les terrains argilo-siliceux. Bref, on s'en lassa presque partout comme aussi de sous-races de la Charmoise et de Verrières ; et les métissages abusifs disparurent et se fondirent en peu de temps dans la race primitive qui cependant retenait de leur contact quèlques éléments précieux.

La race autochtòne rentrait donc une seconde fois en possession d'elle-même avec ses trois types principaux améliorés :

Celui de la plaine de Bourges et des environs de Dun-le-Roy ;

Celui de la Champagne d'Issoudun, de Châteauroux, de Brion, de Levroux ;

Celui de Boischaut, répandu dans presque tout l'arrondissement du Blanc, et une partie de ceux de Châteauroux et de La Châtre.

Ce dernier type qui donne d'excellente viande de boucherie est moins rustique que les deux premiers, sa santé laisse souvent à désirer, sa constitution est généralement lymphatique, sa réaction constitutionnelle moins caractérisée, son lainage blanc, nacré, long, gros, cassant, jarreux, n'a pas la même valeur commerciale que celui des deux premiers ; mais sa transformation s'opère rapidement et sa constitution s'améliore à mesure que les marnages, les chaulages, les engrais azotés, les assainissements, les drainages modifient la composition du sol et qu'on introduit le bélier Crevant dans les bergeries.

Sur les limites du Boischaut et de la Champagne, aux environs de La Châtre, se trouve un certain nombre de communes où l'on èntretenait des bêtes ovines mixtes, marchoises ou bocagères, s'unissant fréquemment à des reproducteurs ou à des reproductrices achetés à nos foires d'automne et provenant du trop plein de nos grandes bergeries de Champagne. Grâce à cet exode, nos petits berrichons dont le développement se fut trouvé entravé chez nous par la pénurie des fourrages, voyaient leur taille s'élever dès qu'ils étaient lâchés dans des terrains herbus où le granit se montre concurremment au calcaire ; et où, divisés par petits lots sur des exploitations de moyenne étendue, ils recevaient à la fois plus de nourriture et plus de soins. Là, ils faisaient souche soit entre eux, soit avec les races à hybridation multiple dont nous venons de parler. Il en résulta le Crevant, *première manière*, si nous pouvons nous exprimer ainsi.

Plus tard, et il y a de ça plus de trente-cinq ans, à l'époque où la laine était encore tout et la viande rien, M. Brazier entreprit

d'utiliser cette laine à mèche allongée et onduleuse qui devenait de plus en plus réfractaire à la carde, mais qui pouvait
peut-être être soumise au peignage. Et il réussit à faire éclore,
généraliser, fixer cette nouvelle aptitude en croisant ses brebis
portières avec des béliers Dishley et New-Kent.

Ce métissage donna naissance au Crevant, *deuxième manière.*
Le lainage s'améliora sans aucun doute, mais l'aptitude à prendre
la graisse se développa avec une grande intensité. Ici le sang anglais rendit de signalés services : il trouvait un milieu en rapport
avec sa destination, qui est avant tout de produire de la viande.

Successivement l'amélioration de la race Berrichonne par le
Crevant s'établit sur une grande échelle : ce sang se mêla dans
bien des bergeries. Chez les types primordiaux de la plaine de
Bourges et de Dun-le-Roy, il diminua le poids de l'ossature, de
la toison et du suin ; il fit disparaître en partie le toupet laineux,
dénuda les joues et les jambes, précipita la croissance. Dans le
type d'Issoudun, de Châteauroux, de Brion, il a grandi la taille,
raréfié la toison, laissant intégralement au sujet toutes les autres
qualités que nous avons énumérées et lui communiquant une dé-
tente nouvelle à la précocité. Dans le Boischaut, nous avons déjà
dit quelle a été son heureuse influence.

Aujourd'hui, le Crevant pur, malgré ses qualités est moins employé comme transformateur. En général, il est trop haut sur
pattes, pauvrement gigotté, sa poitrine n'est pas toujours suffisamment étoffée et lorsqu'il est dépouillé de sa laine, dont des ciseaux
ingénieux ont, à l'époque de la vente, équilibré la longueur aux
effets d'optique que l'on veut obtenir, l'on est presque sûr de rencontrer des formes inattendues et peu physiologiques : aussi sa
constitution s'en ressent-elle dans les terrains essentiellement
calcaires.

Ses métis au contraire, ceux surtout de la Champagne d'Issoudun, de Châteauroux et des plaines de Bourges, présentent un
ensemble de formes presque toujours irréprochables. Ils sont bas
sur jambes, cylindriques, horizontaux ; ils ont les os plus légers,
l'œil plus actif ; leur rusticité est incontestable. Ils dépouillent plus
de laine, et cette laine est meilleure. Leur croissance est rapide
et la viande qu'ils donnent est toujours vendue comme première
qualité sur les marchés de Paris et de Lyon. C'est par eux que
s'achève aujourd'hui la transformation de nos bergeries.

Mais, pour assurer l'avenir de ces sous-races, pour fixer les atavismes multiples et contradictoires qui leur ont donné naissance, il faut les mettre dans les conditions d'une alimentation sérieuse et profitable. Cette nécessité est absolument comprise par les éleveurs soucieux de leurs intérêts. Toute race élaborée, obtenue par la volonté, s'étiole bien vite si l'on ne soutient pas les exigences de son évolution. La nature ramène rapidement le travail humain en arrière, s'il s'attarde un moment. On dirait qu'outragée dans son essor par nos créations despotiques elle reprend ses droits lorsque nous cessons de lui faire violence ; et cela est d'autant plus vrai pour l'espèce ovine que les aptitudes si diverses que nous lui avons communiquées quelquefois à l'encontre même des milieux dans lesquels nous sommes placés ; en vue de satisfaire nos intérêts et nos besoins, lui ont fait perdre le soin d'elle-même, et l'ont en quelque sorte conduite aux dernières limites de la domestication.

Voilà où en est aujourd'hui notre race ovine berrichonne, comme viande de boucherie. Exiger plus, demander mieux serait outrepasser notre pouvoir transformateur et compromettre notre ménage agricole. Nous pensons qu'il ne passera jamais par l'esprit de nos éleveurs, d'introduire ces énormes moutons anglais qui pèsent 100 kilog. et plus. Quelle faute serait à nous de propager dans nos champs ces colosses qui donnent une viande de qualité médiocre ! La valeur de nos productions fourragères ne saurait se mesurer avec leur robuste appétit.

Pour faire économiquement de la viande : pour assurer leur sécurité et leur aisance agricoles, le fermier, le métayer Berrichons doivent compter absolument sur leur race ovine transformée et bientôt fixée, qui reflète en quelque sorte par son exigence relative les qualités essentielles du sol qui la nourrit. Partout, ils ont créé, pour sa satisfaction, d'immenses ressources alimentaires dont l'étendue atteint et dépasse même le quart de la surface cultivée de l'exploitation. Mais, dans nos grandes bergeries de Champagne, auxquelles nous donnons de l'extension tous les jours, elles suffisent à peine pour nourrir, surtout, lorsque les pailles des céréales sont courtes et peu abondantes, les agneaux blancs et les reproducteurs des deux sexes.

Aussi, au dixième mois de leur existence et même avant, l'exode des jeunes animaux commence — sans espoir de retour, — ainsi fait l'homme lorsqu'il ne trouve plus à vivre sur le sol natal. Chaque année cette émigration se renouvelle et se généralise. Elle présente le grand avantage de jeter dans le torrent commercial de nombreux sujets d'élite, dont la conformation et la santé étant irréprochables, réagissent victorieusement contre *la pourriture* et le *sang de rate*, lorsqu'ils sont hygiéniquement dirigés. Cette seconde période de leur existence s'accomplit dans les cantons les plus riches des départements de l'Indre, du Cher, etc. etc., où la végétation est plus active et plus intense à égalité de superficie. Ils y demeurent un an au plus ; puis lorsqu'ils ont grandi, et qu'ils ne trouvent plus autour d'eux les quantités d'aliments nécessaires pour compléter leur crû et atteindre la perfection comme graisse, ils subissent une dernière étape, qui les conduit dans le Loiret, le Nivernais, l'Ile de France, la Bourgogne, la Normandie ; partout enfin où, à des ressources fourragères naturelles largement provoquées se joignent avec ampleur les résidus divers de l'agriculture progressive et industrielle. Là, en peu de temps, en quelques mois à peine, ils sont convertis en viande de boucherie de première qualité, et souvent démarqués en chemin, comme nous le disions au commencement de ce mémoire et vendus comme moutons des *prés salés*.

La façon dont nous traitons aujourd'hui notre race ovine est profitable au développement de la richesse publique et, par conséquent, aux intérêts de tous et de chacun. Ainsi, en thèse générale, en moins de trois ans, l'un fait naître, l'autre élève, le troisième engraisse des animaux qui demandaient jadis cinq ou six ans pour arriver, en restant dans les mêmes mains, au but définitif. Des muscles, de la santé, du bien-être, des moyens de réaction inconnus, sont venus, grâce à ce procédé, s'ajouter à ceux qui existaient déjà : voilà pour l'intérêt collectif. Les bénéfices s'échelonnant et se rapprochant, selon le contingent des milieux, les transmissions successives ont permis de faire élaborer fructueusement les superflus multiples de la culture perfectionnée et de doter avec certitude les travaux nécessaires à ses créations colonisatrices : voilà pour l'intérêt individuel. C'est pourquoi la *bête à laine* dans le Berry est devenue la *bête à viande*.

Cette division féconde du travail, cette spécialisation, au point de vue économique de la production de la viande, ne les trouvons-nous pas mises en pratique par l'industrie pour obtenir le bon marché et la perfection. Par combien de mains ont passé l'étoffe élégante qui sert de parure à nos mères et à nos femmes, ou l'outil, même le plus vulgaire, dont nous usons pour nos labeurs journaliers. Étoffe et outil ont gagné en bon marché et en perfection à cette dissémination du travail et des aptitudes.

Pour la question qui nous occupe, nous pensons donc que le Berry doit entrer plus résolûment que jamais dans cette voie féconde. Sur nos terrains qui semblent avoir pour cela une destination providentielle, créons, élevons jusqu'à la limite du possible. Notre rôle, c'est d'être les ouvriers de la première heure. Nous produisons un germe presque sans tares ni défauts, laissons à ceux qui se trouvent dans des conditions plus favorables, le soin de le faire fructifier: et chacun aura sa part très-légitime d'honneur et de profit.

TROISIÈME SECTION.

VITICULTURE.

—

CULTURE DU VIGNOBLE DES TAILLES,

ARRONDISSEMENT DU BLANC (INDRE).

—

MESSIEURS,

Si, dans le nouveau mode de conduire mes vignes des Tailles, vous vous attendiez à trouver une découverte, votre attente serait trompée ; rien de nouveau, rien d'inventé par moi ne ressortira de ce travail ; vous y reconnaîtrez l'application de divers procédés connus et pratiqués dans différentes contrées de la France viticole.

Dans ces divers emprunts ou plagiats, faits au profit de ce qu'on veut bien appeler ma méthode, j'aurai à nommer et à citer souvent MM. Guyot et Cazenave.

Le docteur Guyot a droit à nos hommages ; c'est par lui que je sais, si je sais quelque chose, en viticulture ; il a beaucoup écrit à propos de la vigne ; ses dernières publications modifient, en quelque sorte, ses premiers écrits, et semblent préparer son quart de conversion, c'est le mot, *sa conversion* au système des treilles basses ; si nous avions le bonheur de le posséder encore et l'honneur de le voir parmi nous, il ne désavouerait pas mes paroles ou plutôt il serait à ma place pour vous dire, mille fois mieux, les perfectionnements qu'il a cru entrevoir dans les heureuses dispositions de la méthode Cazenave.

Hélas ! il n'est plus. Me dire l'interprète de la pensée d'outre-tombe d'un auteur illustre semblerait une prétention au premier chef ; mais daignez suspendre votre jugement ; ce ne sont pas les pensées du docteur Guyot devinées et interprétées par moi que j'oserai vous rapporter, ce sont ses pensées, écrites par lui dans un livre devenu célèbre. C'est de son *Étude des Vignobles de France* que je tirerai des conséquences pratiques ; si mes déductions vous paraissent logiques, si elles s'accordent avec les principes de la physiologie végétale, avec les notions acceptées par la science, vous les ratifierez, Messieurs, et votre sanction sera ma meilleure excuse, ma meilleure récompense.

Quant à M. Cazenave, que je n'ai l'honneur de connaître que

par M. Guyot, s'il était présent, je lui dirais: le principe de votre méthode me paraît excellent, je l'ai adapté à la conduite de mes vignes ; j'ai à vous remercier et à vous rendre hommage, comme à mon maître ; mais j'ai aussi à vous faire des excuses, car je me suis permis quelques déviations de la voie que vous aviez tracée. Ces modifications, je vous les exposerai, Messieurs, et j'essaierai de les justifier à vos yeux.

Quand il s'agit de viticulture, la première question qui se présente à l'esprit est celle-ci : Quel est le meilleur mode de conduite des vignes à vin? Pour y répondre, citons les paroles et le texte mêmes du docteur Guyot :

Page 45 du premier volume de son *Étude des Vignobles de France,* nous lisons : « Jamais une vigne à deux étages n'a donné » même du vin de bon ordinaire, à plus forte raison des vins de » choix. C'est là surtout ce qui fait et fera éternellement que les » vignes en arbres, en treilles et en treillons ne donneront jamais » d'aussi bon vin que les *treilles basses,* du moins dans les latitudes » tempérées..... *Si la treille courait horizontalement près de terre* » *en cordon,* tous ses portants donnant le raisin à la même hau- » teur, cette treille produirait le meilleur vin possible selon son » cépage..... »

Voilà bien la formule, Messieurs, *une treille près de terre,* etc., ce serait là, suivant M. Guyot, le meilleur mode de conduire la vigne, puisqu'on en obtiendrait le meilleur vin possible; mais où se trouve l'application de cette formule? Je l'ai tentée, et si je n'atteins pas le but, il faut s'en prendre à la Direction souvent défectueuse et souvent mal secondée.

Permettez-moi, Messieurs, de reprendre, phrase par phrase, le programme du maître: « *La treille courant horizontalement en cordon près de terre.* » Eh bien! notre sarment, palissé sur une ligne unique le long d'une tige rigide de fil de fer, maintenue à une distance parallèle au sol et élevée de quelques centimètres, est bien, ce me semble, la treille basse demandée par M. Guyot.....

« *Tous ses portants donnant le raisin à la même hauteur.....* » Nos bourgeons, en se développant, émettent leurs grappes très près de leur point d'insertion sur les bois de l'année précédente; comme ces bois sont fixés sur la ligne de fil de fer, les raisins ne peuvent s'en éloigner que de quelques centimètres, soit que les bourgeons qui les portent ou s'élèvent ou s'abaissent. Le fil de fer est comme l'axe des rayons fructifères, il maintient les fruits toujours près du centre.

Ainsi se trouvent réalisés les deux desiderata du docteur : Treille basse, fruits près de terre à une hauteur à peu près uniforme ; après quoi, nous assure-t-il, cette treille produira *le meilleur vin possible,* selon son cépage.

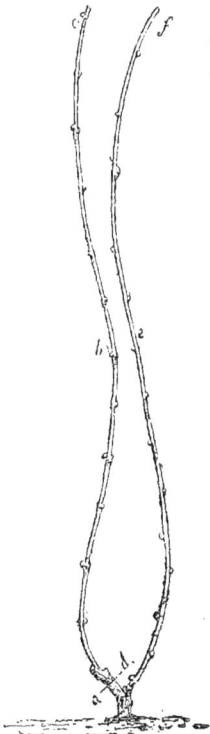

Pour décrire d'une manière technique les différentes opérations suivies dans la conduite de mes vignes, permettez-moi de recourir au texte et aux figures employés par M. Guyot, dans sa description de la méthode Cazenave ; suivant pas à pas cette description, je ferai, ce me semble, mieux connaître mes emprunts et les modifications que j'ai cru devoir apporter à la méthode Cazenave.

J'ouvre le premier volume à la page 472 et j'y lis les explications suivantes :

« A la fin de la deuxième année de végétation » ou au plus tard à la fin de la troisième, la » vigne doit offrir, sur chaque cep, deux sar- » ments à choisir, de trois ou quatre mètres » de longueur. Un seul est employé, mais on » en ménage deux, si on le peut, jusqu'à ce que » l'un des deux soit mis en cordon et bien atta- » ché. Lorsque l'opération est faite sans acci- » dent, le second sarment est rasé contre la » souche en *a d, figure 183.*

» La *figure 183* donne le jeune cep tel qu'il » se présente au moment d'être mis en cordon,

Fig. 183.

» nettoyé de tous ses sarments inutiles.

» La *figure 184* le montre définitivement palissé pour toute la » saison de végétation. Le sarment *a b c* de la *figure 183* a été » supprimé en *a d*, et le sarment *d e f* a pris la position indi- » quée dans la *figure 184,* position où il a été fixé par des ligatures » en osier le long d'un fil de fer n° 15 *h i*, fortement tendu à » cinquante centimètres de terre sur des pieux de deux mètres » (1,50 hors de terre). Ces pieux *k l*, à trois mètres les uns des » autres, dans la ligne, portent deux autres cours de fils de » fer tendus, le plus bas *m n* à 0^m 35 au-dessus du premier, et le

» plus haut *o p* à 50 centimètres au-dessus du second ou à 1ᵐ35ᶜ
» de terre. (*Figure 184.*)

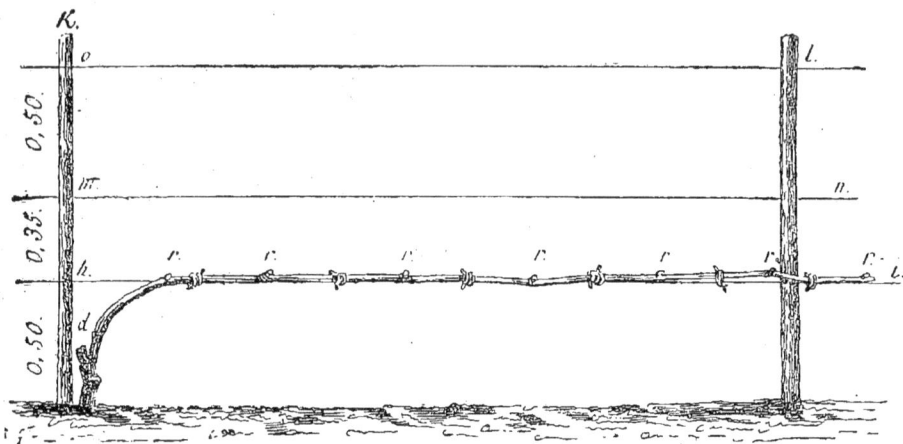

Fig 184.

» Tous les yeux au-dessous du sarment sont rasés; tous les
» yeux au-dessus sont conservés *r r r r r*... Chacun de ces yeux
» donnera, dès l'année même, deux belles grappes le long d'un
» bourgeon qui s'élèvera au-dessus des fils *m n* et *o p*...

Fig. 185

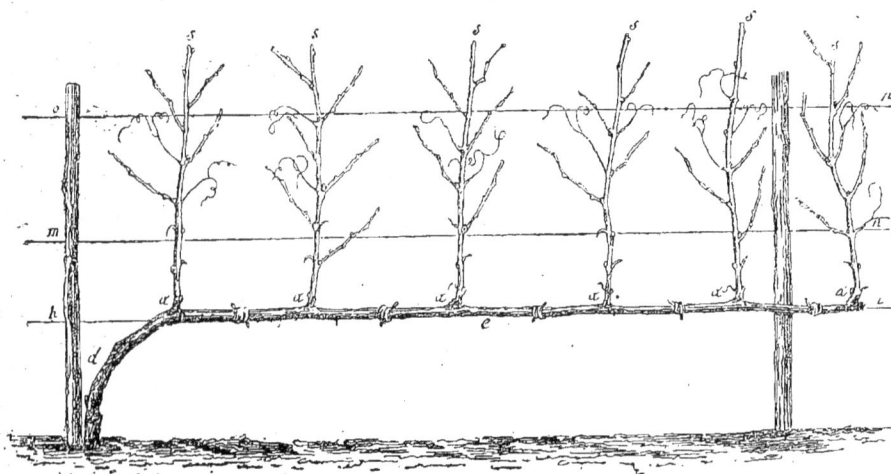

» La *figure 185* montre le résultat de la végétation en cordon de
» la *figure 184*. Les sarments *s s s* sortis des yeux *r r r* du
» cordon *d e f* vont fournir chacun une branche à fruit, réduite à

» huit ou dix yeux et prendre à la taille de mars (seconde taille) les
» positions indiquées dans la *figure 186*.

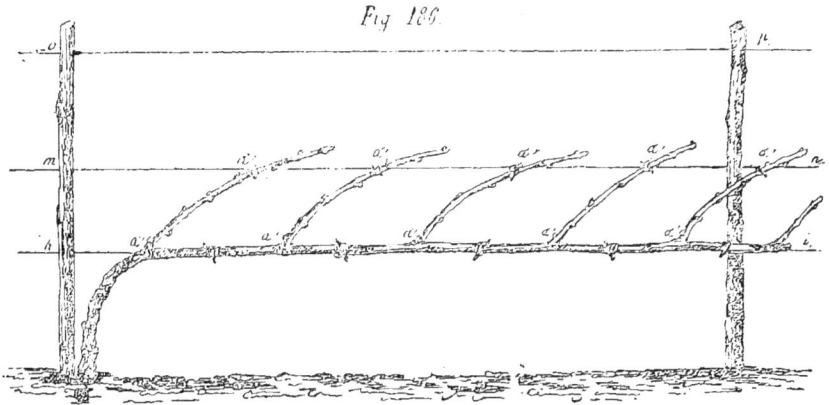

Fig. 186.

» Celle-ci représente la taille et les dispositions pour la deuxième
» année; les six ou huit branches à fruit, à six ou huit yeux cha-
» cune, sont inclinées et attachées en *a* au fil de fer *m n*.

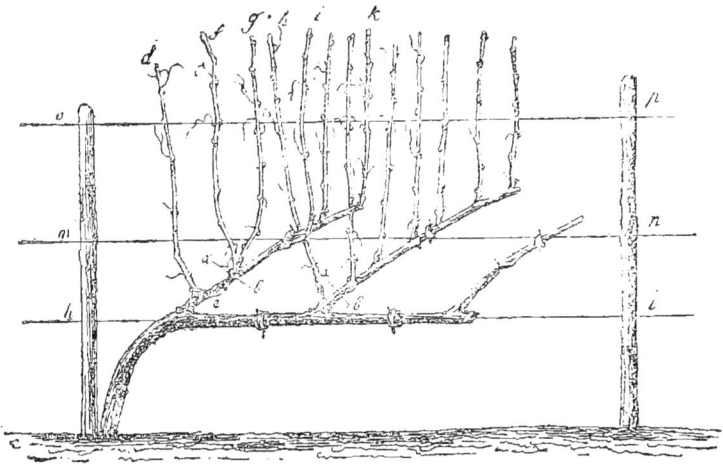

Fig. 187.

» La *figure 187*, représentant la deuxième végétation de dresse-
» ment, n'est que la reproduction affaiblie de huit à dix mille sou-
» ches pareilles, de même âge, présentant l'uniformité qui prouve
» le développement normal et naturel.
» De la *figure 187* sera tirée la taille de troisième année de dres-

» sement (*figure 188*) et cette taille restera toujours la même, car
» les ceps à branche à bois et à branche à fruit seront désormais
» définitivement établis sur le cordon. Une section *a b* (*figure 187*)
» jettera bas au mois de mars toutes les branches à fruit, moins la
» partie insérée au cordon qui porte les sarments *c d* et *e f* et
» qui sera conservée. *c d* donnera le courson ou branche à bois à
» deux ou trois yeux, et *e f* donnera l'aste ou branche à fruit à
» six ou huit yeux. (*Figure 188.*) »

Fig. 188.

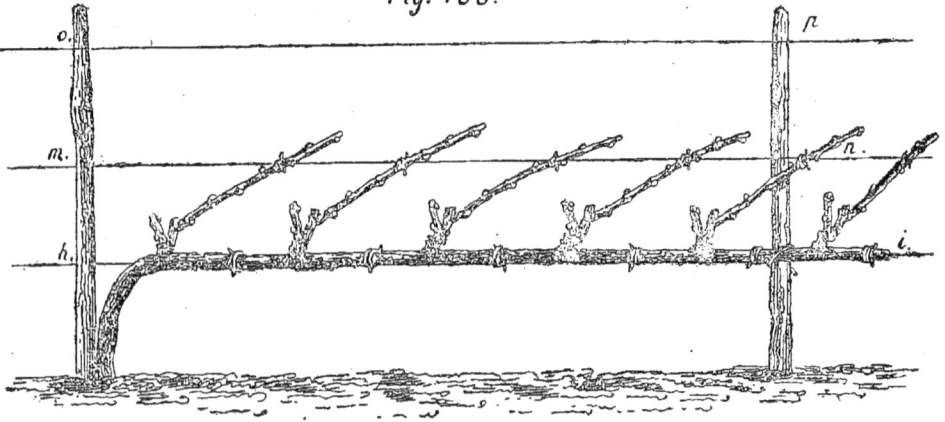

Telle est, Messieurs, la théorie de la méthode Cazenave, car cette forme de la *figure 188*, une fois obtenue, rend possible sa reproduction exacte lors des tailles subséquentes; c'est la forme type à laquelle tendaient les dispositions précédentes, à laquelle j'ai cru devoir tendre également.

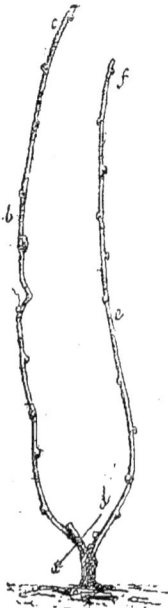

Il me reste à vous décrire sommairement l'application que j'ai faite de cette méthode à la culture de mes vignes des Tailles; pour cela vous me permettrez encore, Messieurs, de vous tracer quelques figures qui seront, à peu d'exception près, la reproduction de celles de M. Guyot.

Ainsi, ma *figure 1* n'est, aux dimensions près, que la copie de la *figure 183*. (*Figure 1.*)

Fig. 1.

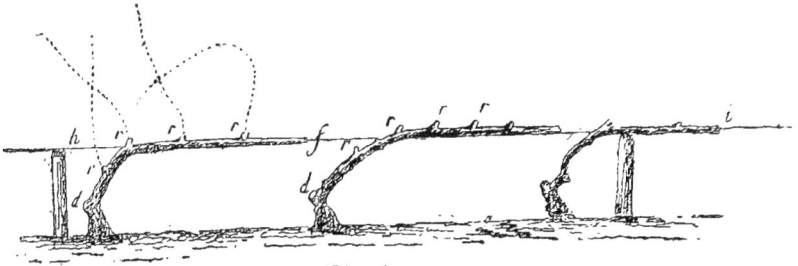

Fig 2.

Ma *figure 2* rappelle, en les modifiant, les dispositions de la *figure 184*. Au lieu d'un sarment ayant près de trois mètres, j'en insère deux et demi environ dans le même espace ; au lieu de pieux de deux mètres, ressortant de un mètre cinquante de terre, je me sers de petits piquets de soixante-cinq centimètres, sortant de quarante centimètres hors de terre, enfin une seule ligne de fil de fer n° 11, au lieu de trois rangs de fil de fer n° 15.

La végétation qui suit les dispositions de ma *figure 2*, semblable à celle de la *figure 185*, donne lieu à la seconde taille représentée par ma *figure 3*, qui diffère cette fois du mode de taille indiqué par la *figure 186*.

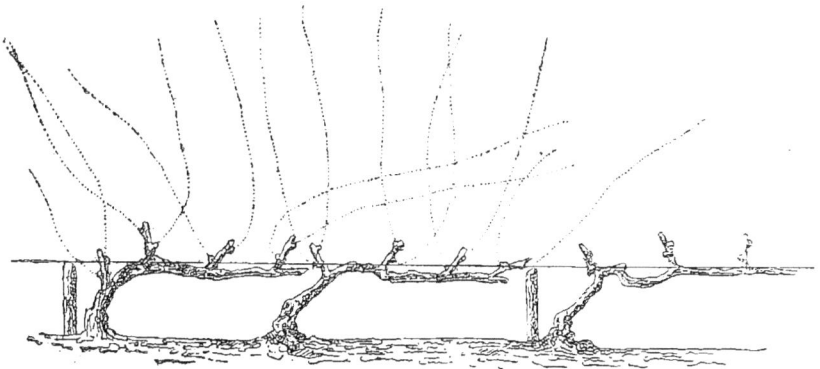

fig. 3.

Ma *figure 3* n'a que des coursons (côts, posés) à deux yeux ; la *figure 186* a des branches à fruits à six ou huit yeux, d'où il résulte que la végétation qui suit ma taille consiste en deux bourgeons par courson, tandis que celle de M. Cazenave donne naissance à six ou huit bourgeons par branche à fruit. (*a a' b, a a' b, figure 186.*)

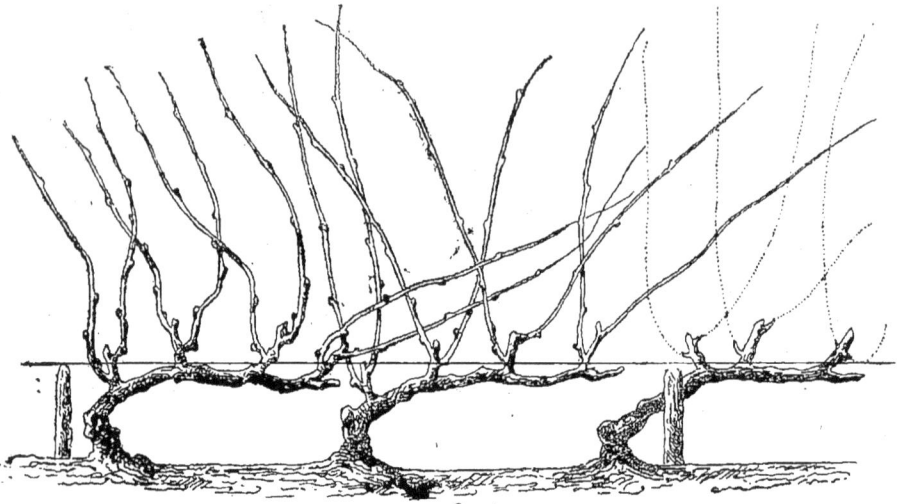

fig. 4

Enfin, ma troisième taille opérée sur la végétation de ma *figure 4* consiste à rabattre, sur chaque courson, le bourgeon inférieur à deux yeux et à laisser comme branche à fruit à huit ou dix yeux le bourgeon supérieur : dispositions indiquées par ma *figure 5*.

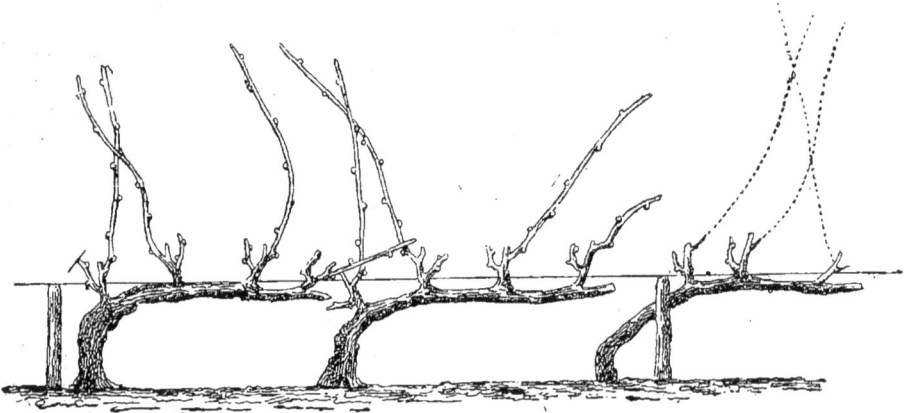

Fig. 5.

Ma *figure 5*, vous l'aurez remarqué, Messieurs, est identique à la *figure 188* ; en sorte que le point de départ *(Figures 1 et 2)* et le point d'arrivée *(Fig. 5)* sont les mêmes que ceux de la méthode Cazenave ; j'arrive à cette taille type ou forme normale, justement recommandée par le maître, aussi promptement que M. Cazenave ; j'oserai dire que j'y arrive plus sûrement.

Pour justifier cette assertion, permettez-moi de revenir sur mes pas et de reproduire quelques-unes des mêmes figures.

Les dispositions de la *figure 186* étant admises par M. Cazenave, comme taille de deuxième année, la végétation qui en sera la conséquence ne sera pas celle de la *figure 188* Guyot ; mais celle de la nouvelle figure que je vais tracer sous le n° *187 bis*.

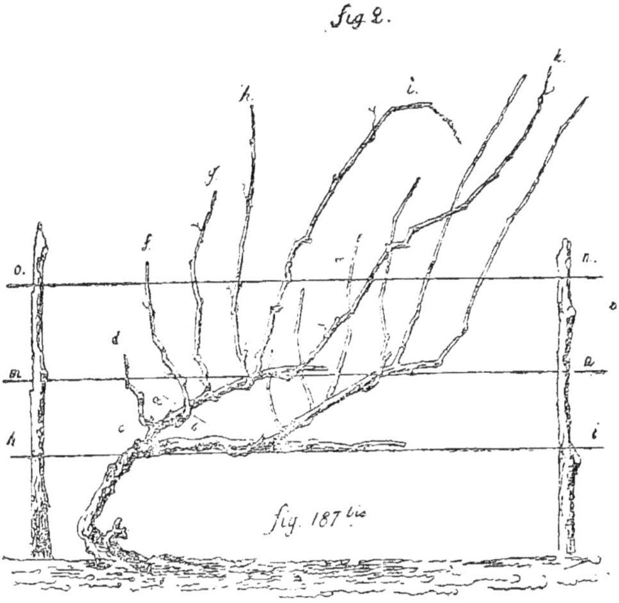

fig 2.

fig. 187 bis

La branche *a b* porte six yeux ou boutons, qui donneront naissance à six bourgeons ou sarments ; les terminaux seront plus vigoureux et plus longs que les inférieurs, en vertu de cette loi physiologique : sur une branche peu ou point inclinée, la sève se porte de préférence à l'extrémité supérieure ; comme vous le voyez dans la *figure 187 bis* les bourgeons *h i k* sont bien plus vigoureux et longs que les deux inférieurs *c d*, contrairement à ce que représente la *figure 187*, dans laquelle les six bourgeons de la branche à fruit sont égaux en force et en longueur.

Mais, vous le comprenez, Messieurs, si la *figure 187 bis* et non la *figure 187* est le résultat de la *figure 186*, M. Cazenave n'arrive plus à la forme désirable de la *figure 188*.

En effet, s'il jette bas les quatre bourgeons supérieurs pour garder les deux plus bas, il se prive de la portion vigoureuse pour conserver la portion chétive qui ne pourra convenir à sa taille normale.

Voilà l'écueil ; quel en serait le remède ? Peut-être de revenir à rabattre sur un seul courson à deux yeux pris sur le mince bourgeon *c d.*

Mais ce serait rentrer dans ma seconde taille un an plus tard que moi, et justifier la modification importante que j'ai cru devoir adopter et que je vous ai signalée plus haut.

Je n'ose poursuivre plus loin mes déductions dans la crainte d'être taxé de partialité et je préfère encore une fois appeler M. Guyot à mon secours ; dans la campagne que j'entreprends ici contre la deuxième taille de M. Cazenave, il ne restera ni sourd ni muet à mon appel, ainsi que vous allez le voir :

« Je reproduis (1), dit-il, dans la *figure 188* la taille et le pa-
» lissage au mois de mars de la méthode Cazenave et dans la
» *figure 189,* je montre comment cette taille et ce palissage pour-
» raient être modifiés : par exemple, on pourrait supprimer le
» fil de fer intermédiaire *m n (Fig. 188),* auquel sont attachés
» les branches à fruit, en courbant et en attachant ces branches
» comme l'indique la *figure 189.* »

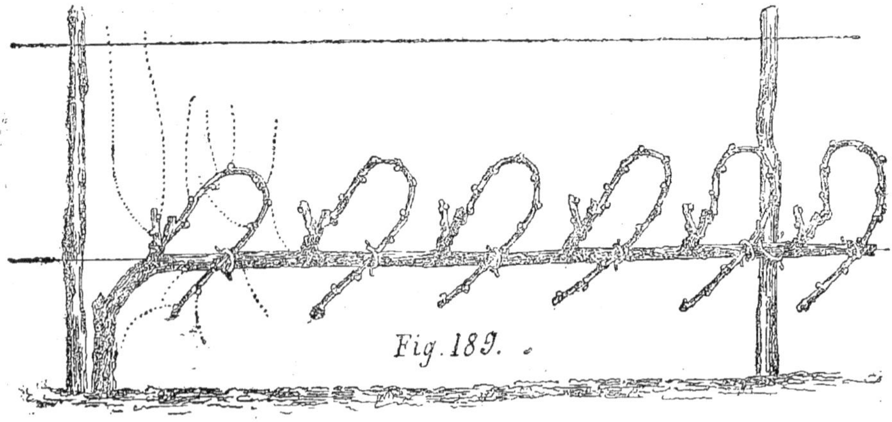

Fig. 189.

Au tome III, page 495, reproduisant ces deux mêmes figures 188 et 189, il dit :

« Je recommande surtout la méthode de la figure 189, parce que
» la position de la ploye (Cazenave) de la figure 188 *porte trop sa*
» *sève à monter ;* elle pousse trop de bois et exige trois fils de fer,

(1) *Étude des vignobles de France,* 2e vol., page 324.

» tandis que la position de la ploye de la figure 189 permet
» de lui donner sans aucun dommage toute la longueur dési-
» rable; de plus, la position pendante pousse à la fructification
» et évite la coulure. Elle rapproche les raisins de terre et facilite
» leur maturité; c'est vraiment là *la perfection de la vigne en*
» *cordon à longs bois.* »

Cette modification de la méthode Cazenave, que M. Guyot qua-
lifie de perfection, m'a suggéré celle que j'ai mise en pratique, ma
ligne unique de fil de fer et le palissage qu'elle soutient rappellent
évidemment la disposition indiquée dans la figure 189, *la perfection,* selon M. Guyot, *de la vigne en cordon à longs bois.* Quant à
la deuxième ligne destinée à fixer les bourgeons à provenir de la
disposition prônée par M. Guyot, je l'ai supprimée, je n'en reconnais pas l'indispensabilité ; car ses inconvénients l'emportent peut-
être sur ses avantages, plus apparents que réels.

J'en ai fini, Messieurs, de toutes ces redites et de ces figures
dont l'enchevêtrement a servi peut-être plus à vous fatiguer
qu'à élucider la question; j'arrive aux objections qu'on m'a déjà
faites.

Loin de blâmer le rendement de mes vignes, inférieur cependant
des trois cinquièmes à celui accusé par M. Cazenave, on m'a souvent dit:

Vos ceps sont trop chargés; ils ne pourront mûrir convenablement
tous leurs fruits. Ce reproche est souvent fondé, je le reconnais,
chez moi comme chez tous les viticulteurs. C'est au tailleur impru-
dent, non à la méthode qu'il faut s'en prendre ; toutes les fois qu'il
charge trop son cep, c'est-à-dire lorsqu'il pousse au fruit dispro-
portionnellement avec la vigueur du sujet, le fruit, pomme, poire
ou raisin, ne mûrit qu'imparfaitement. M. Guyot reconnaît et explique parfaitement ce défaut de maturité, provenant d'un défaut de
prudence, dans le passage qui suit:

« MM. Cazenave et Marcou (1er volume, page 479) s'accordent
» à dire, que la première année de dressement, les raisins sont
» parfois échaudés, c'est-à-dire qu'ils restent verts ou rouges,
» sans pouvoir atteindre leur parfaite maturité. Ils attribuent ce
» fait à la longueur extrême du premier sarment constituant le
» cordon. Ils m'ont fait voir aussi que les bourgeons de cette
» première végétation étaient relativement grêles ; mais, dès la
» seconde année, les bourgeons prennent une vigueur qui sur-

» prend, et les raisins mûrissent parfaitement en même temps que
» tous les autres. »

Il dit ailleurs :

« J'ai observé souvent la défaillance des longs bois de première
» année et leur insuffisance à mûrir leurs raisins ; mais cette dé-
» pression causée par la disproportion des raisins qui se forment par
» et pour la tige, disparaît complètement l'année suivante, alors
» que l'extension de la tige a créé les racines proportionnelles. »

Le défaut de précaution est reconnu et expliqué, car M. Guyot
ne dit point : laissez le long bois de toute sa longueur ; ce n'est pas
la faute de sa méthode si le vigneron laisse le sarment à palisser
trop long et peu en rapport avec la vigueur du cep. Il constate que
ce défaut se produit dans l'application de sa propre méthode ; il
en est ainsi de toutes les autres et de la mienne en particulier,
mais ce n'est pas d'une manière inhérente aux préceptes et à la
pratique à suivre. Je recommande à mes vignerons de ne donner
à mon sarment de tige et à mes longs bois que la longueur que
comporte la vigueur du cep ; ils ne le font pas toujours et la maturité des raisins en surcharge est imparfaite.

On m'a dit encore : Vos treilles basses chargées de bois et
de fruits chaque année n'y résisteront pas longtemps : chaque
végétal a une certaine mesure de sève et de fructification qu'il ne
peut dépasser ; si vous produisez plus vite vous vivrez moins longtemps. M. Guyot répond en ces termes à ces objections :

« Laisser à un arbre ou à un arbrisseau la liberté de déployer
» l'arborescence et les forces vitales dont la nature a pourvu son
» espèce, ce n'est point lui imposer un travail, ce n'est pas l'épui-
» ser ; c'est lui permettre de développer son organisation et de
» vivre avec une force qui s'accroît proportionnellement à ce dé-
» veloppement.

» Qui s'aviserait jamais de croire qu'il fortifiera un chêne, un
» noyer, un pommier, un groseiller même en ne lui laissant pour
» végéter, chaque année, que deux, quatre ou même huit bour-
» geons ?

» Eh bien ! la vigne est destinée par la nature à prendre une
» expansion plus grande que celle d'aucun végétal ; il suffit donc
» d'ouvrir les yeux et de comparer la longévité, la fécondité et la
» vigueur des vignes sur les arbres, en treilles ou treillons, avec
» celles des vignes en petites souches basses à coursons, pour être

» bien convaincu que moins on laisse d'expansion végétale à la
» vigne, plus on l'affaiblit, plus on la stérilise, plus on abrége son
» existence.

» Il est évident que le sol et le climat influent singulièrement
» sur l'expansion à laquelle peut atteindre tout arbre. Ainsi l'ar-
» borescence complète d'un chêne dans un terrain riche en épais-
» seur et en humidité sera gigantesque ; et sur une roche aride le
» chêne libre et complet n'étendra pas sa tige ni son feuillage au-
» delà de un à deux mètres. La vigne, quoique plus puissante que
» le chêne à puiser sa sève dans les terrains arides, n'en subira pas
» moins les mêmes restrictions proportionnelles. Le viticulteur doit
» donc compter avec le sol et le climat ; mais, en quelque lieu que
» ce soit, la taille la plus généreuse, soit par le nombre de coursons,
» soit par les longs bois ou astes, sera toujours plus favorable et
» plus rémunératrice que la taille plus restreinte, toutes conditions
» égales d'ailleurs. »

M. Joigneaux écrivait dernièrement cette phrase remarquable :
« C'est l'excès des grappes qui fatigue la vigne et non le bois
» qui, en se développant, pousse au contraire au développement des
» racines correspondantes ; l'essentiel c'est qu'il y ait dans le sol
» une quantité suffisante de vivres convenables. »

On blâme encore une de mes pratiques : pourquoi, sur vos cordons ou treilles basses, laissez-vous en même temps des coursons
(posés ou côts) à deux yeux et des longs bois, (courges, ployes,
astes) à huit, dix et même quinze yeux ?

M. Guyot répond pour moi (1) : « Je donnerais à ce genre de con-
» duite de la vigne le nom de cordons à longs bois et à coursons ;
» ou plutôt, pour conserver la couleur locale de ses premières ap-
» plications, je dirais : cordons à côts et à astes, en opposition avec
» les cordons à astes seules, appliqués dans l'Isère, la Savoie,
» le Belley..... et avec les cordons à coursons (côts), qui s'appli-
» quent non-seulement aux treilles des jardins de temps immémo-
» rial, mais encore dans les vignes de plusieurs pays, surtout dans
» les palus de la Gironde.

» Mais il est facile d'établir la différence qui existe entre les
» cordons à coursons et les cordons à astes : 1° Jamais le cordon à
» côts ou coursons ne comportera autant d'yeux que le cordon à

(1) *Étude des Vignobles de France*, 1er vol., page 480.

» côts et à astes; par conséquent, il ne pourra donner à la vigne le
» moyen de satisfaire à tous ses besoins d'expansion, dans certaines
» terres vigoureuses ; 2° en cordons comme en ceps, il y a des es-
» pèces de raisins qui ne donnent pas volontiers leurs fruits dans les
» yeux près de la souche, et qui les donnent abondamment dans les
» yeux plus éloignés : le cordon à astes, dans ce cas, sera donc seul
» fertile, quand le cordon à côts ne le sera pas ; le cordon à *côts et*
» *à astes* sera toujours fertile.

» Le cas de stérilité des cordons à côts, là ou les cordons à astes
» seraient très-fertiles, se présente fréquemment. J'ai vu des cor-
» dons chargés de côts, sans qu'on pût les rendre fertiles et les em-
» pêcher de couler, tant la vigne avait besoin d'expansion ligneuse.
» J'ai vu bien d'autres cas pareils ou les cordons à astes donnent
» immédiatement de magnifiques récoltes. Le département de
» l'Isère a recours aux cordons à astes, tant pour ses tiges basses
» que pour ses treilles hautes, là où la vigne ne donnerait rien sur
» les cordons à coursons. »

Cette préférence de M. Guyot pour les cordons à coursons et à
longs bois sur les cordons à coursons seuls, est la conséquence de
tout ce qu'il a dit en faveur de sa propre méthode ; toutefois elle ne
doit s'appliquer qu'aux cépages à grandes expansions ligneuses ;
ce seraient les cordons à coursons seuls qu'il faudrait appliquer
aux cépages plus fertiles en fruits que producteurs de bois, comme
le gamay et tant d'autres.

S'il y a économie, me dit-on encore, à ne mettre qu'un seul rang
de fil de fer, n'y a-t-il pas de grands inconvénients à ne pas relever
les pampres sur un second rang que l'on ne voit pas dans vos
vignes ?

Je ne le crois pas ; et tout en avouant que le coup d'œil est bien
moins flatteur que celui qu'offre une vigne dont les sarments sont
relevés sur cette deuxième ligne de fil de fer, je ne pense pas que
l'apparence négligée de mes vignes nuise à la bonne maturité de
leurs raisins.

J'ai fait l'essai comparatif des deux modes de palissage sur deux
portions, toutes deux taillées et conduites du reste de la même
manière.

L'une de ces portions, située sur un petit espace privilégié, non
loin de mon habitation, palissée avec grand soin sur deux rang de
fil de fer superposés, offre le correct aspect d'une haie bien taillée ;

les larges feuilles pressées cachent les fruits jusqu'à ce que ceux-
ci, ayant pris un certain développement, aient écarté les feuilles à
l'époque où, noirs ou dorés, ils pendent vers la terre le long de la
voûte touffue.

L'autre portion est située sur un vaste plateau de 26 hectares
environ, distribué en carrés égaux d'un hectare, séparés par des
allées perpendiculaires les unes aux autres ; celles du nord au sud
sont parallèles aux rangs des ceps, celles de l'est à l'ouest cou-
pent ces mêmes rangs à angle droit.

Ces dernières vignes, après la taille d'hiver, sont palissées sur
une seule ligne de fil de fer, leurs sarments en s'allongeant s'épan-
chent sans ordre d'un côté ou d'un autre.

Quelle différence d'aspect pour ces deux portions de mes vignes
et cependant quelle similitude quant au résultat final ! Même
quantité de grappes, même maturité des raisins de part et d'autre.
Or, s'il est avéré qu'avec moins de frais on puisse obtenir autant de
produits et d'aussi bonne qualité, est-il besoin d'insister sur le
choix à faire, même aux dépens de notre amour-propre ?

Jusqu'au 15 juillet, mes vignes offrent un aspect à peu près satisfaisant; leurs pampres encore peu allongés, se relevant d'eux-
mêmes, ont permis les labours d'avril et mai ; puis, les sarclages de
juin, en sorte que le sol est en parfait état en juillet ; mais alors les
sarments s'allongent et menacent de s'enchevétrer d'un rang à l'autre ; c'est l'époque des rognages ; tout sarment s'étendant entre les
rangs à plus de 50 ou 60 centimètres doit être rogné.

Toutefois, malgré les monceaux de rognures apportées chaque
jour aux bœufs et autres bestiaux qui en sont tous friands, la
vigueur des jeunes ceps l'emporte souvent sur la vigilance des
agents ; mais lorsque les ceps deviennent adultes, lorsque leur
expansion ligneuse se ralentit au profit même de la fructification, il devient plus aisé de réglementer la fougue des pampres
libres.

Alors les pieds des ceps, dégarnis de gourmands et de toute production inutile, laissent circuler l'air au-dessous des cordons, le
soleil y pénètre facilement et le sol réchauffé renvoie sa chaleur
humide et gazeuse aux raisins qui se penchent peu au-dessus de sa
surface.

Cependant, je l'ai dit, et c'est ce qui autorise mes négligences : le
rendement est partout le même, la perfection ou l'imperfection du

palissage ont été de nul effet; la taille et l'ébourgeonnement, pratiqués de la même manière sur les deux portions, ont été les causes déterminantes des mêmes produits, obtenus de part et d'autre.

Quatre choses donc importent avant tout: 1° le bon entretien du sol; 2° une taille judicieuse; 3° un palissage suffisant; 4° l'ébourgeonnement de mai.

Mais j'arrive à des considérations générales et je suis bien près de sortir de mon sujet, tout spécial à mes vignes; je désire m'arrêter à temps, n'ayant déjà que trop abusé de votre bienveillance.

Cependant, peut-être attendait-on de moi quelques chiffres à propos des frais et des produits de mes vignes; mais comment oser parler de recettes, lorsqu'une seule matinée peut mettre à néant l'espoir le mieux fondé sur de naissantes apparences? Quand tout le monde sait que les frais d'une bonne et complète récolte sont les mêmes à peu près que ceux d'une récolte manquée? Toutefois, nous savons aussi, pour remonter notre courage, que les contrées où la vigne est en plus grande faveur sont les plus productives et leurs habitants les plus à l'aise. On demande des chiffres, mais, vous le savez bien, Messieurs, les chiffres abusent de leur réputation de véracité incontestable; ils égarent et trompent souvent ceux mêmes qui les alignent et les groupent par doit et avoir; je ne prononcerai ici aucun chiffre. Ma comptabilité viticole est cependant, je le crois, fort en règle et je la confierais en toute sûreté de conscience à qui me témoignerait le désir de la consulter.

Quant aux objections ou questions qu'on voudrait m'adresser, je promets très-volontiers d'y répondre; mais, par correspondance, car je me défie trop de ma mémoire et de mon peu d'habitude de la parole pour leur confier la cause que j'ai soutenue devant vous, grâce aux excellents préceptes du docteur Guyot.

Benavent, 5 mai 1874.

Vicomte de POIX.

QUATRIÈME SECTION.

SYLVICULTURE.

—

LES GARDES FORESTIERS.

—

MESSIEURS,

Dire que la propriété forestière est une des branches de notre richesse nationale et ajouter que, malgré son importance, cette source de produits tend à s'amoindrir rapidement en France, c'est énoncer deux vérités qui devraient s'exclure, mais, qui n'en sont pas moins incontestables l'une et l'autre.

Des esprits éclairés se préoccupent de cette décadence de la richesse forestière, et naguère encore, on avait cru apporter quelque remède à une situation inquiétante en proposant de soustraire l'administration des forêts aux exigences fiscales du ministère des Finances. Cette combinaison n'a pu malheureusement se réaliser.

Je ne viens pas ici, Messieurs, étudier les grands moyens à mettre en œuvre pour élever la culture forestière au niveau qui lui appartient. Invité, comme chacun d'entre vous, à apporter ma part dans un ensemble de vœux à émettre, je me borne à une proposition qui, toute modeste qu'elle soit, ne me semble pas devoir être sans influence sur la production intelligente et raisonnée des forêts.

Je conviens, sans détours, de l'indifférence à peu près générale à laquelle s'abandonnent les propriétaires forestiers. Encore imbus pour la plupart des idées routinières d'un autre âge, ils ne semblent pas croire que l'industrie puisse se combiner au travail de la nature pour accroître utilement et fructueusement l'importance de leurs produits. Sauf quelques rares exceptions, le pâturage du bétail dans les forêts est encore en vigueur chez nous. A plus forte raison n'est-il question ni de semis artificiels, ni de repeuplements, ni d'élagage, ni même de l'enlèvement des plantes adventices, au moins, pendant l'année d'exploitation. Mais, Messieurs, si l'initiative individuelle des propriétaires forestiers est par trop endormie, ne serait-ce pas souvent faute d'agents intelligents et capables ?

Qu'est-ce qu'un garde aujourd'hui, généralement parlant? C'est ordinairement un homme sur la probité duquel on a de bons témoignages ; mais, le premier venu au point de vue des connaissances techniques, ayant le goût d'une vie calme et tranquille, cherchant dans une situation modeste, mais assurée, un doux *far niente*, il cumule quelquefois avec ses fonctions celles de braconnier et de surveillant agricole pour le compte de la maison qui le paye. Quand il sait lire et écrire, ce qui n'arrive pas toujours, il prend les notes nécessaires pour l'établissement des comptes. De connaissances forestières, il n'en a aucune. Il juge comme le métayer que la ferme ne saurait se passer du pâturage dans les bois ; que les arbres sauvages fournissent un cidre suffisamment passable. Il a dans l'estimation des coupes et des arbres un œil plus ou moins exercé, mais il sait à peine ce que c'est qu'un stère et il ignore absolument le procédé pour cuber un arbre. Il désigne sous le nom générique de *sapins* tous les arbres résineux quels qu'ils soient. Ne lui parlez pas d'élagage, de repeuplements, de semis ; il considère le voisin qui s'adonne à ces perfectionnements comme nous admirons, sans chercher à l'imiter, un amateur d'horticulture fantaisiste.

Que de choses à modifier, Messieurs, dans le portrait, exact je crois, du garde Berrichon, peut-être, du garde Français ! Quelques propriétaires, plus compétents ou plus actifs, s'en sont mêlés sans y réussir toujours.

Aujourd'hui même, un de nos Collègues, dont l'intelligence et le cœur se sont spécialement dévoués au progrès agricole, doit vous entretenir des fermes-écoles. A son exemple, je demande pour les sylviculteurs des écoles spéciales. Ne pensez-vous pas, Messieurs, que l'administration des forêts puisse rendre facilement service aux particuliers et au pays ? Serait-il bien difficile, auprès de la forêt domaniale de Châteauroux, de réunir, — dans des conditions que je n'indique pas ici, mais qu'il serait facile de déterminer, — des jeunes ouvriers ayant déjà les notions de l'enseignement primaire et, pendant un stage d'un ou deux ans, de les instruire et exercer dans la science pratique du métier, sous la conduite des gardes de l'État et sous la direction de MM. les Inspecteurs et Gardes-Généraux ?

Je sais qu'il y a des objections à tout et que la routine peut encore se retrancher derrière des impossibilités. Vouloir c'est pouvoir, ici comme ailleurs. C'est pourquoi, Messieurs, j'ai l'honneur de vous proposer le vœu suivant à émettre par le Congrès de la Société des Agriculteurs de France :

« Qu'à l'instar du Ministère de l'Agriculture pour les fermes-écoles, l'administration des forêts se prête à la création d'écoles professionnelles de sylviculture pour la formation d'agents et ouvriers forestiers, soit pour le recrutement de son propre personnel, soit encore plus pour l'utilité des particuliers et le bien général de l'État. »

Léonce MARCHAIN,

Propriétaire au château de la Lienne, près Châteauroux.

M. Marchain est, sans contredit, dans notre Département, un des propriétaires qui s'occupent le plus sérieusement de ses bois. Ses efforts sont couronnés de succès très-remarquables. Son travail, marqué au coin de la pratique, sera vivement apprécié. Nous sommes heureux de pouvoir constater ici que son vœu a déjà reçu une double satisfaction.

En effet, au mois d'avril 1875, M. le comte des Cars a ouvert un cours essentiellement pratique d'élagage à Pringy, commune de Rozet-Saint-Albin, près Neuilly-Saint-Front (Aisne). (1)

La durée de ce cours a été de dix jours (1er au 10) ; il a dû se renouveler, en trois séries, pendant le mois d'avril, soit du 12 au 22 et du 22 au 1er mai.

Le prix de la pension a été de 25 francs pour les dix jours.

Les ouvriers ont dû arriver munis d'au moins deux serpes à lame droite et d'une hachette. Les demandes d'admission ont été adressées à M. Rivaller, garde particulier à Rozet-Saint-Albin, par Neuilly-Saint-Front (Aisne). Cette admission n'a été prononcée que sur la présentation de certificats de bonne conduite et de moralité. Toute infraction grave aux convenances, notamment l'ivresse, a comporté le renvoi de l'homme qui s'en est rendu coupable. (2)

(1) Neuilly-Saint-Front est en correspondance avec les stations de Villers-Cotterets, chemin de fer du Nord et de Château-Thierry, chemin de fer de l'Est.

(2) Voir le *Bulletin des séances de la Société centrale d'Agriculture de France*, notamment le Tome IX de la 3e série, année 1873-1874, page 1,027.

Enfin, au Concours régional de Blois, l'Administration des forêts avait, dans un élégant chalet, installé une exposition de tous les produits forestiers de la région. Elle y avait également fait transporter les diverses collections réunies pour aider aux études de l'École des Barres. Désireuse de faire connaître cette École dont la fondation remonte à 1873 seulement, elle faisait distribuer une brochure (1) dans laquelle nous lisons à la page 4 les passages suivants :

« Cette lacune est aujourd'hui comblée, grâce à la création de
» l'École des Barres (Loiret) ; cette École, fondée en 1873, sur un
» vaste domaine acquis par l'État de la famille Vilmorin, a pour
» but de former des élèves-gardes : l'enseignement y est surtout
» pratique, et les élèves exécutent tous les travaux de main-
» d'œuvre et d'exploitation que comporte la gestion du domaine ;
» toutefois, une certaine partie de leur temps est consacrée à des
» exercices d'arpentage, de nivellement, etc., et à des études théo-
» riques sur les éléments du calcul, des surfaces, le cubage des
» bois, la sylviculture, etc. Ils sont encore appelés à concourir,
» sous la direction du personnel supérieur de l'École, à des expé-
» riences concernant la météorologie forestière, l'élasticité des
» bois, les facultés germinatives des graines, etc., etc.

» Il nous semble inutile de faire ressortir les avantages de cette
» École. Fondée d'hier, elle donne déjà des résultats qui font hon-
» neur à la haute initiative, première origine de cette création
» féconde, et à ceux qui, s'inspirant de ses idées, ont su les déve-
» lopper et les mettre en pratique ; les cahiers des élèves, les ta-
» bleaux graphiques d'expériences météorologiques exécutés par
» eux sont des spécimens encourageants de ce qu'on peut obtenir
» de jeunes gens intelligents et bien dirigés. Ajoutons qu'en
» cherchant à divulguer, dans son intérêt particulier, la science
» forestière, l'Administration n'a point songé à travailler pour elle
» seule ; elle admet à suivre les cours de l'École des auxiliaires qui
» peuvent, en sortant de là, fournir aux propriétaires particuliers
» des régisseurs et des gardes capables. »

---

(1) *Notice sur l'Exposition de l'Administration des Forêts au Concours Régional de Blois en 1875.* — M. Lecesne, imprimeur, rue Denis-Papin, à Blois.

L'ÉLAGAGE DES ESSENCES FORESTIÈRES.

—

AVANT-PROPOS.

—

Nous n'avons pas l'intention de traiter, à fond, de l'*Élagage*. Invité, lors du Congrès tenu à Châteauroux par la Société des Agriculteurs de France, au mois de mai 1874, à donner quelques explications, quelques renseignements sur cette partie encore si peu connue et si controversée de la science forestière, nous nous sommes borné, autant que nos occupations l'ont permis, à rassembler et à coordonner les notes précédemment recueillies, soit pour la direction de travaux personnels, soit pour répondre à des questions qui, sur ce même sujet, nous étaient souvent adressées par de nombreux propriétaires forestiers. — Ce sont ces notes que nous publions aujourd'hui, désireux que, dans certaines circonstances, elles puissent être utiles aux Sylviculteurs.

Février 1875.

———

INTRODUCTION.

—

On ne saurait mettre en doute l'importance, l'utilité des forêts. — De quelque côté que nous portions nos regards, nous rencontrons des produits forestiers.

Les forêts sont indispensables au bien-être de l'humanité, indispensables à son existence, par l'influence qu'elles exercent sur le climat, la température, l'humidité du sol, la direction des courants.

Elles facilitent la culture en favorisant la précipitation des rosées et la chute des pluies. — Elles empêchent le débordement des fleuves, mitigent l'influence pernicieuse des vents.

Notre continent était autrefois couvert de magnifiques forêts ; toutes aujourd'hui ont presque complètement disparu. — De nos jours encore, imitant cet exemple, c'est le fer et le feu à la main que le pionnier, dans les États-Unis d'Amérique, implante sur les ruines de la forêt vierge les éléments de notre civilisation.

La production du bois c'est la prospérité d'un État, c'est sa vie, sans bois tout État périra. — Ce premier cri d'alarme, jeté depuis des siècles, n'a pu ralentir la marche envahissante du fléau. — Le bois menace de disparaître.

Par le reboisement, on pensait, il est vrai, conjurer le mal. — Livrer à la culture les terrains profonds et fertiles de nos forêts de plaine, reboiser par compensation le sol aride et dénudé des montagnes, flattait l'imagination de bien des théoriciens. — La pratique seule a pu révéler les nombreux obstacles que suscitaient au sylviculteur l'absence complète, dans le sol, d'humus et de tout élément fertilisant; la privation de couvert contre les ardeurs du soleil d'été, le manque d'abris contre le souffle des vents d'automne et d'hiver. — Il paraît aujourd'hui, sinon impossible, du moins fort difficile de boiser des terrains entièrement dénudés.

Conserver nos forêts, les relever par la culture et l'aménagement, est le but vers lequel tout sylviculteur doit de préférence diriger l'activité de ses recherches.

C'est à ce point de vue que nous nous proposons d'étudier un des divers procédés de culture forestière, — L'ÉLAGAGE.

L'ÉLAGAGE.

L'arbre est une plante ligneuse, nue et simple par le bas, susceptible d'atteindre une certaine hauteur.

Il comprend une tige, une souche ou racines, des branches dont les rameaux supportent des feuilles.

De même que toute plante, l'arbre se nourrit d'éléments incombustibles ou fixes, combustibles ou gazeux.

Les éléments fixes, immobiles au sein du sol qui les contient, sont uniquement absorbés par les racines ; les éléments gazeux sont absorbés et par les racines et par les feuilles, en raison de leur mobilité qui leur permet de se répandre et dans le sol et dans l'atmosphère.

On se rend aisément compte de la façon dont se fait, par les pores des organes, l'absorption des éléments gazeux ; on a dû au contraire se demander sous quelle forme les éléments fixes s'incorporaient à la plante pour concourir à l'acte de la nutrition.

Pour l'explication de ce phénomène, diverses hypothèses ont été proposées.

Suivant une opinion, l'eau, tenant en dissolution des matières terreuses et des substances organiques, résultant de la décomposition des matières végétales contenues dans le terreau, est puisée dans le sol par les racines, portée dans la tige par un mouvement ascensionnel, et de là, parvient dans les feuilles et les autres organes terminaux; puis, son rôle d'agent conducteur accompli, cette eau est en partie rejetée au dehors par évaporation et rendue à l'atmosphère, tandis que les principes dissous, constituant la sève élaborée, repris par un système de circulation descendante, sont portés des feuilles jusque dans les extrémités inférieures du végétal.

Imaginons une éponge dont une partie seulement serait dans l'air et le reste en contact immédiat avec une dissolution aqueuse, à laquelle elle emprunterait continuellement l'eau qu'elle aurait perdue par évaporation, et nous aurons une idée suffisamment approchée de ce travail de la plante.

Ce système n'est pas toutefois universellement admis.

Ce ne serait pas uniquement sous forme de solution que les plantes puiseraient dans l'eau les principes nécessaires à leur développement. — L'eau, au lieu de conduire dans toutes les parties du végétal les matières qu'elle tient en dissolution, abandonnerait ces matières au sol; son rôle se bornerait à déplacer et à répartir dans les différentes couches terrestres ces éléments nutritifs, et la plante les introduirait dans son organisme par le contact direct. — Ces éléments seraient retenus dans le sol d'une manière analogue à la matière colorante dans le charbon; ils y resteraient dans un état propre à l'absorption par les racines, mais ils y resteraient insolubles par l'eau et ne pourraient tout au plus être enlevés par elle, sous forme de solution, que lorsque le sol arable en serait saturé.

Cette hypothèse trouve son appui dans les considérations suivantes basées sur l'observation d'un certain ordre de faits :

Si les plantes tiraient leur nourriture d'une dissolution susceptible de déplacement dans le sol, toutes les eaux de drainage, de sources. de rivières, devraient contenir les principaux éléments nutritifs de toutes ces plantes; un champ soumis pendant de longues années à l'influence du lessivage par les eaux de pluie verrait, proportionnellement à la quantité d'eau qu'il a reçue, diminuer sa faculté de produire des végétaux, et, lorsque, sur une terre vierge, l'homme trace pour la première fois un sillon, il ne trouverait pas la couche supérieure de la terre arable plus riche et plus fertile que le sous-sol.

Or, il est démontré, par les expériences et les analyses entreprises dans le but de déterminer la composition des eaux courantes, des eaux de source et de drainage, que ces eaux ne tiennent en dissolution qu'une très-faible quantité de matières solubles.

Si on fait filtrer au travers de la couche arable du purin foncé en couleur et odorant, préalablement étendu d'eau, on recueille, après l'opération, un liquide incolore, inodore ; mais il a aussi perdu d'autres qualités, car l'ammoniaque qui y a été dissous, la potasse et l'acide phosphorique lui ont été enlevés plus ou moins, suivant leur abondance.

Il a été constaté par de Liebig (sur quelques propriétés de la couche arable. — *Annales de Physique et de Chimie*, tomes 105 et 109), que la couche arable peut enlever à leurs solutions, dans l'eau pure ou chargée d'acide carbonique, les aliments les plus importants des plantes. Si on remplit de terre végétale un entonnoir et qu'on fasse filtrer au travers une dissolution de silicate de potasse, l'eau filtrée ne contiendra plus de potasse, et dans certaines circonstances seulement on pourra y trouver de l'acide silicique.

Enfin, ces mêmes observations ont de nouveau été corroborées par les recherches du docteur Fraas, établies dans le but de déterminer les matières que l'eau de pluie enlève aux terres arables pourvues de fumures variées et abondantes.

Nous sommes donc tenté d'admettre avec de Liebig qu'il existe entre la surface de la racine, la couche d'eau et les particules de terre, une réaction réciproque qui n'a pas lieu entre l'eau et les particules de terre seulement ; — qu'il est très-probable que les principes nutritifs, qui adhèrent dans un état de division extrême, à la surface extérieure des molécules de terre, sont en contact direct avec le liquide des cellules à parois poreuses et perméables, par l'intermédiaire d'une couche extrêmement mince, et que c'est dans les pores mêmes qu'a lieu leur dissolution, et dès lors leur introduction immédiate.

Cet exposé succinct des deux théories, quelle que soit l'opinion qu'on 'adopte, suffit pour se rendre compte du rôle de chaque organe dans l'acte de la nutrition, et permet de juger son importance réelle. Les matériaux inorganiques et des principes organiques sont répandus par la racine dans le végétal; c'est aussi par la racine que se fait l'absorption de l'eau dans le sol. — Les feuilles apportent à la plante les éléments organiques que, par leur épiderme, elles ont absorbés sous forme de gaz et de vapeur ; elles exhalent de plus par leur surface des substances gazeuses qu'elles rendent à l'atmosphère, et constituent par là même le véritable poumon de la plante.

Les éléments, fixes et gazeux, organiques et inorganiques, sont tous également nécessaires à la nourriture du végétal ; tous concourent à sa formation ; et de même que les principes nutritifs contenus dans l'atmosphère ne sauraient entretenir la végétation sans le concours des principes nutritifs que renferme le sol, de même l'action de ceux-ci est nulle quand il y manque des premiers ; tous doivent agir simultanément pour que la plante puisse croître et se développer.

On ne saurait donc impunément neutraliser, en tout ou en partie, l'action des feuilles et des racines destinées à maintenir l'équilibre entre la nourriture terrestre et celle qui vient de l'atmosphère, et à assurer ainsi la vitalité de la plante.

Le développement de la racine d'un arbre est en général subordonné à l'étendue de la cime ; de sorte qu'un tronc chargé de fortes branches est ordinairement supporté par de puissantes racines. Lorsqu'un arbre se ramifie plus d'un côté que de l'autre, ce côté est aussi le mieux enraciné, et le cylindre ligneux est aussi plus épais de ce côté que de celui qui correspond à moins de branches et à moins de racines. « La masse d'un arbre, d'après de Liebig, est en rapport avec la surface des organes destinés à lui transmettre ses aliments ; avec chaque radicule, avec chaque feuille, le végétal gagne une bouche et un estomac de plus. »

Ce sont là les principes naturels de la croissance et de la reproduction. C'est par leur rigoureuse application, par le fonctionnement complet et régulier de ses différents organes, et par l'harmonie existant entre eux, que la plante, sur un sol qui lui est approprié et dans un milieu favorable, résistera aux éléments, gagnera par elle-même le sol et l'espace qui lui sont nécessaires, soutiendra victorieusement la lutte pour l'existence.

Dans la réalité, les faits ne se succèdent pas toujours avec cette apparente régularité.

La production ligneuse est, pour l'humanité, de première nécessité ; l'arbre est lié à tous les besoins des différents âges de la vie de l'homme, à toutes les phases de la civilisation. C'est un des agents les plus puissants à l'aide desquels l'homme peut faciliter et améliorer les conditions de son existence personnelle, pourvoir à sa sécurité, créer des relations, les assurer et les étendre ; un des moyens indispensables de son commerce et de son industrie.

La multiplicité des besoins en bois de toute nature et de toute catégorie est infinie. Il faut y satisfaire et prévenir l'abus.

De là, parallèlement à ces lois naturelles, cet ensemble de règles provenant toutes de l'initiative humaine et dont la collection constitue la sylviculture.

Le procédé de l'élagage est une des subdivisions, un des sous-détails de la sylviculture.

L'élagage comme opération matérielle, consiste à enlever à l'arbre, en entier ou seulement en partie, suivant les cas, les branches ou rameaux supposés inutiles ou nuisibles ; comme opération raisonnée son but est, ou bien de diriger, par des modifications successives de la cime, l'arbre vers une forme déterminée ; ou bien de favoriser la venue d'un sous-bois auquel serait nuisible un couvert par trop prolongé.

Si par élaguer un arbre on entend enlever, suivant le caprice de l'ouvrier ou les besoins du propriétaire, indistinctement tout ou partie de ses branches, ce que nous voyons faire aujourd'hui encore dans quelques campagnes, on peut dire que l'élagage n'est pas nouveau. Aussi ancien que la culture des forêts, aucune loi n'en réglementait l'usage; le bois était surabondant, la prévoyance humaine confiante dans cette croyance qu'il en serait toujours ainsi ; on prenait sans retenue au-delà souvent de ce qui était nécessaire. Bientôt cependant la surface boisée diminuait d'étendue, le développement de l'industrie, la multiplicité des applications, la recherche du bien-être augmentaient les besoins; on commençait à prévoir que le bois pourrait manquer; l'élagage dut avoir ses règles.

Ces règles, malgré la simplicité apparente de leur but, ne semblent pas avoir atteint aujourd'hui le degré de certitude nécessaire pour guider suffisamment le sylviculteur; et de même qu'avec une certaine faveur les uns acceptent comme base de tout traitement la nécessité de l'élagage, d'autres au contraire le repoussent avec une obstination souvent exagérée. Il devait en être ainsi :

L'arbre est la plante par excellence ; sa croissance embrasse des siècles, son emploi n'a de limite que la multiplicité de nos besoins ; sa durée semble illimitée, si nous prenons pour terme de comparaison la période forcément bornée de la vie de l'homme. Une génération a bien rarement, en pareille matière, le temps d'étendre suffisamment ses recherches, bien rarement il lui est possible de recueillir le fruit de ses études. La forêt couvre sur la terre de vastes contrées ; chaque essence, chaque système de culture, exige une direction particulière, des règles spéciales ; la pensée humaine a nécessairement dû errer dans un si vaste cadre ; le genre et le mode des recherches ont forcément varié. C'est pourquoi la France, et avec elle tous les pays dont la production ligneuse s'appuie principalement sur le système dit de l'éducation des bois ou du repeuplement naturel, semblent, avant tout, s'être spécialement préoccupés des conditions d'exécution purement pratiques ; la question purement théorique et scientifique se trouve au contraire de préférence traitée partout où le mode de culture des bois ou du repeuplement artificiel a été prédominant.

Par là s'explique, entre diverses théories également étudiées, cette apparente contradiction qui, trop souvent, a maintenu l'obscurité et renforcé l'hésitation. — La citation suivante, extraite d'un des plus anciens auteurs qui se soient occupés de la question, permettra de juger du chemin parcouru depuis une époque déjà reculée.

Moser écrivait en 1757 :

« On appelle élagage le procédé de nettoiement d'un arbre qui consiste à lui enlever les branches latérales ou les rameaux pour avoir une tige belle et bien droite.

» On l'applique tantôt aux arbres de faible dimension, tantôt à ceux qui ont atteint une certaine grosseur ; il n'y a aucune règle précise en ce qui concerne la hauteur jusqu'à laquelle les branches doivent être enlevées ; ceci dépend de la croissance du sujet.

» L'utilité généralement reconnue de cette opération est que la tige, ou plutôt le fût, étant par ce procédé dépouillé de branches et complètement net, est naturellement propre à tous les emplois et principalement à la construction ; mais l'accord semble cesser quand on en vient à l'exécution. Les uns soutiennent qu'on doit élaguer tous les arbres, soit résineux, soit feuillus ; d'autres opposent au contraire avec beaucoup de fondement qu'on peut parfaitement s'épargner cette peine avec un massif bien tenu et convenablement traité. Les arbres à feuilles aciculaires se débarrassent eux-mêmes de leurs branches aussitôt qu'ils poussent serrés, dominent le massif qui les environne et conduisent leur tête droit aussi haut que possible, et chez les feuillus ce nettoiement s'effectue tout aussi bien dans les mêmes conditions. Cette objection est fondée et nous considérons comme depuis longtemps démontré ce fait que les arbres croissent d'autant plus en hauteur qu'ils sont plus serrés et poussés par les brins environnants. Il est inutile d'appuyer de preuves cet enseignement de la nature. Les arbres qui sont entourés de tous côtés n'ont aucune branche le long du tronc, leur tête cherche à s'élever ; c'est le seul moyen par lequel ils peuvent trouver l'air et la lumière nécessaires, se procurer, en aussi grande quantité que possible, les éléments nourriciers destinés à leur accroissement en grosseur et en élévation.

» En outre, par suite de l'élagage, la sève s'échappe avec force par les blessures latérales, et ne peut plus atteindre les branches de la couronne ; ces branches sèchent et meurent ; ou bien encore l'humidité agit sur la tranche d'abattage, imprègne le bois qui se décompose ; cette décomposition fait des progrès rapides et on la retrouve jusque dans le cœur de l'arbre lorsqu'on se disposerait à l'employer comme bois d'œuvre ou de bois de construction.

» De tout cela, il ressort d'une façon incontestable que l'élagage peut en soi être dans quelques cas une bonne opération, mais que jamais on ne doit le recommander lorsqu'il s'agit de l'éducation d'arbres bons, beaux et droits de fût. — Si maintenant, abstraction faite de l'arbre, on ne considère que les diverses conditions de sa culture, on admettra généralement que l'emploi de ce procédé est inutile dans le traitement ordinaire d'une forêt ; mais que, au contraire, il est souvent avantageux pour les pépinières, les parcs et les arbres plantés en ligne.

» On rencontre cependant des situations, des contrées, quelquefois des forêts entières où cette opération est nécessaire. Le terrain peut être exceptionnellement bon et propre à la croissance des bois, les graines semées artificiellement ou tombées naturellement sur le sol, peuvent par extraordinaire, avoir toutes levé ; le recru bien venant et trop serré serait exposé à dépérir et même à mourir si on ne lui donnait un peu d'air en enlevant quelques branches.

» Veut-on ou doit-on élaguer, on doit prendre bien garde à ne pas couper les branches trop près du tronc et tout autant à ne pas laisser des chicots ayant trop de longueur ; dans l'un et dans l'autre cas on nuirait à l'arbre ; le mieux est de couper la branche juste sur le bourrelet plissé qui se trouve à sa naissance. — La blessure se referme alors plus vite et on a d'autant moins à redouter la pourriture.

» On doit en tout cas toujours se servir d'instruments bien tranchants et bien affilés *afin d'avoir une coupe unie et bien nette.* » (1)

Si nous jetons les yeux sur un arbre, nous reconnaissons que les branches qu'il supporte sont loin de toutes avoir le même degré d'importance. Les unes sont indispensables, ce sont les maîtresses branches formant en quelque sorte l'ossature de la cime.

D'autres, basses, dominées, tombantes, ne se rattachant en rien à l'ensemble général de la couronne, sont indifférentes, soit qu'on les enlève, soit qu'on les laisse. Quelques-unes enfin sont nuisibles, c'est-à-dire que leur enlèvement aura en général pour but de favoriser ou d'améliorer la production ligneuse. Telles sont les branches gourmandes, les branches sèches ou brisées, atteintes de carie et de décomposition.

Les branches nuisibles doivent toujours disparaître ; il est sans importance d'enlever une branche indifférente ou de la laisser subsister, on ne doit toucher qu'avec une entière circonspection aux branches considérées comme utiles.

L'élagage comprend, dans leur ensemble, toutes les opérations que nécessite le traitement d'un arbre, par rapport à sa

(1) Grund sätze der Forst-Oeconomie von W. G. Moser. 1757.

ramification. Dans la pratique, et suivant qu'il s'agira du traitement de telle ou telle catégorie de branches, on comprendra, sous le terme générique d'élagage, trois opérations bien distinctes :

L'ébourgeonnage, le nettoiement, la taille.

Tout arbre, mais le chêne principalement, qui, soit par suite d'une forte éclaircie du massif dans lequel il a été élevé, soit par suite de différents modes spéciaux d'exploitation, passe d'un état relativement serré au grand air et à la lumière, développe sur son tronc, en nombre souvent considérable, des rameaux, branches, brindilles, désignés sous le nom de gourmands et généralement réputés nuisibles.

Cette production tient à des causes diverses ; ou bien, par une taille inconsciente, on a trop appauvri le volume de la cime, trop diminué les fonctions des feuilles, artificiellement détruit l'équilibre existant entre les différents organes, ou bien naturellement le même résultat s'est produit par un manque de développement de la couronne, conséquence d'un massif trop serré.

L'activité du système radiculaire est devenue prédominante ; et cet excès de puissance se traduit, au premier prétexte, à la première occasion, par une véritable éruption sur tous les points de la tige. On sait qu'un arbre élevé au grand air et qui, sans aucune gêne, peut développer une forte couronne, a rarement à redouter de semblables perturbations ; que dans les taillis à longue révolution, au contraire, les réserves à tête maigre et étriquée sont difficilement défendues contre ce mal redoutable ; sous ses atteintes répétées un grand nombre succombe.

Lorsqu'un bourgeon commence son développement, c'est à l'arbre qui lui donne naissance qu'il emprunte les matières premières nécessaires à sa formation ; en retour, cette formation effectuée, il acquittera sa dette par le travail commun et l'apport de nouveaux matériaux. Les gourmands, eux aussi, empruntent à l'arbre, mais ne sauraient rien lui restituer.

Maintenus en dehors du système de production générale, leur force ne se traduit que par la création d'un tissu lâche et peu résistant, apparent sur la surface du tronc sous forme d'excroissances et de nodosités; tandis que, d'autre part, les fluides nutritifs, constamment sollicités par les feuilles émanées de cette multitude de brindilles et de rameaux, modifient leur cours; la cime est insuffisamment alimentée, elle dépérit et meurt. Qui n'a jamais remarqué ces vieux chênes entièrement secs en tête et qui, le long d'un tronc bosselé et déformé, développent un inextricable fouillis de brindilles avides d'achever sa destruction. Pour tout arbre dans ces conditions, si on n'y apporte un prompt remède, la mort est inévitable. Le remède c'est l'ébourgeonnage qui consiste à faire disparaître, aussitôt leur apparition, toutes ces formations nuisibles.

On pratiquera l'ébourgeonnage : dans les futaies, jusqu'à l'époque où le massif étant suffisamment serré empêchera le développement ultérieur de nouvelles productions parasites; dans les taillis, tant que le sous-bois n'aura pas atteint une hauteur suffisante pour entourer la réserve et la soustraire à l'influence directe de l'air et de la lumière, ou bien tant que la couronne n'aura pas acquis assez de volume et de force pour satisfaire à l'activité des racines.

Les parasites tuent la plante en vivant de sa nourriture propre; le sylviculteur doit encore combattre et repousser un ennemi aussi dangereux, aussi opiniâtre; la carie, la pourriture, qui, s'attaquant au cœur même de l'arbre, décomposent la substance ligneuse, minent sourdement et peu à peu détruisent l'œuvre de la nature, ne laissant que boue et poussière là où l'industrie humaine espérait, dans un corps sain et vigoureux, rencontrer la satisfaction de ses légitimes besoins. Sur tout arbre, en massif, un certain nombre de branches, privées d'air, se dessèchent; d'autres ont dû céder sous la

pression des météores, le vent, la neige, le givre. Des délin-
quants, pour leur blâmable industrie, des sylviculteurs, par
une taille mal comprise ou peu raisonnée, ont pratiqué sur l'ensemble de la couronne de nombreuses mutilations ; telle est
la provenance générale de toutes les parties mortes ou dépérissantes, des chicots, houppes, nœuds, etc.

Il est bien rare qu'un nœud ne soit pas déjà atteint, à l'intérieur, d'un commencement de pourriture. Les chicots, les
branches sèches ou blessées, mal défendus par l'activité
vitale, tour à tour attaqués par l'action successive du froid et
de la chaleur, de la sécheresse et de l'humidité, se décomposent partiellement d'abord, puis communiquent, à l'arbre qui
les supporte, le principe désorganisateur sous les atteintes
duquel eux-mêmes ont disparu. (*Fig. 1.*)

Fig. 1.

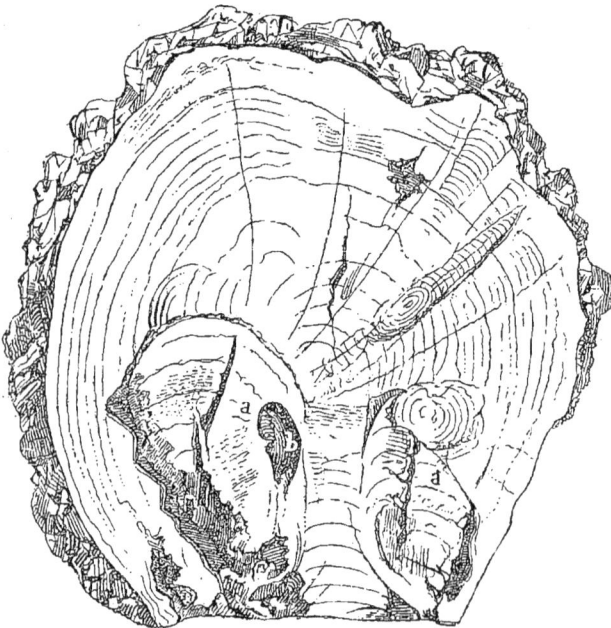

Résultat d'un élagage mal exécuté :
a a Nœuds complètement recouverts et néanmoins dans un état de décomposition avancé.
b Trou de ver.
Moitié de la grandeur naturelle.

C'est par le nettoiement qu'on pourra atténuer ces différentes causes de maladie et de dépréciation.

Périodiquement les nœuds, les anciennes plaies, devront être visités, toute trace de décomposition soigneusement enlevée ; les branches malades, les chicots coupés suivant une section vive, nette et régulière.

Il suffit de jeter les yeux sur une forêt mal soignée et de suivre le débit du bois lors de son exploitation pour se convaincre de l'utilité du nettoiement.

Combien d'arbres aujourd'hui sans emploi, pour le commerce et pour l'industrie, auraient pu être conservés par la mise en pratique de ce procédé si naturel et tout élémentaire.

L'exécution ne présente aucune difficulté. Après chaque exploitation, quelques hommes, choisis parmi les plus habiles et les plus intelligents des ouvriers de bois ordinaires, sous la surveillance du garde de la forêt, suffiront au pansement de tous les arbres de réserve ; au redressement de toutes ces imperfections.

L'ébourgeonnage et le nettoiement font partie de tout traitement bien entendu d'une forêt ; ils ont pour mission de remédier à des défauts de croissance dont l'homme, le plus souvent, a été la cause directe ; ils ne portent que sur des organes inutiles ou nuisibles, et, convenablement exécutés, ils ne sauraient causer à l'arbre aucun dommage.

La taille n'offre pas toujours le même degré de certitude.

Tailler un arbre c'est lui enlever, en partie au moins, les branches de la couronne soit pour agir sur l'arbre lui-même, modifier sa forme, varier les conditions de sa croissance ; soit pour régler ses rapports avec d'autres essences, ménager un sous-bois et lui donner l'air et la lumière qui lui sont nécessaires. La taille ne concerne que les branches vives et utiles, les avantages qu'on se propose d'en retirer ne sont pas immédiats, directs, ils se trouvent seulement dans la relation qui existera entre le préjudice causé à l'arbre par la privation d'un organe nécessaire et le bien qui pourra s'ensuivre, soit pour la plante elle-même, soit pour le peuplement environnant.

C'est une opération difficile exigeant du savoir, du soin et du discernement.

En règle générale, il vaut mieux ne pas tailler un arbre ; la taille est une opération contre nature. « La nature, écrivait en 1787 Burgsdorf, ne s'est servie d'aucun couteau pour amener à l'état parfait ces chênes beaux et élancés que nous avons exploités d'une façon si abusive et dont maintenant nous ne pouvons considérer que les restes. » Mais, dans la culture forestière, il arrive bien souvent qu'il devient nécessaire de s'écarter des lois immuables qui règlent la production et dès lors il faut recourir à la taille.

C'est dans le traitement des jeunes arbres que nous trouverons sa première application.

Chaque plante sur un terrain et dans un milieu favorables suffit elle-même à sa reproduction, fait sa croissance et meurt sur les lieux-mêmes où, pour la première fois, elle est apparue à la lumière. Les jeunes brins de semence, en massif convenablement serré sous le couvert des essences protectrices, se soutiennent mutuellement, poussent sains et vigoureux et arrivent à l'état parfait. Beaucoup il est vrai auront disparu dans la lutte. La nature en toutes choses ne se soucie que de son œuvre, la propagation de l'espèce et l'élimination des faibles ; mais le peuplement demeurera complet et les lois de la reproduction seront assurées.

Ces lois, le sylviculteur doit parfois les tenir pour insuffisantes.

Qu'il s'agisse de reboiser à un moment donné des terrains dénudés, de combler les vides produits par de mauvaises exploitations, d'introduire, dans la région, de nouvelles essences ; il y supplée par la plantation. Les jeunes plants sont le plus souvent élevés en pépinière. Une pépinière pour remplir le but économique qui lui est assigné, doit, sur un espace donné, fournir la plus grande quantité possible de sujets ; les présenter tous utilisables, c'est-à-dire forts et bien venants. Son entretien exige des soins continuels et assidus. Les plantes soumises à l'élevage artificiel sont exposées à de nombreuses maladies. Durant ses premières années, le jeune brin, peu résistant, à la tige encore imparfaitement lignifiée, facilement impressionnable par tous les agents extérieurs, terminera péniblement sa formation complète et régulière ; il se bifurque, s'écrase, se développe en branches largement étalées ; et demeurerait tout au moins surmonté, sinon étouffé, par le massif environnant si, le couteau à la main, le forestier, par une taille suivie et raisonnée, ne le remettait dans la voie et, lui rendant sa forme normale, ne l'aidait à franchir victorieusement cette première étape de la vie.

C'est une des phases les plus importantes de la culture ; au début d'une pépinière on ameublit le sol, on prépare le terrain ; ce premier travail achevé, la taille doit avant tout appeler l'attention.

L'élagage dans les pépinières exige du jugement et de la circonspection, les hommes auxquels on confie le soin de cette opération doivent être bien exercés. La taille est toujours proportionnée aux besoins de la plante ; on ne doit jamais tailler pour le plaisir de tailler. Par une mauvaise conduite de l'élagage, on nuit à la plante bien plus qu'on lui sert.

Pour l'exécution de l'opération, on s'arrêtera aux principes suivants :

On peut couper les branches soit d'une façon définitive, soit simplement les raccourcir avec l'intention d'y revenir de nouveau. Dans le premier cas, il est préférable de couper rez tronc sans laisser de chicots ; dans le second, on arrête la coupe près d'un bourgeon ou d'un œil dormant. On doit se laisser, autant que possible, diriger par la forme que doit avoir la plante et lui donner insensiblement un port pyramidal.

Si la couronne a plusieurs branches, on les coupe rez tronc ou on les raccourcit suivant que la pousse principale, plus ou moins grêle ou élancée, a, ou non, besoin de soutien. On supprime les fourches et on ne conserve autant que possible qu'une seule pousse parfaitement droite ; latéralement enfin, on raccourcit les branches qui ont pris trop d'extension toutes les fois qu'on peut en opérer la section au-dessus d'un bourgeon vigoureux. (*Fig.* 2.)

Dans les pépinières, dont la taille a été négligée, il n'est pas rare de rencontrer des arbres à tête fortement étalée. On relève alors les branches formant la couronne en les maintenant avec une hart jusqu'à ce qu'elles aient pris une direction verticale ; on défait la ligature, on choisit la tige la plus droite et la plus forte, puis on supprime les autres. — Si cependant on trouvait une branche vigoureuse et d'une belle venue, on pourrait supprimer immédiatement la totalité de la cime et relever cette branche en la maintenant par un lien.

b c d Suppression de branches formant fourche.
e Enlèvement d'une branche déterminant une courbure de la tige principale.
f Branche à conserver pour favoriser le redressement de la tige.
g Branche latérale de trop forte dimension.
h i j k Section diverses effectuées dans le but de donner à l'arbre une forme pyramidale.

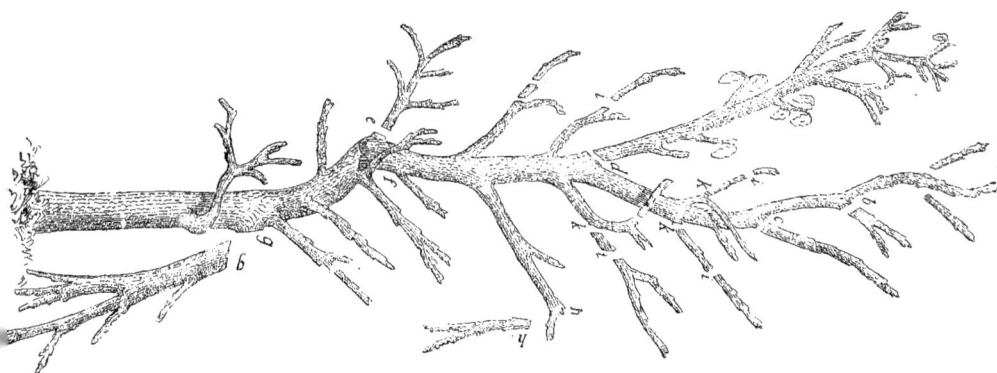

Fig. 2.

Les jeunes sujets suffisamment robustes et bien venants sont prêts à être mis définitivement en place. Ils peuvent supporter l'épreuve laborieuse de la plantation. De nouvelles difficultés se présentent plus nombreuses et plus redoutables encore.

D'un massif serré, composé de brins de même âge, le jeune arbre soudain se trouve transporté au grand air sans abri ou sous le couvert, quelquefois funeste, d'essences dominantes. Au sol meuble et profond de la pépinière succède un terrain compacte, souvent aride ou bien insuffisamment préparé. Il a perdu, par l'arrachage et la replantation, une notable partie de ses racines. Il faut remédier à cet ensemble de conditions défavorables purement accidentelles ou issues du fait même de l'homme. Une concordance parfaite doit toujours exister entre les organes nutritifs. L'arbre a-t-il à souffrir du couvert des essences voisines? est-il planté sur un sol stérile? l'exposition, le climat, lui sont-ils contraires? les racines diminuées de volume, ou atteinte dans leur activité, ne peuvent-elles plus apporter qu'une nourriture insuffisante? C'est par la taille, c'est-à-dire en modifiant dans une même mesure les fonctions des feuilles et celles des racines, en restituant à la plante son équilibre normal, qu'on l'amènera à croître au milieu de conditions éminemment défavorables. (*Fig.* 3, 4, 5.)

J. Hartig décrit, ainsi qu'il suit, les règles de cette opération : (1)

« Après avoir arraché les plants avec soin, on doit tailler leurs branches et leurs racines. Sans cette précaution, les racines, raccourcies, par suite de l'arrachage, ne pourraient plus fournir aux branches la nourriture suffisante ; la petite quantité de sève produite se trouverait par trop divisée entre les trop nombreux rameaux laissés lors de la plantation, et

1) Lehrbuch für Forster. — 3 Auff. 1811.

les vaisseaux séveux seraient à peine à moitié remplis; il s'en suivrait un arrêt dans la circulation de la sève et un dépérissement successif de la plante.

Fig. 3.

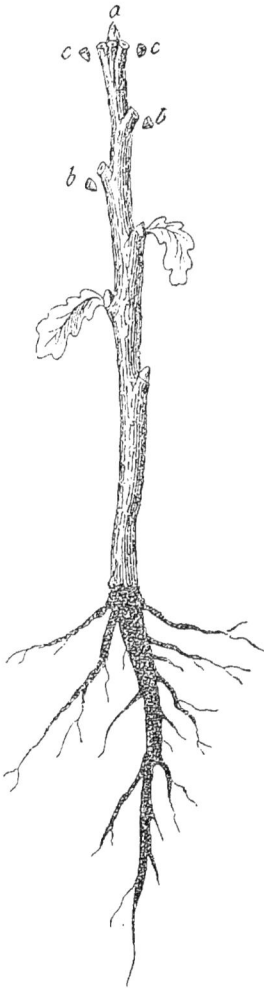

a b b c c Suppression des bourgeons latéraux.

Fig. 4.

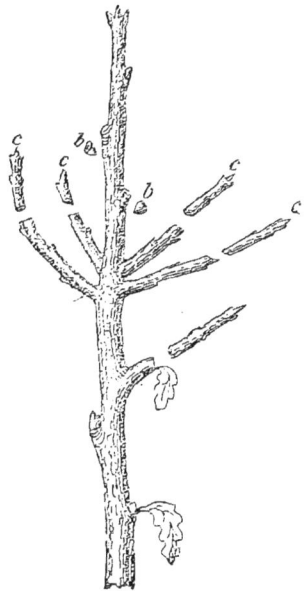

b b c c Pousses latérales et bourgeons supprimés.

Fig. 5.

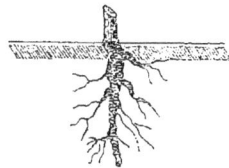

Raccourcissement total de la tige.

» D'autre part, la pourriture s'emparerait des parties coupées ou écrasées par la bêche, tout au moins elles ne pousseraient pas aussi vigoureusement et ne produiraient pas aussi facilement de nouveaux organes, que si, auparavant, elles avaient été taillées avec un instrument bien tranchant. Il faut donc débarrasser le système radiculaire de toutes les parties écrasées, et supprimer à chaque plant, des branches, sensiblement dans la proportion supposée convenable pour que la racine soit en état de donner au moins à la tige la nourriture nécessaire.

» Les jeunes plants, qui ont un grand nombre de bonnes racines, peuvent conserver plus de branches que ceux qui n'ont des racines qu'en petite quantité.

» Par la même raison, les brins qui doivent être transplantés sur un sol maigre doivent être plus strictement dégarnis de leurs branches que ceux qui sont plantés sur un bon terrain. La taille, chez tous les arbres, est utile et indispensable lorsque, par l'arrachage, ils ont été privés d'une partie de leurs racines. Un jeune arbre peut-il être planté avec toutes ses racines, il n'est pas nécessaire de lui couper des branches ; à moins toutefois qu'il ait eu à souffrir de la plantation ou bien qu'il ne puisse trouver une nourriture suffisante dans le sol sur lequel il a été planté. »

Bien qu'acclimaté, en quelque sorte, le jeune arbre, transporté en forêt, ne saurait généralement encore être sévré de tous soins. Il n'a pas au même degré, comme dans un massif régulier, le soutien protecteur des tiges du même âge. L'influence souvent pernicieuse des éléments, le contact de l'homme ou des animaux, le peuplement environnant lui-même dans lequel il se trouve artificiellement introduit, sont une cause permanente de lésion et de maladies, et le point de départ de toutes les mauvaises formations si faciles à contracter dès le jeune âge. C'est par des soins continuels et assidus, et dans lesquels la taille aura une grande part, qu'il sera seulement possible de lui faire surmonter ces difficultés inhérentes à la nature même des choses. (*Fig.* 6, 7, 8.)

Fig. 6.   Fig. 7.   Fig. 8.

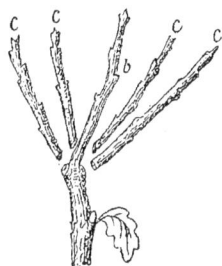

c c Enlèvement des branches de la cime trop fortes
et trop nombreuses et ré-
serve d'une flèche unique.

Suppression des branches formant fourche ou ayant pris
un accroissement trop considérable.

« Le service que rend un forestier, par le soin et la conservation des sujets existants, n'est pas moindre que le service
qu'il peut rendre dans la direction de cultures arrivées à
réussite ou dans des opérations de repeuplement. Lorsqu'un
garde ou un chef de brigade, revenant de sa tournée de service ordinaire, trouvant sur son chemin un jeune chêne, ou
même un simple brin de semence, détourne avec la main les
branches qui le gênaient et assure ainsi sa croissance et sa
belle venue ; ou bien lorsque par un élagage avec son couteau
de poche, ou simplement avec son couteau de chasse, il
facilite l'accroissement en hauteur et le développement d'un
jeune chêne, il participe à une œuvre tout au moins aussi
productive que pourrait être son travail sur un semis ou dans
une plantation. La culture avec un simple couteau, un couteau
de chasse ou une hache, est dans ce cas tout aussi profitable
que la culture avec la bêche et la houe, c'est la suite et le
complément nécessaires de ces dernières. » (1)

Dans toutes les forêts enfin on rencontre des arbres faits,
victimes d'une mauvaise exploitation, ou bien qui, ayant eu

(1) Anleitung zum Schneideln. — Berlin, 16 avril 1865.

à souffrir d'un couvert trop prolongé, des ravages des insectes, de la dent des bestiaux, de l'action des météores, ont la tige tordue, irrégulière, défectueuse, et semblent destinés à dépérir lentement sous le couvert du massif environnant. C'est à la taille encore que presque toujours on devra recourir comme remède à administrer.

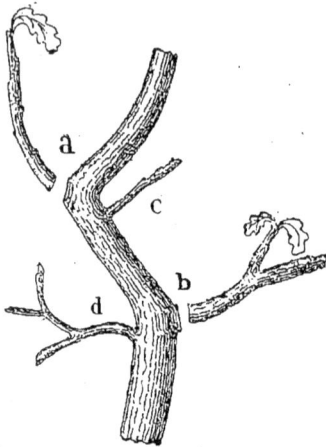

Fig. 9.

Redressement d'une tige.
a b Branches à supprimer comme entraînant la courbure.
c d Rameaux destinés à faciliter le redressement.

On restaurera une flèche brisée ou disparue par l'isolement d'une branche et une disposition convenable des rameaux latéraux ; on redressera une tige contournée, difforme, en supprimant les branches, sur la partie convexe de la courbure, et respectant au contraire les rameaux qui existent dans la partie concave. (*Fig.* 9.)

On peut aussi ébrancher, si on le juge convenable, tous les arbres destinés à tomber dans une exploitation postérieure et prochaine ; — les perches dominantes et formant massif, mais qui, en raison de la mauvaise disposition de leur tige ou de leur ramure, ne peuvent en aucun cas donner du bois de travail, mais seulement du chauffage ; — les brins existant au milieu de vides dont ils entraveraient la culture au bout d'un certain temps, pourvu toutefois que cette opération ne puisse leur enlever de la valeur en viciant la qualité du bois ou en provoquant de mauvaises formations ;—les massifs qui, en raison du peu d'étendue de la révolution, sont destinés à donner seulement du bois de feu ; — les arbres isolés, les arbres de parcs et d'allées.

Il ne faudrait pas cependant conclure de ces exceptions

qu'on doive indistinctement soumettre à la taille tous les arbres d'une forêt, les ramener tous à une même forme définie à l'avance.

L'élagage, en terme vulgaire, est ce qu'on appellerait une arme à deux tranchants, riche en résultat sous une direction savante et bien entendue, il devient tout au moins aussi fécond en déceptions lorsque, croyant aider ou rectifier la nature, la pression de l'homme se fait trop lourdement sentir.

L'élagage n'est pas un procédé cultural, c'est un remède.

Tout remède, aussi bien chez les plantes que chez les êtres animés, ne doit rationnellement être employé que pour une affection morbide, et doit être proportionné au mal. Il ne peut servir de préservatif, raffermir une constitution, développer la croissance ; une suite regrettable d'infirmités l'accompagne toujours, ses conséquences mêmes sont souvent fâcheuses. Dans la vie animale, on ampute un membre lorsque, par une fracture ou tout autre accident, sa conservation ne peut entraîner que la douleur ou la mort ; jamais on a songé à conseiller cette opération pour rejeter, sur les autres parties de l'organisme, le contingent de force et d'activité dont ce membre pouvait disposer.

Le principal objet de toute culture forestière est la production des bois, tels qu'ils sont réclamés par les besoins du commerce et les exigences de la consommation. Ce double but ne pourra être atteint qu'autant qu'un rapport constant et soutenu, pendant la durée de la plante, existera entre les diverses fonctions de la nutrition. L'arbre de même que l'animal a besoin, pour satisfaire aux conditions d'utilité qui lui sont imposées par la nature, du concours de tous les organes nécessaires à son développement ; l'équilibre rompu, par la suppression d'une partie d'entre eux, affectera nécessairement l'ensemble du végétal et ne pourra être que difficilement rétabli.

La souche souterraine, les racines et leurs organes acces-

soires, ont leurs fonctions propres et spéciales ; le but de leur
action est la vie de la plante ; avec un but identique, les branches, les rameaux, les feuilles, ont des aptitudes différentes,
en raison du milieu dans lequel ils sont placés. Privé de ses
feuilles, l'arbre perdra de sa vigueur, et une partie de ses
racines, n'ayant plus que des fonctions insuffisantes, disparaîtront graduellement ; tout aussi bien que de la disparition
d'une fraction notable des organes souterrains, s'en suivra le
dépérissement et l'amoindrissement de toute partie de la cime
placée dans des conditions de croissance difficiles, ou devenue
désormais inutile aux besoins de la végétation. Élague-t-on
vigoureusement un arbre, les racines puisant dans le sol la
nourriture la moins riche, la moins abondante, ne tarderont
pas à disparaître jusqu'à concurrence des besoins de la plante ;
retranche-t-on des racines, on verra bientôt sécher les branches les plus faibles ou celles dont un accident quelconque, le
couvert des brins environnants par exemple, diminuera l'utilité. Phénomène que, sous une autre forme, nous pouvons
présenter ainsi : lorsque les matières fournies par le sol à la
plante ne trouvent plus d'emploi, elles ne sont plus absorbées ;
lorsque le traitement est défavorable, la plante ne croît pas
plus que dans le cas où, les conditions physiques étant propices, le sol manque des éléments dont elles déterminent
l'efficacité.

Dans quelques contrées pastorales, sur le plateau central,
certaines catégories d'arbres, les chênes, les frênes notamment, voient, chaque année, leurs feuilles en totalité enlevées
pour la nourriture du bétail. *On plume* les arbres, selon l'expression pittoresque du paysan, et leur accroissement reste
dès lors à peu près stationnaire. La section de la tige laisse à
peine percevoir la trace de ses accroissements annuels ; et
nous avons pu constater, sur des massifs entiers successivement soumis, à des époques éloignées, aux deux modes de

traitement, la reprise immédiate d'une végétation vigoureuse aussitôt ce *plumage* supprimé.

Certains insectes font des feuilles des arbres leur nourriture principale. Par masses serrées, ils s'étendent sur toute une région ; en terme forestier, c'est une invasion. Ces invasions, il n'est pas de sylviculteur qui ne les redoute, car il sait le préjudice qu'elles causeront à la forêt en quelques instants privée de ses feuilles.

L'accroissement ligneux, correspondant à cette période, est entièrement suspendu ; le massif reste, durant de longues années, chétif, languissant, sous le coup d'un épuisement prématuré. Les arbres qui relèvent d'une attaque de chenilles restent faibles durant un grand nombres d'années, et ne portent que fort peu de graines, suivant les observations de Ratzeburg. Le dommage est bien plus sensible encore chez les résineux, qui tirent de l'air la majeure partie de leur nourriture, et chez lesquels la perte des organes foliacés entraîne, presqu'inévitablement, le dépérissement et la mort.

Les souches d'un taillis qui, par suite d'exploitations avant terme, voient l'équilibre existant entre les différents organes périodiquement détruit, n'ont qu'une vie limitée. Certaines espèces, le hêtre principalement, au feuillage si abondant, refusent de se plier à ce mode de culture ; nos ancêtres, plus judicieux, avaient spécialisé pour cette essence la méthode du furetage.

Les jeunes brins, en massif serré, n'ont plus à une certaine période qu'un accroissement restreint. Après une éclaircie, une coupe de taillis, les réserves, dégagées du fourré qui les environnait, reprennent un nouvel essor. Rien, par le fait, n'a été changé dans la disposition des racines ; mais la cime a trouvé subitement tous ses organes en contact avec le fluide vivifiant de l'atmosphère, et l'arbre s'est assimilé une plus forte proportion de nourriture. Ne serait-ce pas dès lors une anomalie de retrancher, à cette même époque, une partie de ces organes dont la nature a si judicieusement réglementé l'emploi.

Si nous examinons chaque arbre, comme un individu isolé, nous retrouverons la même influence. Une des faces a-t-elle une croissance anormale ? le tronc est-il méplat ? c'est que, dans le sens du plus grand diamètre, la tige est plus développée, le feuillage plus abondant.

Les arbres, poussant sur le versant d'une montagne, développent, du côté libre, plus de branches, et, par suite, leurs couches concentriques annuelles sont plus larges de ce côté.

Sur le bord de nos routes, les arbres, périodiquement ébranchés pour les besoins de la circulation, portent toute l'énergie de leur développement sur la face opposée.

Sans nous étendre enfin et nous appesantir outre mesure sur ces faits particuliers, ne voit-on pas, tout d'abord, dans l'économie générale de la nature, les arbres destinés à vivre sous le couvert présenter une foliation toute autre que celle des essences à lumière : le sapin, le hêtre, l'épicéa, grâce à une cime développée et riche de feuillage, croître volontiers dans des conditions que ne sauraient accepter l'orme, le bouleau, le mélèze, au feuillage clair-semé ; les espèces des climats humides et tempérés de nos plaines, différentes de celles appropriées à l'atmosphère souvent sèche et peu vivifiante des montagnes ?

De l'ensemble de ces faits, on doit nécessairement conclure que les feuilles jouent, dans la végétation, un rôle considérable, et que l'accroissement d'une plante est, en quelque sorte, en rapport direct avec le nombre de ces organes et leur surface d'absorption.

C'est une loi que, précédemment déjà, avait formulée de Liebig et qui, de nos jours, se trouve de nouveau confirmée par les expériences de Pressler sur diverses catégories d'arbres, ayant ou non subi l'élagage, expériences dont le détail se résume comme il suit : (1)

« L'accroissement d'un arbre dépend en partie du nombre, en partie de la force vitale et de l'activité de ses organes nutritifs, inférieurs ou supérieurs ; en d'autres termes, des fonctions de ses feuilles et de ses racines.

» D'où le principe suivant : la force d'action des racines est proportionnelle à la force d'action des feuilles ; ces deux forces se tiennent toujours par rapport l'une à l'autre dans un équilibre constant, cet équilibre tend toujours à se rétablir lors qu'accidentellement il a subi quelques perturbations.

» La partie supérieure et extérieure de la couronne d'un arbre, est pour la production, beaucoup plus efficace que les parties inférieures ou intérieures, composées d'organes déjà vieux et ombragés. Si on divise en hauteur la couronne de l'arbre par trois zones, également riches en feuilles, chaque tiers supérieur sera le point de départ d'une production ligneuse double de celle de la zone immédiatement inférieure.

» Sur n'importe quel point du fût, l'activité de croissance est proportionnelle à l'action des feuilles qui se trouvent au-dessus ; par conséquent, pour tous les points de la tige, sensiblement la même à partir de la patte. Chez deux arbres différents et pour une même longueur de tige, l'accroissement en grosseur est proportionnel à la puissance d'activité des appareils foliacés. »

Il est reconnu d'autre part, que, « pour le chêne principalement, le bois est d'autant plus ferme, plus résistant, plus élastique, plus nerveux, que le tissu fibreux est plus abondant dans les couches annuelles ; que le grain d'un bois composé

(1) Presslers forstliches Hülfsbuch für Schule und Praxis, 1869.

de couches annuelles minces manque des conditions requises pour faire un bon bois de service. » (Lorentz et Parade, *Culture des Bois.*)

L'influence de la taille serait précisément d'affaiblir de si précieuses qualités.

Le savant directeur de l'école forestière de Zurich, M. le professeur Landolt, auquel nous sommes heureux de témoigner ici notre affectueuse reconnaissance, apprécie en ces termes les résultats de l'élagage sur la formation du bois : (1)

« Abstraction faite de toutes les théories et des observations diverses sur les fonctions attribuées aux feuilles en ce qui concerne la nourriture des essences ligneuses dans nos forêts, toute personne qui connaît le bois sait que les jeunes massifs, particulièrement les massifs de sapin rouge (épicéa), ne commencent à croître vigoureusement en hauteur que lorsqu'ils couvrent le sol avec leurs branches ; et que les arbres de cette essence, qui ont un espace suffisant pour étendre librement de fortes branches, ont une croissance en hauteur beaucoup plus considérable, et, pour ce motif, forment beaucoup plus de matière que ceux dont la croissance a été gênée dans un espace trop limité et qui n'ont pu étendre qu'insuffisamment leurs rameaux. Il n'est pas rare de voir des modernes dans des taillis composés, les arbres de futaie qui ont poussé libres de toute gêne, toutes les tiges sur la lisière des massifs, etc., atteindre, à âge égal et presque sous les mêmes conditions de croissance, à cette exception près, un volume double de celui auquel sont arrivés des arbres qui ont crû à l'état serré. D'où cette conclusion nécessaire que la croissance d'un arbre dépend de l'extension plus ou moins considérable de sa couronne, ou, ce qui a exactement la même signification, de sa plus ou moins grande abondance de feuillage ; et que, par

(1) Der Wald, seine Verjüngung, Pflege und Benutzung. — Zürich, 1872.

l'élagage qui supprime une partie des branches et des feuilles,
la croissance de ces arbres doit être nécessairement amoindrie.
— On arrive exactement aux mêmes conclusions lorsque l'on
compare un arbre vigoureusement élagué avec un autre arbre
qui n'a pas été soumis à cette opération.

» Un arbre fortement élagué croît encore, il est vrai, dans
l'année qui suit l'élagage avec une certaine vigueur, parce que,
pour la formation d'une nouvelle couche ligneuse, il met en
usage les matériaux de réserve amassés durant l'année précédente. Au contraire, vers la seconde année, il commence à
jaunir, son cercle d'accroissement annuel est très-mince et il
souffre visiblement. Cet état durera aussi longtemps que la
couronne ne sera pas plus abondante et mieux fournie. —
Élague-t-on fortement des arbres à feuilles aciculaires, particulièrement le sapin rouge, ils meurent en totalité. Dans
le cas où ils ne seraient pas trop fort élagués pour que la
mort s'en suive, l'opération aura à tout le moins pour résultat de provoquer un amoindrissement de croissance considérable.

» L'écoulement de sève qui se produit, ensuite de l'opération, est également très-préjudiciable, surtout pour le sapin
rouge.

» L'examen de tous ces faits, qui se déroulent ouvertement
devant nos yeux, conduit à cette conclusion : que l'élagage
n'est pas un procédé de culture propre à augmenter, dans nos
forêts, l'accroissement du matériel ligneux, et qu'on ne doit
pas le considérer comme nécessaire en principe. »

Telles sont, au point de vue physiologique, les conséquences de l'enlèvement des branches saines et vives sur un
arbre ; il nous reste à rechercher quelles sont les influences
physiques.

Chez les espèces le plus ordinairement cultivées dans nos

contrées, l'accroissement s'effectue par superposition successive des couches ligneuses.

Ces couches, sur une section verticale, sont pour une même essence d'autant plus développées que le nombre des organes nourriciers est plus considérable, leur surface absorbante plus étendue, leur activité mieux soutenue, leurs fonctions mieux pondérées ; elles constituent l'accroissement de l'arbre en grosseur.

Si par l'enlèvement d'une branche, ou par une blessure quelconque, on met à nu la fibre ligneuse, le tissu dénudé devient inactif, durcit et prend en quelque sorte une apparence cornée. Sur une certaine profondeur le bois se dessèche ; en se desséchant il se ressère, se contracte, occupe un moindre volume.

Des fentes prennent naissance et se prolongent dans l'intérieur de l'arbre, souvent sur une notable profondeur. Parallèlement, le tissu ligneux desséché, par défaut de circulation des sucs nutritifs, s'imprègne superficiellement de l'humidité de l'air avec lequel il est en contact direct et continu, et éprouve de profondes modifications. C'est en effet sous l'influence de l'oxigène de l'air, de la chaleur et de l'humidité, que la décomposition prend naissance : les sucs végétaux aqueux ne peuvent être mis en contact avec l'air sans éprouver une altération progressive, sous le rapport de leur couleur et de leurs propriétés. Cette altération n'a pas lieu sans la présence de l'eau ni à la température de zéro ; un certain degré de chaleur, variant suivant la nature des corps, est nécessaire pour qu'elle s'établisse ; dans l'air sec ou dans l'eau, le ligneux se conserve pendant des siècles entiers sans s'altérer sensiblement ; mais lorsqu'il est humide, on ne saurait le porter au contact de l'air sans qu'il se détériore immédiatement. La décomposition est de beaucoup accélérée par une température élevée et l'accès libre de l'air.

Cette décomposition des tissus gagne l'intérieur de l'arbre et exerce d'énormes ravages; c'est en isolant la partie blessée, en empêchant son contact avec les agents extérieurs, qu'on empêchera le mal, qu'on arrêtera au moins sa marche progressive. Aucun moyen humain, quelle que soit sa perfection, ne peut égaler l'acte si simple de la nature. Tout autour de la partie dénudée et rendue inerte, sur les bords de la plaie, l'écorce se replie en un bourrelet saillant, s'avance par accroissements successifs, vient se souder au centre. Cette soudure effectuée, le recouvrement est complet; de nouveaux matériaux nutritifs circulent sous le couvert de l'écorce, de nouvelles couches ligneuses entrent en formation, l'accroissement reprend sa marche normale. (*Fig.* 10 à 13.)

Marche du recouvrement d'après de Courval. (Extrait du *Traité de Taille et Conduite des Arbres forestiers*).

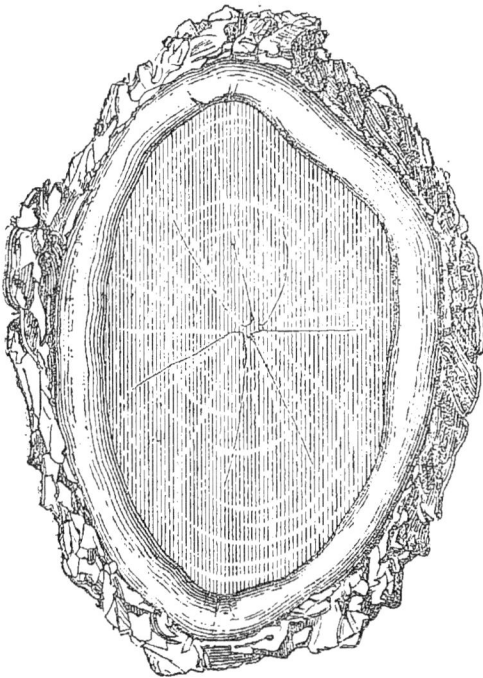

Fig. 10. 1ʳᵉ année.

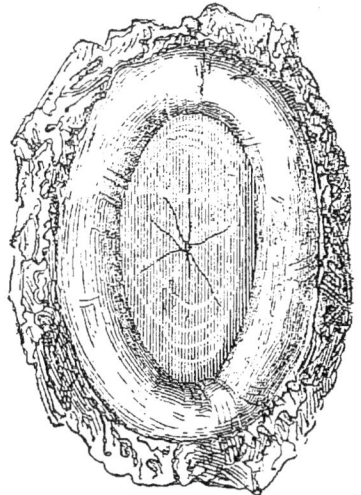

Fig. 11. 2ᵉ année.

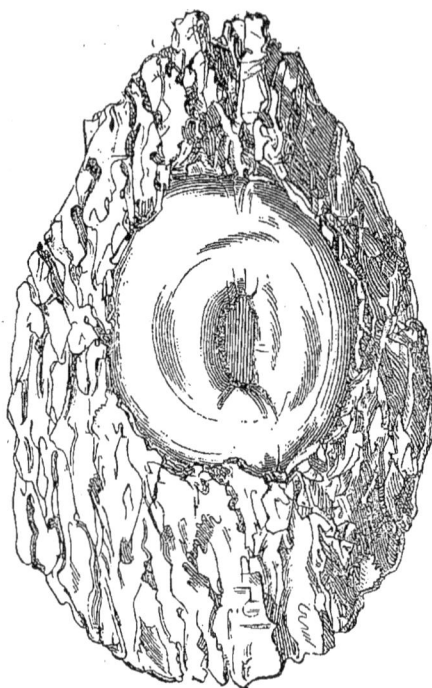 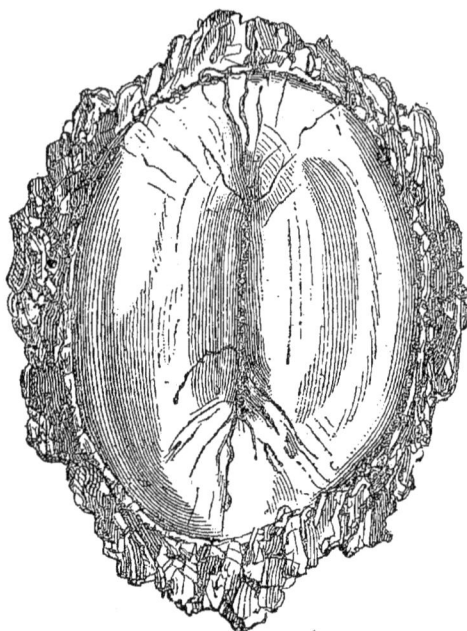

Fig. 12. 4ᵉ année.   Fig. 13. 6ᵉ année.

Il ne faudrait pas croire cependant que, par le recouvrement, l'arbre est nécessairement à l'abri de tout dommage.

Lorsqu'on enlève à un arbre une ou plusieurs de ses branches, on produit par cette seule opération, une blessure dont la guérison nécessitera un travail supplémentaire, un nouvel apport de matériaux ; et il est *à priori* évident que les forces employées à cette guérison seraient bien plus profitablement utilisées pour la production de fruits ou la formation des tissus ligneux. Entre la tranche de recouvrement et le vieux bois de l'arbre, il reste toujours une solution de continuité, une crevasse, souvent d'une épaisseur notable ; on la retrouve à l'abattage ; et souvent, lors du débit, c'est pour les bois destinés à la fente la cause d'une grave dépréciation. Ces crevasses sont en outre une menace permanente au point de vue de la conservation du bois ; les épanchements de sève y sont fréquents, il s'y maintient une humidité qui amène la décom-

Fig. 14.

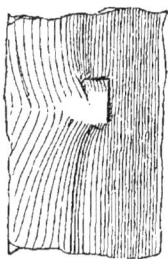

Coupe verticale d'un arbre élagué rez tronc.

position de la fibre ligneuse. (*Fig.* 14.)

A l'extérieur, la ligne de soudure des bords opposés demeure en général apparente sur l'écorce sous forme d'un bourrelet, d'un plissement toujours exposé à se gerçu- rer et à se fendre ; c'est un abri pour les insectes, un réservoir permanent des eaux pluviales. (*Fig.* 13.)

Le recouvrement enfin ne se fait pas toujours complète- ment ou sans difficulté.

Les bourrelets latéraux s'avancent vers leur point de jonc- tion central suivant une marche régulière qui se maintient toujours dans un rapport constant avec les couches annuelles de la formation ligneuse. Une plaie, toutes circonstances éga- les d'ailleurs, demandera pour se fermer un temps d'autant plus considérable qu'elle aura été plus largement ouverte, que les cercles d'accroissement seront moins développés, c'est-à-dire que l'arbre sera moins vigoureux, sa croissance plus lente et plus pénible ; et, le plus souvent, avant l'achève- ment d'un recouvrement tardif, le bois aura été atteint de décomposition. Le chêne principalement, ce géant du monde des plantes, qui demande des siècles pour arriver à l'état par- fait, bien souvent, par un traitement mal approprié, ne peut rendre sous la hache du bûcheron, désireux d'en dégager un capital considérable dès longtemps accumulé, au lieu d'un bois de travail de première utilité qu'un chauffage déjà décomposé.

On doit être toujours très-réservé lorsqu'il s'agit de l'enlève- ment d'une branche ou de tout autre organe de la nutrition ; on doit toujours rechercher avec soin le bien qui doit en résulter, le mal qu'on peut causer. C'est pour le forestier un sujet d'études et d'observations continuelles.

Nul peut-être, autant que la société forestière et agricole de Silésie, n'a ressenti l'importance et la gravité de cette question et n'a eu plus à cœur d'en hâter la solution. Pendant de longues années et dans de nombreuses séances, les conséquences de l'élagage, au point de vue de la production de bois d'œuvre sain et de bonne qualité, ont été examinées, discutées par nombre de praticiens distingués ; tandis que de magnifiques et très-complètes collections, représentant soit au naturel, par des sections de troncs entiers, soit à l'aide de la gravure et de la photographie, les divers vices, blessures, déformations, provenant soit de cause naturelle, soit de l'action directe de l'homme, venaient éclairer les esprits et rectifier les jugements. Aussi est-ce mûrement et avec une parfaite connaissance de son sujet, que la savante Assemblée a formulé les considérations suivantes que nous résumons brièvement : (1)

« Toute lésion qui traverse l'écorce et pénètre jusqu'au bois laisse, pendant toute la vie de la plante, une trace apparente, et est, d'une façon incontestable, la porte d'entrée de la maladie dans le corps même de l'arbre. Comme suite immédiate de toute blessure, qui a traversé l'écorce, la force vitale cesse d'être efficace dans la partie extérieure du bois, directement exposée à l'air. Sur la tranche de section d'une branche, le bois se dessèche, suivant les fibres ligneuses et se dessèche plus ou moins profondément dans l'intérieur de la tige, suivant que la blessure demande, pour se fermer, un temps plus ou moins long.

» Par le dessèchement, qui est toujours inséparable d'une certaine contraction de la matière ligneuse, se forment presque sans exception des fentes aussitôt que la partie desséchée, mesurée perpendiculairement à la naissance des fibres, atteint un diamètre de plus de 15 millimètres.

(1) Jahrbuch des Schlesischen Forstverein.

» Par suite de l'enlèvement d'une branche de 5 centimètres de circonférence, il s'ouvre, en règle générale, une fente qui part du coin supérieur de la branche et qui descend dans le corps de l'arbre, en suivant la direction des fibres. Les fentes de cette nature, sur une blessure d'élagage de 3 jusqu'à 5 centimètres de diamètre, ont souvent une longueur de 10, 20 centimètres et plus, et une ouverture dépassant 4 millimètres de largeur. Il est vraisemblable qu'une fente d'une ouverture aussi disproportionnée ne provient pas seulement du dessèchement de la partie des bois attaqués, mais qu'elle est la plupart du temps engendrée par l'action du froid sur cette partie de la tige entièrement dénudée. Il apparaît en outre fréquemment d'autres crevasses qui partent de la tranche de section sur des points indéterminés, mais elles sont toujours de plus faibles dimensions que celles provenant des lèvres de la plaie. Elles donnent accès à l'humidité si funeste par ses suites ultérieures. (*Fig.* 15.)

Fig. 15.

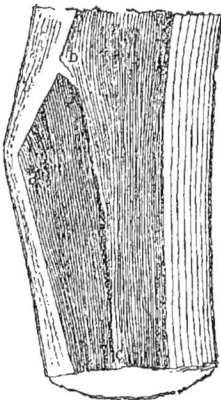

Coupe longitudinale montrant les conséquences possibles de l'élagage d'une branche sur un jeune arbre.

Chêne âgé de 17 ans ayant 16 centimètres de diamètre. — La branche enlevée mesurait à sa base 5 centimètres de diamètre de *a* à *b*.

De l'angle supérieur de la tranche d'abattage part une fente *b c* pénétrant sur une profondeur de 30 centimètres entre le corps de l'arbre et les attaches de la branche et présentant déjà un commencement de décomposition bien que le recouvrement ait été effectué depuis quatre ans. — D'autres fentes apparaissent sur la tranche de section.

» Le ligneux dénudé, par suite de la plus ou moins longue durée de l'ouverture de la blessure, commence à se décomposer sous l'influence des forces chimiques ; sous l'action de l'humidité, de la chaleur, aussi bien que des autres circonstances si diverses, il se produit une certaine fermentation qui attaque les fibres du bois ; il en résulte une cessation générale du fonctionnement, puis la carie et la décomposition.

» Par l'élagage et surtout parce qu'on appelle la taille à chicot, la décomposition commence d'abord, sous forme d'anneau, à la naissance de la branche, pénètre dans le tronc et, au bout de quelque temps, jusqu'au cœur de l'arbre.

» Aussitôt qu'une blessure a été faite à un arbre, la nature pourvoit à former de nouvelles couches de bois sur cette partie dénudée ; c'est ce qu'on appelle le recouvrement.

» Cette opération est toujours en liaison intime avec la formation des cercles d'accroissement annuel et continue son action jusqu'à ce que la blessure soit entièrement fermée.

» Comme il serait contre les lois de la nature que l'activité vitale formant le corps ligneux ait une liaison organique, avec un corps mort, la nouvelle couche de recouvrement ne s'unit jamais, dans sa croissance, avec le bois mort de la blessure de la branche. — Ces deux formations restent, pour la durée de la vie de l'arbre, séparées par une solution de continuité très-sensible.

» La largeur moyenne des cercles annuels de l'accroissement normal est à la largeur moyenne des cercles de recouvrement dans les cinq premières années comme 201 : 505. C'est-à-dire que, pour une même période de temps, les cercles de recouvrement ont un accroissement deux fois et demie plus grand que les cercles d'accroissement annuel.

» Lorsqu'une plaie est largement ouverte, ce qui exige nécessairement un temps d'une plus longue durée pour que le recouvrement puisse se terminer ; la force d'accroissement de ces derniers diminue progressivement de telle sorte que l'épaisseur d'un cercle de recouvrement est, à dix ans les 0,7 ; à quinze ans les 0,49 ; à vingt ans les 0,34 ; à vingt-cinq ans les 0,24 de la largeur du recouvrement effectué pendant la première période de cinq ans.

» Dans des conditions ordinaires de croissance, et si la section d'abattage est bien nette, la plaie sera recouverte en cinq ans, si elle a 5 centimètres de diamètre. Une plaie de 7 centimètres de diamètre se recouvrira en huit ans; celles de 9 centimètres en onze ans, de 11 centimètres en quinze ans, de 13 en vingt-un ou vingt-deux ans, de 15 en trente-deux ans.

Fig. 16.

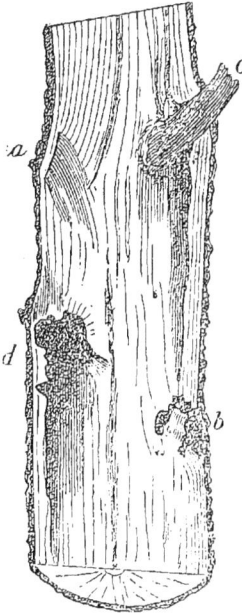

a Branche coupée rez tronc et parfaitement recouverte, la base de la branche a six centimètres de diamètre.
b Tronçon de branche presqu'entièrement recouvert mais déjà en partie carié.
c Chicot. — Le recouvrement déjà commencé ne pourra être complet que lorsque la partie supérieure sera entièrement décomposée. — Pendant que le recouvrement s'achèvera, la carie occupant déjà la partie inférieure de la branche pénétrera profondément jusque dans le tronc.
d Reste d'une branche brisée ou même morte naturellement, et complètement recouverte, mais néanmoins totalement décomposée et ayant communiqué la décomposition au cœur même de l'arbre.

» Il n'est pas inutile de faire observer que la durée du recouvrement serait beaucoup plus longue, et surtout moins régulière, si la coupe n'était pas bien nette; s'il existait des éclats ou des déchirures, si on avait laissé des chicots.

» Il sera toujours dangereux de couper des branches de forte dimension, et on doit considérer comme telles celles qui ont plus de 5 centimètres de diamètre, ou bien les branches dont, selon toute apparence, la section ne sera pas recouverte après quatre ans, au plus, si on ne veut encourir la perspective de causer à l'arbre plus de mal que de bien.

» Aussitôt le recouvrement effectué, la décomposition s'arrête, en tant que l'air cesse son action sur le corps du bois. Si cependant la pourriture était déjà développée sur une certaine étendue, la décomposition continuerait à ronger l'intérieur, mais cependant moins rapidement. » (*Fig. 16.*)

» Dans tous les cas, il demeure de la plus grande importance que les blessures d'un arbre puissent se cicatriser aussi vite que possible. »

Rapprochons de ces données le résultat des expériences faites, vers la même époque, dans les forêts du cantonnement de l'Ile-Adam et de Senlis, par MM. Mer et Fautrat, expériences dont les lecteurs de la *Revue des Eaux et Forêts* ont tous gardé le souvenir : (1)

« Quand on découvre un bourrelet, une année après l'amputation, dit M. Mer, on constate qu'un commencement de carie a atteint une zone de quelques centimètres en dehors du périmètre de la surface goudronnée. Cette carie ne pénètre qu'à une faible profondeur, elle est caractérisée par une couleur plus foncée du bois, une certaine friabilité dans ce dernier et un degré assez marqué d'humidité. Si l'on en dessèche quelques fragments, en les exposant à l'air, les signes de décomposition disparaissent généralement, le bois reprend sa dureté et sa couleur.

» Si l'on découvre un bourrelet de seconde année, on remarque que la carie a fait des progrès en extension et en intensité. Elle n'a pas encore atteint la surface goudronnée, mais a pénétré sous elle, et ne s'est arrêtée qu'à quelques millimètres de la superficie.

» Exposés à la dessication, les fragments de ce bois ne prennent plus leur teinte et leur consistance normales. Sur une plaie plus ancienne, la carie s'étend sous toute la surface extérieure qu'elle finit ensuite par envahir. Si on exécute cette série d'observations sur une surface non goudronnée, on observe souvent des traces de décomposition sur la partie superficielle, dès la première ou la deuxième année, mais on n'en observe pas moins une décomposition plus avancée en

---

(1) *Revue des Eaux et Forêts.* — Novembre 1868, novembre 1872.

dessous et sur les bords. Ici la carie s'est développée à la fois à l'intérieur et à l'extérieur. Les progrès doivent donc là être plus rapides. »

M. Fautrat, de son côté, observant les résultats de l'élagage sur des arbres appartenant soit à l'État, soit à de simples particuliers, « arbres traités avec le plus grand soin et tous pansés au coaltar, » rapporte les marchés auxquels ils ont donné lieu, les suit dans toutes les phases de leur exploitation et de leur débit ; et constate que ces arbres, en raison de leurs tares, ont perdu 6 p. 0/0 et jusqu'à 30 et 70 pour cent de leur valeur. Il conclut enfin que « l'élagage des branches basses, chez les modernes et chez les anciens, appliqué comme système d'opération, serait, dans nos forêts, la ruine certaine de nos pièces de charpente et d'industrie. »

Sans doute la taille des arbres présente souvent des avantages ; parfois elle est nécessaire ; bien conduite, convenablement exécutée, elle vient en aide à la nature, si par un artifice quelconque de culture, il a été porté atteinte à ses lois ; restaure une tige défectueuse ; régularise une forme vicieuse ; peut servir même à donner à l'arbre un aspect plus dégagé, une plus belle apparence.

Mais on ne doit pas oublier que, parallèlement à ces avantages, se présentent aussi de graves inconvénients. La taille trouble profondément les relations existantes entre les fonctions des feuilles et celles des racines de l'arbre, c'est-à-dire entre les organes de la nutrition, et diminue le volume de la production ligneuse ; donne souvent accès à la carie et à la décomposition ; aide au développement des branches gourmandes et nuisibles ; et, tout bien considéré, on reconnaîtra que les résultats avantageux qu'on pourrait se proposer, seront bien peu souvent réels, sinon entièrement fictifs, et que, au point de vue forestier, ce sera le plus souvent une mauvaise opération.

Nous ne saurions donner plus de poids à cette opinion qu'en citant l'avis d'un éminent forestier « Tramnitz. » Ses prescriptions seront utilement connues de tous les sylviculteurs : (1)

« La coupe ou le raccourcissement des racines et des rameaux, quelles que soient les conditions dans lesquelles on l'effectue, est toujours la cause d'une perturbation, dans les fonctions naturelles de la vie, chez les plantes ligneuses. On doit avec soin éviter toute lésion au corps d'un arbre, à moins qu'il ne soit auparavant parfaitement démontré qu'une amélioration notable puisse en être la conséquence.

» A plus forte raison encore doit-on l'éviter s'il semble même douteux que l'utilité surpasse le dommage.

» En règle générale, tout jeune brin, qui n'a pas à être transplanté, ne doit jamais être soumis à la taille, excepté toutefois lorsque sa couronne affecte une forme défectueuse, si la tige est contrefaite ou rabougrie, ou bien les branches et les rameaux endommagés, soit accidentellement, soit par la maladie. On doit en tous cas restreindre, autant que possible, la nature et le nombre de ces exceptions.

» Tailler à tort et à travers est toujours une plus grande faute que de laisser pousser sans direction. Chez les brins qui ne doivent pas être transplantés, ou bien chez ceux qui sont destinés à former une futaie, on doit seulement couper les pousses mortes ou imparfaitement développées, difformes, affectant une mauvaise direction , et principalement les branches malades et les plus faibles pousses des doubles flèches.

» On ne doit jamais, dans le but de favoriser l'accroissement en hauteur, élaguer même une seule branche latérale et complètement formée. Cette opération est toujours dangereuse,

(1) Schneideln und Aufasten von Ad. Tramnitz. — Breslau, 1872.

et l'excédant de bien qu'on se propose, comparé au mal qui en résultera, toujours très-problématique, même pour l'opération la mieux raisonnée et la plus sagement conduite.

» Lorsqu'on arrache un jeune brin pour le replanter, soit en pépinière, soit en forêt, une partie des racines sont, par ce fait même, fortement écrasées, déchirées, brisées ; ces lésions, toujours très-dangereuses, guérissent_très-difficilement; pour atténuer le mal, on doit, par une coupe bien nette, enlever la partie blessée.

» Comme dans le cours naturel de la vie d'un arbre, le développement de la couronne est toujours en proportion constante avec la formation des racines, c'est-à-dire que ces deux organes restent toujours en concordance, quelles que soient les affections fortuites dont l'un ou l'autre ait été frappé, il est de toute nécessité, pour la plante ligneuse, que la nourriture, provenant soit du sol, soit de l'air, lui soit toujours dispensée avec la même uniformité de proportions.

» Le forestier devra donc, avant toutes choses, dans le traitement de ses plantes, se conformer à ces lois nécessaires que la nature lui rappelle constamment.

» D'où la confirmation de cette règle, depuis si longtemps éprouvée : on doit tailler les rameaux d'un jeune plant dans la même proportion qu'ont été coupées ses racines, pour établir, entre ces deux organes, l'équilibre détruit. »

De même que certaines maladies, certains vices de conformation nécessitent de recourir à la taille, de mêmes aussi divers procédés de traitement peuvent, eu égard à leurs conditions particulières, légitimer l'emploi de ce procédé.

Les essences ligneuses se présentent généralement sous trois modes de groupement différents : la futaie, le taillis, la culture en ligne ou par pieds isolés.

« On nomme futaie la forêt destinée à produire plus particulièrement des bois de fortes dimensions et à se régénérer par la semence. » (Lorentz et Parade, *Culture des Bois.*)

Le traitement d'une futaie est, par excellence, basé sur l'observation rigoureuse et l'application des lois de la nature.

Ces lois se réduisent à quelques préceptes : assurer le repeuplement, veiller à ce que, dans une juste mesure, les jeunes brins participent, d'une manière suffisante, aux bienfaits de l'air et de la lumière ; et, comme conséquence de ce traitement, suppression de tous les sujets, dominés, dépérissants, nuisibles, sans avenir.

Ici, on le conçoit, toute application de la taille serait superflue. La nature seule suffit à son œuvre ; les jeunes brins, se soutenant mutuellement en un massif convenablement serré, auront une cime parfaitement régulière ; la tige, en vertu de la force qui la pousse à recevoir dans la plus large mesure le contact de l'air et de la lumière, atteindra son maximum de hauteur, formera un fût droit, cylindrique, exempt de vices et de défauts, et il n'y aura plus dès lors qu'à parer, par un simple nettoiement, aux accidents, suites inévitables des exploitations ou de l'action des météores. « Der Schlüss Wirkt ahnlich wie die künstliche aufastung. » L'état suffisamment serré du massif, agissant par lui-même, produit exactement le même résultat que pourrait atteindre l'élagage le plus soigneusement exécuté.

Tous les peuplements ne sont pas ainsi homogènes et régulièrement constitués ; une pratique journalière met le forestier en présence de fréquentes exceptions. Un massif renferme-t-il tout à la fois des essences de croissances différentes, le mélange est-il définitif, c'est-à-dire l'exploitabilité la même pour chaque espèce, ou bien doit-il durer longtemps ; on conçoit qu'il faudra avec une vigilance toute spéciale, suivre et protéger l'essence dominée ; et, pour le maintien de son existence actuelle aussi bien que pour les besoins de sa régénération, lui accorder, dans les limites nécessaires, l'air et la lumière qu'elle réclame.

Dans un peuplement d'âges différents, le recru nécessaire est surmonté par le massif plus âgé, mais non encore exploitable; privé d'air et de lumière, il s'étiole, dépérit, l'anémie l'emporte. C'est en ébranchant fortement les vieux bois qu'on neutralisera l'influence funeste de l'essence dominante, qu'on dégagera le jeune massif du couvert sous lequel il succombe.

Dans les coupes de régénération, certaines coupes de transformation, l'enlèvement de diverses catégories de branches est parfois jugé nécessaire et on le pratique constamment. Ces coupes ne sont en effet qu'un mode de traitement transitoire, anormal, destiné à renouveler le repeuplement de la forêt ou à l'amener à un état plus parfait ; il devient rationnel, alors, de sacrifier l'accessoire au principal ; et de même que, pour la réussite de l'opération, certains arbres peuvent être abattus avant d'avoir atteint leur complète maturité ; d'autres, au contraire, bien que sur le retour, maintenus sur pied; il est tout au moins aussi convenable de retrancher, par élagage, quelques branches gênantes, dussent même les sujets ainsi traités voir se modifier leurs conditions d'existence. Ces arbres, du reste, ne sont en général destinés à demeurer sur pied que durant un nombre très-limité d'années, et l'élagage ne pourrait dans ce cas produire, au point de vue de leur conservation et de leur croissance, d'effet suffisamment appréciable.

« Dans un massif régulier, de même croissance et de même âge, dit M. le professeur Landolt (1), l'élagage doit se borner aux branches sèches ou aux branches qui provoquent des formations défectueuses de la tige. Dans les massifs d'essences inégales d'âge et de croissance, on enlève les branches des arbres, qui dominent les autres, aussi haut et aussi souvent

(1) Der Wald.

que l'état de croissance du sous-bois dominé, le rend nécessaire ; j'ajouterai toutefois, en tant que ces arbres ne sont pas
destinés à rester sur pied un temps assez long pour que, en
suite de cette opération, ils soient endommagés ou rendus
malades. »

Si rarement on a conseillé de faire de l'élagage un procédé
de traitement spécial aux futaies, il n'en saurait être de même
en ce qui concerne le taillis.

« On appelle taillis la forêt destinée à se reproduire principalement par les rejets des souches et des racines. Le taillis est
dit simple lorsque les arbres réservés ne sont pas maintenus
au-delà de deux révolutions, ou lorsque les coupes s'exploitent
sans réserve. Lorsque dans l'exploitation du taillis, on réserve
un certain nombre d'arbres pour rester sur pied, pendant trois
révolutions et plus, les bois ainsi traités, s'appellent taillis
sous futaie ou taillis composé. » (Lorentz et Parade, *Culture des
Bois.*)

On se rend compte des inconvénients qui découlent de ce
mode de traitement. Les réserves, à quelques catégories
qu'elles appartiennent, dégagées, sans transition, du massif
qui les enserrait, voient subitement se modifier les conditions
de leur croissance. Les brins de taillis, grêles, faibles, soutiennent difficilement le poids d'une cime trop volumineuse, et
sont, en grand nombre, victimes des intempéries.

Les vieilles écorces, par l'extension immodérée de leurs
branches, dont aucun obstacle n'arrête le développement, et
le couvert qu'elles maintiennent, causent au jeune recru un
dommage le plus souvent irréparable.

C'est à ces inconvénients qu'on est généralement tenté de
remédier par l'ébranchage ; nous croyons qu'il vaudrait mieux
les prévenir au moyen d'un système rationnel de culture.
Sans doute, il est incontestable qu'un taillis, exploité trop

jeune, ne peut fournir que des réserves faibles, résistant difficilement à un isolement subit, puis basses et trop rameuses;
mais il est vrai aussi qu'un bois de bonne venue, exploité à
une révolution suffisamment reculée, donnera des baliveaux
robustes, ayant acquis, en grosseur et en hauteur, les dimensions désirables pour produire dans la suite des arbres capables de satisfaire aux plus pressants besoins du commerce et
de l'industrie.

Ces arbres auront certainement à subir toutes les vicissi-
tudes inhérentes aux conditions anormales dans lesquelles les
exigences de la culture les ont placés; mais ils les surmonte-
ront victorieusement, acquerront rapidement la hauteur et
l'aplomb nécessaires, et n'apporteront aucune gêne au sous-bois
qui, venant serré dès ses premières années, fera, mieux que
l'élagage le plus rationnel, disparaître, sans préjudice pour la
valeur ultérieure de l'arbre, les branches accidentellement
basses, tombantes, et susceptibles d'altérer la conformation
régulière du sujet.

Reste le cas où il n'est pas possible d'appliquer ce régime
normal de culture ; un fond de mauvaise qualité, épuisé, mal
approprié à l'essence qu'il supporte, des exigences pécuniaires ;
imposent au propriétaire une révolution de courte durée, et
nous retrouvons alors les inconvénients précédemment signalés ; souches affaiblies par des exploitations répétées, brins
débiles et languissants, réserves basses et rameuses sur un
sous-bois chétif. — De tels taillis, disons-le tout d'abord, ne
devraient jamais supporter de réserves. On veut en conserver
néanmoins ; à un traitement anormal il convient dès lors d'appliquer un procédé de nature à réduire le mal à sa moindre
expression, et là se trouve l'utilité de l'élagage, dont le but
sera de maintenir, dans les limites du possible, la balance
exacte entre diverses catégories de peuplement, semblant, à
première vue, devoir réciproquement s'exclure ; et d'amener

artificiellement la forêt, dans des circonstances données, à un maximum de produits, soit en nature soit en argent.

« Lorsqu'un arbre est seul, il est battu des vents et dépouillé de ses feuilles ; ses branches au lieu de s'élever s'abaissent comme si elles cherchaient la terre. » — L'arbre est éminemment sociable, fait pour vivre en massif et par son ensemble constituer de vastes forêts. A l'état isolé, il croît péniblement, il doit soutenir contre les intempéries, les météores de toute nature, une lutte dont il sort rarement victorieux et dont il conserve tout au moins les traces indélébiles ; tandis que sa tige, mal soutenue et insuffisamment sollicitée de pousser en hauteur, se bifurque, se contourne, affecte ces formes désolées qui trop souvent viennent surprendre nos regards, et ne produit plus, sur un tronc difforme et tourmenté, qu'un amas confus de branches et de rameaux. — Le même mode de traitement ne saurait évidemment convenir aux massifs pleins de nos forêts, aux arbres de parcs et d'allées, ou isolés en rase campagne. Plus dans la culture l'homme s'éloigne des lois naturelles qui règlent la production, plus aussi les procédés se modifient, varient, se trouvent dépourvus de stabilité et de précision. Tout devient artificiel ; c'est la serpe et la scie à la main qu'on devra suivre la plante dans les conditions si variables de sa croissance et de son développement. Restaurer une cime qui se forme mal ou sort difficilement, diminuer une tête trop volumineuse sous le poids de laquelle la tige se contourne ou se courbe, retrancher les branches tombantes, brisées ou dépérissantes ; conserver l'arbre en un mot et en même temps lui faire produire le plus qu'il peut donner en raison du mode d'existence anormal qui lui est imposé. Tels doivent être l'unique souci, le but constant du cultivateur.

Il serait inutile de retracer les règles généralement suivies, pour l'exécution de l'élagage ; tout sylviculteur, tout forestier, qui connaît les savants ouvrages de MM. de Courval et des Cars, a pu se pénétrer de leurs excellents conseils, s'inspirer de leur grande expérience ; nous nous bornerons à quelques observations succinctes.

Avant tout élagage, le forestier doit bien étudier les besoins si divers et les exigences de l'essence qu'il se propose de traiter ; il doit connaître les conditions si variées, de sol, de climat, d'exposition, etc. Plus un climat est sec, rude, dépourvu d'humidité, plus le sol est maigre et infertile, plus l'arbre aussi a besoin de conserver intacts tous ses organes pour se maintenir et croître dans des conditions favorables. Sa croissance s'effectuant plus lentement, le recouvrement de la plaie d'élagage sera par la même raison difficile et la carie d'autant plus à redouter.

Sous le climat sec et froid de nos montagnes, aussi bien que dans les régions éclairées par un soleil constant, la nature a pourvu la plante d'un feuillage approprié, en quelque sorte spécial ; les arbres à couvert épais, les essences à ombre, supportent plus facilement l'élagage que les plantes au couvert léger, désireuses d'air et de lumière. Le hêtre, le charme, le tilleul, souffrent peu en général de cette opération, et le recouvrement de la plaie se fait, le plus souvent, dans de bonnes conditions. On sait, au contraire, à quels dommages sont toujours exposés le chêne, l'orme et toute essence analogue.

Le choix des ouvriers n'est pas de moindre importance. C'est de leur habileté, de leur intelligence, que dépend en partie le succès de l'opération. L'instruction la plus complète est souvent encore insuffisante en raison de la multiplicité des cas, de leur diversité ; et avec la meilleure volonté du monde un surveillant ne peut pas toujours assister à l'opération. On doit donc laisser beaucoup à l'intelligence et à la bonne volonté du travailleur. Celui-ci doit être pénétré de l'importance de son travail et des intérêts qui lui sont confiés. De préférence, on devra choisir un homme ayant déjà l'habitude de l'exploitation des bois, on l'initiera à toutes les opérations de l'élagage, on se l'attachera par un bon traitement; rien n'est plus funeste et plus onéreux qu'un changement fréquent d'ouvriers. « Un bon élagueur doit avoir le corps souple, monter et grimper avec agilité, posséder un jugement sûr, un coup d'œil juste, faire preuve de beaucoup de soumission et de bonne volonté, être exempt de vertige et dans la force de l'âge. » (1)

En règle générale, l'ouvrier élagueur doit être employé à la journée. Comme moyen d'avoir un travail bien fait et correctement terminé, on ne doit jamais lui abandonner, à titre de rémunération ou de dédommagement, les bois provenant de l'opération.

On sait de quelle importance il est que le recouvrement de la plaie s'effectue promptement et dans de bonnes conditions. De l'accomplissement plus ou moins rapide et complet de ce travail naturel s'en suit, pour la plante, soit une ère de vigueur et de prospérité, soit l'affaiblissement, le dépérissement, la mort. Toute section d'une branche sera vive et bien nette, exempte de meurtrissures, bavures, déchirures, conduite parallèlement à l'axe de l'arbre et autant que possible près du tronc. (*Fig.* 17, 18, 19 et 20.)

Fig. 17.

Fig. 18.

Fig. 19.

Coupe normal.

Coupe vicieuse.

Suppression d'une fourche
suivant *a b*.

(1) F Von Mülhen Anleitung zum rationellen Betrieb der Ausastung. — Stuttgard 1873.

Fig. 20.

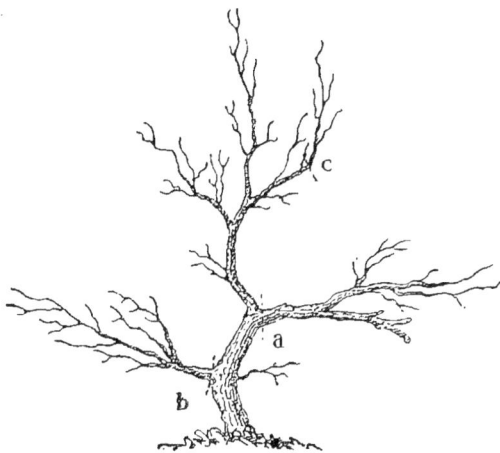

Redressement d'une tige suivant *a b c*.

Dans les taillis, le nettoiement se fera, pour chaque coupe, immédiatement après l'exploitation du sousbois ; dans les futaies, parallèlement à l'éclaircie. C'est après chaque exploitation que se trouvent en plus grande quantité, par suite de la gêne qu'elles ont éprouvé sous le couvert, les branches sèches, dépérissantes ou de conformation irrégulière. C'est l'époque à laquelle leur enlèvement doit de préférence avoir lieu, avant que, sous le contact direct des agents atmosphériques, elles tombent définitivement en décomposition. Un ouvrier ordinaire, à l'aide de la serpe d'élagage et d'une scie à main, effectuera en très-peu de temps ce travail. Les frais sont peu considérables et seront en partie couverts par la valeur du bois.

L'ébourgeonnage a pour but l'enlèvement de tous les bourgeons proventifs qui seraient tentés de se développer, et la coupe de toutes les branches gourmandes. C'est la plus simple et la plus facile des opérations culturales.

Dans toute forêt bien tenue, le garde doit suffire à l'ébourgeonnage, on le commencera dans la troisième année qui suivra l'exploitation, on le répètera de trois en trois ans, dans les peuplements clair semés, dans les taillis de faible croissance. Dans un bon fond et avec un peuplement vigoureux, une seule opération sera nécessaire. Le massif se resserre promptement, et le sous-bois, vers cinq à six ans, a en général atteint une hauteur suffisante pour faire disparaître de lui-même

Fig. 21.

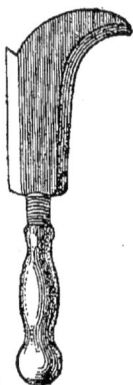

toutes les branches gourmandes et auxiliaires;
en même temps que, par l'accru vigoureux des
branches, par les ronces et les épines enchevê-
trées, il serait souvent difficile de pénétrer dans
le taillis. — On se servira d'instruments bien
tranchants ; la serpe d'élagage ordinaire nous paraît particulièrement recommandable. (*Fig.* 21.)
Lorsque, en raison de l'état élancé des réserves,
on devra atteindre jusqu'à une trop grande hauteur, on se servira toujours d'une échelle. Dans
aucun cas on ne fera usage de crochets ou de crampons. Si
les réserves étaient basses et faibles, une serpe d'élagage, une
scie, un ébranchoir emmanchés suffisamment long, rempli-
raient parfaitement le résultat désiré. (*Fig.* 22, 23, 24 et 25.)

Fig. 22.   Fig 23.   Fig. 24.   Fig. 25.

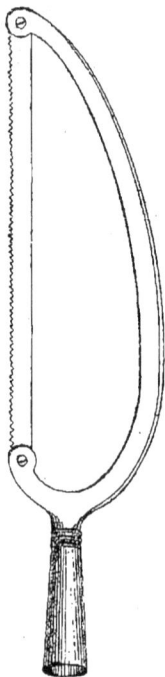

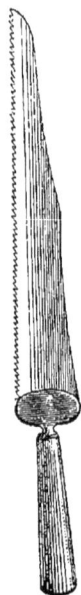

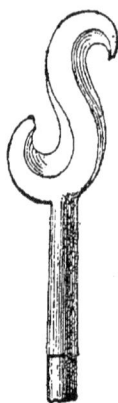

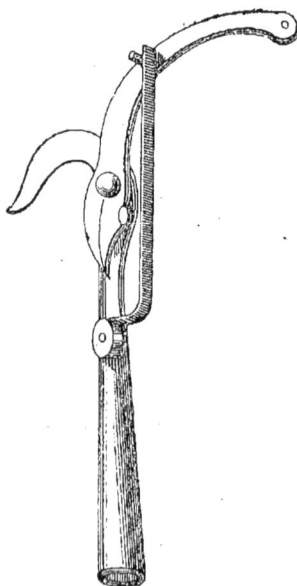

On ne saurait faire entrer en ligne de compte la valeur des
produits; elle est complètement nulle; tous les frais resteront

à la charge du propriétaire. Nous avons souvent expérimenté qu'un bon ouvrier, opérant dans les conditions ordinaires, peut ébourgeonner par jour quatre-vingt-dix à cent réserves. C'est à deux centimes par arbre que reviendrait l'opération, si nous prenons pour moyenne la journée de deux francs. Dépense bien faible, comparativement aux avantages qu'on est en droit d'attendre.

Il est de principe d'éviter de couper des branches vives en temps de sève. En général, cependant, on devra procéder à la taille d'un arbre aussitôt qu'une formation défectueuse de sa couronne ou un sous-bois en souffrance réclameront cette opération. Ce travail demande plus que tout autre, du soin et de la prudence ; c'est une opération difficile.

L'ouvrier aura toujours à sa disposition une échelle que des cordes maintiendront, au besoin, le long du corps de l'arbre, ce qui lui permettra de conserver constamment libre l'usage de ses mains. Ses instruments seront la scie, le sécateur, la serpe d'élagage ; il veillera surtout à ce que toute coupe soit vive et bien nette, évitera à l'arbre toute blessure inutile. (*Fig.* 26, 27, 28 et 29.)

Fig. 26.   Fig. 27.   Fig. 28.   Fig. 29.

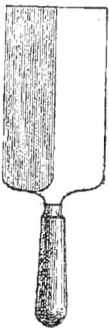
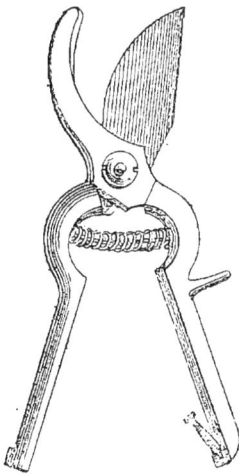
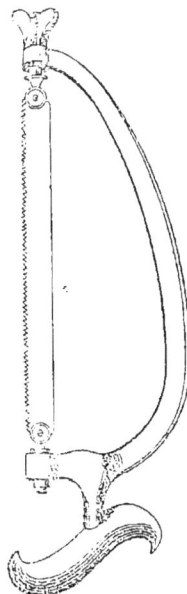

En raison de la multiplicité des cas, de la minutie des détails, il est bien difficile de se rendre compte par avance du montant de la dépense. Les documents précis font presque complètement défaut. Il résulte toutefois d'une série d'expériences, récemment faites par M. le professeur Hess de Giessen, dans le but de déterminer et le prix de revient de l'élagage et le genre d'instruments dont il était le plus avantageux de se servir ; que, dans un perchis mélangé de vingt à cinquante ans, un homme traite à la scie en moyenne par jour cent dix à cent quinze arbres. Ces chiffres ne sauraient évidemment être applicables au traitement de nos vieilles futaies ou des taillis composés; nous les donnons, comme point de comparaison, à défaut de toute autre base. On peut en tous cas généralement admettre que la valeur des produits couvrira au moins les frais de l'opération.

Pendant la période de temps nécessaire, pour le recouvrement de la plaie, les fibres du bois, exposées à toutes les intempéries, à une chaleur subite, à l'action prolongée du froid, à la sécheresse et tour à tour à l'humidité, se contractent, se fendillent, se laissent gagner par la pourriture qui pénètre successivement jusqu'au plus profond de la plante. Il importe d'éviter autant que possible, l'action directe de l'air ; et, dans ce but, on applique, sur la blessure, une substance soit simplement isolante, soit en même temps antiseptique et antiputride ; capable de recouvrir la surface de la plaie, d'empêcher le développement de la carie, le ravage des insectes, etc.

Des diverses substances jusqu'à ce jour mises en pratique, le coaltar semble mériter la préférence. Aux avantages d'un prix minime, il joint, en effet, la faculté de s'appliquer vite, facilement, à la température ordinaire, de ne pas se dessécher sous l'action du froid, se boursouffler, fondre et couler sous l'impression d'une forte chaleur. On lui reproche, il est vrai, de pénétrer les bois jusqu'à une profondeur souvent appré-

ciable, surtout lorsque son application a eu lieu en temps de
sève, d'en imprégner complètement les fibres, et de maintenir dans le corps de l'arbre un disque de bois, sain il est vrai,
mais complètement desséché, et ne participant en rien, lorsqu'il est mis en œuvre, aux conditions nécessaires de résistance et d'élasticité. Cet inconvénient nous semble de peu
d'importance en comparaison des bons résultats réellement
constatés.

L'époque de l'année durant laquelle doivent s'exécuter les
opérations d'élagage n'est pas non plus indifférente.

En hiver les journées sont courtes, on obtient sur le terrain
peu de travail effectif, le froid enlève aux ouvriers la liberté
de leurs mouvements; la neige, le givre, rendent glissante la
surface des arbres et peuvent être cause de nombreux accidents. Durant l'été, la sève s'écoule par la blessure et affaiblit
d'autant la vigueur de la croissance. Les branches chargées de
leurs feuilles acquièrent un poids considérable, sont difficilement dirigées dans leur chute et peuvent écraser le sous-bois.
En raison du couvert enfin, on juge *mal de l'ensemble* de l'arbre, on se rend difficilement compte de ce qu'il faudrait enlever ou bien de préférence conserver. Il est donc avantageux
d'élaguer soit à l'automne, soit au printemps ; mars, avril,
octobre, novembre, sont les époques qu'il conviendra le plus
généralement d'adopter.

Nous avons tenté de déterminer les différents cas où l'élagage, au point de vue forestier, semble utile et nécessaire;
parallèlement nous avons indiqué les conséquences souvent
fâcheuses de cette opération.

Proscrire complètement et systématiquement l'élagage,
serait une erreur souvent aussi grave que de vouloir y soumettre tous les arbres d'une forêt, les conduire suivant le

même principe, leur imposer une même forme préalablement déterminée. Les lois de la nature sont seules immuables, l'homme au contraire, en raison de la multiplicité de ses besoins, est sans cesse entraîné à varier dans ses conseils. Le traitement d'une futaie diffère complètement de celui d'un taillis. La situation, la nature de l'essence, les exigences de la consommation locale, ont également leur influence ; il est des cas enfin où le principe cultural doit s'incliner devant la raison commerciale ou l'intérêt privé. C'est au forestier, pour chaque cas particulier, de savoir diriger, vers le but le plus avantageux, la forêt dont il a la charge.

Au point de vue purement cultural et en dehors de toute considération accessoire du revenu, la question est plus précise, l'élagage est une opération souvent inutile et toujours dangereuse.

Dangereuse au point de vue physiologique en ce qu'elle prive la plante d'organes nécessaires à sa nutrition, diminue la vitalité de la croissance, prépare son dépérissement prématuré.

Dangereuse au point de vue pratique, en ce que, confiée à des mains inexpérimentées, mal habiles ou peu soigneuses, elle est pour l'arbre une source de lésions graves, causes de maladies trop souvent incurables que l'opération la plus consciencieusement faite est presque toujours impuissante à prévenir.

Inutile, car on y supplée avantageusement par un traitement rationnel qui, judicieusement dirigé, conserve aux arbres leur forme et leur vigueur et développe au plus haut degré leurs plus précieuses qualités.

L'élagage est uniquement applicable aux cultures exceptionnelles, anormales, commandées par les circonstances ou adoptées dans un but d'agrément et pour lesquelles l'ensemble du traitement doit bien plus participer de l'art que de la nature.

L'élagage en un mot est moins une opération culturale qu'un expédient auquel on ne saurait avoir recours avec trop de discrétion, car il va contre les lois de la nature, et nous ne pourrions trop conseiller aux méditations des sylviculteurs ces paroles d'un de nos maîtres en toutes sciences économiques et naturelles :

« Nous sommes de ceux qui croient que l'on ne violente pas impunément les lois naturelles de la production, et que l'on tue rapidement les végétaux comme les animaux, en exigeant d'eux ce qu'ils ne peuvent donner dans des conditions normales. » (Joigneaux.)

A. MARTINET.

Garde-Général des Forêts, à Issoudun.

LE CRYPTORHINCHUS LAPATHI,

INSECTE QUI ATTAQUE LES PEUPLIERS.

———

Les bois blancs dans nos contrées, peupliers, aunes, trembles, bouleaux, etc., ont à subir les attaques d'un insecte, naguère encore presque inconnu en raison de sa fragilité et de sa faiblesse, aujourd'hui sujet d'appréhensions trop justifiées depuis que, par suite de l'extension des cultures, ses moyens d'action multipliés par le nombre en ont fait pour le cultivateur un ennemi redoutable. (1)

Nul n'ignore, en se servant de ces termes : « *arbre galleux, arbre ayant le ver* » qu'il désigne ainsi l'état d'une plante sous le coup d'une grave et dangereuse maladie. A partir du pied de la tige, jusqu'à une hauteur variable, l'écorce est, par places, déchiquetée de perforations, généralement annulaires ou en forme de croissant, recouvertes sur leurs bords d'un bourrelet saillant et offrant une grande analogie avec les galles de certains cynips, le *C. Longipennis* particulièrement. L'arbre perd visiblement de sa vigueur, il dépérit ; une section du tronc montre, sur toute sa longueur, la tige sillonnée de petits canaux ayant deux à trois millimètres de diamètre. Ces canaux, dans le bois parfait, sont constamment parallèles à l'axe de la plante et leur direction est d'autant plus verticale que le bois est plus dur. (Obliques dans l'aubier, verticaux dans le bois parfait.)

Ces diverses altérations de la plante, déchirures de l'écorce, perforations du bois ; galles et trous de ver, ne sont que les symptômes d'une même maladie à différents degrés d'intensité. La cause en est un seul et même insecte qui varie son travail suivant les différentes périodes de son existence, les différentes phases de son développement.

Cet insecte est un coléoptère de la famille des charançons ; le *Cryptorhinchus Lapathi.*

(1) *Journal de l'Agriculture*, Année 1874, T. IV, p. 213, 245 et 293.

Le Lapathi est le parasite de l'aune ; on le trouve néanmoins aussi sur le saule, le peuplier, le bouleau ; il attaque de préférence les plus jeunes brins de ces essences avant qu'une écorce dure et rugueuse ne vienne à lui opposer une trop grande résistance.

Il vit deux ans ; et son existence peut se partager, au point de vue des nécessités auxquelles il est soumis, en deux parties bien distinctes.

Au début, avant que sa formation soit encore complètement achevée, qu'encore il n'a pas acquis toute sa vigueur, il se tient sous l'écorce dont il ronge les couches tout à fait superficielles ; alors se produisent les déchirures, les perforations auxquelles on reconnaît sa présence. C'est le travail préparatoire, en quelque sorte primitif. En seconde année, fortifié et pourvu de tous ses moyens d'attaque, il étend le champ de son existence ; pénètre dans la plante elle-même, dans le corps de l'arbre, le perfore de ses interminables galeries, et sans cesse rajeuni par son inépuisable fécondité, n'abandonne le plus souvent sa victime que lorsqu'elle a succombé épuisée par la lutte.

Dans nos contrées, c'est sur le peuplier que le *Lapathi* semble de préférence concentrer ses attaques. Des plantations entières sont anéanties et nombre de pépinières ne peuvent plus offrir pour remplacer les absents que des sujets douteux, sinon eux-mêmes attaqués. Des propriétaires, découragés par la non-réussite, effrayés par les frais, renoncent à la culture de cet arbre et lui substituent d'autres essences, non encore menacées mais le plus souvent inférieures par la rusticité et la croissance, inférieures surtout au point de vue de la réalisation rapide et incapables de satisfaire aux besoins journaliers du commerce et de l'industrie.

Connaître un ennemi, c'est se faciliter les moyens de le combattre. Le *Lapathi* a deux modes d'existence : il vit sous l'écorce et y achève sa formation ; il pénètre ensuite dans le bois parfait. Vouloir le détruire en détail serait tenter l'impossible. « Sur un arbre attaqué on le trouve du pied de la tige à l'extrémité des branches » constate un entomologiste qui l'a consciencieusement étudié, le docteur Bernard Altum. On l'aperçoit difficilement en raison de sa couleur (noir et blanc sale) et de sa petitesse (5 à 7 millimètres) ; enfin, s'il est sous l'écorce, il se laisse tomber au moindre choc, à la moindre secousse imprimée à l'arbre et demeure sans mouvement sur le sol tant qu'il soupçonne le danger, tandis que, s'il a pénétré dans le bois, il devient insaisissable. Étant données ces mœurs, on comprend sans effort quels doivent être les moyens de défense. C'est alors que l'insecte jeune et peu vigoureux se tient dans les couches superficielles de l'arbre qu'il paraît le plus convenable de concentrer les attaques.

Aussitôt la présence du *Lapathi* constatée, ce qui se reconnaît sur l'écorce, on dégagera avec un racloir, une simple lame de couteau, les pustules et les galles, on mettra la plaie à vif; on y appliquera une substance appropriée capable de le tuer, ou tout au moins de l'éloigner. Un grand nombre de substances atteindront ce but; nous n'hésitons pas toutefois à recommander de préférence le *Coaltar*, en raison de la modicité de son prix et de la facilité de son emploi.

Chaque propriétaire visite généralement plusieurs fois l'an ses plantations. Il redresse les arbres courbés par la tempête ou l'action persistante des vents, répare les dégâts du bétail, effectue les émondages. Le procédé que nous indiquons, basé sur ce qu'on sait actuellement du *Lapathi*, ne semble devoir entraîner aucune dépense supplémentaire à ces travaux nécessaires. Nous serions heureux que nos collègues de la Société d'Agriculture voulussent bien l'expérimenter et déterminer par la pratique ce qu'il serait, et comme frais, et comme résultat. Ils rendraient un service signalé à la science et délivreraient la contrée d'un véritable fléau.

A. MARTINET,

Garde-Général des Forêts, à Issoudun.

21

CINQUIÈME SECTION.

HORTICULTURE ET CULTURES ARBUSTIVES.

LES CONIFÈRES DANS L'INDRE.

—

Pendant des siècles, le rôle des Conifères dans la sylviculture et dans la plantation des parcs en France est resté peu considérable. Les espèces indigènes seules ou à peu près étaient connues et employées. Le Mélèze, le Sapin argenté, l'Épicéa, le Pin maritime et le Pin sylvestre, telles étaient les sortes qui défrayaient toujours les grandes plantations et qui se représentent aujourd'hui même en majorité.

Peu à peu, cependant, des introductions se firent qui augmentèrent cette liste par trop restreinte. Les contrées diverses de l'Europe échangèrent les essences résineuses qui leur étaient propres et les semis en forêt s'enrichirent successivement du Pin Laricio, envoyé par la Corse et le Sud de l'Italie, du Pin noir, enlevé aux montagnes de l'Autriche, du Cèdre de Liban qui est resté rare et n'a jamais été planté en grand, enfin de quelques variétés à plus forte végétation que leurs types spécifiques.

Ce n'est guère que depuis le second quart de ce siècle que les Conifères ont pris une vogue réelle et que des propriétaires éclairés se sont préoccupés de l'avenir dans la sylviculture des espèces de plus récente introduction. Pendant cinquante ans environ, on a introduit, en effet, un nombre considérable d'arbres de premier ordre qui ont décuplé les listes précédemment connues. Des explorations actives dans l'Asie mineure, la Grèce, l'Himalaya, les États-Unis d'Amérique et la Californie surtout, ont révélé des trésors, et il a été possible d'importer en abondance des graines de presque toutes les espèces découvertes par d'intrépides voyageurs. Les établissements scientifiques, puis ceux des pépiniéristes, se sont peuplés rapidement de formes nouvelles et le plus souvent remarquables par leur vigueur et leur beauté. Quelques plantations d'amateurs, en France et en Angleterre surtout, ont montré des exemples de ce qu'on peut attendre du rôle des Conifères dans l'ornementation des parcs d'abord, dans la sylviculture ensuite.

Mais ces tentatives sont rares encore; elles n'ont convaincu et

formé qu'un petit nombre d'adeptes. Pour qu'elles portent de féconds enseignements, il faudrait les multiplier sous différents
climats et dans les terrains les plus variés. On aurait ainsi, en ras-
semblant les résumés des expériences, d'excellents critériums, permettant des plantations dont les résultats seraient réglés par l'expérience, suivant les conditions dans lesquelles on opèrerait. A l'heure
qu'il est, l'incertitude règne chez tout propriétaire désireux de
planter des Conifères et ne possédant pas de connaissances spéciales. Il hésite à choisir dans les centaines d'espèces et de variétés
que les Expositions Horticoles lui montrent et parmi lesquelles un
grand nombre ne méritent pas la culture. Il a vu d'ailleurs, chez
quelques amateurs, des Conifères qui ne réussissaient pas et donnaient le triste aspect d'une végétation chétive en échange des pro-
messes faites par les catalogues et les livres. On comprend combien la suspicion est légitime dans ces circonstances.

Mais si les hommes de bonne volonté avaient pu suivre des
expériences en grand, dans des conditions variées, leur opinion
serait faite et ils marcheraient à coup sûr. Il faut donc encourager
à tout prix les essais de ce genre, et citer ceux qui ont été entrepris
et conduits avec persévérance. A la Chassagne, près de Pont de
Pany (Côte-d'Or), dans un climat assez rigoureux et à une altitude
supra-marine de 360 mètres environ, M. Victor Masson a créé des
plantations de Conifères sur une grande échelle depuis une quin-
zaine d'années. Son sol est composé de calcaire tuffeau affleurant le
plus souvent la surface et ne laissant que quelques centimètres d'humus produit par la décomposition de rares graminées. C'est dans
ces conditions difficiles qu'il a planté son parc et les terrains avoi-
sinants au moyen des espèces de Conifères peu répandues dans les
cultures et qu'il avait d'abord essayées en petit. Plus de SEPT CENT
SOIXANTE MILLE Conifères sont aujourd'hui plantées à la Chassagne.
On y trouve d'immenses massifs d'*Abies pinsapo, A. Nordmanniana, Cedrus Libani, Atlantica, Thuiopsis borealis, Juniperus
Virginiana, Cupressus Lawsoniana, Wellingtonia, Pinus Austriaca, laricio* et autres espèces en moindres quantités. De concert
avec son gendre, M. Vignon, amateur passionné de Conifères, il a
entrepris le boisement complet de vastes mamelons jadis dénudés
où les moutons ne trouvaient hier qu'un brin d'herbe çà et là et que
de jeunes plantations verdoyantes recouvrent aujourd'hui.

Nous citons cet exemple parce qu'il serait d'une imitation

facile et fructueuse dans le département de l'Indre. Les grands espaces où le calcaire tuffeau affleure le sol n'y manquent pas, malheureusement. Il suffit de parcourir les routes qui traversent la « Champagne berrichonne » pour être attristé par les immenses solitudes infertiles qui appellent impérieusement une mise en produit. De Châteauroux à Vatan, de Neuvy-Pailloux à la Brenne, où la terre est si maigre, comme disait Rabelais, que « les os lui percent la peau, » une succession ininterrompue de plaines sans végétation réclame des ensemencements en Conifères, en Pins surtout, dans les endroits impropres à la vigne. Une rotation trentenaire seulement, en laissant former une couche humeuse par l'accumulation des *aiguilles* de Pins, puis une période assez courte de cultures variées, permettrait de couvrir bientôt d'immenses vignobles cette partie du département aujourd'hui mortellement désolée.

Que n'a-t-on pas dit sur la Brenne, ses dessèchements, ses cultures, l'assainissement de son sol et de son climat? Chacun sait aujourd'hui que les conditions hygiéniques cherchées seront le résultat des dessèchements, mais seulement en tant qu'ils seront aidés par le boisement, et le boisement en Conifères. La Sologne et les Landes en sont des preuves actuelles et palpables.

Il faut respecter les forêts lorsqu'elles sont debout et les replanter lorsqu'elles sont détruites. C'est là un axiome d'économie sociale autant qu'agricole, de la mise en pratique duquel dépend la durée des nations. Les forêts ont d'abord préparé la demeure de l'homme sur la terre. Sans arbres, pas d'habitants. Les déserts du Sahara, les Pampas du Paraguay, les steppes de la Russie et de l'Asie, ne comptent que des populations errantes, clair-semées, parce qu'elles n'ont point de végétation arborescente. Les arbres sont des pondérateurs des lois atmosphériques, en même temps que des épurateurs de l'air respirable. S'ils absorbent le gaz acide carbonique expiré par les animaux et exhalent en retour de l'oxygène, ils équilibrent aussi la pluie et la sécheresse, la chaleur et le froid, arrêtent les vents secs et les saturent d'eau, divisent la pluie et l'emmagasinent pour former les sources, empêchent les inondations de se précipiter sur les pentes dénudées, sans parler des services immenses que rend leur bois sous toutes ses formes.

L'ancienne Égypte, si fertile, était autrefois plantée. L'aridité a suivi son déboisement, puis les nouvelles plantations faites par Méhémet-Ali, qui entoura le Caire de 20 millions d'arbres, y rame-

nèrent la pluie. Au temps d'Homère, la Sicile et la Grèce, aujour-
d'hui dévastées, étaient couvertes de bois. La Palestine et la Syrie
étaient dans le même cas. Le niveau des fleuves baisse en Russie
à mesure que les déboisements augmentent. Par contre, Malte et
Sainte-Hélène ont gagné considérablement comme produits et
comme climat depuis que d'intelligentes plantations y ont été faites. Les vents d'autan, dans le Languedoc, le mistral en Provence
et dans la vallée du Rhône ne se sont développés que depuis le déboisement des Cévennes sous Auguste. L'excès contraire est rarement
à craindre. Si l'on s'est plaint (H. Heine) que l'Allemagne avait ses
étés « peints en vert, » si le Limousin et la Vendée ont gagné depuis que l'enlèvement des forêts surabondantes ont permis une plus
grande évaporation des eaux, il faut avouer que cet excès est rarement à craindre et que Humboldt savait bien ce qu'il disait en
affirmant que la destruction des forêts ferait diminuer de plus en
plus l'eau et la chaleur sur le globe.

Or, si la nécessité des forêts est mise hors de doute, il convient
de rechercher quelles sont les essences indigènes ou exotiques
qui peuvent les constituer avec le plus de facilité et de profit. C'est
évidemment par les Conifères qu'il faut commencer dans la mise
en valeur des mauvais terrains. Ces Conifères, nous l'avons dit,
sont peu nombreuses dans notre sylviculture. Elles se composent
des espèces citées plus haut, auxquelles il convient d'ajouter le Pin
d'Alep pour le Midi, le Laricio, les Pins cembro et mugho pour
quelques localités hors de France, et quelquefois le Pin de lord
Weymouth (*P. Strobus*). Le rendement du sol par hectare au bout
de quarante ans est variable de 138 à 240 mètres cubes suivant la
nature des terrains pour l'Épicéa ; de 122 à 208 pour le Pin sylvestre
et de 151 à 264 pour le Sapin argenté. Ces chiffres font présager ce
qu'on pourrait attendre d'autres essences qui n'ont pas encore été
essayées en grand et dont la croissance est beaucoup plus rapide
que celle de nos espèces indigènes. Le maximum des rendements ci-
dessus est fourni par le Sapin argenté. Quelle différence cependant
entre sa croissance la plus rapide dans les bonnes terres de la
Normandie par exemple et celle de l'*Abies Douglasii*, dont les
flèches annuelles dépassent souvent 2 mètres de hauteur !

Les *Pinus Austriaca, sylvestris, Laricio, cembra, uncinata,*
qui ont été essayés avec succès dans les terrains calcaires, même les
plus maigres, pourraient sans doute être accompagnés des *Pinus*

Lambertiana, Sabiniana, Coulteri, si ces espèces étaient multipliées abondamment. Le *Wellingtonia gigantea,* ce colosse californien, nous est acquis aujourd'hui, et si les calcaires lui sont préjudiciables, il prospère à merveille dans les sables et dans tous les terrains profonds. Dans les sables, où croît si bien notre pin maritime, tout le groupe des *P. Pinaster* viendrait à merveille, et le *Pinus excelsa* de l'Himalaya se complairait dans les terrains argileux et frais que hante le Pin du lord *(P. Strobus).* De la nombreuse tribu des espèces géantes de Pins que M. Roezl a introduites du Mexique, une certaine quantité ornera certainement nos parcs et nos bois quand elles seront mieux connues.

Pour obtenir ce résultat, il faut posséder des listes dressées avec soin, comprenant non pas les espèces délicates ou peu étudiées qui conduiraient à des essais longs et infructueux, mais un petit nombre des meilleures essences, déjà expérimentées avec succès. L'énumération qui va suivre est basée sur ces données. Nous garantissons la rusticité de ces espèces pour le Berry. A peine, sur les plateaux les plus découverts, peut-on craindre que les gelées blanches du printemps, par des années exceptionnelles, ne viennent brûler temporairement les jeunes pousses de deux ou trois espèces à végétation hâtive, comme l'*Abies pectinata.* On peut considérer ces Conifères comme d'une réussite certaine dans l'Indre ; reste à essayer la résistance plus ou moins grande aux sols divers dans lesquels on les plantera. Sous ce rapport, il faut beaucoup laisser à l'imprévu et essayer un grand nombre des espèces indiquées plus bas. On obtiendra certainement des résultats inattendus. Qui aurait dit, par exemple, à M. Grillon des Chapelles, lorsqu'il plantait il y a quarante ans des Cèdres du Liban sur les tourbes qui recouvrent, dans les marais des Chapelles, le calcaire blanc des environs de Brion, que ces arbres, de croissance si lente, dépasseraient en hauteur et en vigueur les autres Conifères qui les entourent, même les Épicéas et les Pins Laricios? Rien n'est plus vrai cependant et partout on se défierait de planter des Cèdres sur des tourbières, si l'on n'avait vu ceux-ci prospérer.

Il faut donc essayer, bravement, sans retard, sans relâche. Si quelques déceptions surviennent, on aura comme compensation un assez grand nombre de succès. Nous n'hésitons pas à affirmer que de la diffusion des meilleures espèces de Conifères dans les parcs d'abord comme ornement de premier ordre, dans les forêts ensuite sur les plaines calcaires et les marécages de la Brenne, dépend en grande partie la fortune future du département de l'Indre.

Liste des meilleures espèces de Conifères à planter en grand dans le département de l'Indre.

Abies Canadensis, Michaux (Sapin du Canada). États-Unis d'Amérique, 25-30^m de hauteur. Terrains frais.

— *Douglasii,* Gordon (Sapin de Douglas). Californie, Mexique, 50^m de haut. Terre siliceuse et fraîche ; sud du département de l'Indre. Superbe.

— *nobilis,* Lindley (Sapin noble). Californie du Nord, 60^m de haut. Terrains calcaires. Arbre magnifique.

— *Nordmanniana,* Spach (Sapin de Nordmann). Asie mineure, 30^m de haut. Terrains calcaires. Superbe.

— *pectinata,* de Candolle (Sapin argenté ou de Normandie). France, 30^m de haut. Bien connu. Terrains frais.

— *Cephalonica,* Link (Sapin de Grèce). Grèce, 20^m de haut. Terrains calcaires. Très-beau.

— *firma,* Siebold (Sapin robuste). Japon, 20-30^m. Terrains frais et profonds. Peu répandu.

— *balsamea,* Miller (Sapin beaumier). États-Unis, 20^m. Terrains frais et profonds.

— *grandis,* Lindley (Sapin élevé). Californie et Colombie anglaise, 50-60^m. Arbre splendide. Terrains siliceux.

— *Gordoniana,* Carrière (Sapin de Gordon). Ile Vancouver, 60-70^m. Terrains froids, profonds.

— *Pinsapo,* Boissier (Sapin Pinsapo). Espagne, 20-25^m. Terrains calcaires. Très-élégant.

Picea Menziesii, Carrière (Sapin de Menziès). Californie du Nord, 15^m et plus. Terrains frais.

— *alba,* Link (Sapinette blanche). 15-25^m. Canada.

— *nigra,* Link (Sapinette noire). 25^m. Amérique boréale.

— *orientalis,* Carrière (Sapinette d'Orient). 15^m. Mingrélie.

— *excelsa,* Link (Epicéa, Sapin du Nord). 40^m. Europe.

— *morinda,* Link (Sapin de l'Himalaya). 85^m. Très-beau.

(Ces six espèces de Sapins, rentrant dans la section *Picea,* prospèrent dans tous les terrains où croît l'Épicéa ordinaire, si répandu dans l'Indre.)

Larix microcarpa, Forbes (Mélèze à petits fruits). Amérique nord, 25-30ᵐ. Terres siliceuses de préférence.

— *Europœa,* de Candolle (Mélèze d'Europe). Europe des montagnes, 30ᵐ. Espèce commune.

— *Kœmpferi,* Fortune (Mélèze de Kœmpfer). Japon, 20ᵐ et plus. Terres fraîches et légères. Superbe.

Cedrus Libani, Barrelier (Cèdre du Liban). Palestine, 30ᵐ et plus. Tous terrains.

— *Atlantica,* Manetti (Cèdre de l'Atlas). Montagnes de l'Atlas, 40ᵐ. Tous terrains. Très-beau.

— *deodara,* Loudon (Cèdre de l'Himalaya). 50ᵐ. Très-gracieux. Souffre des hivers très-rigoureux.

Pinus cembra, Linné (Pin cembro). Europe des montagnes et septentrionale, 20-25ᵐ. Tous terrains. Port compact.

— *excelsa,* Wallich (Pin élevé). Himalaya, 40ᵐ. Très-bel arbre. Terres profondes et argileuses.

— *strobus,* Linné (Pin du lord Weymouth). États-Unis, 40ᵐ. Terres fraîches et argileuses.

— *Lambertiana,* Douglas (Pin de Lambert). Californie, 60ᵐ. Le greffer sur *P. excelsa.*

— *Sabiniana,* Douglas (Pin de Sabine). Californie, 40ᵐ. Long feuillage. Terrains riches.

— *Coulteri,* Don (Pin à gros fruits). Californie, 30ᵉ. Même sol que le précédent. Ces deux espèces ont des cônes énormes.

— *Jeffreyi,* Balfour (Pin de Jeffrey). Californie, 40ᵐ. Terres profondes.

— *ponderosa,* Douglas (Pin lourd). Californie, 25-30ᵐ. Beau port. Tous terrains.

— *pinaster,* Solander (Pin maritime). 15-25ᵐ. Europe maritime. Très-répandu dans les Landes et en Sologne. Terres sableuses ; la Brenne.

— *pumilio,* Hæncke (Pin nain). 4ᵐ. Alpes de l'Europe centrale. Pour boiser des rochers en taillis.

— *sylvestris,* Linné (Pin sylvestre ou d'Ecosse). Europe, 25ᵐ. Terrains calcaires et autres.

— *Laricio,* Poiret (Pin de Corse). Europe méridionale, 30-40ᵐ. Bel arbre déjà répandu. Tous terrains.

— *rubra,* Michaux (Pin rouge). Amérique nord, 25ᵐ.

Pinus Austriaca, Hoss (Pin noir d'Autriche). 20–25^m. Montagnes de l'Autriche. Terrains calcaires et autres.

— *brutia,* Tenore (Pin de Calabre) 20-25^m. Terres calcaires et autres.

Ginkgo biloba, Linné (Ginkgo du Japon; arbre aux 40 écus). Japon et Chine, 30^m. Conifère à feuilles bilobées, caduques. Très-beau port; terrains frais et profonds.

Cephalotaxus Fortunei, Hooker (If de Fortune). Chine, 20^m. Encore peu répandu. Terrains frais et profonds.

Torreya taxifolia, Arnott (Torreya à feuilles d'If). Floride, 12^m. Très- élégant. Terres profondes.

— *myristica,* Hooker fils (Torreya muscadier). Californie, 8-15^m. Peu répandu. Comme le précédent.

Taxus baccata, Linné (If). Europe. Pour son bois.

— — *adpressa,* Carrière (If apprimé). Variété élégante à isoler.

— — *Dowastoni,* Carrière (If de Dowoston). Id.

Juniperus drupacea, Labillardière (Genévrier à drupes). Syrie, 12^m.

— *oxycedrus,* Linné (Genévrier cade). Région méditerranéenne.

— *Californica,* Carrière (G. de Californie). 12^m.

— *communis,* Linné (G. commun). Europe.

— *Virginiana,* Linné (G. de Virginie). 20-25^m. États-Unis.

— *Sabina,* Linné (G. d'Europe méridionale).

— *squamata,* Don (G. à écailles). Himalaya.

— *Chinensis,* Linné (G. de Chine).

— *excelsa,* Wildenow (G. élevé). Asie.

Tous les Genévriers se plaisent dans les plus mauvais terrains calcaires et sont de remarquables ornements des parcs, soit isolés sur les pelouses, soit sur les rocailles, quelques-uns en groupes *(J. Virginiana).*

Sciadopytis verticillata, Siebold (Sapin parasol). Japon, 40^m. Bel arbre aimant un sol léger, l'ombre et la fraîcheur.

Biota orientalis, Endlicher (Thuia de la Chine). 12^m. Terres légères et profondes. Sous-bois.

Thuia occidentalis, Linné (Thuia du Canada). Amérique nord. Terres légères et profondes.

— *plicata,* Don (T. plissé). Amérique nord. Terrains profonds.

Thuia Menziesii, Douglas (T. de Menziès, T. de Lobb.). Californie, 20^m. Se contente de mauvais terrains.

Libocedrus decurrens, Torrey (Thuia gigantea, Nutall). Californie, 40^m. Arbre superbe. Terrains profonds.

Thuiopsis dolabrata, Siebold (Th. en doloire). Japon, 20^m. Très-beau. Terrains profonds.

Chamæcyparis Boursieri, Decaisne (Cupressus Lawsoniana). Californie. 25-30^m. Superbe. Tous terrains.

— *Nutkaensis,* Spach (Thuiopsis borealis). Amérique boréale, 30^m. Très-beau. Terres assez riches.

— *pisifera,* Siebold et variétés (Ch. à fruits pisiformes). Japon. Ornement des pelouses.

Cupressus fastigiata, de Candolle (Cyprès pyramidal). Midi de l'Europe. Arbre funèbre, bien connu.

— — *horizontalis,* de Candolle. Variété à rameaux étalés.

— *funebris,* Endlicher (C. funèbre de Chine). 12-20^m. Port très-gracieux. Tous terrains.

— *Californica,* Carrière (C. de Californie). Joli feuillage.

— *Knightiana,* Hort (C. élégant de Kinght). Mexique, 30^m. Arbre très-beau et très-grand. Tous terrains.

— *Mac-Nabiana,* Murray (C. de Mac-Nab). Californie. Charmant arbrisseau.

— *Lambertiana,* Carrière (C. de Lambert). Californie, 25^m. Très-bel arbre, de croissance extrêmement rapide.

Ces Cyprès rustiques peuvent être plantés isolés sur les pelouses ou en groupes distancés; leur feuillage est extrêmement élégant. A défaut de terres fraiches et profondes, ils se contentent des sols ordinaires.

Taxodium distichum, Richard (Cyprès chauve.) De la Louisiane, 80^m. Bel arbre à feuilles rougissant et tombant à l'automne. Prairies humides.

Cryptomeria Japonica, Don (C. du Japon). 40^m. Bel arbre qui se dénude souvent chez nous. Sols frais et profonds.

— *elegans.* Japon. Petit arbre à feuillage léger, rougissant l'hiver. A isoler.

Sequoia sempervirens, Endlicher (S. toujours vert). Californie,
60-80^m. Arbre superbe, à placer dans les endroits frais, sol profond ; pousse inégalement ; jeunes rameaux sensibles au froid
dans les hivers rigoureux.

Wellingtonia gigantea, Lindley (W. géant). Californie, 100^m et
plus. Le plus grand arbre de l'hémisphère boréal. A isoler et à
essayer aussi en sylviculture. Redoute le calcaire et se plaît
dans tous autres terrains.

Nous n'avons qu'un mot à ajouter à cette énumération sommaire.
Il a trait à la plantation.

Nous recommandons de ne planter qu'en jeunes exemplaires,
afin de bien lier la jeune plante au terrain dès l'enfance. Beaucoup
de forts exemplaires ne peuvent jamais s'*accrocher*. Il n'y a d'exception que pour les plantations de parcs et jardins où l'on a besoin de faire un effet presque immédiat. Si l'on boise en plein, on
plantera à raison de 10,000 à l'hectare, soit chaque plant à 1 mètre
de distance de son voisin. Si tout vient bien, on éclaircira quand
les arbres se nuiront et l'on tirera parti du trop plein, les bonnes
espèces étant fort demandées par le commerce.

Un grand point consiste à savoir grouper les essences suivant
leur vigueur, la forme de leur feuillage et sa couleur et le mode de
végétation. Ce sont choses qui ne s'obtiennent que par l'expérience
et sont du domaine de l'art des jardins. Mais le côté sylvicole domine de beaucoup le côté ornemental dans l'avenir des Conifères et
le but que se propose l'auteur de cette notice est d'attirer l'attention sur les avantages multiples qui s'attachent aux essais à tenter
en grand dans l'Indre.

Ed. ANDRÉ,

Architecte-paysagiste (14, rue Léonie, Paris).

HUITIÈME SECTION.

SÉRICICULTURE ET ENTOMOLOGIE.

—

NOS ENNEMIS ET NOS AMIS.

MESSIEURS,

Je me propose, dans cette conférence, de vous parler de la protection que l'on doit à tous les destructeurs d'insectes, et particulièrement aux oiseaux, ces précieux auxiliaires sans lesquels l'agriculture deviendrait impossible. Je désire appeler votre attention sur cette question capitale dont l'importance est encore si mal comprise dans nos campagnes.

En passant en revue les animaux utiles et les animaux nuisibles, je me bornerai à considérer cette utilité et cette nocuité uniquement dans le sens restreint de l'égoïsme humain, car, dans l'acception générale, tous les êtres de la nature ont un droit égal à l'existence, et l'homme, sous ce rapport, est, pour ses commensaux, le plus nuisible et le plus destructeur des habitants du globe. Mais puisque l'homme est le roi ou plutôt le tyran de la création, puisque, à son point de vue, tout ce qui existe sur terre n'existe que pour sa nourriture et pour ses besoins personnels, puisqu'il lui faut vivre et que s'il ne dévorait pas il serait dévoré, il a raison d'user de sa puissance intellectuelle qui lui donne la supériorité dans la lutte pour l'existence; chez lui aussi, la force prime le droit et, paraphrasant le vieux proverbe : « Les amis de nos amis sont nos amis, » nous pouvons et nous devons dire :

Les ennemis de nos amis sont nos ennemis ;

Les amis de nos ennemis sont nos ennemis ;

Les ennemis de nos ennemis sont nos amis.

A nous, de rechercher et de connaître quels sont, parmi les êtres qui peuplent la terre, nos ennemis et nos amis, afin de détruire les uns et de protéger les autres.

Je poserai donc comme axiome cette phrase de Carl Vogt : « Tout » ce qui nous est opposé, nous est nuisible ; tout ce qui nous prête » directement ou indirectement secours pour la destruction de nos » ennemis, nous est utile. »

Les ennemis de l'agriculteur sont si nombreux, si acharnés, si insaisissables, que, livré à ses seules ressources, non-seulement il ne parviendrait jamais à entraver leurs ravages, mais qu'il serait condamné à mourir de faim ou à être dévoré par eux. Heureusement, l'homme, dans ce combat incessant, trouve autour de lui des auxiliaires infatigables que, trop souvent, hélas ! par ignorance et par ingratitude, il récompense des services rendus en leur faisant, à ses propres dépens, une guerre féroce et désastreuse.

« L'homme est un singulier soldat, a dit Edmond About ; il passe
» une moitié de sa vie à lutter contre les divers fléaux qui sont ses
» ennemis naturels, et le reste du temps à tirer sur les alliés que la
» nature lui donne. Ce n'est pas méchanceté pure, parti pris de faire
» le mal ; non, c'est simplement qu'il ne sait pas. »

En passant en revue les nombreux ennemis agricoles contre lesquels nous avons à lutter, j'établirai que le remède est à côté du mal ; je montrerai comment nous sommes à nous-mêmes notre plus cruel ennemi et comment il nous suffirait, la plupart du temps, de laisser agir librement les forces de la nature pour éviter des calamités renaissant annuellement avec une intensité de plus en plus grande.

Si un seul des insectes qui ravagent nos récoltes pouvait multiplier sans entraves, la terre deviendrait promptement inhabitable ; car, une seule chose surpasse leur prodigieuse fécondité, c'est leur merveilleuse voracité. Il importe donc au cultivateur de bien connaître ses ennemis sous toutes leurs formes, d'étudier leurs mœurs, leurs habitudes, leur genre de vie, afin de trouver des armes pour lutter contre eux ; mais, il n'échappera aux déprédations qu'ils commettent journellement qu'à une condition : c'est de protéger et de multiplier, le plus qu'il sera en son pouvoir, les auxiliaires naturels qui l'entourent et qui ne demandent qu'à vivre en lui rendant service.

Tous les ans, des plaintes s'élèvent unanimes de tous les points de la France contre les ravages causés par les insectes ; ces plaintes provoquent des enquêtes, des rapports officiels, suivis d'arrêtés administratifs plus ou moins exécutables. Ainsi, en 1861, M. le premier Président Bonjean, faisait au Sénat un remarquable rapport sur la question qui nous intéresse. Tout récemment encore, l'honorable M. Ducuing a présenté sur ce sujet un savant et consciencieux travail qui sera discuté quand il plaira à notre divinité législative, c'est-à-dire, à une époque inconnue de Dieu et des hommes ; pendant ce temps, les insectes, abusant du répit qui leur est donné, mettront à profit les longs jours des vacances parlementaires.

Tous ces rapports sont une chose excellente en soi, car, ils nous apprennent à connaître nos ennemis et nous indiquent les moyens de les combattre. Et pourtant, que deviennent ces enquêtes ? A quoi aboutissent ces louables et généreux efforts ? A rien ! Autant en emporte le vent. Il n'y a pas d'exemple, je crois, qu'une enquête officielle ait eu des résultats pratiques, et que son application soit sortie des hautes sphères administratives. Tant qu'une centralisation bureaucratique entravera l'essor de l'initiative individuelle, tant que les gouvernements, moins défiants de l'intelligence de leurs administrés, n'encourageront pas leurs efforts en stimulant leur apathie, tant que nous n'aurons pas appris à penser et à agir sans l'intervention du préfet, du maire et du garde champêtre, nous resterons des machines inconscientes, des rouages mal graissés, uniquement chargés de transmettre tant bien que mal des mouvements que nous ne comprendrons pas. L'autorité administrative nous a tellement acccoutumés à intervenir dans nos affaires particulières, que nous sommes toujours comme des enfants tenus en lisière : nous n'osons pas agir ; dès que l'intérêt général est en jeu, nous ne savons, nous ne voulons rien faire individuellement.

Herrera rapporte que, lors de la conquête du Mexique, les Espagnols trouvèrent dans les archives des palais de grandes quantités de sacs remplis d'insectes destructeurs de plantes et que, en réponse à leurs questions, on leur expliqua que le gouvernement, dans sa sollicitude pour l'agriculture, utilisait l'oisiveté des prolétaires et des invalides en leur faisant ramasser, en guise de tribut, une certaine quantité de ces parasites. Le jour n'est peut-être pas éloigné où notre gouvernement imitera celui des anciens Aztèques.

C'est à l'initiative individuelle que je m'adresse. Il faut que nous connaissions les ennemis de nos ennemis et que nous prenions la ferme résolution de les protéger, de nous-mêmes, envers et contre tous.

Sans doute, les gouvernements, les administrations prennent des mesures préventives excellentes ; mais, les règlements, quelque coercitifs qu'ils soient, resteront toujours lettre-morte tant que nous ne serons pas éclairés sur nos véritables intérêts, tant que nous ne saurons pas que, détruire sans nécessité un animal utile, c'est nous priver, de gaieté de cœur, du plus clair de notre revenu, c'est vider nos greniers et hâter la ruine de la ferme.

Pour cela que faut-il faire? Il faut observer, non pas superficiellement : l'observation superficielle entraîne à des erreurs ; mais, il faut observer patiemment, avec persévérance ; il faut lire, étudier, s'instruire, profiter des conseils et de l'expérience des autres ; et surtout il faut laisser agir les forces de la nature et ne pas entraver son œuvre en bouleversant sans raison les lois d'équilibre qu'elle a établies parmi les êtres.

I.

Des myriades d'insectes vivent au détriment des plantes qui fournissent à l'homme sa nourriture, ses bois de chauffage ou de construction ; qu'il regarde autour de lui, et il reconnaîtra que rien de ce qui sert à son usage personnel n'échappe à leur voracité : ses céréales, ses cultures potagères, ses arbres fruitiers, ses fleurs, ses prairies, ses bois de chauffage ou de construction, ses provisions animales ou végétales, ses animaux domestiques, lui-même enfin, tout paie un lourd tribut aux exigences sans cesse renaissantes de ces parasites insatiables.

La fécondité des insectes est prodigieuse. Le *Phlœotribus* de l'olivier pond jusqu'à 2,000 œufs ; dans certaines contrées de l'Allemagne, on a ramassé en une seule journée, par canton forestier, de 200 à 250 millions d'œufs de la nonne. La femelle de la piéride du chou pond 300 œufs environ et produit plusieurs générations du printemps à l'automne.

Les descendants d'un seul charançon peuvent s'élever dans une année au nombre de 23,000, mangeant chacun un grain de blé au moins ; la multiplication des chenilles et des pucerons est incalculable : une femelle de puceron donne ordinairement naissance à 90 jeunes ; or, comme il y a onze générations par an, du printemps à l'automne, amusez-vous à faire le calcul, ainsi que je l'ai fait moi-même et, à la fin de votre opération, vous vous apercevrez avec stupeur que cette femelle, dans son année, eût pu être la souche originelle d'une famille de pucerons s'élevant au nombre formidable de 3 sextillions, 138 quintillions, 105 quadrillions, 960 trillions, 900 billions, ainsi chiffrés : 3,138,105,960,900,000,000,000 !

Les dégâts causés par les insectes sont incalculables. Je ne parlerai pas des ravages produits à la vigne par le phylloxera ou même
la pyrale ; mais la seule larve de la cécidomye fait avorter annuellement dans l'un de nos départements de l'Est pour plus de 4 millions
de francs de blé en fleur. Dans certains champs, en 1856, la perte
causée par cet insecte s'éleva à près de moitié de la récolte. Pour
le colza, d'après des expériences faites à l'Institut agronomique de
Versailles, sur 20 cosses prises au hasard et ayant fourni
504 graines, 296 graines seulement n'avaient pas été ravagées ou
attaquées par les insectes, soit 33 p. 0/0 de perte en huile. La
nonne détruit en Allemagne des forêts entières ; on est parfois
forcé d'y exploiter des bois n'ayant pas encore atteint leur révolution de coupe parce que les arbres périssent sous les attaques des
insectes.

« Contre de tels ennemis, dit M. Bonjean, l'homme est frappé
» d'impuissance. Son génie peut mesurer le cours des astres, percer
» les montagnes, faire marcher un navire contre la tempête ; les
» monstres des forêts, il les tue ou les soumet à ses lois ; mais,
» devant ces myriades d'insectes qui, de tous les points de l'horizon,
» viennent s'abattre sur ces champs cultivés avec tant de sueurs, sa
» force n'est que faiblesse. Son œil n'est pas assez perçant pour
» apercevoir seulement la plupart d'entre eux ; sa main est trop lente
» pour les frapper ; et d'ailleurs quand il les écraserait par millions,
» ils renaîtraient par milliards. »

Presque tous les insectes nous sont nuisibles ; ceux qui nous
sont de quelque utilité sont bien peu nombreux : ce sont le ver-à-
soie, l'abeille, la cochenille, la cantharide, le cynips de la noix de
galle, ainsi que certains entomophages ; mais, il n'y a qu'un petit
nombre d'insectes carnivores qui se rendent utiles en en détruisant
d'autres plus petits ; la plupart, au contraire, nous sont souverai-
nement nuisibles. Cependant, beaucoup de leurs larves, en absor-
bant les débris animaux, les substances corrompues et en putréfaction, sont chargées de la voirie de la nature.

C'est parmi les coléoptères qu'il y a le plus d'insectes utiles à
l'homme. Beaucoup sont carnassiers, d'autres ne se nourrissent
que de matières en putréfaction, comme les fossoyeurs. Les cicin-
dèles sont les plus carnassiers des coléoptères. Il en est de même
de la famille des carabes : le carabe doré ou jardinière attaque les
autres insectes ainsi que les limaçons, les vers, les mille-pieds, les

perce-oreilles. Il fait un grand carnage de hannetons. Les staphylins et les fossoyeurs ou nécrophores sont tout aussi utiles; les bêtes à bon Dieu ou coccinelles sont les ennemis insatiables des pucerons. On fera donc bien de les respecter et de les laisser vaquer librement à leur œuvre utile de destruction. Les hémérobes, parmi les névroptères, et les syrphes, parmi les diptères, détruisent également les pucerons avec autant de voracité que les coccinelles.

Mais, les coléoptères nuisibles sont malheureusement beaucoup plus nombreux que les coléoptères utiles. Parmi eux, se rangent en première ligne les charançons ou becmares. De tout le règne animal, cette famille des curculionides est, sans contredit, celle qui nous cause le plus de dégâts. Les charançons déposent leurs œufs dans l'intérieur des graines, des fruits, des feuilles, des bourgeons, des rameaux et des tiges, où éclosent leurs larves dévorantes. Il y en a une infinité d'espèces, 20,000 environ, qui attaquent toutes nos plantes utiles. Les plus connus et les plus terribles sont le charançon de la vigne, ou attélabe, que l'on confond souvent avec le gribouri sous les noms vulgaires de Lisette, bêche, écrivain, coupe-bourgeons, et le charançon noir, calandre ou ver noir du blé. Le premier, qui ronge les pousses tendres et les jeunes scions de la vigne et dépose ses œufs dans les feuilles roulées en forme de cigares, cause parfois des dégâts considérables dans certains vignobles; le second, si défavorablement connu des cultivateurs, fait dans les greniers des ravages incalculables. La calandre introduit son œuf dans un grain de blé; bientôt, la larve éclôt, se développe, consomme toute la substance farineuse, se métamorphose en chrysalide, puis quarante jours plus tard, vers le mois de juillet, en coléoptère qui, complètement développé, se nourrit exclusivement de la farine du blé. Pendant certaines années, l'accumulation de ces millions de charançons produit une chaleur telle que l'on ne peut tenir la main dans le tas de blé. Les céréales sont en outre attaquées par d'autres coléoptères : le taupin strié, qui, à l'état de larve, ronge les racines du froment; la calandre du riz, le *curculio sanguineus* du seigle et l'*altica cœrulea* de l'orge. Qui de nous ne connaît les dégâts causés par les altises aux semis de betteraves et à la plupart de nos plantes légumineuses, lorsqu'elles sont encore à l'état cotylédonaire. Chez la même famille, les capricornes, les perce-bois, etc., creusent dans les arbres des galeries où ils déposent leurs œufs et soit par eux, soit par leurs larves, causent dans les forêts et dans les parcs des dégâts irréparables.

Les hannetons occasionnent bien plus de ravages pendant la longue période de près de trois ans qu'ils passent sous terre, à l'état de larves, que durant les courtes semaines où ils vivent à l'état d'insectes parfaits. Et pourtant, sous cette dernière forme, les dégâts qu'ils ont faits, en 1865, dans le seul département de la Seine-Inférieure, ont été évalués à 25 millions de francs. Les vers blancs, turcs ou mans, sont les plus terribles destructeurs de plantes de toute nature : salades, choux, raves, haricots, lin, chanvre, céréales, racines de fraisiers, gazon, pommes de terre, oignons, etc., voilà leur principale nourriture. Aussi, en 1871, le Conseil général de l'Aisne a-t-il voté une somme de 1,000 francs destinée à récompenser l'auteur du meilleur procédé de destruction de la larve du hanneton. Dans les champs en culture, les corbeaux, les choucas, les corneilles, les étourneaux, les pies, les perdrix et un grand nombre d'autres oiseaux suivent la charrue ou grattent les sillons fraichement remués pour nous débarrasser de ces ennemis redoutables; mais, dans les prés, les bois, les pacages, où les oiseaux ne peuvent les atteindre, où ils sont insensibles au froid, où ils résistent à des inondations même prolongées, il n'y a qu'un seul moyen de les détruire : c'est de favoriser la multiplication des taupes. Quant au hanneton proprement dit, il apparaît pendant certains printemps en bataillons tellement pressés que les oiseaux eux-mêmes n'y peuvent plus suffire et qu'il faut lui faire la chasse, matin et soir, quand il est engourdi.

Parmi les lépidoptères, à l'exception du ver-à-soie, toutes les larves de papillons sont excessivement nuisibles. Aucun autre ordre d'insectes ne produit autant de ravages que les chenilles qui, toutes, sont esclaves d'une voracité incroyable.

Les chenilles des papillons blancs ou piérides ravagent surtout nos jardins ; elles s'attaquent aux poiriers, pommiers et pruniers ; aux choux, à l'œillette, aux choux-raves, aux choux-navets ; à la rave, au réséda ; aux navets, au colza, etc.; car, la plupart des lépidoptères ont une préférence marquée pour les plantes de la famille des crucifères. Cependant, ils ne dédaignent pas nos autres plantes : ainsi, le houblon est rongé par une pyrale et par l'*hépialia humularia ;* la capucine par des brassicaires ; l'œillet par une chenille arpenteuse ; le cerfeuil, les laitues, les pois, le trèfle, etc., par différentes sortes de phalènes, etc. Les chenilles du sphinx sont très-voraces mais peu nombreuses, et, par conséquent, peu dangereuses ; celle de la tête-de-mort vit sur les pommes de terre. Les bombyx sont plus à craindre à cause de leur nombre prodigieux. La plupart de leurs chenilles, entre autres celles de la livrée, dont les œufs sont enroulés en forme d'anneau autour des branches, dévorent les feuilles de nos arbres. Dès les premiers jours du printemps, ceux-ci sont assiégés par une armée innombrable de parasites, en tête desquels se placent les processionnaires.

Les chenilles des noctuelles sont aussi des ennemis redoutables. Parmi elles, il convient de citer la noctuelle du chou, qui perce le cœur des choux et les rend immangeables ; la noctuelle des laitues, qui détruit les salades et les choux ; la noctuelle des prés, qui dévaste les prairies artificielles et les rays-grass ; la moissonneuse qui, en automne, ravage les jeunes céréales ; la noctuelle du foin qui, dans le Nord, dévore parfois les prairies en totalité ; la noctuelle des petits pois, qui dévaste les légumes et le chanvre, etc. La chenille du petit phalène hiemale apparaît parfois en quantités innombrables et détruit la récolte des fruits.

Les pyrales, les tordeuses, les teignes nous attaquent invisiblement dans nos champs et nos bois, dans nos jardins et nos prairies, dans nos étables, nos granges et nos maisons. La pyrale du colza, la pyrale de la vigne, la tordeuse des vignes, la tordeuse des pommes, celle du prunier et des autres arbres fruitiers, causent de notables dégâts à nos diverses espèces de culture. La *phalœna secalina* fait avorter les épis de seigle ; le ver blanc ou teigne des blés, plus connu sous le nom d'alucite, produit dans les greniers des ravages incalculables ; chaque chenille peut dévorer de vingt à trente graines qu'elle agglutine ensemble. Les teignes de la fourrure, des habits, des tapis, des matelas, de la laine, des crins, sont le désespoir des ménagères ; la teigne de la cire cause de grandes pertes aux éleveurs d'abeilles.

Si nous passons aux orthoptères, nous ne trouvons que des ennemis, car à l'exception de la carnassière mante prie-Dieu qui saisit les autres insectes, particulièrement les mouches et les sauterelles, et les coupe avec ses pattes en harpon, toutes les autres espèces ne se nourrissent que de substances végétales, et leurs essaims sont parfois tellement nombreux que les récoltes sont littéralement dévorées en un clin-d'œil. Il suffira de citer la sauterelle ou criquet de passage dont la triste renommée est connue partout ; la taupe-grillon ou courtilière, qui fait tant de ravages dans nos cultures bien qu'elle les préserve en partie des atteintes du ver blanc et du ver rouge ; les perce-oreilles, qui dévorent nos plus belles plantes fleuristes ; ainsi que la petite sauterelle grise, la grande sauterelle, les criquets, les truxales et les autres sauterelles. Cependant, le grillon domestique et le grillon des champs sont des hôtes parfois désagréables à cause de leur chant monotone, mais nullement nuisibles.

Parmi les hémiptères, quelques-uns, comme les punaises des bois, sont utiles en ce sens qu'ils sont carnassiers et qu'ils aident à la destruction d'autres insectes. Je n'en dirai pas autant de la punaise de lit qui, dans certaines localités, fait la désolation des honnêtes dormeurs. D'autres se nourrissent de plantes, entre autres la punaise du chou, et détruisent dans les jardins des plants entiers de légumes. Il ne faut pas oublier également, parmi les insectes nuisibles appartenant à cette famille, la cigale, si commune dans les contrées méridionales ; malgré les chants poétiques que lui a consacrés Anacréon, elle suce le suc des plantes et les fait périr. A côté des cigales se placent les psylles ou faux pucerons, qui détruisent au printemps les boutons à fleurs et à feuilles des pommiers et des poiriers ; les pucerons parasites, encore plus nuisibles pour les plantes : ce sont eux qui sont les véritables vaches à lait des fourmis ; ils s'installent sur les feuilles des rosiers et des arbres fruitiers en quantités tellement considérables qu'ils finissent par les faire périr. Heureusement qu'ils ont de nombreux ennemis tels que les coccinelles, les mites rouges, les larves des syrphes, des bombyles et des hémérobes, les punaises, la petite fauvette et le roitelet. Enfin, dans la même famille, les microscopiques coccidés s'attaquent avec acharnement aux rosiers, pêchers, chênes, vignes, citronniers, orangers, etc.

Les névroptères sont généralement plus utiles que nuisibles, grâce à leurs instincts carnassiers, et, parmi eux, il ne faut pas oublier les fourmis-lions, ainsi que les demoiselles terrestres, qui détruisent une masse énorme de pucerons.

Enfin, parmi les diptères, nous retrouvons des insectes nuisibles à tous les titres : les taons, les mouches piquantes, les mouches-araignées, les cousins, les moustiques, qui tous sucent avec férocité le sang des hommes et des animaux ; les œstres, dont la larve vit en parasite dans l'organisme vivant ; les cécidomyes si dévastatrices : la terrible cécidomye du blé ou mouche hessoise, qui fait tomber et faner la tige du froment avant la formation de l'épi ; les cécidomyes des jardins, qui, avec la mouche en deuil, détruisent trop souvent une partie des récoltes des poires ; la mouche des betteraves, des oignons, du chou, du cerisier, qui toutes, ainsi que leur nom l'indique, compromettent une grande variété de nos plantes cultivées. Certaines mouches du genre oscina déposent aussi leurs œufs dans les tiges des céréales qui, servant ainsi de nourriture à leurs larves, se dessèchent et meurent. Des dégâts analogues sont causés par la *tephritis strigula* et par les diverses espèces de *sapromyza*. Quant aux tachines, aux mouches rapaces et aux syrphes, elles nous rendent de véritables services en détruisant beaucoup d'autres larves et d'insectes nuisibles.

Les insectes ne sont pas nos seuls ennemis ; nous avons également des comptes sévères à demander aux mollusques et aux mammifères rongeurs. Parmi ces derniers, ceux qui causent le plus de dégâts sont le rat commun et la souris, qui vivent dans nos maisons, tuent les poussins, les pigeonneaux et les petits lapins, mangent le grain, le foin, les harnais, les étoffes, etc. ; le surmulot, qui fait la guerre à tous nos petits animaux domestiques ; le mulot qui, avec le rat champêtre et le rat des moissons, dévore dans les champs une grande quantité de grains : il s'attaque également à l'écorce et aux racines des arbres ; le lérot, qui dévaste les vergers ; le campagnol, qui vit de grains, de fruits, de racines. Les ravages occasionnés par les campagnols sont évalués à plusieurs millions ; parfois, ces souris, dont la portée ordinaire est de neuf à dix petits, pullulent tellement qu'elles dévorent tout ce qui se trouve sur leur passage. Il y a trois ans, une partie de nos départements de l'Est ont été dévastés par ce fléau qui, pour comble de malheur, coïncidait avec celui des Prussiens.

Parmi les mollusques, les deux genres nuisibles sont les limaçons et les limaces ou loches. Ces animaux se nourrissent principalement des plantes et des fruits cultivés par l'homme et, dans certaines années, ils deviennent une véritable calamité. Les blaireaux, les hérissons et surtout les crapauds, ainsi que les porcs, les volailles, les corbeaux et autres oiseaux, en font une énorme consommation.

II.

Contre tant d'ennemis, le cultivateur livré à lui-même est impuissant, et il a besoin d'auxiliaires qu'il doit connaître et protéger avec soin. Quelle main sera assez preste, assez habile pour atteindre dans leurs imperceptibles retraites ces myriades d'œufs et de larves microscopiques qui demain dévoreront nos récoltes ? En vain, l'homme les tuera par millions, ils renaîtront par milliards et, désespéré, anéanti, brisé, il verra toujours ses efforts impuissants et stériles tant qu'il restera seul, face à face avec son ennemi, tant qu'il continuera à méconnaître les lois d'équilibre de la nature et à faire la guerre aux âpres chasseurs des parasites qui le minent et le rongent.

Plusieurs d'entre vous connaissent sans doute l'antique et poétique légende de la fourmi Thermès : L'homme, en établissant les fondations des villes, avait détruit ses retraites souterraines ; la fourmi Thermès lui déclara une guerre implacable ; patiente, obstinée, elle fouillait autour des blocs de pierre, elle creusait sous les colonnes de marbre des palais d'innombrables galeries ; le sol miné s'effondrait, entraînait avec lui les monuments qui écrasaient les habitants dans leur chute. En vain, l'homme poursuivait son ennemie insaisissable ; celle-ci s'enfonçait dans les profondeurs de la terre et ne remontait au jour que pour saper des villes nouvelles et causer de nouvelles ruines.

Tel est le sort de l'homme abandonné à lui-même, seul, en présence des insectes ; et, depuis longtemps, sans culture possible, sans bestiaux, il eût péri, livré aux horreurs de la famine, si l'oiseau et d'autres auxiliaires n'étaient venus à son secours.

« Chaque animal, chaque plante nourrissent leur parasite : les » insectes qui s'attaquent à nos cultures et à nos animaux domesti-. » ques portent aussi avec eux leurs ennemis. Le développement » d'une espèce amène l'accroissement d'une espèce hostile ; c'est » ainsi que la nature maintient l'équilibre dans la création : la des- » truction des uns et la conservation des autres. » (1)

Sans cette loi naturelle de la concurrence vitale, si chaque être sur terre n'avait pas ses ennemis spéciaux, si la mort, incessante

(1) Noguès, *Traité d'Histoire naturelle.* — Paris, V. Masson.

pourvoyeuse de la vie, n'avait mis un frein à l'exubérance de propagation de la matière organisée, notre petite planète ne pourrait
plus, depuis des milliers de siècles, abriter dans son giron ses
trop nombreux enfants, et je me demande comment elle eût fait
pour élargir son étroite ceinture. Mais non ! Dès qu'un être quelconque, végétal ou animal, se multiplie au point d'acquérir un développement anormal, d'autres êtres viennent, l'attaquent et l'empêchent de rompre l'équilibre qui garantit l'existence des espèces.

« La nature véritable, a dit M. Carl Vogt dans un livre qui de-
» vrait être entre les mains de tout le monde (1), est dans un état
» réel de guerre ; pour exister, chacun livre un combat incessant
» contre des ennemis et des concurrents auxquels, par moments,
» l'hiver impose une halte qu'on peut appeler la trève des saisons.
» Quand nous parlons de paix dans la nature, nous ne faisons que
» reporter en elle nos sentiments du moment, et nous nous aban-
» donnons à des illusions motivées par la disposition de notre esprit.
» Nous aimons à nous coucher tranquillement dans le frais gazon de
» la forêt, au bord du ruisseau qui murmure ou dans la mousse
» épaisse, et nous sommes alors portés à chanter dans notre cœur
» un dithyrambe pour célébrer la paix de la nature. Et cependant
» tout autour de nous, dans l'air, dans le gazon, dans la terre et dans
» l'eau, la mort veille, et tous les animaux grands et petits, dont
» nous suivons avec plaisir les mouvements, se font une guerre per-
» pétuelle pour soutenir leur propre existence. Voyez ce petit oiseau
» qui sautille si gracieusement de branche en branche et qui, par
» instants, s'arrête pour gazouiller ; il semble se livrer à des occupa-
» tions paisibles, et cependant il nourrit des pensées de meurtre
» contre les mouches qui se chauffent au soleil sur les feuilles des
» arbres. Le pic que vous entendez cogner au loin, par ses coups,
» fait sortir des insectes ou des larves pour son dîner. Cette jolie
» guêpe svelte à ailes vibrantes, l'ichneumon, qui volète de fleurs en
» fleurs, cherche une malheureuse victime pour la transpercer de
» son aiguillon. Au milieu des travaux et des soins auxquels il se
» livre pour soutenir sa propre existence aux dépens des autres créa-
» tures, l'homme est entouré de combats ; non-seulement il accepte
» tout être qui est son allié, cette alliance fut-elle le fruit d'un calcul

(1) Leçons sur les animaux utiles et nuisibles. *Les Bêtes calomniées et mal
jugées.* — Paris, Reinwald.

— 344 —

» égoïste, mais il le protége et le respecte sans réfléchir aux autres
» qualités morales qu'il pourrait quelquefois chercher chez son
» allié. Est-ce que l'ibis honoré par les anciens Egyptiens, est-ce
» que la cigogne et l'hirondelle protégées en Allemagne et en Suisse,
» est-ce que ces utiles animaux, se nourrissant exclusivement de
» bêtes vivantes, sont moins cruels que le faucon que nous poursui-
» vons de toutes les façons ? Il est vrai qu'il y a une différence ! Les
» uns ne mangent que des bêtes immondes, nuisibles ou incommo-
» des, tandis que les autres dévorent des animaux que nous nous
» proposons de manger nous-mêmes. »

Dans les pays où la terre est régulièrement labourée, le soc de la
charrue ramène tous les ans à la surface du sol les œufs que les
sauterelles ont déposés à quelques centimètres de profondeur, et
les pies, les corbeaux, les insectivores en font promptement justice.

Mais il n'en est plus de même dans les contrées incultes et inha-
bitées, dans les vastes steppes de la Russie méridionale et dans les
plaines arides qui s'étendent au pied de la chaine de l'Atlas. Là,
rien n'entrave l'éclosion des œufs et bientôt apparaissent des nuées
de sauterelles dévorant tout sur leur passage, fléau vivant contre
lequel tous les efforts sont impuissants, jusqu'au jour où, ayant tout
ravagé, elles sont condamnées, elles aussi, à périr de faim. Si toutes
les terres pouvaient être habitées et cultivées régulièrement, les
sauterelles finiraient par disparaitre graduellement par suite du
concours de nos amis les oiseaux.

Le puceron vert, dont les nombreuses générations causent tant
de ravages à nos cultures et font perdre annuellement tant de
récoltes de colza, serait un mal sans remède, s'il n'avait parmi les
coléoptères un ennemi acharné : la coccinelle, grâce à ses yeux à
facettes qui lui permettent de voir les infiniment petits mieux que
nous avec le secours de la loupe ou du microscope, détruit, non
les pucerons, mais leurs œufs qui sont d'une si excessive petitesse
qu'ils échappent à notre observation. Là où sont nombreuses les
coccinelles n'existent pas de pucerons ; ils sont tous, jusqu'au
dernier, dévorés dans l'œuf.

Le cochylis de la grappe ferait de grands ravages sans la
présence d'un coléoptère, le malachie bronzé, qui se nourrit spécialement de ses œufs et de ses larves. Mais dans certaines contrées où n'existe pas le malachie bronzé, en Espagne, en Italie,
dans les vignobles de vins de liqueur, le cochylis de la grappe se

multiplie sans obstacle et il cause des dommages considérables dès que les oiseaux ne sont plus assez nombreux pour le détruire.

Le chlorops est une mouche qui, à l'automne, dépose ses œufs un par un dans les jeunes tiges du blé ; mais on ne s'aperçoit des ravages causés par la larve qu'au moment de l'épiage ; la substance intérieure de la plante est dévorée et l'épis avorte; on dit alors que le blé a le ver. L'homme est impuissant à combattre le chlorops ; l'hirondelle seule peut, avant son émigration hivernale, lui rendre ce service en détruisant la mouche sans lui laisser le temps d'opérer sa ponte; mais si l'automne est doux et si l'hirondelle, trouvant d'autres insectes en suffisance, a négligé de faire activement la chasse au chlorops, la récolte du froment pourra, l'été suivant, être sérieusement compromise.

Vous le voyez, si nos ennemis sont innombrables et voraces, les ennemis de nos ennemis sont également nombreux, actifs et féroces, et nous n'avons qu'à les laisser agir en toute liberté, ils sauront bien préserver nos cultures des atteintes dévastatrices auxquelles elles sont incessamment en butte.

Parmi les insectes utiles, à côté de ceux dont j'ai déjà eu occasion de parler, il faut placer le carabe doré ou jardinière, le meilleur chasseur de ces petites fourmis noires qui sont le fléau des vergers, des potagers et souvent des cuisines; les ichneumonides et les guêpes fouisseuses, ces hyménoptères qui détruisent tant d'insectes nuisibles ; les abeilles sauvages et les bourdons, qui aident à la fructification de la plupart de nos plantes cultivées, etc. Quant aux arachnides, elles sont pour la plupart utiles à l'homme, qu'elles appartiennent à la classe des araignées fileuses ou à celle des araignées-loups, et elles doivent être protégées malgré leur laideur et leur aspect repoussant. Le théridion bienfaisant, par exemple, est ainsi nommé parce qu'il est l'ennemi acharné de la pyrale de la vigne et de la teigne de la grappe. Il en est de même des faucheurs, proches voisins des araignées proprement dites, véritables chasseurs de nuit qui sont d'une incontestable utilité.

A part l'aspic et la vipère, les serpents en général et particulièrement les couleuvres, sont inoffensifs et utiles, et je ne m'explique pas la répulsion qu'ils inspirent, quand on sait la facilité avec laquelle ils peuvent s'apprivoiser. Il en est de même du lézard et surtout de l'orvet ou langou, petit lézard sans pattes que l'on prend communément pour un serpent et que comme tel on poursuit et brise sans pitié. C'est un des animaux les plus innocents et les plus utiles que l'on puisse posséder dans un jardin et il rivalise avec les autres lézards dans la destruction des insectes, limaçons et limaces.

Les batraciens amphibies, rainette, grenouille, salamandre, crapaud, doivent aussi être précieusement conservés et protégés, et pourtant les deux derniers surtout sont un sujet d'exécration et de haine sauvage. La salamandre, objet d'effroi superstitieux, sur le compte de laquelle on a débité tant de fables absurdes, se tient dans les lieux sombres et humides et se nourrit de vers, de limaces et d'insectes. Quant au crapaud, que de méfaits ne lui prête-t-on pas ? Combien d'erreurs, combien de calomnies n'a-t-on pas entassées sur lui ? Ainsi, ne prétend-on pas que sa morsure est vénimeuse : or, les mâchoires du pauvre malheureux sont complètement dépourvues de dents et de substance cornée quelconque. Comment mordrait-il ? Ne prétend-on pas qu'il tète les chèvres et les vaches dans les étables : que l'on examine la conformation de sa bouche et l'on reconnaîtra que l'action de téter lui est complètement impossible ; ne prétend-on pas qu'il sécrète une bave et un liquide caustique dont l'action est dangereuse pour l'homme : or, le crapaud a très-peu de bave et sa sécrétion cutanée est si peu corrosive que ceux qui le touchent ou le disséquent n'en sont nullement incommodés et n'éprouvent aucune trace d'irritation sur la peau. Ah ! si nous surmontions notre répulsion instinctive et injustifiable, si nous voulions nous donner la peine d'observer, d'examiner, avec soin, nous verrions bien vite que le crapaud détruit une telle quantité d'insectes, de coléoptères, de vers, de larves, de limaces, qu'il est impossible de trouver un gardien plus sûr, plus fidèle, plus zélé pour protéger nos jeunes plantes potagères. Les Anglais ont si bien compris l'utilité du crapaud qu'ils viennent en acheter des quantités en France, au prix de 20 à 25 francs la douzaine, et qu'ils les mettent dans leurs jardins maraîchers au milieu desquels ils ont préparé des abris spéciaux. Aussi, M. Vogt a-t-il dit avec raison : « On pourra aisément se convaincre qu'un jardin dans
» lequel habitent des crapauds, des orvets et des taupes, rapporte
» beaucoup plus de légumes que celui qu'on a débarrassé avec soin
» de tous ces reptiles et de ces fouisseurs ; alors, on y entretiendra,
» avec plaisir, des crapauds et on les verra devenir de véritables
» animaux domestiques. »

Quand je vois des enfants et des hommes torturer froidement

ce pauvre être, laid, timide, inoffensif ; quand je vois des misérables le suspendre par une patte à un bâton fiché en terre, le laisser *grâler* au soleil et mourir lentement, à petit feu, dans des souffrances inouïes, oh ! alors, mon cœur se serre, et je voudrais avoir le droit de punir des férocités aussi stupides que barbares. Ce penchant à la destruction, et dont la passion de la chasse est le raffinement aristocratique, l'homme le tient d'un ancêtre qui lui est commun avec la brute et nous devons y voir une des preuves les plus convaincantes de la théorie de l'évolution. Comme l'animal, il ne détruit pas seulement pour détruire, il tue pour voir souffrir ; il cherche des raffinements à sa cruauté. Tous les peuples à l'état barbare, tous les peuples soi-disant civilisés dans leurs heures de folie — nous l'avons vu il y a trop peu de temps hélas ! pour que ce souvenir sanglant soit déjà effacé de notre mémoire, — enfin, tous les enfants, en général, lorsqu'ils ne savent pas encore feindre, nous donnent chaque jour des exemples frappants de leurs instincts naturels de cruauté. Et si, en dehors des guerres qui lui sont imposées par ce qu'il appelle ses rois, l'homme ne tue plus habituellement son semblable ; en revanche, il s'attaque à des animaux inoffensifs, faibles, sans défense, et il colore sa barbarie par le grand mot de chasse. Si la civilisation apporte à l'homme quelques lueurs d'une humanité factice qui, trop souvent, n'est qu'hypocrisie, on voit bientôt sa nature cruelle prendre le dessus dans les instants où il est emporté par la passion et où il ne songe plus à s'observer lui-même.

Mais je m'arrête, car je me vois lancé dans des considérations qui m'entraîneraient beaucoup trop loin, et qui me feraient complètement perdre de vue mon sujet.

Les mammifères insectivores sont également pour l'homme de précieux auxiliaires agricoles et ces humbles bienfaiteurs de l'humanité, pour prix de leurs services, sont le plus souvent conspués, poursuivis, traqués, torturés, et finalement mis à mort avec tous les raffinements de cruauté que peut inventer la bestialité franchement féroce du roi de la création. En tête, il convient de citer la chauve-souris, le hérisson, la musaraigne et la taupe. Leur voracité est telle que plusieurs d'entre eux peuvent consommer par jour leur propre poids de nourriture.

Parmi ces mammifères, le plus utile est sans contredit la chauve-

souris qui, du soir au matin, tandis que nous reposons tranquillement, fait la garde autour de nos vergers, en poursuit tous les
maraudeurs crépusculaires et fait une consommation effrayante de
hannetons, de scarabées, de livrées, de pyrales, de bombyx, de
papillons de nuit dont les chenilles, phalènes, noctuelles, arpen-
teuses, tordeuses, alucites, teignes et autres, causent à nos récoltes de si grands ravages.

« Kolh a vu une noctule, l'une des plus grosses de l'espèce, ava-
» ler vingt-trois hannetons de suite, et il s'est assuré qu'une pépis-
» trelle, notre plus petite espèce, n'était pas rassasiée après un
» repas de soixante-dix mouches. » (*Bul. de la Société protect.*
» *des anim.* Mars 1869.) »

Ce que la chauve-souris, gendarme aérien, fait dans les airs, la
taupe, gendarme souterrain, le fait dans le sous-sol, en chassant,
avec une activité aussi infatigable, des vers rouges, gris ou blancs,
des insectes de toute espèce, des coléoptères, des mille-pieds et
autres larves souterraines. La taupe, animal exclusivement car-
nassier, ne se nourrit jamais de substances végétales, et si parfois
elle attaque des racines, c'est qu'au milieu d'elles se trouvent des
vers, des insectes et surtout des larves. Non-seulement, la taupe
ne peut nuire à nos plantes ; mais, elle les préserve en faisant une
guerre incessante, acharnée, sans merci à tous les animaux qui
vivent sous terre au détriment de nos récoltes. Dans les terrains
à sous-sol imperméable, ses galeries sont un drainage naturel ;
dans les prés, ses taupinières, en remuant le sol, divisent la terre,
la labourent et permettent à l'herbe d'enfoncer plus profondément
ses racines ; dans les jardins, sa voracité entrave les ravages que
causent les vers et les larves. Je sais bien que tous les jardiniers
maudissent la taupe et lui font une guerre à mort, quand ils voient
des semis en rayons, des plantations de choux ou de salades tirées
au cordeau, légèrement soulevées ou déviées de la ligne droite par
ses galeries et par ses évents ; mais, que sont ces légers ennuis
auprès des immenses services rendus par ce chasseur infatigable ? Et si nos jardins ne sont pas ravagés, si nos prairies sont
verdoyantes, si nos pépinières ne sont pas dévastées, si nos
arbustes n'ont pas leurs racines coupées et dévorées, c'est à la
taupe que nous le devons, à la taupe contre laquelle on a fait des
lois destructives, à la taupe contre laquelle ont été écrits de gros et
indigestes volumes intitulés l'*Art du taupier*, à la taupe que tous

les jardiniers sans exception et que tant de propriétaires, impardonnables d'ignorance, poursuivent avec une rage si fanatique, un acharnement si stupide. Je voudrais que l'on fît des taupes les gardiens vigilants de nos jardins; je voudrais qu'au lieu de les traquer on aidât à leur propagation et que l'on s'en servît pour nettoyer toutes les terres en culture de cette vermine souterraine qui cause tant de dégâts à nos récoltes. Que les cultivateurs, que les jardiniers suivent ce conseil et ils s'en trouveront bien.

La musaraigne des champs et des bois, aussi hargneuse, aussi vorace, aussi carnassière, aussi infatigable que la taupe, rend les mêmes services que celle-ci à la surface et dans les couches supérieures du sol. Comme la taupe, elle a droit à notre protection et à notre sollicitude.

Quant au hérisson, ce pauvre animal disgracié, que les enfants et les grandes personnes torturent d'ordinaire avec tant de cruauté, il mérite, par ses précieuses qualités, que ne vient ternir aucun défaut, d'être érigé au rang d'animal domestique. Insectes, colimaçons, coléoptères, vers blancs, vermine de toute sorte, telle est sa nourriture. Il chasse et détruit les souris et, sous ce rapport, il rend plus de services que le chat dont il n'a pas les vices et l'hypocrisie. En outre, il est insensible aux venins et peut être impunément mordu par la vipère dont il fait souvent son régal. Le hérisson, contre lequel on a propagé tant de contes menteurs, absurdes, extravagants, est un animal éminemment tranquille et utile: introduit dans nos jardins, dans nos granges, dans nos étables, il deviendrait un de nos plus précieux auxiliaires.

Mais, ce sont encore les oiseaux qui sont nos meilleurs amis, nos plus agréables serviteurs; grâce à leur grand nombre et à leurs appétits variés, chacun d'eux choisit sa proie, s'attaque plus spécialement à une espèce déterminée, la chasse, la traque et la détruit au grand profit de nos cultures.

Les oiseaux, dont tous les organes sont merveilleusement appropriés à leurs genres divers de nourriture, et qui, de plus, se trouvent doués d'une remarquable activité qui les contraint à dévorer sans cesse pour entretenir la chaleur de leur sang, sont pour l'homme des auxiliaires indispensables, chargés de maintenir une harmonie constante entre les forces de la nature, de pondérer leur équilibre et de s'opposer, avec une vigilance toujours en éveil, à la multiplication anormale et dévastatrice des innombrables légions

de nos ennemis. Aussi, Michelet a-t-il eu raison de s'écrier :
« L'oiseau peut vivre sans l'homme, mais l'homme ne peut se
» passer de l'oiseau. »

Chaque espèce a son rôle, chacune a sa spécialité. Il y a
quelques années, M. Florent-Prévost, alors aide-naturaliste
au Muséum d'histoire naturelle, est parvenu, en examinant et
en comparant attentivement les débris trouvés dans l'estomac
des diverses espèces d'oiseaux, à déterminer non-seulement quelle
est la quantité d'insectes dont chacune d'elles se nourrit ; mais
aussi, quels sont les insectes qu'elles recherchent et détruisent
spécialement et, par conséquent, quelles sont les plantes qu'elles
protégent. Le savant investigateur a pu constater ainsi le régime
alimentaire des oiseaux de nos climats, et il a été amené à ranger
dans trois classes principales les 330 espèces qui pondent en
France.

Dans la première classe sont les oiseaux nuisibles indirectement,
parce qu'ils détruisent des oiseaux utiles : cette classe est peu nombreuse et elle ne comprend que quelques rapaces diurnes à vol
léger.

Dans la seconde classe sont les oiseaux granivores alternativement nuisibles et utiles, suivant qu'ils se nourrissent de grains et
d'insectes : le pigeon est le seul oiseau purement granivore ; l'alimentation des autres varie suivant les saisons, mais, en somme,
les services qu'ils rendent dépassent de beaucoup les dégâts qu'ils
peuvent causer.

Enfin, la troisième classe comprend :

1° Les oiseaux de proie nocturnes, chouettes, effraies, scops,
hiboux, oiseaux utiles à tous les points de vue, puisqu'ils détruisent les rats, les souris, les campagnols, les mulots, les loirs,
les lérots, les papillons de nuits, les insectes crépusculaires :

2° Les oiseaux purement insectivores, grimpereaux, piverts,
engoulevents, hirondelles, becs-fins, rossignols, fauvettes, traquets, rouges-gorges, bergeronnettes, roitelets, etc.

M. A. Humbert, dans un ouvrage qui devrait être lu, médité,
appris par cœur dans toutes nos écoles, *Jean le Dénicheur*, rend
compte en ces termes de quelques-uns des résultats auxquels est
arrivé M. Florent-Prévost, après quarante années d'études, d'in-
vestigations, d'autopsies faites sur toutes les espèces des oiseaux
de nos pays :

« Ici, un roitelet huppé, la poitrine ouverte et remplie d'œufs de
» papillon, laisse voir des chenilles qu'il a dévorées dans leurs
» germes;

» Là, une perdrix étale aux regards : des semences de mau-
» vaises herbes, des débris d'insectes, de vers, de limaces et de
» petits limaçons ;

» Plus loin est étendu un moineau, l'estomac bourré de mou-
» ches, de petits insectes et surtout de hannetons ;

» Au-dessus d'une huppe se trouvent les membres de nombreuses
» courtilières qu'elle a consommées à son dernier jour ;

» Une mésange est au milieu de dix cercles d'œufs de papillons
» trouvés en elle ;

» Un pic est couronné par toutes les larves d'insectes nuisibles
» dont il avait fait sa pâture ;

» Un étourneau semble encore menacer du bec les limaces, les
» chenilles et les sauterelles qu'on a placées auprès de son corps
» après les lui avoir enlevées de l'estomac ;

» Une bergeronnette laisse voir son petit cadavre tout rempli
» des quantités d'insectes qu'elle avait été picorer sur le dos même
» des bestiaux ;

» Enfin, dans un cadre immense qui tient à lui seul près de la
» moitié de la table, sont exposés les 642 estomacs d'autant de fau-
» vettes d'hiver, nommées aussi traîne-buissons. Ces fauvettes ont
» été prises à toutes les époques de l'année. Impossible de dénom-
» brer les milliers de vers, de larves, de chrysalides, de chenilles,
» de papillons, d'insectes de toutes sortes enfin, trouvés enfouis
» dans ces 642 estomacs ;

» Et seulement quelques graines, quelques baies de rosier,
» quelques fraises, cerises, groseilles et autres fruits rouges ;

» Humble et bien médiocre salaire pour tant de services rendus ;
» car, une patiente investigation au milieu de tous ces débris in-
» formes est parvenue à reconnaître une quantité d'acarus, de céci-
» domyes, de charançons, de hannetons, de teignes, de pucerons,
» de noctuelles, de tipules, de bruches, de cynips et de pyrales.

» Dans l'estomac de 18 martinets, tués du 15 avril au 29 août, on
» a trouvé 8,390 insectes, soit 466 par martinet et par jour. Dans
» tous ces débris révélateurs, ajoute M. A. Humbert, pas une
» graine, pas une parcelle de fruit, pas la trace du moindre végétal ;
» mais des membres brisés d'altises, ces fléaux du colza ; de bru-

» ches, ces rongeurs de légumes ; de calandres, ces ravageurs du
» blé ; de bostriches et de scolytes, ces destructeurs de nos arbres
» les plus précieux. »

Les seuls oiseaux qui doivent être franchement classés dans la
catégorie des animaux malfaisants, sont : les oiseaux de proie
diurnes à vol léger, faucons, éperviers, vautours, milans, hobe-
reaux ; bien qu'ils attaquent parfois certains rongeurs, ils détruisent en grande quantité des grenouilles et des petits oiseaux qui
sont nos auxiliaires.

Mais il n'en est plus de même des oiseaux de proie diurnes à vol
lourd, busards, buses, bondrées, harpayes, qui ne font que très-
accidentellement leur nourriture de nos protégés. Ne pouvant
happer au vol les autres oiseaux plus agiles, ils se nourrissent
presque exclusivement de petits mammifères : souris, rats, mulots
ou de gros insectes : hannetons, sauterelles, et ils nous sont par là
éminemment utiles. D'après Tschudi (*Des animaux nuisibles et des
oiseaux*), chaque buse commune et chaque buse cendrée consom-
ment annuellement une moyenne de 6,000 souris. La haine vigoureuse que leur portent les habitants des campagnes n'est donc pas
justifiée. « Dans sa joie de clouer une buse sur la porte de sa
» grange, a dit Carl Vogt, le paysan se fait, sans le savoir, plus de
» tort que s'il jetait à l'eau un boisseau de blé. »

Quant aux oiseaux de proie nocturnes, ce sont eux surtout qui
doivent être protégés, dans l'intérêt de l'agriculture, contre la répulsion instinctive et la réprobation injuste dont ils sont victimes. Les
hiboux, les chats-huants, les effraies, chouettes, chevêches, etc,
nous rendent d'immenses services en détruisant une énorme quantité de rats, mulots, campagnols, chenilles, guêpes, frelons,
larves d'insectes nuisibles, et ils nous débarrassent ainsi d'un
grand nombre d'animaux vivant au détriment de nos récoltes.

Le chat-huant est certainement le plus utile par le carnage qu'il
fait de ces ennemis redoutables ; un observateur a trouvé dans un
nid de chat-huant 15 litres 1/2 d'os de rats, souris, mulots, entas-
sés dans l'espace d'une année. Un couple de chats-huants vaut
mieux que dix chats, de même qu'un nid de mésanges vaut mieux
que dix échenilleurs.

Le hibou, avec son vol silencieux, ses yeux gros, ronds, brillants et surtout son cri sinistre, est de tous les oiseaux de nuit
celui dont la réputation est la plus mauvaise. Et pourtant, le hibou

est une vraie bénédiction pour tous les lieux où il élit domicile. D'après Tschudi, une paire de hiboux porta à ses petits 12 souris dans une seule nuit du mois de juin, et l'on trouva dans l'estomac d'une chouette 75 larves de chenilles si nuisibles du sphinx du pin. On devrait protéger, soigner, domestiquer ces oiseaux dans le voisinage de nos habitations, d'autant que le hibou se laisse facilement apprivoiser. Ce sont de vrais chats ailés, qui rendent beaucoup plus de services que leurs collègues à quatre pattes.

C'est à tort que généralement on ne regarde comme utiles que les insectivores ou les vermivores et que l'on classe au rang des oiseaux nuisibles les frugivores et les granivores. Tous ces oiseaux sont utiles et comme tels doivent être protégés ; parmi eux, je ne connais que le pigeon qui vive exclusivement au détriment du cultivateur. Encore est-il juste d'ajouter que les pigeons ramiers et les tourterelles contribuent à purger les champs de ces graines, de ces baies qui, tombant des arbres et des broussailles, les auraient bientôt couverts d'herbes nuisibles et de plantes adventices ; ils sont surtout très-friands des semences vénéneuses d'euphorbe dont les autres oiseaux ne veulent pas se nourrir.

Je sais bien que les oiseaux nuisent parfois à l'agriculture lorsqu'ils mangent des graines cultivées et des fruits ; mais, ces dégâts sont peu graves et sont grandement compensés par les services rendus d'un autre côté. Si, par exemple, un couple de moineaux consomme annuellement un décalitre de grains pour son usage personnel, il en économise plus de vingt au cultivateur, en nettoyant ses récoltes de parasites de toute nature : le moineau, en effet, d'après les calculs de Richard Bradley, détruit en une seule semaine environ 3,360 bruches et autres insectes. « Ce que » je vois, c'est que le moineau est un de nos oiseaux familiers ; il vit » près de nous, sous notre toit, au faîtage de nos granges, il niche » dans nos murailles, visite nos écuries, retourne nos fumiers et » s'abat sur nos champs nouvellement labourés. Je n'ignore pas qu'il » mange des fruits et des graines, mais je n'ai jamais cru que les » domestiques de nos fermes pussent vivre seulement de pom— » mes de terre. » (1) Et de son côté, M. le premier président Bonjean a dit du moineau, dans son magnifique plaidoyer en faveur des oiseaux : « On reconnut que lui seul pouvait soutenir la guerre

(1) Emile Lefèvre: *Tous les oiseaux sont utiles.*

23

» contre les hannetons et les mille insectes ailés des basses-terres ;
» et ceux-là même qui avaient établi des primes pour le détruire,
» durent en établir de plus fortes pour en opérer le rapatriement. Ce
» fut double dépense, châtiment ordinaire des mesures précipitées. »
Aussi, les agriculteurs d'Australie et d'Amérique peuplent-ils leurs
champs avec des moineaux et autres passereaux qu'ils viennent
acheter sur l'ancien continent.

Il en est de même, à plus forte raison, pour tous les autres oiseaux que l'on nomme à tort granivores, puisqu'ils sont omnivores
et qu'ils se nourrissent de substances animales et végétales : tels
sont les corbeaux, corneilles, freux, pies, geais, grives, merles,
étourneaux, alouettes, etc. ; et l'on peut affirmer, d'une manière
générale, que la diminution des récoltes est en raison directe de
celle de ces oiseaux dont la plupart ont été mal jugés. Le merle,
dans les jardins, fait une grande consommation de limaces,
limaçons, et, l'hiver, d'œufs de papillons ; la corneille mantelée
détruit chaque automne des vers, larves, insectes et mollusques
nuisibles ; le vanneau recherche avidement le taret, ce grand
destructeur de construction navales, le plus terrible ennemi des
chantiers maritimes ; le geai met en réserve, avec prévoyance,
des glands de chêne, et les enfouit en terre où ils ne tardent pas
à germer et à repeupler les bois, il peut donc être considéré
comme le grand semeur des forêts ; la pie, il est juste de le
reconnaitre, détruit parfois de jeunes nichées, et, en compagnie
de son compère le geai, elle est très-friande de cerises, de pru-
nes et autres fruits rouges ; mais, en revanche, quels immenses
services ne nous rend-elle pas en détruisant des vers, des insectes,
des détritus miasmatiques d'animaux ; nul oiseau mieux qu'elle ne
vient à bout des guêpes du bouleau, des sphinx du pin, des bostriches, des frêlons, des charançons du sapin, nul ne détruit plus
sûrement les noctuelles, les lasiocampes, les hélitomes, etc. Mais
elle est surtout précieuse par l'ample curée qu'elle fait des vers
blancs des hannetons qui, sans elle et sans le corbeau, son insa-
tiable rival dans cette chasse, multiplieraient d'une façon désastreuse. Est-il un seul laboureur qui n'ait vu, presque toujours
sans s'en rendre compte, le manége de ces oiseaux suivant avec
persévérance la charrue, sillon par sillon, et arrachant de la
terre fraîchement retournée, tous les vers, larves, insectes qui
s'y trouvaient enfouis ?

Mais, ce n'est pas seulement comme destructeurs d'insectes nuisibles que les oiseaux ont droit à la sollicitude protectrice des cultivateurs. Un grand nombre d'entre eux, surtout parmi les granivores, empêchent la reproduction des mauvaises plantes dont nous
avons tant de peine à nous débarrasser. Si l'on calculait les pertes
que ces herbes nuisibles occasionnent annuellement à l'agriculture,
on arriverait à un chiffre de plus de 100 millions. On est habitué à
payer cet impôt et l'on s'y soumet sans songer qu'il y aurait
des moyens, sinon de s'en affranchir complètement, au moins de le
rendre moins lourd. Voyez l'alouette, elle purge nos cultures d'une
foule d'herbes adventices, telle que l'ivraie, le chardon, le coque-
licot, le bluet, la moutarde sauvage ; et quant aux grains de blé
ou d'autres céréales dont elle se nourrit après les semailles, ce
sont seulement ceux qui, non enfoncés par la charrue, et restés
sur le sol, n'auraient pu germer ou n'auraient acquis qu'un développement incomplet et parfois nuisible aux autres plantes ; car il
est à remarquer que la plupart de ces granivores ne fouillent pas
la terre. L'alouette fait en outre sa nourriture de petits vers, de
petits insectes ; c'est à l'aide des chenilles, des chrysalides, des
larves de fourmis, des sauterelles, des grillons, qu'elle alimente
ses petits ; elle s'attaque de préférence à ces désastreuses larves de
cécidomyes qui causent à nos blés des dégâts incalculables, et
pour la remercier de ces services, le cultivateur, à l'aide d'engins
de toute nature, s'empresse de la prendre par milliers dans nos
vastes plaines de Champagne. Et la linotte, le pinçon, le verdier,
le chardonneret, de combien de mauvaises plantes, de combien de
séneçons, de combien de chardons ne purgent-ils pas nos cultures ? Vour le savez, un seul chardon envahirait en peu d'années
la terre entière si chacune de ses graines fructifiait sans entraves.
Protégez donc ces oiseaux, empêchez leur destruction barbare et
stupide, et vous n'aurez plus besoin de faire exécuter les arrêtés
préfectoraux sur l'échardonnage.

Oui, tous les oiseaux sont indispensables au cultivateur : les
pigeons eux-mêmes, nous l'avons vu, ont leur utilité relative ; et
les moineaux, ces hardis voleurs, qui prélèvent une dîme assez
élevée sur nos récoltes, ne sont-ils pas de beaucoup plus utiles que
nuisibles par l'immense quantité de chenilles, de hannetons, d'insectes de toute espèce dont ils font leur nourriture habituelle ?
L'homme pourra-t-il lutter contre les insectes destructeurs de ses

arbres fruitiers, bombyx, noctuelles, phalènes, pyrales, teignes ?
Pourra-t-il conserver ses blés attaqués par l'innombrable armée
des charançons, des alucites, des fausses teignes, s'il ne conserve
et n'encourage comme auxiliaires le pinson, le moineau, le chardonneret, la bergeronnette et tant d'autres oiseaux qui ne demandent qu'à lui être utiles ? Les chats, que je ne peux souffrir parce
qu'ils guettent les petits oiseaux, les chats suffiront-ils à la destruction des rats, des souris, des campagnols, des mulots et de
tant d'autres rongeurs, si ne leur viennent en aide les chats-
huants, les chouettes, les effraies et les autres oiseaux de nuit ?
Que l'on prenne des mesures sévères pour favoriser la multiplication des oiseaux, et surtout pour empêcher la destruction des nids,
et au bout d'un petit nombre d'années on verra diminuer considérablement les pertes éprouvées chaque jour par l'agriculture. (1)

Oui, je le répète, tous les oiseaux sont utiles à l'homme, à peu
d'exceptions près : qu'ils s'attaquent aux petits mammifères ou aux
plus gros insectes, qu'ils recherchent les larves cachées sur les
arbres ou sous l'écorce, qu'ils happent leur nourriture au vol,
qu'ils se nourrissent de vers, de mollusques ou de graines sauvages, tous sont des animaux éminemment précieux, indispensables
et qu'il faut protéger avec soin.

Cependant, les insectivores doivent surtout être considérés
comme étant les véritables, naturels et désintéressés gardiens de
nos récoltes, puisqu'ils n'exigent de nous aucun salaire et qu'ils
ne prélèvent, pour prix des services rendus, aucune dîme, quelque
légère qu'elle soit. Parmi eux, il convient de citer en première
ligne les hirondelles, les rossignols, les fauvettes, les traquets,
les bergeronnettes, les rouge-gorges, les roitelets, les huppes, les
mésanges, etc. Ces dernières qui, durant l'hiver, font leur nourriture d'œufs de papillons, se nourrissent au printemps et nourrissent leur nichée d'innombrables chenilles : chaque petit absorbe par
jour près de 100 chenilles en moyenne et un couple de mésange,
dans une seule année, détruit plus de 200,000 œufs et larves d'insectes. « On a calculé, dit M. A. Bourguin, dans son ouvrage sur
» les animaux utiles (M. Lesage) que, pour nourrir une nichée

(1) D'après les calculs de M. Geoffroy-Saint-Hilaire, on détruit annuellement en
France de 80 à 100 millions d'œufs d'oiseaux qui auraient détruit des milliards
d'insectes.

» de mésanges, le père et la mère leur avaient apporté 45,000 che-
» nilles. Un couple de roitelets, quand il a des petits, ne détruit pas
» moins de 1,200 insectes par jour, pour sa consommation et pour
» celle de sa couvée. Les petits sont insatiables, et cette glou-
» tonnerie est un bienfait de la nature. Comme tous ces oiseaux
» font deux couvées par an, vous pouvez juger combien les en-
» fants, qui enlèvent leurs nids, causent de préjudices aux jardi-
» niers et aux cultivateurs. »

Que deviendraient nos bois, nos champs, nos potagers, nos
jardins, si les coucous, les engoulevents, les gobe-mouches, et
tant d'autres n'étaient pas là pour les protéger ? Cette utilité indispensable des oiseaux pour l'agriculture deviendra plus frappante,
plus saisissante encore si l'on mesure l'étendue des services rendus par quelques espèces.

Le martinet est un des plus grands destructeurs d'insectes ; on a
calculé qu'il en détruit en moyenne 5 à 600 par jour et ce sont
précisément ceux qui sont le plus redoutables pour le cultivateur :
charançon, pyrale, hanneton et autres coléoptères ravageurs. Or,
le hanneton pond environ 100 œufs qui, transformés en vers blancs,
vivent pendant plus de deux ans exclusivement au détriment de nos
plus précieux végétaux ; le charançon produit à peu près la même
quantité d'œufs, qui, déposés chacun dans un grain de blé, éclosent
et en dévorent le contenu : un seul charançon fait donc perdre plus
que la valeur d'un épi de blé. La pyrale pond de 100 à 130 œufs
dans autant de bourgeons de la vigne qui se flétrissent et tombent ;
d'où 100 à 130 grappes détruites dans leur germe par le fait d'une
seule pyrale. Un martinet qui, parmi tous les insectes mangés dans
sa journée, aura détruit 50 charançons et 12 pyrales, aura en réalité sauvé environ 5,000 grains de blé et 1,200 grappes de raisin.
L'homme pourrait-il atteindre à ce résultat, surtout, lorsque l'on
considère la petitesse des larves et des insectes détruits, petitesse
telle que la plupart échappent à la vue.

Peut-être, certains oiseaux, mais, en fort petit nombre, car je ne
connais que la cigogne qui soit dans ce cas, ont-ils légèrement
usurpé leur réputation ; mais, à côté, combien d'autres, tels que le
pivert, le coucou, l'engoulevent et tous les oiseaux de nuit, non-
seulement sont bien loin de mériter la réprobation universelle dont
ils sont flétris, mais, ont encore le droit d'exiger une éclatante
réhabilitation.

Le pivert, que les forestiers détestent et qui, récemment encore, a été attaqué avec tant d'acharnement, le pivert ne fait pas la millième partie des dégâts qu'on lui attribue : il ne perce pas les arbres sains ; il se contente de les frapper pour faire sortir les insectes de leur retraite, et si, avec son bec de charpentier, il en fend l'écorce et l'aubier, c'est pour les purger de la vermine et des larves qui les feraient périr. Quant aux arbres cariés, quel grand mal leur fait-il s'il profite de cavités déjà existantes, si même il les agrandit et les approprie pour son installation personnelle ? N'est-ce pas plutôt un avertissement charitable qu'il donne à leurs propriétaires d'avoir à se débarrasser au plus vite d'un capital véreux et improductif ? En outre, il plonge dans les fourmilières sa langue longue et acérée et détruit des quantités énormes de fourmis dont l'utilité n'est pas grande pour le cultivateur.

L'engoulevent ou hirondelle de nuit est, malgré le préjugé populaire, un des oiseaux les plus utiles qui existent dans nos climats. Le crapaud volant, — c'est le nom injurieux sous lequel on le désigne le plus habituellement, — passe ses soirées et ses nuits à happer avec voracité tous les insectes nocturnes parmi lesquels sont nos plus redoutables ennemis : grands coléoptères dont les larves rongent le bois et les racines, papillons de nuit dont les chenilles dévorent nos légumes et dévastent nos arbres, teignes, mouches, taons, cousins, tel est le tribut que l'engoulevent prélève constamment autour de nos habitations et de nos étables sur la légion de nos innombrables parasites : « Qu'on le laisse donc faire » librement, dit M. Vogt ; il ne trouble le sommeil de personne et » la nuit il travaille pour l'homme qui, en récompense, le méconnaît » et le poursuit. »

Enfin, le coucou, un des oiseaux les plus faussement décriés, est aussi un des plus utiles ; c'est lui qui détruit les chenilles des futaies. Je ne parlerai pas de sa singulière manière de comprendre et de mettre en pratique les prescriptions de la vie de ménage : cela ne me regarde pas ; mais, ce que je sais, c'est qu'il est un des seuls oiseaux capables de dévorer ces chenilles processionnaires noires et velues, hérissées de poils et de piquants et qui sont douées de propriétés venimeuses. Il en fait une telle consommation que les membranes de son estomac en sont comme feutrées. Aussi, Ratzebourg, l'illustre observateur des insectes des bois, disait-il : « Je ne m'étonne plus que nos nids de chenilles se soient

» dépeuplés si vite, depuis que j'ai vu qu'un coucou s'était établi
» dans le voisinage. »

Voilà les serviteurs, voilà les auxiliaires que l'homme poursuit
partout, avec un acharnement aveugle, stupide, inexcusable.
Chasser ces serviteurs dévoués, torturer ces indispensables auxiliaires, détruire ces précieux entomophages, c'est de gaieté de cœur
consommer sa ruine ; car, la calamité est au bout de l'imprévoyance
et malheureusement chaque jour voit disparaître de nos champs
les espèces les plus utiles des oiseaux qui les peuplaient jadis.

Je l'avoue, j'adore les oiseaux, non ces pauvres malheureux, pri-
sonniers dans une étroite et triste cage ; mais, les oiseaux en liberté,
qui, voltigeant de branche en branche, égaient de leur harmonieux
ramage nos bosquets et nos champs. Et pourtant, ce n'est pas un
vain sentiment d'amour platonique pour ces êtres si intéressants
qui me fait parler ainsi, c'est qu'après cette féroce et stupide destruction des nichées, après cette tuerie inutile et barbare à laquelle
les enfants ne sont souvent pas plus acharnés que les hommes
mûrs, vient la destruction des récoltes, la désolation et la ruine.

Tous les enfants de nos campagnes, pendant la saison des nids,
détruisent les couvées avec un implacable aveuglement ; sur tous
les points de la France, on fait aux oiseaux une guerre sans trêve
ni merci à l'aide des engins les plus destructeurs : or, qu'on le
sache bien, cette guerre n'est autre chose que la guerre à l'agriculture. « Le plomb frappe, et, pendant ce temps, un des dix-neuf
» insectes ennemis du blé, la cécidomye, dépose ses œufs dans le
» sein des épis en formation, le chlorops dans la tige. Tuez les oi-
» seaux ! qui saisira le charançon, long de cinq millimètres, au
» milieu de ces immenses champs où il pond ses œufs ? Qui détruira
» le papillon de la pyrale ou atteindra ses larves microscopiques
» dont une mésange consomme plus de 200,000 en une année ? »
(Émile Lefèvre, *Tous les oiseaux sont utiles.*)

Des lois instinctives ont de tout temps prescrit à l'Australien de
ne pas cueillir, au moment de la floraison, les plantes dont il se
nourrit, et de respecter les nids des oiseaux pendant la couvée ;
et l'Australien, non-seulement se conforme scrupuleusement à ces
prescriptions, mais, à certaines époques de l'année, il s'interdit la
destruction du gibier afin de favoriser sa reproduction (1). Et nous,

(1) Cons. *Rev. d'anthropologie*, 1872, II, et *Bull. Soc, d'Anthr.* 2e série VII.

Français, nous qui nous croyons le peuple le plus civilisé, le plus intelligent de la terre, ne sommes-nous pas, sous ce rapport, au-dessous de ces pauvres malheureux que nous méprisons et que nous regardons comme appartenant à la race la plus infime de l'humanité ?

Examinons autour de nous et rendons-nous bien compte des conséquences déplorables de notre imprévoyance et de notre igno-rance : pourquoi, dans toutes les propriétés, même les mieux tenues, voit-on les arbres couverts de chenilles ? C'est que non-seulement on ne fait rien pour s'affranchir de ces parasites, mais en-core que l'on s'acharne après les animaux qui sont chargés de les détruire. A quoi aboutissent généralement toutes les prescriptions administratives sur l'échenillage ; puisque, lorsqu'elles sont obser-vées, ce qui est rare, ou bien, elles sont inutiles, ou bien, elles sont inexécutables ? Les chenilles ne se détruisent pas facilement ; elles savent si bien se garantir des atteintes de l'hiver qu'elles peuvent supporter des froids de 25 degrés. Pour s'en débarrasser, il faudrait faire durer l'échenillage toute l'année et encore n'y parviendrait-on pas. Pourtant, on a calculé que les dégâts qu'elles causent s'élèvent annuellement à 500 millions.

Protégeons sérieusement les animaux utiles et nous n'aurons plus besoin de tous ces arrêtés préfectoraux, de toutes ces en-quêtes administratives, de tous ces rapports ministériels qui n'ont jamais abouti à rien de pratique. Mais non, par ignorance, par insouciance, nous faisons une guerre sans merci à nos seuls auxiliaires, et quand tout est rongé, dévoré, nous nous écrions naïvement ; « Quelle calamité désastreuse ! » Eh ! qu'importe que les hiboux, les chauves-souris, les taupes, les hérissons, les crapauds soient laids, parfois répugnants à voir ? N'en sont-ils pas moins utiles ? Est-ce une raison pour les détruire ? Et ces char-mants oiseaux, hôtes gracieux de nos forêts et de nos bosquets, quel agrément trouvons-nous à les chasser, à les torturer, à les tuer ?

Ah ! si nous nous rendions bien compte des pertes effrayantes que nous causent les insectes et les rongeurs ; si au lieu de ne les apercevoir qu'en détail, nous les considérions dans leur en-semble, nous serions effrayés et alors peut-être prendrions-nous plus de souci de la conservation de nos propres intérêts ; et si nous n'étions pas encore parfaitement convaincus, nous pourrions nous instruire à l'expérience de nos voisins.

Il y a quelques années, dans le Palatinat, les cultivateurs se plaignaient si amèrement des déprédations commises sur leurs récoltes par certains oiseaux, un concert de malédictions s'élevait avec une telle unanimité contre cette engeance pernicieuse, que l'on offrit une prime par tête de moineau mis à mort. Si la destruction fut prompte, la vengeance ne se fit pas attendre ; bientôt on s'aperçut que les insectes causaient des dégâts tellement terribles que l'on se hâta d'offrir une nouvelle prime par tête de moineau importé. Même fait arriva en Angleterre, en Autriche et en Italie où l'on se vit forcé, après la dépopulation complète des moineaux, de venir en acheter d'autres en France et de leur élever dans les champs des abris commodes où ils purent à leur aise multiplier en toute liberté.

Dans nos campagnes, ce sont surtout les instituteurs qui ont pour mission d'inspirer à leurs élèves le respect des oiseaux et des animaux utiles ; qu'ils leur fassent connaître les dégâts commis par les insectes ; qu'ils leur chiffrent les pertes subies annuellement par l'agriculture ; qu'ils leur montrent pourquoi les oiseaux sont nos plus fidèles amis, nos plus utiles, nos plus indispensables serviteurs, et les enfants protégeront, respecteront les couvées, parce qu'ils sauront qu'une nichée d'insectivores, par exemple, détruit en un seul jour plus de chenilles que ne pourrait le faire en un mois le jardinier le plus soigneux.

C'est aux instituteurs qu'il appartient d'apprendre aux populations rurales à aimer et à protéger ces précieux auxiliaires sans lesquels toute culture deviendrait impossible ; c'est à eux qu'il appartient de combattre par la persuasion, plus que par la répression, ces habitudes, hélas ! bien invétérées de destruction pour le plaisir de détruire, de cruauté pour le plaisir de voir souffrir ; ils rendront ainsi à l'agriculture et à la morale le plus grand service.

Ludovic MARTINET.

APPENDICE.

Les bornes restreintes de cette conférence ne m'ont pas permis de m'étendre davantage et m'ont contraint à supprimer beaucoup de développements. Pour y suppléer, je donne ici, sous forme de tableau récapitulatif, une classification générale des insectes.

FAMILLES.	ORDRES.	ESPÈCES.
APTÈRES.....	1° *Thysanoures :* abdomen garni latéralement de fausses pattes propres au saut ; point de métamorphoses.	Lepismes, podures.
	2° *Parasites :* yeux lisses ; bouche en forme de museau et garnie d'un suçoir ; point de métamorphoses.	Poux.
	3° *Cystaptères :* point d'organes propres au saut ou à la natation ; deux mandibules en forme de crochets à la lèvre inférieure ; point de métamorphoses.	Ricins.
	4° *Suceurs :* bouche formée par un suçoir renfermé dans une gaine cylindrique à deux pièces articulées ; point de métamorphoses.	Puces.
TÉTRAPTÈRES.	1° *Coléoptères :* les deux ailes supérieures en forme d'étui crustacé ; mandibules et mâchoires propres à la mastication ; métamorphoses complètes.	Cicindèles. carabes, hannetons, scarabées, cantharides, coccinelles, etc.
	2° *Orthoptères :* ailes supérieures en forme d'étui crustacé ; ailes inférieures pliées ; mandibules et mâchoires propres à la mastication ; demi-métamorphoses.	Sauterelles, blattes.
	3° *Hémiptères :* ailes supérieures en forme d'étui crustacé ; soies composant un suçoir renfermé dans un fourreau articulé, cylindrique ou conique en forme de bec ; demi-métamorphoses.	Punaises, pucerons, cigales, cochenilles.
	4° *Névroptères :* quatre ailes membraneuses presque égales et articulées ; complètes métamorphoses pour la plupart des espèces : pour les autres demi-métamorphoses.	Libellules, demoiselles, fourmis-lions, perles, friganes, etc.
	5° *Hyménoptères :* quatre ailes membraneuses : mandibules et mâchoires ; abdomen terminé par un aiguillon ; métamorphoses complètes.	Abeilles, fourmis, bourdons, ichneumons.
	6° *Lépidoptères :* ailes recouvertes d'écailles colorées ; mâchoires formées de deux tubes réunis et roulés en spirale ; métamorphoses complètes.	Papillons.
DIPTÈRES.....	1° *Rhipiptères :* ailes plissées en éventail, deux mâchoires en formes de soies avec deux palpes.	Zénos.
	2° *Diptères* proprement dits : ailes membraneuses, étendues, accompagnées en arrière de deux corps mobiles en forme de balanciers ; suçoir enfermé dans une gaine inarticulée et ayant souvent la forme d'une trompe terminée par deux lèvres : métamorphoses complètes pour la plupart des espèces.	Cousins, tipules, mouches, taons, etc.

NEUVIÈME SECTION.

ÉCONOMIE ET LÉGISLATION RURALES.

—

DU CRÉDIT AGRICOLE.

MOYENS DE LE CRÉER.

—

Messieurs et chers Collègues,

La création du Crédit agricole est un problème économique dont la solution est, aujourd'hui, l'objet des plus sérieuses études. Mais, il ne s'est encore dégagé de toutes les idées qui ont été remuées et discutées sur cette matière, aucune application immédiatement réalisable. Le Crédit foncier, dont on attendait d'abord les meilleurs résultats, n'a rendu et n'est réellement appelé à rendre aucun service appréciable à l'agriculture. C'est une banque colossale qui prête au grand propriétaire foncier, et non au fermier, sur des garanties hypothécaires du premier ordre et avec des précautions de forme infiniment trop compliquées pour le cultivateur.

Dans les conditions où il fonctionne actuellement, le Crédit foncier ne réalise donc nullement le problème qui nous intéresse et dont le but est de faire participer effectivement le cultivateur au bienfait du Crédit trop exclusivement réservé au seul commerçant.

Indépendamment de toute application, de nombreux systèmes ont été proposés et se produisent de nos jours, avec les combinaisons les plus ingénieuses, pour hâter le développement du Crédit agricole.

Le principe de l'association, notamment, paraît appelé à remplir un rôle prédominant dans la formation et le fonctionnement des institutions en projet. Quoi de plus séduisant et de plus spécieux, en effet, que d'organiser par la pensée un modèle de banque dont le fonds de roulement serait fourni par une société de cultivateurs d'un même canton et qui prêterait sur simple signature à ceux de ses actionnaires qui auraient besoin d'argent? L'honorabilité de chacun serait, pour l'intérêt commun, une garantie suffisante, une assurance mutuelle, qui couvrirait les risques et créerait, au profit des co-sociétaires, un crédit de même nature que celui qui résulte de la confiance aux solvabilités commerciales.

Cette idée qui est, à peu près, celle des banques écossaises et qui présente une affinité très-marquée avec la caisse du prêt d'honneur, ne nous paraît malheureusement pas susceptible de réalisation dans le milieu où il serait si désirable qu'elle prît racine. Les habitudes et le tempérament de nos populations agricoles y répugnent évidemment. L'association est très-peu connue et encore moins pratiquée à la campagne, principalement dans le Nord de la France. Une défiance instinctive met les paysans en garde contre toute proposition qui tend à les faire dessaisir de leur capital, et la bonne foi n'est pas tellement de règle dans la plupart des affaires d'argent qu'on doive leur donner absolument tort.

En supposant même qu'une sommité agricole se mit à la tête du mouvement, la généralité des cultivateurs répondra à toutes les avances par une imperturbable inertie. La terre, la rente sur l'État, les chemins de fer, leur paraîtront infiniment préférables comme placements, et encore ici devrons-nous reconnaître que ces rétrogrades n'ont pas tout à fait tort. Allons plus loin : admettons que la société s'organise et qu'à l'aide des combinaisons les mieux entendues elle arrive à trouver de l'argent à 4 ou à 4 1 2 pour le prêter à 5 p. 0/0; n'arrivera-t-il pas fatalement que les demandes excèderont de beaucoup les offres et les mises de fonds, pour cette excellente raison que la plupart des associés auront souscrit dans le but de se procurer l'argent qui leur manque plutôt que de prêter aux autres un superflu qu'ils sauraient employer, s'ils l'avaient, plus avantageusement. Ajoutons à ces difficultés les frais de direction et de personnel, les pertes inévitables à répartir, les crises à traverser et force nous sera de conclure : — que l'idée des banques mutuelles n'est pas aussi facilement applicable que de bons esprits l'ont affirmé.

Nous pourrions adresser le même reproche à la plupart des combinaisons qui ont été préconisées de nos jours comme infailliblement propres à déterminer l'éclosion du Crédit agricole. L'absence d'initiative individuelle et le manque de confiance dans une solvabilité purement morale resteront indéfiniment le double écueil de ce genre d'entreprises.

Le Crédit n'est nullement, en effet, une œuvre d'imagination, un résultat qu'on peut improviser à l'aide d'un mécanisme bien inventé. C'est la chose du monde la plus matérielle et la moins imaginaire. Pour naître, il présuppose nécessairement une cause, un *substratum*, la garantie, et non pas seulement la garantie morale, nécessaire quoiqu'insuffisante, mais la garantie réelle, la terre, la denrée, la valeur qui reste grevée pour assurer le remboursement. Hors de là, le Crédit n'est qu'un engouement, un aléa et trop souvent un leurre.

Nous ne demanderons donc pas qu'on prête au cultivateur parce que son honnêteté, son intelligence et l'avantage qu'il retirera du prêt, lui permettront de s'acquitter un jour et de s'enrichir en même temps.

Ce serait vouloir le doter d'un privilége, car cette solvabilité morale n'est pas une garantie proprement dite ; les chances éventuelles peuvent l'annihiler complètement. Nous demanderons simplement que le cultivateur, comme le commerçant, trouve des fonds facilement, immédiatement, sur les valeurs non réalisées qu'il a en sa possession et qu'il peut engager en garantie de l'avance qui lui est faite.

C'est émettre à coup sûr une prétention bien restreinte et qui paraît aller de soi. Mais pour peu qu'on se rende compte de la différence qui existe entre le cultivateur et le commerçant au point de vue du Crédit, on s'apercevra que ce *desideratum* élémentaire est loin d'être encore réalisé. Le cultivateur peut être saisi, par exemple, pour des sommes bien inférieures à la valeur de ses récoltes en grange ou sur pied. Il ne lui est pas permis dans la législation actuelle de les affecter en garantie pour obtenir une avance de fonds. Quel intérêt n'aurait-il pas à le faire en certaines années difficiles, quel avantage ne trouverait-il pas à les escompter, comme le commerçant escompte ses valeurs à terme, pour se soustraire à des poursuites ruineuses par un paiement immédiat? — Alors même que sa récolte est recueillie, n'arrive-t-il pas trop souvent que, pour faire face à des réclamations urgentes, il se voit obligé de vendre à vil prix des denrées qui sont susceptibles de hausse certaine et sur lesquelles il ne trouverait pourtant pas un centime à empruter.

Le Crédit est donc encore inaccessible au cultivateur et le moyen le plus simple et le plus logique de lui en assurer le bienfait, est de l'admettre à tirer librement parti, par nantissement ou mise en gage, des valeurs en nature qu'il peut avoir en sa possession. Ce sera l'armer d'un instrument de Crédit infaillible que de l'habiliter à faire usage de la garantie, jusqu'à présent immobilisée entre ses mains.

Les combinaisons qui nous paraissent de nature à effectuer ce progrès ne sont heureusement pas imaginées d'hier. Elles se recommandent par des résultats obtenus dont on a déjà signalé l'importance. Elles consistent en premier lieu dans le fonctionnement des entrepôts ou magasins généraux ; en second lieu dans l'extension à la métropole du système des banques coloniales organisées par la loi du 11 juillet 1851, et en troisième lieu, comme moyen snbsidiaire, dans l'assimilation du cultivateur au commerçant quant à la juridiction.

Occupons-nous d'abord des magasins généraux dont les avantages sont indiscutables aujourd'hui :

Les docks de Londres en ont fourni l'idée première. La loi du 28 mai 1858 en a importé le mécanisme en France, mais avec des perfectionnements incontestables.

En principe, c'est l'avantage de l'entrepôt étendu à tous les produits nationaux qui ne paient pas de droits. C'est la mobilisation de la marchandise entreposée.

Ouverts avec l'autorisation du Gouvernement et placés sous sa surveillance, nos magasins généraux reçoivent à titre de dépôt, sous la responsabilité personnelle de leurs administrateurs, les marchandises et denrées de toute nature que les commerçants ou cultivateurs veulent y entreposer.

Le déposant reçoit, comme titres représentatifs des valeurs en dépôt, un récépissé et un warrant. Le récépissé constate son droit de propriété et lui permet de le transférer. Le warrant est le signe de la possession qui peut devenir, ainsi représentée, l'objet d'un contrat de gage. C'est un instrument de Crédit que le porteur escomptera au besoin chez le banquier jusqu'à concurrence des trois quarts de la marchandise entreposée. Ces titres étant l'un et l'autre transmissibles par voie d'endossement, réalisent de la manière la plus parfaite et la plus pratique la *monétisation* immédiate des valeurs en nature. Ce mécanisme, admirable de simplicité et de sûreté, est trop connu et trop entré dans les mœurs commerciales pour qu'il soit besoin d'insister.

Le cultivateur qui est dans le rayon d'un magasin général ne se verra jamais dans la nécessité de vendre, quand même, à vil prix. Il entreposera ses grains et trouvera immédiatement de l'argent par le transfert du warrant. Croit-il plus tard opportun de vendre? il transférera le récépissé, et l'acheteur deviendra propriétaire de la marchandise avec les mêmes droits et les mêmes charges que le vendeur, c'est-à-dire, avec le droit de se faire livrer et de vendre à son tour, mais à la charge de rembourser le porteur du warrant.

Voilà donc pour le cultivateur une source importante et certaine de crédit. Il n'existe pourtant encore que bien peu de magasins généraux. La création des établissements de ce genre entraîne, il est vrai, des frais de construction, ou tout au moins d'appropriation, qui excèdent les ressources ordinaires de nos petites villes. Mais si les grands centres, les principaux chefs—lieux peuvent seuls faire face à de grandes dépenses d'installation, le bénéfice de la loi du 28 mai 1858 n'en est pas moins accessible aux localités les plus modestes au moyen d'un procédé des plus simples. Il suffit de soumettre au régime des magasins généraux, sous la surveillance du directeur des douanes, ou de toute autre personne offrant des garanties et autorisée par le Gouvernement, les magasins et greniers que les particuliers veulent bien louer pour les affecter à cet usage. Les clefs en sont remises entre les mains de l'administrateur qui délivre les récépissés et les warrants et tout se passe comme si le magasin particulier était un véritable entrepôt. Cette pratique est appliquée depuis quelques années à Dunkerque avec un remarquable succès. Avec un peu d'initiative et de bonne volonté, toutes nos petites villes pourraient suivre cet exemple.

Nous ne désespérons pas, dans le Nord, de voir s'accomplir ce progrès qui constituerait l'avénement effectif du Crédit agricole.

Le régime des magasins généraux présente au cultivateur des avantages incontestables. Mais il ne peut en profiter qu'à la double condition que sa récolte soit faite et soit susceptible d'être entreposée. Tant qu'elle est sur pied, et même après, s'il s'agit de produits qui ne peuvent être emmagasinés, comme la betterave et le lin brut, ces deux grandes ressources de l'agriculture du Nord, il n'existe au profit du cultivateur aucun élément de Crédit. Ces valeurs parfois énormes, sont inertes entre ses mains. Les meubles n'ont pas de suite; leur possession vaut titre, dit notre législation. Quel droit peut-on dès lors conférer sur des récoltes qui se convertiront en meubles par le simple fait de leur détachement du sol, ou qui sont même déjà mobilisées? Il y a évidemment dans le système du Code et dans l'application qui en dérive quelque chose de trop absolu, de trop privatif, pour le possesseur. Il en souffrira gravement en certains cas, et le législateur l'a lui-même reconnu, lorsqu'après la suppression de l'esclavage aux colonies il a dû édicter la loi du 11 juillet 1851, dans l'intérêt des colons obérés. C'est de là que datent les banques coloniales qui constituent l'un des modes de Crédit les plus ingénieux et les plus féconds qui aient été créés de notre temps.

Cette loi, qu'il suffit de lire pour en comprendre le jeu, a eu pour objet d'accorder aux colons, accablés par les exigences d'une crise ruineuse, la faculté d'offrir leurs récoltes en nantissement pour obtenir des banques coloniales, spécialement fondées à cet effet, des avances proportionnelles aux valeurs engagées. Ces prêts sont consentis par les banques, aux formes et conditions suivantes:

1° Le planteur, qui a l'intention de contracter un emprunt, est tenu d'en faire la déclaration, deux mois à l'avance, sur un registre spécialement tenu à cet effet par le receveur de l'enregistrement qui mentionne en marge les dires et oppositions des créanciers privilégiés ou autres ;

2° A l'expiration du délai, le prêt peut être fait par la banque jusqu'à concurrence du tiers de la valeur de la récolte dont elle est mise en possession par acte de cession, dûment transcrit, sur lequel il n'est perçu qu'un simple droit fixe de deux francs. Tous créanciers qui n'auraient pas manifesté leur opposition dans la forme et le délai prémentionnés, seraient primés par la banque, sauf le cas exceptionnel de saisie immobilière transcrite antérieurement au prêt ;

3° Faute par le planteur de récolter en temps utile, la banque, après simple mise en demeure, fait procéder à la récolte, et les frais qu'elle avance à cet effet lui sont remboursés par privilége. En cas de non remboursement à l'échéance, la banque peut, huit jours après simple protêt ou mise en demeure, faire vendre aux enchères les récoltes cédées ou leur produit ;

4° L'emprunteur, ou plus généralement toute personne qui concourt à l'opération, *devient justiciable des tribunaux de commerce* et encourt, au cas de détournement, les peines de l'article 408 du Code pénal.

Indépendamment des avantages réels qu'offre ce mécanisme au colon, la simplicité de ses rouages n'a pas été étrangère à son immense succès.

— Depuis dix-huit ans, il fonctionne régulièrement et sans

encombre, sur la plus vaste échelle, au grand profit de nos colonies que l'abolition de l'esclavage menaçait d'un irréparable désastre. Il a permis aux planteurs, en les initiant largement au Crédit, de s'accommoder progressivement, sans secousse et sans perturbation, aux conditions du travail libre. Signalons, en passant, que le législateur, frappé des avantages incontestables qui résultent de la loi du 11 juillet 1851, n'a pas hésité à proroger le privilège des Banques coloniales. L'Assemblée nationale a été unanime, le 24 juin dernier, pour voter cette résolution.

Pourquoi la métropole serait-elle fatalement privée du bénéfice d'une institution qui fonctionne si heureusement dans ses annexes? Le Code civil est un monument respectable à coup sûr ; mais il ne faut pas en faire un fétiche et le déclarer absolument imperfectible. Il ne s'agit pas ici de tenter une utopie ; le progrès est réalisé, il n'y a qu'à l'importer ici dans les mêmes conditions que là où il s'est produit. Puisque nous sommes dans un pays de centralisation, où l'initiative individuelle ne tente rien, que le Gouvernement, de qui nous sommes forcés d'attendre tout, se mette à l'œuvre. Qu'il fonde, en vertu d'une loi similaire à celle du 11 juillet 1851 et avec toutes les améliorations que peut inspirer une pratique de dix-huit ans, des banques agricoles sur le modèle des banques coloniales. L'argent y affluera parce que les opérations de ces établissements reposeront sur les plus sérieuses garanties. Le cultivateur y puisera, pour payer ses fermages arriérés, les engrais et les machines que le Crédit même lui permettra de se procurer. Il cessera d'être exposé à la saisie-exécution et à la déconfiture en pleine solvabilité ; il aura, aussi bien que le commerçant, la faculté d'escompter ses valeurs à terme.

On peut sans doute élever contre cette idée quelques objections de détail ; mais nous n'avons pas à en faire ici la réfutation ; qu'il nous suffise de dire qu'elles ne nous ont pas échappé et qu'elles ne reposent en général sur aucun fondement sérieux. Comment concilier, dira-t-on par exemple, le système de la loi du 11 juillet 1851, avec le privilège du locateur? De la manière la plus simple à coup sûr : on maintiendra le privilège sans qu'il soit besoin d'opposition, et le fermage de l'année restera consigné à la banque à moins qu'il ne soit justifié de son paiement.

La limitation de l'avance au tiers de la valeur engagée paraît-elle de nature à rendre l'avantage du prêt insuffisant? Nous rappellerons que les causes et les chances de perte sont infiniment moins considérables en France qu'aux colonies, et que rien n'empêcherait en conséquence de modifier, en faveur du prêt, les conditions de la garantie.

Tels sont, à notre avis, les deux modes de Crédit qu'il conviendrait de généraliser et d'acclimater en France dans l'intérêt de l'agriculture.

Les magasins généraux et les magasins particuliers soumis au régime, assureront en première ligne aux cultivateurs des ressources faciles, certaines, avantageuses, proportionnellement aux dépôts qu'ils voudront y faire. C'est là sans contredit, et de beaucoup, le principal instrument de Crédit en même temps que le mieux connu.

En seconde ligne, et comme moyen subsidiaire applicable aux récoltes encombrantes et même aux troupeaux, aux bois, à tout ce qui ne peut être entreposé, se place l'acclimatation au sein de la métropole du système législatif de 1851 et la création de banques agricoles sur le modèle des banques coloniales. Comme corollaire de ce régime, le cultivateur serait soumis, pour toutes les conséquences qu'il comporte, à la juridiction commerciale plus expéditive et moins coûteuse, partant plus favorable au Crédit. N'est-ce pas à la juridiction commerciale, à sa rapidité, à l'économie qu'elle procure, que les commerçants sont redevables du Crédit exceptionnel dont ils jouissent ? L'application des peines de l'article 408, Code pénal, au cas de détournement, garantirait avec une efficacité suffisante l'inviolabilité du nantissement.

Nous ne voyons pas, quant à présent, de mesures plus pratiques pour favoriser le développement du Crédit agricole, et, répétons-le en terminant, l'excellence de cette double combinaison nous paraît démontrée par ce fait qu'elle asseoit le Crédit sur une garantie réelle, sur des valeurs certaines, quoique non réalisées. Vouloir le baser sur des présomptions morales plus ou moins hypothétiques, ce serait semer dans le sable et s'exposer à récolter la banqueroute.

E. DEUSY,

Membre du Conseil de la Société des Agriculteurs de France, membre perpétuel de la Société royale d'Angleterre, maire d'Arras, Conseiller général.

DU MODE DE CLOTURE LE PLUS FAVORABLE A LA CULTURE

POUR SOUSTRAIRE LES PRÉS SECS A LA SERVITUDE DU DROIT DE PARCOURS.

Le droit de parcours dans les prairies naturelles, lorsqu'il n'est pas fondé sur un titre, émane du consentement tacite de la propriété privée ; il consiste dans l'exercice d'une servitude réciproque entre propriétaires. Il en résulte que tout propriétaire qui veut soustraire sa propriété à cette servitude, jouit du droit de se clore, suivant les dispositions des articles 647 et 648 du Code civil. Le mode de clôture à employer dans les prairies, ne saurait, pour ne pas nuire à la production, être choisi avec trop de discernement.

L'article 6 de la loi du 28 septembre - 6 octobre 1791, qui régit la matière, énumère, ainsi qu'il suit, les diverses espèces de clôture dont on peut faire emploi :

« Un héritage est réputé clos, lorsqu'il sera entouré d'un mur de
» quatre pieds de hauteur, avec barrière ou porte, ou lorsqu'il sera
» exactement fermé, et entouré de palissades, ou de treillages, ou
» d'une haie vive, ou d'une haie sèche faite avec des pieux et cor-
» dée avec des branches, ou de toute autre manière de faire des
» haies en usage dans chaque localité, ou enfin d'un fossé de
» quatre pieds de large au moins à l'ouverture et de deux pieds
» de profondeur. »

L'intérêt de la culture étant le mobile de nos actions, c'est ce dernier mode de clôture, préjudiciable dans les prés secs, dont il importe dans le Code rural à intervenir, de réclamer la réformation.

Un exemple en fera ressortir les inconvénients :

Une partie de la grande prairie d'Auzan, située commune d'Étrechet, est assujettie entre propriétaires à la servitude du parcours. Usant de son droit, un propriétaire de cette commune, pour se soustraire à cette servitude, fit entourer sa propriété de haies vives, défendues par des fossés de quatre pieds d'ouverture. L'établissement de fossés dans une prairie reposant sur un sol très-élevé, de nature sableuse, fut une grande imprudence. Elle détermina l'asséchement des prés à un point tel que ce même propriétaire fut obligé de solliciter de l'Administration l'autorisation d'établir à grands frais un moteur hydraulique, pour élever les eaux de l'Indre, afin d'en opérer l'irrigation. La prairie close de fossés, ayant cessé de recevoir, dans les crues, le dépôt du limon délaissé par les eaux, a vu ses produits diminuer d'une manière notable. Cette dépréciation s'est étendue aux propriétés riveraines ; les eaux, s'écoulant avec rapidité dans les fossés de clôture, ne restent plus en stagnation sur le sol et n'y déposent plus le limon fécondant destiné à en entretenir la fertilité.

Une deuxième cause de dommage en résulte pour les riverains : le bétail envoyé au pâturage, après l'enlèvement des récoltes, descend dans les fossés, en élargit les abords de près de 50 centimètres, enlève à la production une surface assez considérable de terrain.

On nous objectera, sans doute, contre cette cause incessante de dommage pour les propriétés riveraines, l'article 544 du Code civil, ainsi conçu : « La propriété comporte le droit de jouir et de disposer » des choses de la manière la plus absolue. » Mais cette objection porte sa réfutation dans la disposition finale de ce même article du Code : « Pourvu qu'on n'en fasse pas un usage prohibé par les lois » et les règlements. » C'est un principe de jurisprudence que tout fait qui occasionne du dommage, nécessite une réparation ; c'est un axiome de haute législation, qu'il ne faut froisser aucun intérêt légitime, *nullum lædere*, qu'il faut faciliter l'extension des droits, prévenir les causes de litige, *Favores ampliandi, odia restringenda*. Pour éviter, à l'avenir, les froissements de cette nature, il implique, donc, d'insérer dans le Code rural dont le projet se prépare : que le mode de clôture à observer, dans les prés secs, que l'on désire soustraire à l'usage du parcours, sera désigné par un syndicat composé de cinq membres, élus parmi les principaux propriétaires de la prairie grevée de cette servitude. Le même syndicat pourrait être, également, appelé à déterminer l'espèce de bétail qu'il serait interdit d'envoyer dans les prés assujetis au parcours, telles que les brebis et les oies parmi les gallinacées.

L'envoi des bêtes ovines, dans les prés soumis au parcours, a été de tout temps l'objet des plus vives contestations. Les moutons envoyés au pâturage arrachent, avec leurs dents incisives, les racines des graminées, diminuent la fertilité des prairies. Les propriétaires de prés, libres de toute servitude, pour n'en pas voir altérer la production, ont soin d'en interdire l'accès aux moutons et aux oies . (1)

Le conseil des mandataires de prairies assujetties au parcours pourrait, en outre, être chargé de régler le nombre du bétail que les particuliers non propriétaires seraient autorisés à admettre au pâturage. En l'absence de règlement de cette nature, les prairies sujettes au parcours réciproque entre propriétaires, sont envahies, même avant l'entier dépouillement des récoltes, par des troupeaux appartenant à des éleveurs qui ne jouissent d'aucun droit.

Les syndics veilleraient également à ce que les parcelles soustraites au parcours soient maintenues constamment en bon état de clôture ; faute d'un entretien convenable, il arrive fréquemment que le bétail du propriétaire, qui tend à se libérer de la servitude du parcours, descend dans les brèches ouvertes, devient pour les riverains une cause permanente de dommages, aggrave une servitude dont on cherche soi-même à s'affranchir.

Les haies vives, défendues de la dent du bétail par une palissade d'échalas, présentent, dans les crues, l'inconvénient d'arrêter les immondices, tenues en suspension dans les eaux. Un barrage composé de poteaux placés à trois ou quatre mètres de distance, unis ensemble par un triple rang de fil de fer, est le mode de clôture le plus usité aujourd'hui.

THÉAGÈNE MORIN.

(1) L'acide avique contenu dans la fiente d'oie brûle et infecte les herbages; aussi quelques coutumes, celle d'Auvergne, entre autres, défendent expressément d'envoyer les oies paître dans les prés. Les oies ayant sauvé le Capitole ne sauraient, il est vrai, jouir d'une grande popularité dans la patrie de Vercingétorix. Les bêtes bovines délaissent les pâturages souillés par les secrétions de ces gallinacées.

LE TOUR DE FRANCE AGRICOLE.

—

MONSIEUR LE PRÉSIDENT,

Lorsque vous m'avez fait l'honneur de me proposer d'inscrire, au programme du Congrès de Châteauroux, le projet d'organisation du tour de France des agriculteurs, je vous écrivais que je prévoyais qu'il me serait probablement impossible de me rendre à votre réunion. Néanmoins, vous avez bien voulu maintenir cette question dans votre programme, permettez-moi de vous en exprimer toute ma gratitude. Ma présence est d'autant moins nécessaire, que mon intention n'était pas de discuter ce projet, mais je voulais seulement demander aux agriculteurs réunis dans cette grande solennité, s'ils approuvaient mon idée, et si, comme moi, ils jugeaient utile et croyaient possible d'établir dans l'agriculture cet usage, qui depuis des siècles rend les plus grands services aux arts et métiers.

A la dernière session générale de la Société des Agriculteurs de France, j'ai eu l'honneur de soumettre cette proposition à la section de l'enseignement agricole. Une commission a été nommée afin d'en étudier les moyens pratiques d'exécution. Je crois que ce serait un puissant encouragement pour les membres de cette commission, si le Congrès de Châteauroux émettait un vœu favorable à ce projet.

Un fait qui a vivement frappé mon esprit, est la situation difficile faite à un grand nombre de cultivateurs de notre région, par l'insuffisance de leurs connaissances agricoles. Depuis que les chemins de fer sillonnent notre contrée, et que le réseau des routes et des chemins s'achève, le progrès se fait rapidement, chacun est entraîné même malgré lui, et les propriétaires, voyant qu'ils peuvent tirer un plus grand profit de leurs terres, augmentent et parfois doublent le prix des baux.

Certes, il existe des fermiers qui se sont vaillamment mis à la tête du progrès et qui, tout en payant ces prix plus élevés, réussissent dans leurs entreprises ; mais combien en est-il qui sont arrêtés par leur manque d'instruction. Pour payer cette augmentation de prix, il leur faudrait une augmentation de science, et comme ils n'ont pas su l'acquérir, ils sont obligés de se retirer. Il existe dans beaucoup de familles un profond attachement entre les propriétaires et les fermiers. J'ai vu malheureusement ces traditions si louables disparaître, dans bien des cas, parce que, ni les anciens fermiers, ni leurs fils, ne pouvaient payer une augmentation de prix ; et cependant, parfois, les propriétaires consentaient à faire des concessions sérieuses pour les conserver. Il y a donc réellement, dans plusieurs familles de cultivateurs, un véritable état de crise, produit par leur manque d'instruction agricole, qui les empêche de suivre le progrès apporté par les facilités de communication.

Les propriétaires sont souvent très-embarrassés dans le choix d'un fermier, et généralement ils se contentent de prendre un homme qui présente des garanties de paiement, sans s'inquiéter s'il est capable de donner à la terre une culture améliorante. Je me suis demandé bien des fois par quels prodiges d'économie certains agriculteurs, qui emploient les procédés de culture et les instruments les plus arriérés, parvenaient à payer le prix de leurs fermes. A la fin de leur bail, ils se retirent souvent sans avoir réalisé de bénéfice, et en laissant la terre encore plus épuisée.

Ainsi donc, aussi bien dans l'intérêt des propriétaires que dans celui des fermiers, il n'y a pas de problème qui s'impose plus impérieusement à l'esprit que celui de trouver un moyen de mettre les jeunes gens, qui veulent faire de la culture, à même de bien apprendre leur métier.

J'ai pensé que, pour vaincre la routine et l'ignorance de ces jeunes gens, il y avait une solution possible, en leur donnant les moyens de faire leur tour de France, et d'aller étudier dans les différentes régions les meilleures méthodes.

Une observation qui a été généralement faite, est que chaque pays excelle dans la culture qui lui rapporte naturellement le plus, et néglige les parties qui présentent de plus grandes difficultés à vaincre. Pour tirer bon profit d'une ferme, un agriculteur ne doit négliger aucune source de rapport et ne rien ignorer des meilleures méthodes employées dans chaque branche de l'agriculture.

Cette science de son métier ne peut pas trop s'apprendre dans les livres. Un agriculteur veut être bien assuré, par la pratique, de la perfection d'un nouveau procédé ou d'un nouvel instrument, avant de l'employer. Il redoute de faire une école. Et puis, la routine a une force d'inertie telle, que même les hommes actifs et intelligents y retombent fatalement, s'ils ne sortent pas de chez eux.

Par contre, un homme qui aurait travaillé dans diverses régions, qui aurait appliqué lui-même les meilleures méthodes, et qui les aurait vu réussir, connaîtrait bien son métier tout entier, au lieu de n'en connaître qu'une partie, et il saurait par expérience tout ce qui concerne la culture, les irrigations, l'élevage des animaux, l'emploi des engrais et amendements, la tenue intérieure des fermes, etc.

Il aurait été difficile autrefois d'établir dans l'agriculture l'usage de faire son tour de France. Mais aujourd'hui, grâce à notre société, l'isolement forcé où se trouvait jadis chaque agriculteur a cessé d'exister, et je crois qu'il est possible de fonder cette institution.

Dans le but de fournir un patronage efficace aux jeunes gens qui voudraient aller travailler dans les pays plus avancés, on pourrait créer une association ayant à Paris un comité central, nommé par la Société des Agriculteurs de France, et se ramifiant dans les pays intéressés au moyen de comités départementaux.

Ces comités pourraient être nommés par les Sociétés d'Agriculture, ou bien, à leur défaut, par les membres de la Société des Agriculteurs de France, habitant le département, ou même par le comité central.

Afin de fournir à ces jeunes gens tous les renseignements qui leur sont nécessaires, il serait publié un annuaire agricole donnant les statuts de l'association, et indiquant dans quels départements chaque branche de l'agriculture est la plus perfectionnée, et quelles sont dans chacun d'eux les exploitations les plus recommandables. Cet annuaire indiquerait à quelles époques fixes, dans chaque département, les voyageurs devraient se placer, et en général tous les usages qui pourraient les intéresser.

Cet annuaire pourrait, de plus, rendre les plus grands services en vulgarisant les travaux et les instructions de la Société des Agriculteurs de France. Il indiquerait les méthodes les plus recommandées, les plantes les plus productives, les meilleures races d'animaux, les instruments les plus perfectionnés. Que de gens ont été découragés par l'acquisition d'un mauvais instrument, et qui n'ont plus voulu en acheter d'autres, parce que celui-là ne leur avait pas rendu les services qu'ils en attendaient.

Lorsqu'une réunion d'hommes d'élite, personnellement désintéressés dans la question, viendraient affirmer qu'ils reconnaissent comme excellents dans la pratique certains procédés et certains instruments, les agriculteurs pourraient les croire, et ils n'auraient plus les chances d'être trompés, comme ils le sont trop souvent, par les livres que publie une réclame vulgaire.

Pour bien faire comprendre ma pensée, je prendrai pour exemple un usage trop peu répandu dans notre région : les semis en ligne. Dans la séance du 23 décembre 1869, à la section d'Agriculture proprement dite, après une discussion savante, M. Dervaux a lu, sur les semis en ligne, un rapport très-bien étudié, qui se termine par ces mots : « Messieurs, si vous ajoutez l'économie de semence » à l'accroissement de rendement, vous reconnaîtrez que l'épargne » pour la France entière peut s'élever, par le seul fait des semis » en ligne, de plusieurs centaines de millions par année; nous » venons vous proposer d'affirmer ce fait à la France agricole. » Si ce rapport était publié dans l'annuaire, un fait semblable, affirmé avec tant de certitude, entraînerait certainement les agriculteurs à acheter des semoirs, surtout, si à la suite de ce rapport on indiquait ceux qui ont obtenu les premiers prix dans les concours internationaux. Si chaque rapport intéressant pour la pratique était ainsi publié, lës travaux de la Société des Agriculteurs de France, au lieu de rester confinés dans un petit noyau d'hommes d'élite, serviraient à l'instruction de tout le monde agricole.

Cet annuaire serait publié et vendu par un écrivain désigné par le Président de la Société des Agriculteurs de France. Ce livre devrait être vendu aussi bon marché que possible, d'autant plus que les fabricants des instruments recommandés aideraient certainement à la publication d'un ouvrage qui leur ferait une excellente réclame.

Les ouvriers de métier, qui font leur tour de France, trouvent en arrivant dans les grands centres, chez la *Mère*, tous les renseignements nécessaires. Il serait également utile de désigner, dans chaque département, des agents qui serviraient d'intermédiaire entre les voyageurs et les cultivateurs de la localité. Ces agents seraient désignés par les comités départementaux. Ils seraient payés par ceux qui les emploieraient, et leurs noms seraient publiés dans l'annuaire agricole.

Tout jeune homme faisant partie de l'association des Agriculteurs, serait muni d'un livret qui lui servirait de recommandation.
Ce livret indiquerait son signalement, le lieu de sa naissance, sa
situation au moment du départ, ses connaissances agricoles, etc.
Il ne serait donné qu'aux jeunes gens recommandables par la
régularité de leur conduite. Chaque voyageur ferait mentionner
sur son livret toutes les exploitations dont il étudierait la culture.
A sa rentrée dans son pays, il posséderait ainsi un véritable
certificat d'instruction.

L'association des Agriculteurs pourrait en même temps être
une Société de secours mutuels, mais je ne crois pas qu'on ait
le droit d'imposer cette obligation à tous les jeunes gens qui
feraient leur tour de France. Cette disposition devrait être laissée
à la liberté de chacun, et ceux qui voudraient s'assurer du secours,
lorsqu'ils seraient empêchés de travailler par une cause indépen-
dante de leur volonté, pourraient verser annuellement une somme
fixée par les statuts.

Plusieurs objections m'ont été faites, surtout relativement aux
difficultés de la pratique; et cependant, les ouvriers de métier ont
les mêmes difficultés à vaincre, et, puisqu'ils ne sont pas arrêtés
par elles, pourquoi les agriculteurs ne suivraient-ils pas leur
exemple, eux qui ont un si grand besoin de s'instruire.

On a manifesté la crainte que les jeunes gens quittant leur pays
ne prissent au loin des habitudes de démoralisation. Cette crainte
pourrait être sérieuse, si ces jeunes gens allaient dans les villes;
mais la moralité est aussi bien respectée dans une ferme du Nord
que dans le Centre; et j'aurais la conscience parfaitement tranquille, après avoir placé un jeune homme, auquel je porterais
intérêt, chez un agriculteur distingué d'un point quelconque de la
France. Cependant, si par son inconduite notoire, un voyageur
était renvoyé de sa place, le fait serait mentionné sur son livret,
et il serait rayé de l'association des Agriculteurs.

On a pensé, que peut-être, les agriculteurs d'un pays en plein
progrès ne voudraient pas prendre à leur service des jeunes gens
venant d'un pays plus arriéré.

Cette objection pourrait aussi bien s'appliquer à tous les patrons
dans chaque corps de métier, et cependant tous les jours on voit
ces patrons prendre des ouvriers étrangers moins habiles que ceux
du pays.

Comme dans les régions avancées, la main-d'œuvre est rare, je crois que les cultivateurs de ces régions auraient tout intérêt à favoriser un usage qui leur donnerait des ouvriers et je ne doute pas que dans un très-grand nombre de cas les ouvriers étrangers ne soient recherchés, car, tout en s'instruisant, ils pourraient rendre de grands services en apprenant les procédés spéciaux à leur propre pays.

Un exemple expliquera bien ma pensée. Les sucreries du Nord achètent chaque année dans le Centre une quantité considérable de bœufs. On rechercherait certainement dans le Nord les ouvriers venant du Centre et qui connaîtraient bien les soins à donner à leurs animaux. Et réciproquement, un jeune homme du Nord qui viendrait apprendre dans notre région l'élevage des animaux, serait recherché par les agriculteurs qui voudraient apprendre de lui les procédés de culture employés dans son pays.

Aujourd'hui, les voyageurs qui viennent demander de l'ouvrage dans nos campagnes sont généralement repoussés, parce qu'on craint d'avoir affaire à des vagabonds. Mais ce sentiment n'existerait pas vis-à-vis de jeunes gens munis des meilleures recommandations, garanties par une société bien organisée.

Enfin, on a prétendu qu'il n'était pas dans les usages des gens de la campagne de quitter leurs foyers, et qu'ils ne pourraient pas se décider à aller travailler dans des pays éloignés.

Cela peut être vrai pour certains esprits lourds, qui se trouvent dans l'embarras dès qu'ils sortent du cercle de leurs habitudes. Mais, grâce à Dieu, les esprits actifs ne manquent pas dans l'agriculture, et ceux-là ne craindraient pas de faire un déplacement nécessaire pour leur apprentissage.

Je puis citer un fait à l'appui de cette assertion. Dans une branche de l'agriculture : le jardinage, beaucoup de jeunes gens font leur tour de France, et aux environs des grandes villes, telles que Paris, Orléans, Tours, Angers, etc., il y a la mère des jardiniers, aussi bien que la mère des compagnons de tout autre corps de métier. Les jardiniers ont adopté d'eux-mêmes cet usage, parce qu'ils savaient où aller étudier les meilleures méthodes. Je ne doute pas, qu'afin d'assurer la prospérité de leur existence, beaucoup de jeunes agriculteurs ne suivent l'exemple de ces jardiniers, lorsqu'une association leur fournirait le patronage et les indications nécessaires.

Je ne pense pas que les simples paysans puissent faire leur tour de France; ils ne pourraient pas payer les frais nécessaires pour tenter un déplacement quelque peu coûteux qu'il puisse être. Et d'ailleurs ce ne sont pas eux qui ont un si grand besoin de s'instruire, mais bien ceux qui sont appelés à les diriger.

Ce sont les futurs fermiers ou métayers, les élèves des écoles qui veulent se perfectionner dans la pratique, les jeunes gens dont les propriétaires voudraient faire des chefs de culture : tous ceux-là ont un tel besoin de s'instruire, qu'ils sauraient vaincre toutes les difficultés qui pourraient les arrêter dans leur désir de faire leur tour de France.

La plus grande liberté devrait être laissée à chacun. Ceux qui appartiennent à la classe ouvrière pourraient se placer aux mêmes conditions que les ouvriers du pays. Les fils de fermiers qui ont l'habitude des travaux manuels, mais qui, par amour-propre, ne voudraient pas entrer dans la même situation que les domestiques, pourraient débattre leurs conditions à l'amiable. Ils seraient recherchés, parce que leur éducation offrirait de plus grandes garanties d'exactitude, et tout en faisant des sacrifices d'argent afin de pouvoir se placer dans des conditions honorables pour leur amour-propre, ils pourraient faire leur apprentissage sans rien coûter à leurs parents.

Les jeunes gens qui appartiennent à des familles riches et qui n'ont pas l'habitude du travail ne pourraient pas faire leur tour de France dans de semblables conditions. Dans certains cas, ils pourraient peut-être, à prix d'argent, se faire admettre chez un agriculteur pour en étudier la culture; mais cet usage ne pourrait pas se répandre.

Afin de fournir à ces jeunes gens le moyen de s'instruire en voyageant, à côté de l'institution que je viens de proposer, on pourrait en établir une autre ayant le même but, mais beaucoup plus rapide, et qui consisterait à faire des tournées agricoles et à aller étudier chez les meilleurs agriculteurs les méthodes qu'ils emploient.

Ces jeunes gens, auxquels leur fortune a permis de recevoir une instruction plus étendue, n'auraient pas besoin, comme les autres ouvriers, de travailler longtemps dans une ferme afin d'en bien comprendre la culture; et je crois qu'une seule étude de quelques jours leur suffirait pour en tirer le profit nécessaire.

Il est facile de déterminer à quelles époques fixes il serait plus avantageux de visiter diverses fermes, et d'indiquer pour chaque branche de l'agriculture une tournée différente présentant le plus grand intérêt.

Cette étude se ferait sous la direction de professeurs désignés par la Société et qui devraient surtout s'attacher à bien faire saisir le côté pratique des choses.

L'annuaire agricole indiquerait l'époque et le lieu du départ, le nom du professeur et le but de chaque tournée.

Tout jeune homme qui voudrait en faire partie, se ferait inscrire à l'avance. Les frais de voyage et les honoraires du professeur seraient à la charge des voyageurs.

Ces jeunes gens se rendraient ainsi compte, par eux-mêmes, des divers procédés qu'on leur ferait observer, et ils pourraient ensuite apporter dans leur pays des perfectionnements dont ils ne se doutaient même pas avant de voyager.

Au moyen de cette double institution ayant le même but : faciliter les moyens de s'instruire en voyageant, les agriculteurs riches, aussi bien que ceux qui sont dans une position plus modeste, pourraient faire leur tour de France.

Pour conclure, Monsieur le Président, j'ai l'honneur de vous proposer de poser la question suivante :

« Les Agriculteurs réunis au Congrès de Châteauroux jugent-» ils qu'il soit utile et possible d'établir, dans l'agriculture, l'usage » de faire son tour de France. »

Si le vote est favorable à ma proposition, je serai heureux de recueillir toutes les observations qu'on voudra bien m'adresser, et je transmettrai à la Commission chargée d'étudier ce projet, toutes les idées pratiques qui me seront communiquées.

J'ai l'honneur, Monsieur le Président, de vous présenter l'assurance de mes sentiments les plus distingués.

Ludovic TIERSONNIER,

à La Grâce, près Nevers.

EXAMEN D'UNE PÉTITION

—

Une pétition tendant à obtenir le renouvellement d'une concession de paturage, à titre de tolérance, dans les cantons reconnus défensables de la forêt domaniale de Châteauroux, adressée, en 1871, à la Commission permanente de l'Assemblée nationale, par les principaux habitants de la commune de Lourouer-les-Bois, a été, sur le rapport de M. de Gavardie, prise en considération et renvoyée à M. le Ministre des finances. L'article 62 du Code forestier interdit, il est vrai, les concessions de cette nature, mais en présence de l'extension des doctrines d'économie pratique, dont la réalisation commande de ne négliger aucune source de production, doctrines peu répandues et peu populaires en 1827, époque de la discussion du Code forestier, ne convient-il pas aujourd'hui de faire abstraction des théories prohibitives, dans un but d'intérêt général ? Les développements dans lesquels entrent à cet égard les pétitionnaires, élucidant la question soumise au jugement des hommes spéciaux, nous y renvoyons les personnes que ce document peut intéresser.

Aux raisons émises par les pétitionnaires, on opposera les dispositions de l'article 62 du Code forestier, portant qu'il ne sera fait, à l'avenir, dans les forêts de l'État, aucune concession de droit d'usage de quelque nature ou sous quelque prétexte que ce puisse être. Nous observerons que le paturage, dont on sollicite l'obtention, n'est pas demandé à titre gratuit, mais à titre onéreux, moyennant rétribution. C'est, dès-lors, moins une concession qu'un affermement. Cette rétribution, perçue dans l'intérêt du Trésor sans cesse à la recherche de nouveaux impôts, permettrait d'utiliser une des branches de richesse naturelle du sol forestier, entièrement négligée aujourd'hui. On remarquera, en outre, que le paturage diffère essentiellement du droit d'usage proprement dit, qui s'applique spécialement à la délivrance des bois de chauffage et de construction pour l'usage personnel des habitants. En fixant des règles stables, la loi n'est pas exclusive des exceptions ; l'exception est

souvent un complément de la règle ; elle lui imprime une imposante force morale aux yeux des populations, en en rendant l'exécution plus facile. Des exceptions sont admises en matière du
rachat des droits de pâturage ; des réserves sont faites, à ce
sujet, afin de donner·à des communes, dignes d'intérêt, une satisfaction qui tient à leur repos, à leur bien-être, à leur existence,
sans porter préjudice aux intérêts généraux du pays. Voici comment s'exprimait, à cet égard, à la Chambre des Députés, le
12 mars 1827, M. le baron *Favard de Langlade*, au nom de la
Commission chargée de l'examen du Code forestier :

« La Commission ne s'est pas dissimulée que l'exercice rigou-
» reux de la faculté de rachat des droits de pâturage pourrait,
» dans certains cas, produire les plus fâcheuses conséquences. Il
» est, vous le savez, Messieurs, des localités où le pacage est
» tellement indispensable aux habitants, que ceux-ci n'ont d'autre
» ressource que le produit des bestiaux qu'ils élèvent. Vous les
» forcez à abandonner le sol qui les a vu naître, où ils mènent
» une vie laborieuse et paisible, où ils exercent une industrie utile
» non-seulement à eux-mêmes, mais encore au commerce. Là où
» le pacage est tout pour les habitants, il ne saurait y avoir pour
» eux de moyens de remplacement. »

Cette appréciation s'est malheureusement réalisée à Lourouer-
les-Bois ; nous avons vu, dans ces derniers temps, la population
diminuer de 85 habitants dans une seule période quinquennale. Le
nombre des vaches laitières appartenant à des petits propriétaires
qui sous l'empire des droits de pâturage s'élevait à deux cents,
est descendu à trente en 1871, à deux aujourd'hui. Sur 1,325 hectares de terre arable, dont se compose le sol de cette commune,
844 appartiennent à la grande et à la moyenne propriété ; 481 hectares
dont 50 hectares plantés en vigne, se subdivisent entre 520 petits
propriétaires, ce qui donne pour chacun une contenance moyenne
de 92 à 93 ares, tant en vignes qu'en terre cultivable. Dans de telles
conditions, l'entretien des vaches laitières devient pour eux impossible ; aussi se bornent-ils aujourd'hui à l'élevage des porcs, dont
le nombre, dans certaines années, est monté jusqu'à 600 têtes.
Mais, ici, nouvelle pierre d'achoppement pour les éleveurs ; bien
que le dispositif du jugement récognitif porte textuellement que
le terme pacage s'applique exclusivement aux porcs dans les
années où il y a absence de glandées, les habitants se sont vu
refuser l'admission en forêt des bêtes porcines. Cependant, tous les

cultivateurs savent que les porcs envoyés à la dépaissance sur le
sol forestier, ne se nourrissent pas exclusivement de glands, mais
de racines des plantes adventices, qui croissent naturellement,
telles que graminées, fougères, asphodèles rameux, dont les tiges,
à l'état de dessication, sont une cause permanente de sinistres.
Tous les porcs étant bouclés, il n'y a pas le danger de craindre que
les jeunes plants d'essence forestière soient détruits ou déracinés.

La conservation des forêts est, sans aucun doute, un des plus
précieux intérêts des sociétés civilisées. Les forêts entretiennent
les sources souterraines, forment les grands réservoirs qui alimen-
tent les cours d'eau ; elles servent d'abri aux récoltes ; les pointes
des futaies soutirent l'électricité des nuages, font l'office de para-
grêle ; elles maintiennent la pureté de l'air atmosphérique ; sous
la pression de la chaleur solaire, par le parenchyme des feuilles,
elles décomposent l'acide carbonique et restituent à l'air l'oxygène, son principe le plus pur. On ne saurait donc trop louer le
zèle que l'Administration des forêts apporte à leur conservation.

Les taillis appartenant à la propriété privée sont considérés
comme hors de garde à l'âge de cinq ans ; l'Administration forestière ne les reconnaît défensables qu'à l'âge de douze ans. Parve-
nus à cet âge, les plants provenant de semences, destinés à remplacer les souches qui dépérissent, ne sont détruits ni par le passage,
ni par la dent du bétail. Instruite par une longue expérience, l'Administration, bien avisée, se garde d'user de la faculté du rachat du
droit de pâturage dans la plupart des communes forestières ; elle
désigne, même dans les communes qui ont conservé l'intégrité de
leurs droits, des taillis de dix-huit à vingt ans, le plus souvent des
futaies séculaires, ou demi-séculaires. On objectera que dans les
cantonnements de bois de cet âge l'exercice du pâturage se trouve
en quelque sorte annihilé ; que les plantes croissant à l'ombre sont
étiolées et sans saveur ; mais le bétail, privé de fourrages, ne saurait être tenu forcément à l'état permanent de stabulation. Abandonné à la dépaissance, à défaut de substances abondantes et
nutritives, il y respire le grand air, il se trouve dans son état
naturel, prend l'exercice et le repos nécessaires à son développement. Dès que la surface du sol n'est plus imprégnée d'humidité,
rien n'est plus salubre que l'usage du vert pour les ruminants.
Malgré le proverbe : *fumus cuique benè olet*, aucun être ayant
vie ne saurait se maintenir en bonne santé dans un milieu vicié
par ses propres secrétions.

On allèguera, en outre, pour éliminer les demandes d'affermement de pâturage, la *possibilité* du sol forestier. La possibilité, dis-
cutable dans des forêts de peu d'étendue, ne saurait être mise en
doute dans la forêt, par exemple, de Châteauroux, d'une contenance de 5,144 hectares, dont près de moitié en futaies ou en réserve de futaies.

L'interdiction du pâturage n'est pas, au surplus, une règle absolue aux yeux de l'Administration des forêts. Dans le but d'augmenter le bien-être des douze gardes préposés à la conservation
de la forêt de Châteauroux, elle concède à chacun d'eux la faculté
d'envoyer au pacage jusqu'à trois têtes de gros bétail.

A défaut d'affermement du pâturage, il existe un moyen non
moins efficace de donner satisfaction aux anciens usagers des
communes pauvres : ce serait de leur permettre, à prix d'argent,
d'enlever, à l'aide de la faucille, les graminées qui croissent en
abondance dans les taillis. Cet enlèvement, fait avec précaution et
discernement, sous la surveillance des gardes, serait favorable à
l'accroissement des souches, préviendrait les causes d'incendie,
permettrait d'élever le bétail à l'étable, en l'absence de terrains
propres à la dépaissance.

Le système prohibitif dans les bois âgés de douze ans a subi
l'épreuve du temps et de l'expérience.

L'admission au parcours dans les cantonnements défensables
des onze cent mille hectares de bois de l'État, sur dix-neuf cent
mille appartenant tant aux communes qu'aux établissements publics, est une amélioration que l'on doit chercher à étendre, dans
le triple intérêt du fisc, du producteur et du consommateur. La
mise en pratique de cette mesure, partout où la nécessité en serait
sagement démontrée, créerait autant de conservateurs gratuits
des forêts que les communes forestières comptent d'habitants.

La vérité est un moyen terme entre deux extrêmes; les principes économiques tiennent un juste milieu entre une absolue abstention et une excessive profusion. L'amélioration du bien-être des
populations, le maintien de l'ordre général, doivent prévaloir
au XIXe siècle sur les théories d'un régime exclusivement prohibitif.

THÉAGÈNE MORIN,

Ancien Maire de Lourouer-les-Bois.

SEPTIÈME SECTION.

—

INDUSTRIES AGRICOLES.

—

BRASSERIE DE CHATEAUROUX.

—

Le temps a manqué aux Membres du Congrès pour visiter la grande Brasserie de MM. Grillon et Cⁱᵉ. Cela est regrettable, car cet établissement se rattache à l'agriculture par bien des côtés et il eût offert un attrait doublement intéressant.

L'extension considérable qu'a prise depuis quelques années cet établissement industriel, surtout pour la fabrication de la bière de conserve, dite bière bock, leur eût permis de connaître dans leurs détails les procédés perfectionnés en même temps que l'outillage et l'installation considérable qu'exige cette fabrication.

La Brasserie de Châteauroux, qui a commencé très-modestement, vers 1820, dans une partie de l'ancienne Abbaye de Déols, n'est devenue que quelques années plus tard la propriété de l'honorable M. Amador Grillon, frère du regretté M. Eugène Grillon, ancien maire de Châteauroux et député de l'Indre de 1848 à 1851. C'est le fils de ce dernier, M. Adrien Grillon, qui est aujourd'hui à la tête de cette usine.

Construite en 1825, sur l'avenue de Déols et sur le point élevé du coteau qui domine les rives de l'Indre, la brasserie de Châteauroux a toujours marché dans la voie du progrès. Sa fabrication, toujours soignée, lui a maintenu constamment sa bonne réputation. Sa bière brune, ou, bière dite de Lyon, n'a pas cessé d'être très-estimée dans nos départements du Centre. Mais, son importance et sa réputation datent, surtout, d'une dizaine d'années ; c'est-à-dire de l'époque où elle a entrepris la fabrication de la bière de conserve. Elle compte aujourd'hui parmi les premières avec celles de MM. Tourtel à Tantonville et Galland à Maxeville.

Nous ne voulons pas décrire, ici, la physionomie de cette usine, son outillage, ses procédés de fabrication. Ces détails se trouvent dans tous les traités spéciaux. Nous renfermant dans notre rôle purement agricole, nous avons tenu à appeler l'attention sur l'heureuse influence qu'un pareil établissement peut exercer sur notre agriculture locale.

Des ouvriers et employés de bureau, au nombre de soixante, composent son personnel normal. Des ouvriers supplémentaires sont nécessaires : en hiver, pour la rentrée des glaces; pendant l'été, au moment de la grande consommation de la bière.

En pénétrant dans l'usine, on est frappé de ce va-et-vient de tout le personnel opérant la réparation, le lavage et le remplissage des tonneaux, circulant autour des cuves immenses où s'opèrent le traitement de l'orge et du houblon pour la préparation des moûts.

Dans un local séparé, on aperçoit les mécaniciens et les chauffeurs faisant fonctionner une machine à vapeur, aujourd'hui de la force de quinze chevaux; mais qui, demain, sera de trente pour faire face aux besoins actuels. La consommation annuelle de la houille et du coke est de dix à douze mille tonnes.

Jusque là, rien d'exceptionnel. Toutes les brasseries dans lesquelles on fabrique de la bière brune offrent au visiteur le même spectacle. C'est dans les caves qu'il faut descendre pour apprécier l'installation et l'outillage considérables que réclame la fabrication de la bière de conserve.

Ces caves, chez MM. Grillon, sont immenses. Elles occupent une surface de 3,486 mètres carrés, et forment, avec tous leurs compartiments, une longueur de 735 mètres. Elles sont constamment éclairées au gaz et convenablement ventilées.

A part un compartiment de 672 mètres carrés qui sert de germoir, tout le reste est rempli, d'un côté, d'immenses cuves d'une contenance de 25 à 58 hectolitres, dans lesquelles s'opère la fermentation des moûts; de l'autre, de foudres d'une même contenance dans lesquels la bière est conservée. Cuves et foudres sont au nombre de 257. Chacun de ces compartiments communique avec une glacière.

C'est dans ces caves que le chef brasseur, un homme d'une rare activité, un savant dans son art, développe toute sa vigilance pour surveiller et conduire le travail de la fermentation des cuves. C'est, en effet, une opération très-délicate qui doit s'accomplir en quinze jours environ, mais à la condition que la température du liquide, dans les cuves, ne s'élève pas au-dessus de 6 degrés. Ce résultat s'obtient au moyen de la glace. Dès que la fermentation devient trop active et que le thermomètre indique une trop grande élévation de chaleur, vite, on plonge dans la cuve un grand vase métallique rempli de glace qui flotte au milieu du moût.

Après la fermentation, il faut soutirer la bière pour la séparer de la levure, la laisser déposer et la soutirer encore, et la laisser se faire dans les foudres jusqu'à ce qu'on ait obtenu le liquide doré, limpide et savoureux si recherché par les amateurs.

Si les nombreux visiteurs du Concours régional n'ont pas vu de près la brasserie de MM. Grillon, ils ont pu, du moins, trouver l'occasion d'apprécier la qualité de leur bière-bock. Dans notre ville, on se garde bien de lui donner les noms fallacieux de bière de Strasbourg, de Vienne ou de Munich. Il n'en est pas partout de même Au dernier Concours régional de Blois, en 1875, nous en avons eu la preuve certaine. Il nous a paru important de relever publiquement ce fait, parce que, si les brasseries allemandes, et surtout celles de Vienne, nous ont devancés dans la fabrication des bières de conserve, la grande fabrication française est bien près de pouvoir rivaliser avec elles pour la qualité des produits.

Aussitôt que ces soins multiples l'ont amenée à l'état convenable, la bière doit être livrée aux consommateurs. Le transport s'effectue dans des futailles d'une forme spéciale que les nécessités de la circulation forcent à maintenir au nombre de quinze mille. La fabrication de cette énorme quantité de fûts, celle des cuves et des foudres n'a pu, malgré des tentatives réitérées, être obtenue de notre département. Il produit, cependant, des bois excellents et de très-longue durée. Mais, les ouvriers sont habitués à faire le merrain destiné aux pays producteurs de vin et d'eau-de-vie. Jusqu'ici, ils se sont absolument refusés à fabriquer les merrains de 0ᵐ04ᶜ à 0ᵐ05ᶜ d'épaisseur nécessaire aux fûts à bière. Force a donc été de tirer cette tonnellerie de Lyon ou de Strasbourg.

Pour que ce transport s'effectue dans de bonnes conditions, particulièrement dans le Midi, l'usage de la glace est indispensable. Nous avons déjà constaté que la glace jouait un rôle très-important dans la fabrication. Voilà comment s'explique l'énorme approvisionnement que la brasserie de Châteauroux en fait, chaque année. Dans une contrée où les froids sont, en général, de peu de durée, ce travail demande à être vivement enlevé. Aussitôt que les gelées surviennent, la population vigneronne et maraîchère des environs accourt. Elle met au service de l'établissement ses véhicules agricoles attelés, qui d'un âne, qui d'un petit cheval. Elle peut ainsi emmagasiner en très-peu de jours dix mille mètres cubes de glace. En 1875-1876, la somme payée à cette occasion s'est élevée à 22,728 francs ; sans compter les journées des deux cents ouvriers, qui ont été employés concurremment à concasser et à empiler la glace. C'est là un salaire inattendu qui dépasse souvent en bénéfices l'époque de la moisson si fructueuse pour l'ouvrier agricole.

Cette industrie intéresse aussi l'agriculture par les matières premières qu'elle lui emprunte (orges, houblons, etc.) et par les résidus qu'elle lui rend (drèches et radicelles ou touraillons).

La quantité de houblons consommés, chaque année, varie entre 15 et 18,000 kilogrammes. Ils sont tirés de la Bavière et de la Bohême. Plusieurs tentatives ont été faites dans notre département pour y importer cette culture ; mais la qualité inférieure des produits a amené l'abandon de ces essais.

La Brasserie de Châteauroux emploie un million de kilogrammes d'orge. Tout le monde sait que l'orge est la matière première essentielle de la bière, puisque c'est elle qui lui fournit tout son alcool par sa transformation en malt. Le maltage n'est qu'une opération préliminaire et une germination interrompue dont le résultat est de convertir l'amidon en sucre ; on l'obtient en mouillant suffisamment l'orge. Le malt est préparé quand les germes se sont développés en dehors du grain. Alors, on le dessèche dans un séchoir appelé touraille ; puis , on en sépare les germes. Le malt ainsi touraillé est ensuite moulu convenablement ; puis, brassé dans de grandes cuves avec de l'eau chaude , de façon à l'épuiser de toutes les parties solubles, et enfin mélangé à une décoction de houblon. Ce mélange forme le moût qui, par fermentation, constitue la bière.

Pour la fourniture de ses orges, la Brasserie de Châteauroux a-t-elle fait appel aux cultivateurs de notre région en leur indiquant bien les sortes et les qualités qu'elle préfère ? Nous croyons qu'en ce moment des tentatives sont faites dans ce sens ; mais, jusque-là, elle a tiré ses plus fortes provisions de l'Auvergne et de l'Anjou. Il est cependant certain que nous sommes dans les meilleures conditions de sol et de climat pour faire avantageusement cette culture.

Quelle est l'espèce la plus favorable à la brasserie? En Allemagne, on préfère l'orge à deux rangs (*hordeum distichum*). C'est la même espèce et la même variété que recherchent MM. Grillon. Mais ils se montrent exigeants pour la qualité et, surtout, pour le volume et la propreté des grains. Ils reconnaissent que les orges récoltées dans les plaines calcaires de notre Champagne sont très-riches en sucre et qu'elles réunissent toutes les qualités voulues pour faire d'excellente bière. Mais ils leur font un double reproche : d'abord, un nettoyage insuffisant; ensuite, la petitesse du grain. Ces Messieurs estiment qu'il serait facile de corriger ce dernier défaut sans rien enlever à la qualité, en apportant plus de soin, plus d'attention dans le choix des semences et en les renouvelant toutes les fois que cela serait nécessaire.

Nous n'avons pas les renseignements suffisants pour traiter ici cette question avec tout le développement qu'elle comporte. Nous pouvons, cependant, dire que si, de l'aveu de M. Gibson Richardson, qui est éminemment compétent en cette matière, les orges françaises ont été trouvées par les brasseurs anglais supérieures aux orges d'Angleterre, les cultivateurs de notre département doivent être en mesure d'approvisionner la brasserie d'orges de la qualité de celles de l'Auvergne et de l'Anjou.

Cette question devient d'autant plus intéressante pour notre pays qu'une malterie très-importante, fondée depuis deux ans à Issoudun, en emploie des quantités considérables.

Voici la moyenne des prix payés pendant les neuf dernières années :

Années	1866-1867........	13f 30c	l'hectolitre.
—	1867-1868........	15 »	—
—	1868-1869........	13 25	—
—	1869-1870........	12 35	—
—	1870-1871........	16 »	—
—	1871-1872........	13 30	—
—	1872-1873........	11 90	—
—	1873-1874........	16 15	—
—	1874-1875........	15 »	—
Moyenne des neuf années..		14 03	—

Telles qu'elles sont livrées par les agriculteurs, les orges sont trop défectueuses pour être immédiatement utilisées. On est obligé de leur faire subir, au moyen d'un appareil spécial et très-énergique, un triage qui les divise en quatre catégories. Les deux premières seulement sont propices à la fabrication ; les deux autres sont revendues à l'agriculture qui les emploie pour l'alimentation du bétail ou pour la nourriture des volailles. Cette opération augmente d'un vingtième environ le prix d'achat. L'orge convenable doit offrir des grains assez lourds pour que l'hectolitre pèse de 64 à 68 kilogrammes.

Telles sont les matières premières. Quant aux déchets, ils sont, à peu près en totalité, consommés dans la localité même.

Les germes ou touraillons représentent environ 4 p. 0/0 du poids de l'orge maltée. La brasserie de Châteauroux en produit, par année, environ 40,000 kilos ; la malterie d'Issoudun, de 90 à 100,000 kilos. L'analyse faite par M. Guinon, Directeur de la Station Agronomique, a donné en azote 4 p. 0/0 pour les premiers. Une analyse de germes d'escourgeons maltés d'Issoudun a donné 3-70 p. 0/0 d'azote. Le prix de vente est de 6 à 7 francs les 100 kilos.

Employés depuis longtemps comme engrais, ces résidus sont utilisés aujourd'hui avec succès pour la nourriture du bétail et constituent une pâture très-concentrée, très-riche en corps protéiques ainsi qu'on peut en juger par les analyses qui en ont été faites et qui ont donné en moyenne les résultats suivants :

Eau.....	4,20
Cendres.....	5,80
Cellulose.....	34,50
Substances azotées.....	42,20
Substances non azotées.....	27,30

Si l'on veut comparer la valeur nutritive de ces germes suivant leur richesse en matières azotées avec le foin de prairies qui en renferme en moyenne 8,50 p. 0/0, on arrive à trouver qu'il faut près de 500 kilos de foin pour représenter 100 kilos de touraillons. Ces données ne sont qu'approximatives : les tables d'équivalents sur la teneur en produits azotés ne fournissent pas des indications absolues aussi bien pour les engrais que pour les aliments.

Malheureusement, la quantité de ces déchets si riches est peu importante. Il n'en est pas de même des drèches, qui sont les résidus de l'orge maltée et épuisée par l'eau. Cent kilos de malt donnent, en moyenne, 133 kilos de drèche qui, par la dessication, se réduisent à 33 kilos de matière sèche. Un échantillon de drèches de la brasserie de Châteauroux, analysé au laboratoire de la Station Agronomique de l'Indre a donné les résultats suivants :

Substance sèche pour 100 . . . . 23,06.

Composition	à l'état sec.	à l'état humide.
Eau.	»	76,94.
Matière grasse.	8.	1,82.
Substance azotée.	22,75.	5,24.
Cellulose.	20,50.	4,71.
Substances non azotées (matière extractive, amidon, dextrine, etc). . .	45,05.	10,45.
Matières minérales.	3,70.	» 84.
	100, »	100. »

Les drèches constituent un aliment plus complet que les touraillons .Si l'on veut, comme pour ces derniers, établir leur équivalent nutritif par comparaison avec le foin de prairies, on trouve qu'il faut 160 kilos de drèches à l'état humide pour représenter 100 kilos de foin. Le prix moyen de l'hectolitre de drèche est de 1 fr. 75 c.

Pour terminer ce trop long exposé, il ne nous reste plus qu'à parler de la levure. MM. Grillon expédient ce produit secondaire de leur importante usine pour une partie à la distillerie de M. Kolb-Bernard, à Plagny, près Nevers. Le reste est utilisé par la boulangerie de Paris.

DIXIÈME SECTION.

ENSEIGNEMENT AGRICOLE.

ENSEIGNEMENT CLASSIQUE AGRICOLE.

Par arrêté du Ministre de l'Instruction Publique, une Commission a été instituée à l'effet d'organiser, mieux qu'il ne l'a été jusqu'à présent, l'enseignement agricole et horticole appliqué à l'enseignement primaire.

Appelé à faire partie de cette Commission, nous croyons devoir au public agricole un nouvel exposé des doctrines que nous avons déjà soutenues à plusieurs reprises sur cette importante question.

I. — Enseignement agricole appliqué à l'Instruction primaire.

Pour que l'éducation rurale réponde aux besoins de l'agriculture, il faut, avons-nous toujours déclaré : 1° que, dès un âge encore tendre, l'enfant apprenne à travailler la terre, à supporter la fatigue et les intempéries ; 2° son intelligence et sa volonté, avons-nous dit, doivent être reportées sans cesse vers les choses qui sont du domaine de la vie agricole.

A cet effet, l'enseignement primaire rural doit compléter ce qui manque à cet autre enseignement que l'enfant du village reçoit de ses parents mêmes. Or, nous remarquons qu'intéressés à se faire aider dans leur propre travail, les cultivateurs et les ouvriers ruraux initient leur famille à toute espèce de labeur.

Mais ce qu'en général ils ne peuvent donner, ce sont des notions raisonnées sur les opérations agricoles ; en effet, malgré les incontestables progrès de l'agriculture contemporaine, n'est-il pas encore permis d'appliquer à la majorité des cultivateurs ce que, au XVIe siècle, Bernard Palissy disait sur leur compte d'une manière absolue :

« Un chacun laboure la terre sans aucune philosophie, et vont
» toujours le trost accoustumé, en suivant la trace de leurs prédé-
» cesseurs, sans considérer les natures ou causes principales
» de l'agriculture. »

Partant de là, ce que l'instituteur rural doit faire en matière d'enseignement agricole devient facile à définir. Il laissera au père l'enseignement de la pratique culturale proprement dite. Ainsi, ce serait sortir de son rôle que de diriger avec le secours de ses élèves une exploitation agricole, fût-elle de la plus minime étendue. Absorbé par les soins variés du faire-valoir, ne négligerait-il pas sa classe? D'ailleurs, à travers la pénurie actuelle de main-d'œuvre, les parents admettraient-ils que leurs enfants fissent au profit de l'instituteur un travail dont ils ont eux-mêmes le plus grand besoin ?

Si l'instituteur doit laisser au père et à la mère la tâche importante de l'apprentissage du métier, la sienne à lui sera d'éclairer ce métier par les principes raisonnés de la science rurale.

De tels principes, il doit les trouver dans un traité court, clair, substantiel, qu'il mettra entre les mains de ses élèves et dont il se servira souvent pour la lecture, les dictées, les exercices de mémoire et de calcul. Par ce système, l'enseignement agricole se trouvera fusionné avec les études classiques, qui y gagneront à tous égards.

En effet, d'après les principes d'une saine pédagogie, ne convient-il pas que le maître reporte sans cesse l'esprit de l'élève vers les objets qu'il a souvent occasion de voir et qui l'intéressent naturellement? Dans les écoles rurales, c'est donc sur des sujets d'agriculture que l'on doit habituellement faire lire, écrire, composer, calculer.

Pour faciliter, à cet égard, la tâche de l'instituteur rural, il convient qu'indépendamment du manuel d'agriculture, tous les livres dont il se sert aient une couleur agricole très-accentuée.

C'est pour répondre à ce besoin que nous avons publié (librairie Blériot, Paris, quai des Grands-Augustins, 55), toute une collection de classiques primaires agricoles. La voie qui a été ouverte par suite de cette publication ne peut être trop suivie.

Qu'à nos livres il s'en joigne de meilleurs encore et les écoles rurales auront leurs livres spéciaux, parfaitement distincts des livres de l'enseignement primaire appliqué aux classes urbaines.

L'instituteur rural ne doit pas se contenter de reporter vers l'agriculture l'intelligence de ses élèves. Il faut encore qu'il s'attache à leur inspirer une profonde estime pour cette profession, la profession par excellence. Dans ce but, le Manuel d'agriculture et autres livres classiques de l'école renfermeraient quelques passages saillants en l'honneur du travail des champs, et les belles maximes qu'on rencontre çà et là sur ce sujet dans les livres sacrés et profanes.

Aux éléments de la science agricole, l'instituteur ne peut-il joindre de bons exemples et quelques leçons pratiques d'horticulture?

Nous répondons, sans hésiter, que ce complément est indispensable.

. Dans la plupart des villages, la tenue des jardins et des arbres est on ne peut plus défectueuse. On ne sait en général ni bien planter un arbre, ni le greffer, ni le tailler. Presque partout les meilleures variétés de légumes et de fruits sont inconnues. Supposé que, dans un tel état de choses, l'instituteur donne l'exemple du progrès horticole; le voilà qui gagne en autorité sur toutes les questions culturales. Ses leçons seront ensuite d'autant mieux reçues.

D'ailleurs, après une classe fatigante, quelle récréation, à tous les points de vue, plus salutaire que le jardinage?

Si des dépendances de la maison d'école l'instituteur fait un jardin d'étude, je vois, à la vive satisfaction des parents, les enfants, à mesure qu'ils grandissent, apprendre à greffer, à bouturer, à repiquer, à bien planter un arbre, à le conduire en espalier, à dresser une couche. Ils se mettent même à cultiver de jolies fleurs; puis nos villages prennent un aspect riant; de triste qu'il était, le séjour en devient agréable.

J'aimerais encore à voir chez l'instituteur des vers à soie, des abeilles, quelques lapins et volailles de belle race.

Ce n'est pas tout: il faudrait que les règlements scolaires établissent un certain accord entre l'enseignement de la classe et cette éducation pratique si importante dont nous avons parlé, et qui appartient essentiellement à la famille. A cet effet, dans les six mois d'été où les travaux agricoles sont incessants, il conviendrait de n'ouvrir la classe deux fois par jour qu'aux élèves les plus jeunes. Quant aux enfants déjà capables d'efforts sérieux, ils ne devraient être appelés en classe qu'une fois par jour. Le reste du temps, ils se trouveraient à la disposition de leurs parents pour les occupations de la campagne.

D'après l'état actuel, deux classes de trois heures étant prescrites à l'instituteur pour tous les enfants sans exception, de deux choses l'une: ou bien les plus âgés, ainsi que les plus jeunes, fréquentent l'école assidûment. Dans ce cas, loin de devenir forts et actifs, comme l'exige la vie rurale, ils prennent des habitudes

molles et sédentaires. S'étonnera-t-on plus tard de les voir abandonner le village pour habiter la ville? Ou bien, seconde hypothèse, ils ne vont en classe que l'hiver, et pendant tout l'été ils
travaillent avec leurs parents. Alors, leurs études classiques deviennent presque nulles. Comment n'oublieraient-ils pas au second
semestre toutes les leçons apprises dans le premier?

Ces inconvénients opposés, tels qu'on les observe aujourd'hui,
disparaîtront, lorsque officiellement on aura fait, dans chaque
centre de population rurale, la part des deux éducations, l'une
intellectuelle, l'autre corporelle et pratique, dont l'alliance peut
seule former au profit de l'agriculture des générations tout à la fois
robustes et suffisamment lettrées.

Si des enfants nous passons aux adultes, il est évident que la
classe du soir qui leur est destinée doit, dans toute commune
rurale, présenter la couleur agricole de la classe du jour ouverte
aux enfants.

De plus, il est un moyen plus puissant encore de réveiller chez
les cultivateurs l'esprit de progrès. C'est, pendant l'hiver, de les
réunir le soir une fois par semaine, en conférences ou en soirées
rurales du genre de celles que nous avons décrites dans l'opuscule
intitulé : *Guide des conférences agricoles.*

M. l'Inspecteur d'Académie du département de l'Oise et moi, nous
assistions dernièrement à une conférence semblable établie, depuis
plusieurs années, à Chevrières, par l'instituteur M. Facq et par deux
membres de la Société d'agriculture de Compiègne, MM. Boursier
et Souplet. Cent vingt cultivateurs étaient réunis. On ouvrit la
séance par un chant religieux et par un morceau de musique ins-
trumentale. Puis, un jeune et intelligent cultivateur, M. Guérin,
donna lecture du procès-verbal de la dernière réunion, procès-
verbal où se trouvait le compte détaillé et très-exact des diverses
cultures du pays.

Ensuite, on passa en revue toutes les pièces de terre d'une contrée du territoire, et les assistants discutèrent sur l'historique de
ces pièces, sur leur valeur, sur le meilleur moyen d'en tirer parti.

Des problèmes relatifs au marnage des terres et au solivage des
arbres furent posés sur le tableau, et d'anciens élèves de l'école en
donnèrent la solution.

Un chant agricole et patriotique, composé au village même,
fut exécuté sur l'air *God save the queen.*

L'instituteur fit une lecture morale, donna aux pères de familles quelques conseils pleins de sagesse, et l'on se sépara après un dernier chant religieux.

Des conférences analogues existent sur d'autres points du département de l'Oise, et encore, nous a-t-il été assuré, dans l'Ain et la Gironde.

Sans doute, de telles réunions présentent des résultats considérables. Toutefois, on comprend qu'il ne puisse y avoir là rien d'obligatoire. En tel village, cette œuvre est facile; ailleurs, elle rencontrerait de graves obstacles, ou bien, elle donnerait lieu à certains abus.

En résumé :

1° Éléments de la science agricole distribués dans la classe et chacune des autres leçons présentée sous une couleur toute rurale ;

2° Dans le jardin de l'instituteur, bons exemples et leçons praques d'horticulture ;

3° Règlementation des classes d'été, de telle sorte que les enfants les plus âgés puissent, sans cesser de les suivre, travailler une partie du jour avec leur famille ;

4° Conférences agricoles aux adultes en hiver, partout où cette œuvre est possible.

Tels sont, d'après nos observations, qui datent déjà de vingt-sept années, les points principaux sur lesquels devra se porter l'attention des commissaires institués par arrêté du 28 décembre 1873.

Cette commission, suivant notre intime conviction, ne doit pas s'en tenir là. Il faut qu'elle examine la question de l'enseignement agricole sous toutes ses faces ; que, dès lors, elle s'en préoccupe au point de vue de l'enseignement secondaire.

A cet égard, qu'on nous permette de rappeler certains principes qu'une longue expérience confirme chaque jour de plus en plus dans notre esprit.

2. — Enseignement agricole appliqué à l'Instruction secondaire.

Chacun admet, l'enquête agricole de 1865 l'a prouvé, l'introduction de l'enseignement agricole et horticole dans les écoles primaires rurales.

D'un autre côté, d'excellents esprits se demandent si ce même enseignement ne doit pas pénétrer dans l'Instruction secondaire ?

Appuyés sur le suffrage d'hommes éminents, les Tocqueville,

les Dumas, les Blanqui, nous avons toujours répondu par l'affirmative. Aujourd'hui, forts d'une expérience de vingt-sept années, nous croyons plus que jamais devoir affirmer le principe.

Lisez avec attention les chefs-d'œuvre classiques de l'antiquité, et, par l'exactitude des descriptions et des termes relatifs à l'agriculture, vous constaterez que les auteurs de ces pages immortelles étaient presque tous familiers avec les choses rurales.

Pourrait-on croire que cet ordre de connaissances si fortement caractérisé, par exemple, dans Homère, Xénophon, Cicéron, Virgile, n'ait apporté nul contingent à leur génie? La plus simple réflexion suffit pour nous convaincre du contraire. En effet, si les livres sont précieux pour l'étude, de même que les tableaux des maîtres sont utilement copiés par les jeunes peintres, au-dessus de tous les ouvrages humains se trouve le livre immense de la nature, écrit de la main de Dieu même, source inépuisable d'indescriptibles clartés.

Dans ce livre que l'ami de la science et des arts doit feuilleter sans cesse, la page du champ cultivé est la plus féconde en enseignements.

En effet, n'est-ce pas sur l'humble guéret qu'arrosent nos sueurs et que le souffle de Dieu vivifie, n'est-ce pas là que, chaque jour, commence par un travail collectif de l'homme et de Dieu cette association du créateur et de la créature que d'autres rapports rendent plus intime et que le ciel doit parfaire un jour?

La terre labourée se trouve ainsi le point de départ de la solution chrétienne des grands problèmes sociaux et économiques.

De là vient le bon sens natif des populations agricoles, bon sens apprécié avec tant de faveur, chaque fois, par exemple, que, dans une Société d'agriculture, un cultivateur de profession élève la voix.

Dans l'art de la littérature, ce sentiment du vrai conduit non-seulement à la justesse des idées, mais encore à celle des expressions et des tournures.

Voilà comment la notion des choses rurales a influé sur le génie des principaux maîtres de l'antiquité. C'est ainsi qu'en l'absence des divines lumières de l'Évangile elle a rectifié leur jugement et épuré leur goût, à tel point que leurs productions sont et seront toujours considérées comme des chefs-d'œuvre.

Si nous quittons le fond pour n'examiner que la forme, à quel point la nature cultivée ne les a-t-elle pas enrichies! Que d'images, que de comparaisons, que de peintures tirées des champs ! Et dans ces ornements si variés, quelle grâce !

Mais comment apprécier un tel trésor, si l'on est soi-même étranger aux choses agricoles ?

Aujourd'hui, faute de sens rural, le futur bachelier parcourt ces productions du génie sans lumière à beaucoup près suffisante. Les examinant comme derrière un voile, il n'en aperçoit pas les principales beautés. Ne vous semble-t-il pas voir un myope au milieu des chefs-d'œuvre de Raphaël et de Michel Ange ?

Aussi, quel est trop souvent le fruit de telles études ? Est-il un plus triste étalage que celui de la littérature du jour ? L'excentrique, l'ampoulé, l'invraisemblable, voilà le cachet presque général des productions actuelles. Si l'on découvre quelque exactitude, ce sera trop souvent dans la description d'un égout ou d'un monceau d'immondices !

Pour arrêter un tel déclin, n'est-ce pas lorsqu'il se forme à l'art de penser, de parler et d'écrire, qu'il faut, par l'examen du vrai pris dans la nature et surtout dans la nature cultivée, épurer le goût du jeune homme, lui former le jugement, lui redresser l'esprit ?

Nous n'hésitons pas à l'affirmer : si la lumière se fait à temps, il goûtera mieux qu'il ne le peut aujourd'hui les écrivains qui jadis ont, eux aussi, puisé aux mêmes sources, et les études littéraires commenceront à prendre pour lui ce caractère récréatif qui les avait, dans l'antiquité, fait qualifier du nom de *ludus* (jeu).

Quelque grave qu'il soit, ce point ne nous semble, au surplus, que le moindre côté de la question.

De l'avis même des sages de l'antiquité, dont vous nourrissez la jeunesse, Messieurs du Lycée, l'agriculture, sur laquelle, aujourd'hui, vous gardez le silence et dont vous pourriez cependant expliquer les principes, *Virgile* et *Xénophon* à la main, l'agriculture n'est-elle pas ce qu'il y a de plus beau, de plus fécond, de plus libéral ? Je vais plus loin : dans le corps social n'est-elle pas comme le cœur dont les pulsations distribuent entre tous les organes le fluide vital ?

Consultez sur leur origine les familles urbaines et, sans remonter très-haut, vous constaterez que, riches ou pauvres, la plupart sont issues de la campagne. Beaucoup, sans doute, sont près de s'éteindre ! car, en dépit de plus de bien-être apparent, tel est l'effet débilitant de la vie citadine. Mais aussi, ne remarquez-vous pas bon nombre de jeunes gens qui, depuis peu, ont quitté le village pour s'établir à la ville comme ouvriers, fonctionnaires, industriels, commerçants ? Vous comprenez alors le repeuplement des cités et la régénération sociale tout entière. C'est l'enfant de la campagne, tant le fils du château que celui de la chaumière, qui remplit les vides produits par les effets destructeurs du luxe, des excès, de l'étiolement, du travail fiévreux, absolument comme, dans la guerre, les compagnies de réserve remplacent les bataillons que le fer ennemi a moissonnés. Or, la décadence est proche du jour où cette grande réserve des populations agricoles s'épuise par les contingents trop nombreux qu'elle fournit aux bataillons urbains. Si le climat ne se prête pas à la création d'herbages dont le produit est utilisé sans travail par le pâturage des troupeaux, hors ce cas exceptionnel qui s'applique à une grande partie de l'Angleterre, on voit décroître les récoltes d'une terre que la sueur humaine fertilise de moins en moins ; et ce qui est plus grave encore, comme le sang régénérateur se raréfie outre mesure, après la dépopulation des campagnes au profit exagéré des villes, doit subvenir la dépopulation des villes elles-mêmes.

La France se trouverait-elle bientôt en péril d'un tel déclin ? Loin de nous cette pensée ! et cependant, au milieu du progrès général de toutes choses, l'agriculture française n'a-t-elle pas été distancée par la plupart des autres branches du travail humain ? Peut-on comparer la transformation des campagnes avec celle de Paris et autres grandes cités ? Le chiffre des populations rurales ne s'est-il pas fortement amoindri depuis vingt ans ? Sont-ce les mœurs agricoles, avec leur simplicité (base de la vraie richesse), qui influent sur les mœurs de la ville ? ou plutôt n'est-ce pas le luxe empoisonneur des villes qui envahit le village ?

On ne peut poser de telles questions sans craindre pour notre chère patrie, à travers des améliorations matérielles évidentes, un affaiblissement de l'esprit agricole.

Pour conjurer ce péril, vers lequel tout peuple civilisé, s'il n'est fortement retenu, se précipite en aveugle, il n'y a lieu d'espérer de la part des travailleurs de l'industrie aucun retour vers l'agriculture ; énervés et étiolés, ils ne pourraient supporter les labeurs et les intempéries de la vie rurale. D'ailleurs, ils connaissent trop bien l'ignoble lundi, le pain municipal, l'Hôtel-Dieu, le bureau des pauvres.

Ce que l'on ne peut attendre des familles ouvrières, demandons-le aux classes élevées. Par l'effet de lumières et de moyens supérieurs, celles-là peuvent très-bien, pour un certain nombre de leurs membres, se retremper dans la vie rurale. En se régénérant, elles régénèreront la société tout entière sous la triple influence du capital, de l'intelligence, de l'exemple appliqués au premier des arts. Grâce à leur présence et au judicieux emploi de leur fortune, je vois les populations agricoles plus régulièrement occupées, mieux secourues, plus instruites. Comme elles ont plus de bien-être, elles s'attachent au toit paternel et l'émigration vers les villes ne se fait plus que dans une juste mesure.

Malheureusement, dans l'état actuel de l'instruction publique, les jeunes gens ne se doutent pas que, du côté de l'agriculture, il se trouve un immense service public à remplir, que ce service procure l'indépendance et peut conduire aux positions les plus honorées.

Une telle ignorance permet-elle aux classes supérieures de se retremper par la vie rurale ?

Si vous voulez que la France redevienne grande et énergique, organisez l'éducation libérale de telle sorte qu'elle dispose bon nombre d'esprits élevés à la régénération des campagnes.

Ne craignez pas de voir déserter la magistrature, l'administration, l'armée, le commerce, l'industrie. Quelque effort que vous puissiez faire en faveur du premier des arts, l'attrait des professions urbaines l'emportera toujours près de la majorité des jeunes gens, sur celui de la vie rurale.

D'ailleurs, distribuées à l'élite entière de la jeunesse, de saines notions d'agriculture ne seront—elles pas très-utiles à tous?

« Le fruit de l'agriculture, dit Olivier de Serres, étant commun » et salutaire à toutes sortes de personnes, de tous hommes aussi » cette belle science doit estre entendue. »

Pénétré de ces hautes vérités, un maître éminent, Rollin, ne néglige, dans son cours d'études, aucune occasion de diriger vers l'agriculture le cœur et l'intelligence de ses élèves. Il consacre même à cette branche capitale du travail humain un livre spécial, dans lequel on admire tout le parti qu'il a su tirer des œuvres de l'antiquité.

Suivons hardiment de tels guides et nous sommes certains de ne pas nous égarer.

Le principe étant établi, chaque professeur doit, à l'exemple du maître que nous nommions à l'instant, mettre en relief dans sa spécialité les questions qui se rattachent à l'agriculture. De plus, un professeur particulièrement versé dans la connaissance des choses rurales doit exposer les éléments de la science agricole aux élèves des classes de seconde, de rhétorique et de philosophie. Remarquons-le bien : ce sont les éléments qu'il s'agit d'enseigner et nullement les applications ; celles-ci varient à l'infini suivant une foule de circonstances locales. Un tel détail serait trop compliqué ; il sortirait du cadre de l'enseignement général. On doit donc l'éviter avec soin ; mais, prenant pour modèle l'inimitable auteur des *Géorgiques*, on traitera l'agriculture de plus haut, et on posera purement et simplement les premières règles.

Voici le résumé de notre programme personnel :

1° Considérations philosophiques et historiques sur l'agriculture ; agents naturels qui concourent à la production agricole ; opérations principales de l'art cultural ;

2° Examen successif et rapide des végétaux cultivés ;

3° Examen des animaux utiles et des animaux nuisibles ; combinaisons agricoles.

Le cours dure deux ans avec une leçon par semaine, leçon dont la rédaction est toujours exigée.

Nous nous attachons, en outre, à créer près de chaque établissement un jardin d'étude où, pendant les récréations, les élèves reçoivent des notions pratiques d'arboriculture et de jardinage. Enfin, ils visitent, aux jours de congé, les fermes les plus importantes du pays.

Former les professeurs aptes à donner ce genre de leçons tant dans les collèges que dans les écoles normales d'instituteurs, et composer les livres qui doivent guider maîtres et élèves, voilà la base de l'œuvre tout entière ; voilà l'avenir de l'enseignement *classique* agricole, de cet enseignement qui sert lui-même de fondement à l'enseignement *professionnel*. En effet, comment recruter convenablement le personnel des écoles professionnelles, si des vocations distinguées ne se forment pas ?

La Commission instituée le 28 décembre 1873 attachera, nous l'espérons, toute l'importance nécessaire à cette partie de son programme : formation de bons professeurs et composition de bons livres.

Tout est là.

Louis GOSSIN,
Professeur d'agriculture du département de l'Oise et de l'Institut agricole de Beauvais.

EXPOSÉ SUCCINCT DE LA QUESTION DU RÉTABLISSEMENT DE LA FERME-ÉCOLE

DANS LE DÉPARTEMENT DE L'INDRE.

—

Lettre adressée à M. le Président pour être communiquée au Congrès de Châteauroux.

—

MONSIEUR LE PRÉSIDENT,

J'avais accepté la mission d'entretenir le Congrès de l'enseignement agricole et surtout de la reconstitution d'une Ferme-École dans l'Indre.

La maladie m'a privé de cet honneur.

Permettez-moi, en renouvelant des excuses qui sont des regrets, de vous adresser un bref résumé des propositions que j'espérais pouvoir développer.

Puissent quelques personnes d'expérience s'en emparer, les discuter et en améliorer les conclusions.

C'est un axiome que, sauf dans des cas exceptionnels, le canal ordinaire par lequel les sciences se répandent parmi les hommes est l'enseignement. — En dehors du génie, le progrès naît dans l'école.

Si donc l'on veut sincèrement le progrès agricole, il faut l'enseignement de l'agriculture.

Qu'est-ce qui a été fait dans l'Indre pour cet enseignement?

On a fondé une Ferme-École qui a rendu des services mais qui est tombée pour des causes multiples dont je ne signalerai que deux principales : l'*Isolement et l'anémie financière.*

Elle était isolée dans le département, presque sans relations utiles avec les populations agricoles, ce qui l'empêchait de *recruter* des élèves dignes d'elle et ensuite de *leur assurer un avenir* au lendemain de son enseignement.

Elle avait une organisation financière anémique qui paralysait les efforts du directeur et de ses agents, qui ne permettait pas de donner à des élèves déjà très-mêlés, mal choisis, toutes les connaissances désirables.

Donc, demandant le rétablissement d'une Ferme-École, il semble urgent de chercher, en la fondant, les moyens de la relier à la population agricole tout entière du département et de lui donner une organisation financière solide; en un mot, d'assurer sa vie morale et matérielle.

Tels seraient alors les vœux que je croirais devoir soumettre au Congrès et que j'ai développés ailleurs longuement :

1° Création simultanée d'une Ferme-École et d'une Chaire d'agriculture à l'École normale du département sous le patronage du Conseil général et de la Société d'Agriculture;

2° Création de bourses de stagiaires agricoles pour les anciens élèves de la Ferme-École ;

3° Création d'une Société d'agriculteurs actionnaires auxiliaires de la Ferme-École.

Dans notre pensée, voici comment pourraient s'effectuer ces créations multiples.

Le Conseil général, sur la demande de la Société d'agriculture et corrélativement avec elle, prendrait en main l'œuvre. — Il ferait appel à un propriétaire pouvant fournir la Ferme, terre et bâtiments nécessaires à l'École, et peut-être même disposé à les approprier. — Il assurerait à ce propriétaire l'intérêt annuel de sa propriété, augmenté d'un tant pour cent pour l'appropriation.

Ce propriétaire aurait le titre de Directeur protecteur de l'œuvre. Il en pourrait avoir la haute responsabilité morale. Il choisirait avec le Conseil général et la Société d'agriculture un *cultivateur professeur*.

C'est celui-ci qui aurait la responsabilité de l'enseignement de la Ferme et qui toucherait les appointements alloués par la loi au Directeur.

La chaire d'agriculture de l'École normale lui serait aussi confiée.

Par ce cumul, on agrandirait, on améliorerait sa situation, on pourrait espérer attacher à l'œuvre un de ces hommes dévoués et capables qui assurent seuls le succès.

Par ce cumul aussi, le représentant du progrès agricole gagnerait peu-à-peu à sa cause les instituteurs, il rayonnerait par eux dans le département. Sans devenir des professeurs d'agriculture ou d'horticulture, tous seraient les sergents recruteurs intelligents de la Ferme-École.

Au lieu d'y voir entrer de ces natures indécises qui roulent partout sans but, on y verrait apparaître des fils de fermiers et de métayers qui reviendraient, ensuite, reprendre avec plus de science et sans faux orgueil le travail interrompu.

Ceux qui ne pourraient de suite se fixer trouveraient dans les bourses de stagiaires, dont nous demandons la fondation, les moyens pécuniaires de se perfectionner dans les meilleures Fermes du département ou de la région. Ils s'y feraient connaître et ne manqueraient pas un jour ou l'autre d'y être définitivement utilisés.

Comme corollaire de ce plan, et surtout en attendant que l'État pût augmenter les fonds alloués aux Fermes-Écoles, je demanderais qu'une Société d'agriculteurs du département se formât. Certes, une souscription de cent francs ne donnerait pas un grand appui financier ; mais, elle intéresserait le souscripteur au succès de l'établissement et, ce qui vaudrait mieux, lui apporterait une aide morale très-précieuse.

Je croirais voir alors la nouvelle École sortir de l'isolement. Ne serait-elle pas assurée d'avoir d'excellentes recrues par l'intermédiaire des agriculteurs souscripteurs et des instituteurs élèves du professeur de la Ferme-École ?

N'aurait-elle pas aussi, ce que je me permettrai d'appeler d'un terme significatif, *un débouché,* par le moyen des bourses des stagiaires ?

Elle aurait aussi une organisation financière plus stable. Elle vivrait.

Sans doute, l'édifice de nos conclusions ne peut se réaliser que par l'apport des subsides :

1° De l'État ;

2° Du département ;

3° De l'initiative privée des agriculteurs.

Mais, c'est à votre Congrès qu'il appartient de les provoquer.

Aussi, je renouvelle mes vœux avec confiance :

1° Création simultanée d'une Ferme-École et d'une Chaire d'agriculture à l'École normale du département sous le patronage du Conseil général et de la Société d'Agriculture ;

2º Création de bourses de stagiaires agricoles en faveur des anciens élèves de la Ferme-École;

3º Création d'une Société d'agriculteurs actionnaires-auxiliaires de la Ferme-École.

Daignez agréer, Monsieur le Président, l'expression de mon profond respect,

PAUL BLANCHEMAIN.

LISTE DES MEMBRES DU CONGRÈS. [1]

MM.

* Le Marquis d'Andelarre, Député à l'Assemblée Nationale.
  Balsan, Auguste,   id.
  Le Comte de Bondy,   id.
* Le Comte de Bouillé,   id.
  Bottard,   id.
  Clément, Député à l'Assemblée Nationale et Président du Conseil
    Général de l'Indre.
  Dufour, Député à l'Assemblée Nationale.
* Le Marquis de Montlaur,   id.

  Baucheron de Lécherolle, Philippe, membre du Conseil Général
    de l'Indre.
  Bénazet,   id.
  Le Vicomte de Bondy,   id.
  Dufour, Paul,   id.
  Grand'homme,   id.
  Guignard,   id.
* De Lacotardière,   id.
* De Lagarde, Albert,   id.
* De Lamet.   id.
  Lejeune, Pierre,   id.
  Le Baron de Lestrange,   id.
  Morin-Gremouillet,   id.
  Périgois, Ernest,   id.
  Pignot,   id.
* Du Puymode,   id.
  De Saint-Martin,   id.

* Adam, Trésorier-Payeur général de l'Indre, à Châteauroux.
  Ameye, François, propriétaire, au Chassin (Tranzault).
  Armand, Directeur de la Voirie Départementale, à Châteauroux.
* Artaud, Propriétaire, à Buzançais.
* Aubriot, à la Gourdinière, commune de Jeu-Maloches.

---

(1)   *   Souscripteurs au Congrès.
     **   —   au Banquet.
     Rien   —   au Congrès et au Banquet.

Auger, Président du Comice Agricole de Vierzon.

Aumerle, Président de la Société Vigneronne d'Issoudun.

Balsan, Charles, Président de la Chambre Consultative des Arts et Manufactures, à Châteauroux.

* **De Bar**, au Château de Roche, Commune de Nohant-en-Graçay.

* **Barrault**, Ernest, fermier, aux Places (Condé).

* **Barrault**, Eugène, fermier, à Marandé. (Condé.)

Baucheron de Lécherolle, Paul, au Château de Piou (Màron).

* **De Bellefonds**, propriétaire à Saint-Pierre-de-Lamps.

Bernard, Émile, Membre de la Chambre Consultative d'Agriculture pour l'Arrondissement de Châteauroux.

* Le docteur **Bernard**, Just, au Château de la Dinière, près Saint-Benoît-du-Sault.

* **Berthier**, négociant en engrais, à Paris.

* **Berton-Pouriat**, avocat, à Châteauroux.

* **Berton**, Amédée, avoué, à Châteauroux.

Blanchemain, au Château de Castel-Biray, près Saint-Gaultier.

* Le Comte **de Boisé de Courcenay**, au Château de La Rocherolle, commune de Tendu.

* **Boitel**, Inspecteur-Général de l'Agriculture, à Paris.

De Bondy, Olivier, au Château de La Barre, par Ciron.

* **Bonnesset**, Conseiller à la Cour d'Appel de Bourges.

* Le Vicomte **de Bonneval**, Fernand, à Issoudun.

* **Boucard**, Inspecteur des Forêts, à Poitiers.

* **De Boullimbert**, au Château de Menas. (Étrechet.)

Boyenval, à Bellecour, par Châtillon-sur-Loing. (Loiret.)

* **Breillat**, à La Fontroy, commune de Saint-Août.

* **Brillaut**, propriétaire, à Châteauroux.

Bruillard, Agent Commercial à la Manufacture du Château-du-Parc.

* Le Comte **du Buat**, propriétaire à La Subrardière, Commune de Méral, par Cuillé (Mayenne).

Cavé, père, propriétaire au Château de Notz-Ma-Rafin.

Cavé, fils, propriétaire au Château de Notz-Ma-Rafin.

* **Charlemagne**, Raoul, ancien Député, à Châteauroux.

* **Chauvelot**, Directeur de *la Cérès* et de *la Garantie agricole*, à Paris.

Chertier, juge suppléant au Tribunal civil d'Issoudun.

* **Chevassu-Périgny**, à Châteauroux.

* **Clément**, Michel, fermier à Grangeneuve, commune de Lazenay.

Du Cluzeau, au Château du Cluzeau, commune de Chasseneuil.

* **Compain**, régisseur de la Terre de Diors, à Diors.

* **De Constantin**, Alfred, propriétaire au Château de Greuille.

* **Crevat**, à Fez, par Neuvy-Saint-Sépulchre.

* **Creuzé des Roches**, au Château de la Grand-Maison. (Ingrandes.)

Crombez, Louis, propriétaire au Château de Lancosme.

. * **De Croze**, Pierre, Secrétaire-Général de la Préfecture de l'Indre, à Châteauroux.

De Curel, au Château de Ferrière, commune de Levroux.

Daiguzon, juge au Tribunal civil de Châteauroux.

Damourette, Vice-Président de la Société d'Agriculture de l'Indre.

** **Daussigny**, Lionel, propriétaire à Issoudun.

Dauvergne, Architecte du Département et de la Ville de Châteauroux.

Delagrave, propriétaire au Château des Sallerons. (Tendu).

* **Delamalle**, Victor, ancien Conseiller Général de l'Indre.

* **Delano**, Agent Honoraire de la Société des Agriculteurs de France en Angleterre, quai de Valmy, 117, Paris.

* **Delaporte**, Jules, propriétaire, à Châteauroux.

Delavaud, anc. Membre du Conseil Général, à Saint-Benoît-du-Sault.

* **Delrue**, au Château de Saint-Pierre, près Levroux.

* **Depruneaux**, Achille, propriétaire à La Rée, arr¹ d'Issoudun.

* **Dérlbéré-Desgardes**, propriétaire à Saint-Gaultier.

* **Desgardes**, Louis, propriétaite à Saint-Gaultier.

Desormeaux, René, propriétaire à Châteauroux.

* **Desvaux-Savouré**, propriétaire à Mondoubleau (Loir-et-Cher).

Deusy, Maire d'Arras (Pas-de-Calais) ; propriétaire au Château de La Pacaudière, par Luçay-le-Mâle.

Dion, Marc, propriétaire au Tertre, commune de Lingé.

Dreyfus, frères, Concessionnaires du Guano du Pérou.

Duchan, propriétaire à Châteauroux.

Dufour, Henri, propriétaire au Château de Bouges.

Duhail, Marcellin, propriétaire à Fontpart (Argenton).

Dupressoir, au Château de Cerçay (La Motte-Beuvron).

* **Duris-Dufresne**, Jules, propriétaire à Châteauroux.

Duris-Dufresne, Léon, propriétaire à Châteauroux.

* *L'Écho des Marchés du Centre*, à Issoudun.

Le docteur **Fauconneau-Dufresne**, à Châteauroux.

* **Fontès**, Directeur des Contributions Directes, à Châteauroux.

De Fougères, Raymond, propriétaire au Château de Fougères.

* **De Fougières**, Armand, propriétaire à La Dixme (Fontenay).

* **Frappier-Goubeau**, négociant en engrais, à Écueillé.

Frichon, Jules, propriétaire au Château du Tertre. (Chitray.)

De Gabory, propriétaire au Château de Clavières, par Ardentes.

* **Garnier**, Henri, propriétaire à Massay (Cher).

Gaudet, Marcel, banquier à Châteauroux.

Gérard, constructeur-mécanicien à Vierzon.

* **Gindre, Ch.**, propriétaire au Château de Laverdines (Cher).

Le Marquis **de Gimestous**, Président du Comice Agricole du Vigan, au Vigan (Gard).

Girard de Wasson, Georges, propriétaire à Châteauroux.

Goubeau, Jules, à La Madeleine, près Orléans.

Goudenove & Pigelet, fabricants d'engrais, à Orléans.

* **Grandeau**, Directeur de la Station Agronomique de l'Est, à Nancy.

Grenouillet, Adolphe, propriétaire à Pruniers.

Grillon, Adrien, membre du Conseil d'arrondissem', à Châteauroux.

Grumel, Justin, au Château de La Tremblais, commune d'Arthon.

Guinon, Directeur de la Station Agronomique de Châteauroux.

Henry, Ingénieur des ponts-et-chaussées, à Orléans.

** **Henry**, Ingénieur et Constructeur de machines agricoles, à Abilly, près La Haye-Descartes (Indre-et-Loire).

Herpin, Paul, chez M. Videau, aux Bordes, par La Guerche (Cher).

Heurtault de Saint-Christophe, à St-Christophe-en-Bazelle.

Hidien, fils, Constructeur d'instruments aratoires, à Châteauroux.

Jolivet, ancien Élève de Grignon ; Fermier à Cungy (Poulaines).

Jolly, Pierre, industriel à Fonds, près Châteauroux.

Le docteur **Jouslin**, Raoul, à Châteauroux.

Kolb-Bernard, à la Sucrerie de Plagny, près Nevers.

Labbe, Sous-Préfet, à Issoudun.

Lafaille, Léopold, propriétaire à Villegongis.

Lecorbeiller, ancien Professeur à Grignon ; Fermier à Cungy, par Poulaines.

Lecorbeiller, Edmond, propriétaire-éleveur, au château d'Archelles, près Arques. (Seine-Inférieure.)

Le Baron **Lefèvre**, Maxence, au Château de La Ronde, près Moulins (Allier).

* **Louet**, aîné, Président du Tribunal de Commerce, à Issoudun.

Louet, jeune, négociant, à Issoudun.

* **Lucq**, propriétaire au Château de Diors.

Luzarche d'Azay, propriétaire au Château d'Azay-le-Ferron.

** **Magnard**, Docteur en médecine, à Aigurande.

De Marivault, Capitaine de Vaisseau, à Toulon.

Marchaim, Léonce, au Château de La Lienne, près Châteauroux.

Marin-d'Arbel, Vice-Président du Cercle Agricole de Châteauroux.

* **Martin**, Directeur de l'Enregistrement et des Domaines, à Châteauroux.

Martin, Président du Comice d'Issoudun, à Reuilly.

Martinet, Garde-Général des forêts, à Issoudun.

Martinet, Ludovic, propriétaire, à La Roche, par Graçay.

Masson de Montalivet, propriétaire, au château de Villedieu.

Mauduit, Léon, propriétaire, à La Châtre.

Masquelier, Valéry, au Château de Saint-Maur, près Châteauroux.

** **Matheron**, Maire de Châteauroux.

Des Méloizes, ancien Conservateur des Forêts, à Bourges.

* **De Monicault**, Membre du Conseil de la Soc. des Agric. de France.

Le *Moniteur de l'Indre*, à Châteauroux.

Monnier, Membre du Conseil Général du Cher, au Château de Foëcy (Cher).

* **Montet**, propriétaire à Pruniers.

* **Moreau-Mabille**, Constructeur-Mécanicien, à Amboise (Ind.-et-L.).

Morin, Thaégène, propriétaire à Châteauroux.

* **Muller**, propriétaire au Château de Reignac, près Cormery (Ind.-et-L.).

** **Naudin**, géomètre, à Châteauroux.

* **Naudin**, marchand-grainetier, à Châteauroux.

* Le Marquis de **Nadaillac**, Vice-Président du Comice Agricole de Vendôme (Loir-et-Cher).

Navers, Émile, au Château de La Boussée, par Azay-le-Ferron.

Noblecourt, propriétaire, à La Renaudinière, commune de Tendu.

Noblet, propriétaire, à Château-Renard (Loiret).

* **Norguet**, régisseur, à Châteauroux.

Nouette-Delorme, à La Manderie, par Nogent-s.-Vernisson (Loiret).

D'Oiron, propriétaire, à La Lorme (Ruffec).

* **Olivier**, Gustave, propriétaire-agriculteur, au château de Sauchay-le-Haut, près Envermeu (Seine-Inférieure).

De la Panouse, Président du Comice de Vendôme.

Papet, propriétaire, au Château d'Ars, près La Châtre.

Parise, fermier à Cornaçay, commune de Montierchaume.

Patureau, Théodore, au Château de l'Isle-Savary, commune de Clion.

De Paumulle, Aurélien, au Château de Paumulle, par Argenton.

* **Pavy**, propriétaire au Château du Claveau, près Mézières-en-Brenne.

** **Pearron**, à Châteauroux.

Petit, Paul, Secrétaire de la Société d'Agriculture de l'Indre, à Châteauroux.

* **Pichelin**, aîné, place Voltaire, 7, Paris.

* **Pichelin-Petit et fils**, à La Motte-Beuvron (Loir-et-Cher).

* **Pigornet**, propriétaire aux Galletries, près Châteauroux.

** **Poisson**, Directeur de la Ferme-École de Laumoy par Le Châtelet (Cher).

Le Vicomte **de Poix**, propriétaire au Château de Bénavent, près Le Blanc.

** **Pommeroux**, propriétaire à La Grange, près La Châtre.

* **Pommiès**, propriétaire aux Cerisiers, près Levroux.

* **Rabault**, Albans, propriétaire au Blanc.

Raoul-Duval, F., lauréat de la prime d'honn' d'Ind.-et-Loire en 1873.

Rondier, juge d'instruction, à Châteauroux.

Robert, Jules, Membre de la Chambre Consultative d'Agriculture pour l'Arrondissement de Châteauroux.

** **Rouet**, anc. Conducteur des Ponts-et-Chaussées, à La Châtre.

* **De Sainte-Anne**, Secrétaire de la Société des Agricult. de France.

Sautereau, ingénieur civil, à Chabris.

Simons, Alexandre, propriétaire au Château du Magnet, com. de Mers.

Stichter, Ingénieur de la Manufacture du Château-du-Parc, à Châteauroux.

Le Duc **de Talleyrand et de Valençay**, au Château de Valençay.

Thimel, Étienne, au Château de Bouesse, par Argenton.

Thimel, Em., Vice-Président du Cercle agricole à Châteauroux.

* **Thimel**, Charles, propriétaire à Lys-Saint-Georges.

* **Tiersonnier**, Ludovic, propriétaire à La Grâce, près Nevers.

Tiersonnier, Alphonse, propriétaire au Colombier, près Nevers.

* Le Vicomte **de Tocqueville**, propriétaire au Château de Beaugy (Oise).

Tollaire-Desgouttes, Albéric, Président du Cercle Agricole de Châteauroux.

Tollaire-Desgouttes, Emmanuel, propriétaire à Châteauroux.

* **Touraugin des Brissarts**, propriétaire à Issoudun.

Truelle-Saint-Evron, Directeur de *la Cérès* et de *la Garantie agricole*, à Paris.

* **Vaillant**, Élie, propriétaire à Puirajoux, près Bélâbre.

* **Varaignes**, Manufacture du Château-du-Parc, à Châteauroux.

Verdier, Auguste, propriétaire à Clion.

* **Des Vernières**, propriétaire à Jeu-Maloches.

* Le Marquis **de Villaines**, propriétaire au Château de Sainte-Sévère.

Villières, propriétaire à Vigoux, par Argenton.

** **Voisin**, propriétaire à Issoudun.

Géo. E. Weaver, dépositaire des Moissonneuses Burdick et Kirby. quai de Jemmapes, 25, Paris.

* **Zukowski**, agriculteur à Ponçay, commune de Migny.

TABLE DES MATIÈRES.

—

www.ingramcontent.com/pod-product-compliance
Lightning Source LLC
Chambersburg PA
CBHW060543220326
41599CB00022B/3593